Betonböden für Produktions- und Lagerhallen

VLB-Meldung

Gottfried Lohmeyer, Karsten Ebeling:
Betonböden für Produktions- und Lagerhallen.
Planung, Bemessung, Ausführung
Düsseldorf: Verlag Bau+Technik GmbH, 2006

ISBN-10   3-7640-0456-8
ISBN-13   978-3-7640-0456-9

© by Verlag Bau+Technik GmbH, Düsseldorf 2006
  Gesamtproduktion: Verlag Bau+Technik GmbH,
  Postfach 12 01 10, 40601 Düsseldorf,
  www.verlagbt.de

G. Lohmeyer ▪ K. Ebeling

Betonböden
für Produktions- und Lagerhallen

Planung, Bemessung, Ausführung

Die Inhalte und Lösungsvorschläge in diesem Buch sind nach bestem Wissen zusammengestellt. Hinsichtlich der Anwendung der Inhalte kann von den Autoren jedoch keine Gewähr übernommen werden. Das Buch ersetzt nicht die projektbezogene Planungsleistung. Sie entbindet nicht von der Pflicht zur Prüfung der Normvorgaben und ihrer Gültigkeit für den jeweiligen Anwendungsfall. Die Anwendung der Inhalte und Lösungsvorschläge berechtigt zu keinerlei Regressansprüchen gegenüber den Autoren.

Inhaltsverzeichnis

Vorwort 13

Einführung 15

1 Planungsgrundlagen 19

2 Regelwerke für Betonböden 23

3 Nutzungen, Einwirkungen, Beanspruchungen 25
    3.1   Nutzung von Betonböden 25
    3.2   Einwirkungen auf Betonböden und Beanspruchungen 27
    3.3   Lastbeanspruchungen 28
    3.3.1 Beanspruchungen durch Fahrzeuge 28
    3.3.2 Beanspruchungen durch Lagergüter 34
    3.3.3 Beanspruchungen durch Maschinen 36
    3.3.4 Bemessungslasten 36
    3.4   Mechanische Beanspruchungen 37
    3.4.1 Widerstand gegen Verschleißbeanspruchung 38
    3.4.2 Widerstand gegen Schlagbeanspruchung 41
    3.4.3 Widerstand gegen Polieren grober Gesteinskörnungen 41
    3.5   Beanspruchungen durch Temperaturdifferenzen 42
    3.5.1 Wärmeentwicklung und Abkühlen beim Erhärten des Betons 43
    3.5.2 Erwärmen durch Sonneneinstrahlung 43
    3.5.3 Abkühlen durch Wind und/oder Nachtkälte 44
    3.6   Beanspruchungen durch Frost ohne oder mit Taumittel 44
    3.7   Beanspruchungen durch Chloride 45
    3.8   Chemische Beanspruchungen 47
    3.8.1 Grundwasser 47
    3.8.2 Flüssigkeiten der Industrie 47
    3.9   Auswirkungen des Schwindens von Beton 54
    3.10   Auswirkungen der Karbonatisierung von Beton 56

4 Konstruktionsarten und Anforderungen 59
    4.1   Allgemeines zur Gesamtkonstruktion 59
    4.1.1 Standardausführung im Betonstraßenbau 59
    4.1.2 Aufbau eines Betonbodens für Produktions- und Lagerhallen 60
    4.2   Planung der Unterkonstruktion 64
    4.2.1 Untergrund 64
    4.2.2 Dränung 67
    4.2.3 Tragschicht 68
    4.2.4 Sauberkeitsschicht 72
    4.2.5 Trennlage 73
    4.2.6 Gleitschicht 73
    4.2.7 Schutzschicht 74
    4.3   Planung der Betonbodenplatte 75

4.3.1	Betonfestigkeit und Wasserzementwert	76
4.3.2	Biegezugfestigkeit und Betondehnung	77
4.3.3	Plattendicken	77
4.3.4	Verschleißbeanspruchung	78
4.3.5	Betonbodenplatten im Freien	78
4.3.6	Betonbodenplatten mit Gefälle	78
4.4	Fugen in Betonbodenplatten	79
4.4.1	Allgemeines zu Fugen und Rissen	79
4.4.2	Art und Lage der Fugen	79
4.4.3	Fugenabstände	83
4.4.4	Sollrissquerschnitte als Scheinfugen	85
4.4.5	Arbeitsfugen als Pressfugen	87
4.4.6	Randfugen als Bewegungsfugen	89
4.4.7	Dübel	91
4.4.8	Anker	92
4.4.9	Fugenkanten	93
4.4.10	Fugendichtstoffe	94
4.4.11	Fugenplan	95
4.5	Unbewehrte Betonbodenplatten	96
4.5.1	Vereinfachte Planung der Plattendicke	97
4.5.2	Berücksichtigung höherer Kontaktdrücke	99
4.5.3	Fugenabstände bei unbewehrten Platten	100
4.6	Bewehrte Betonbodenplatten	101
4.6.1	Mattenbewehrte Betonbodenplatten	101
4.6.2	Stahlfaserbewehrte Betonbodenplatten	105
4.6.3	Betonbodenplatten mit Spannlitzen	108
4.6.4	Betonbodenplatten mit kombinierter Bewehrung	110
4.7	Fugenlose Betonbodenplatten	112
4.7.1	Betonbodenplatten mit weitgehend freier Bewegungsmöglichkeit zum Unterbau	112
4.7.2	Betonbodenplatten mit fester Verbindung zum Unterbau	113
4.7.3	Betonbodenplatten mit Bewehrung	114
4.7.4	Betonbodenplatten mit Spannlitzen	115
4.7.5	Betonbodenplatten mit gewalztem Beton	115
4.8	Betonböden mit Förderkettensystemen	117
4.9	Fertigteile im Betonbodenbereich	118
4.9.1	Fertigteile für die Flächenbefestigung	119
4.9.2	Fertigteile für den Gleisbereich	121
4.10	Gedämmte Betonböden	123
4.10.1	Anforderungen an den Wärmeschutz	123
4.10.2	Ausnahmeregelungen	125
4.10.3	Wärmedämmstoffe	125
4.10.4	Betonbodenplatte	126
4.10.5	Schichtenaufbau	126
4.10.6	Bemessungshilfe für Wärmedämmungen bei Betonbodenplatten	127
4.11	Betonböden mit Flächenheizung	130
4.11.1	Konstruktion	130
4.11.2	Wärmedämmung	131

4.11.3	Trennschicht und Schutzschicht	131
4.11.4	Trägerelemente für Heizrohre und -leitungen	132
4.11.5	Fugenausbildung	132

5 Betontechnologische Anforderungen ... 135
5.1 Anforderungen an die Ausgangsstoffe ... 135
5.1.1 Zemente ... 135
5.1.2 Gesteinskörnung ... 136
5.1.3 Betonzusätze ... 138
5.2 Anforderungen an den Beton ... 140
5.2.1 Expositionsklassen ... 140
5.2.2 Betonzusammensetzung ... 140
5.2.3 Frischbeton ... 140
5.2.4 Besondere Betone ... 143

6 Besondere Anforderungen ... 145
6.1 Multifunktionsböden ... 145
6.1.1 Zielsetzung ... 146
6.1.2 Grenzen für Beanspruchung und Nutzung ... 146
6.1.3 Anforderungen an die Konstruktion ... 146
6.2 Anforderungen an die Oberfläche ... 148
6.2.1 Arten der Oberflächen ... 148
6.2.2 Griffigkeit ... 149
6.2.3 Verschleißwiderstand ... 149
6.2.4 Staubfreiheit ... 150
6.2.5 Farbigkeit ... 151
6.3 Anforderungen an Oberflächensysteme ... 153
6.3.1 Hartstoffeinstreuungen ... 153
6.3.2 Hartstoffschichten ... 154
6.3.3 Versiegelungen ... 156
6.3.4 Beschichtungen ... 157
6.4 Anforderungen an die Sicherheit ... 161
6.4.1 Rutschsicherheit ... 161
6.4.2 Elektrostatische Ableitfähigkeit ... 169
6.4.3 Flüssigkeitsdichtheit ... 172
6.4.4 Schwerentflammbarkeit ... 176
6.5 Anforderungen an die Ebenheit ... 177
6.5.1 Toleranzen nach DIN 18202 ... 177
6.5.2 Toleranzen nach DIN 15185 ... 179
6.6 Anforderungen an die Entwässerung ... 182
6.6.1 Gefälle ... 182
6.6.2 Entwässerungsrinnen ... 182
6.7 Anforderungen an die Reinigungs- und Pflegeeigenschaften ... 186
6.8 Weitere Anforderungen ... 188
6.8.1 Überarbeitbarkeit ... 188

7 Bemessungsgrundlagen für Betonböden ... 191
7.1 Allgemeines zur Bemessung ... 191

7.2	Einwirkungen für Bemessung und Nachweise	192
7.2.1	Sicherheitsbeiwerte für Einwirkungen	192
7.2.2	Sicherheitsbeiwerte für Nutzungsbereiche	193
7.2.3	Sicherheitsbeiwerte für den Nachweis der Gebrauchstauglichkeit	194
7.3	Nachweise für Untergrund und Tragschicht	196
7.3.1	Verformungsmodul des Unterbaues	196
7.3.2	Bettungsmodul des Unterbaues	197
7.3.3	Reibungsbeiwerte auf dem Unterbau	199
7.4	Nachweis zur Vermeidung von Rissen in Betonbodenplatten	200
7.4.1	Allgemeines zur Rissvermeidung	200
7.4.2	Betondehnung	201
7.4.3	Nachweis über die zulässige Betondehnung	202
7.5	Nachweis der Rissbreite bei Betonbodenplatten	203
7.5.1	Allgemeines zu Rissen	203
7.5.2	Bestimmung der Rissschnittgrößen	204
7.5.3	Nachweis für den Risszustand	206
7.5.4	Bewehrung zur Begrenzung der Rissbreite	207
7.6	Nachweis von Biegespannungen (Verfahren Westergaard/Eisenmann)	210
7.6.1	Elastische Länge	210
7.6.2	Kontaktdruck bei Einzellasten	212
7.6.3	Belastungskreisradius und Ersatzradius	212
7.6.4	Bemessungsgleichungen für drei verschiedene Lastfälle	213
7.6.5	Einfluss aus zweiter Einzellast in Plattenmitte	215
7.6.6	Gesamt-Beanspruchung aus mehreren Lasten	217
7.6.7	Einfluss aus zweiter Einzellast am Plattenrand	217
7.7	Nachweis von Biegemomenten (Verfahren Niemann/Bercea)	217
7.7.1	Bettungsmodul, elastische Länge und Belastungsradius	218
7.7.2	Bemessungsgleichung für drei verschiedene Lastfälle	220
7.8	Berücksichtigung von Temperatureinwirkungen	222
7.8.1	Betonbodenplatten mit Sonneneinstrahlung	222
7.8.2	Temperaturgradient Δt	223
7.8.3	Aufwölbung bei Erwärmung	224
7.8.4	Kritische Plattenlänge L_{krit}	224
7.8.5	Größe der Wölbspannungen σ_w (Verfahren Eisenmann/Leykauf)	225
7.8.6	Witterungsbedingte Biegezugspannungen (Verfahren Foos/Müller)	228
7.9	Nachweis des Durchstanzwiderstandes	232
7.10	Berücksichtigung der Kraftübertragung an Fugen	232
7.10.1	Kraftübertragung durch Rissverzahnung bei Scheinfugen	233
7.10.2	Kraftübertragung durch Verzahnung bei Pressfugen	234
7.10.3	Kraftübertragung durch Rissverzahnung mit Bewehrung	234
7.10.4	Kraftübertragung durch Verdübelung der Fugen	235
7.10.5	Zusammenstellung der Querkraftübertragung an Fugen	235
7.11	Zusammenfassung zu elastisch gelagerten Betonbodenplatten	235
8	**Bemessung von Betonbodenplatten**	**239**
8.1	Bemessung unbewehrter Betonbodenplatten	241
8.1.1	Bemessungsbeispiel für unbewehrte Betonplatten in geschlossener Halle	242
8.1.2	Bemessungsbeispiel für unbewehrte Betonbodenplatten im Freien	249

8.2	Bemessung bewehrter Betonbodenplatten	256
8.2.1	Bewehrung für verminderten Zwang bei langen Bodenplatten mit Bewegungsmöglichkeit auf dem Untergrund	257
8.2.2	Bewehrung bei Zwang infolge abfließender Hydratationswärme ohne Bewegungsmöglichkeit auf dem Untergrund	261
8.2.3	Bewehrung bei spätem Zwang ohne Bewegungsmöglichkeit auf dem Untergrund	263
8.2.4	Bemessungsbeispiel für mattenbewehrte Betonbodenplatte mit großer Plattenlänge bei Lastbeanspruchung	266
8.3	Nachweise für stahlfaserbewehrte Betonbodenplatten	273
8.4	Nachweis für Betonbodenplatten mit Spannlitzen	274
8.5	Nachweis für gewalzte Betonbodenplatten	276
8.6	Auswahl fugenloser Betonbodenplatten	277
8.7	Tragfähigkeit wärmegedämmter Betonböden	278
8.7.1	Nachweis für Dämmplatten aus extrudiertem Polystyrolschaum (XPS)	278
8.7.2	Nachweis für Dämmplatten aus Schaumglas (CG)	279
8.7.3	Nachweis für Schüttungen aus Schaumglas-Schotter (SGS)	280

9	**Herstellen der Unterkonstruktion**	**281**
9.1	Vorbereiten des Untergrundes	281
9.2	Herstellen der Dränung	282
9.3	Einbau der Tragschicht	283
9.3.1	Verdichtung	284
9.3.2	Profilgerechte Lage	284
9.3.3	Frostschutzschichten (FSS)	284
9.3.4	Kiestragschichten (KTS)	284
9.3.5	Schottertragschichten (STS)	285
9.3.6	Verfestigungen	285
9.3.7	Betontragschichten	286
9.4	Einbau einer Sauberkeitsschicht	287
9.5	Verlegen von Trennlagen und Gleitschichten	287
9.6	Einbau von Bewehrung, Dübeln und Ankern	288
9.6.1	Bewehrung	288
9.6.2	Dübel	291
9.6.3	Anker	292
9.7	Einbau von Wärmedämmschichten	292
9.7.1	Verlegen von Dämmplatten	292
9.7.2	Einbau von Schüttungen aus Schaumglas-Schotter (SGS)	293
9.7.3	Dämmschicht aus Porenleichtbeton	293
9.8	Einbau von Heizrohren und -leitungen	294
9.9	Einbau von Entwässerungsrinnen und Einbauteilen	295
9.9.1	Entwässerungsrinnen	295
9.9.2	Einbauteile, Schächte, Kanäle	296

10	**Herstellen der Betonbodenplatte**	**297**
10.1	Bestellen und Abnahme des Betons	297
10.2	Einbau des Betons	298
10.2.1	Verteilen und Verdichten des Betons	299

10.2.2 Herstellung von Neigungen ... 301
10.2.3 Beton mit Fließmittel ... 302
10.2.4 Frühhochfester Beton ... 303
10.2.5 Beton mit Vakuumbehandlung ... 305
10.2.6 Gewalzter Beton ... 307
10.3 Bearbeitung der Betonoberfläche ... 308
10.3.1 Besenstrich ... 309
10.3.2 Abgleichen (Abscheiben) ... 309
10.3.3 Glätten ... 310
10.3.4 Schleifen ... 311
10.3.5 Strahlen ... 312
10.3.6 Auswaschen ... 312
10.3.7 Profilgerechte Lage ... 313
10.3.8 Gefälle ... 313
10.3.9 Ebenheit ... 314
10.4 Oberflächen mit Hartstoffen ... 314
10.4.1 Hartstoffeinstreuungen ... 314
10.4.2 Hartstoffschichten ... 316
10.5 Schützen der erhärtenden Betonbodenplatte ... 320
10.5.1 Nachbehandlungsmittel ... 323
10.5.2 Abdeckungen ... 324
10.5.3 Nass-Nachbehandlung ... 324
10.6 Verlegen von Groß- und Kleinflächenplatten ... 325
10.6.1 Fertigteile für die Flächenbefestigung ... 325
10.6.2 Fertigteile für den Gleisbereich ... 326

11 Herstellen von Fugen ... 329
11.1 Scheinfugen und Sollrissquerschnitte ... 329
11.2 Pressfugen ... 331
11.3 Randfugen (Raumfugen, Bewegungsfugen, Dehnfugen) ... 333
11.4 Fugenabdichtung ... 333

12 Aufbringen von Oberflächenschutzsystemen ... 335
12.1 Hydrophobierungen ... 336
12.2 Versiegelungen ... 336
12.3 Beschichtungen ... 337

13 Qualitätssicherungsmaßnahmen ... 339
13.1 Prüfung des Untergrundes und der Tragschicht ... 339
13.1.1 Nivellieren ... 341
13.1.2 Befahren mit LKW ... 341
13.1.3 Lastplatten-Druckversuche ... 342
13.1.4 Verdichtungsgrad ... 343
13.1.5 Prüfung der Ebenheit ... 344
13.1.6 Häufigkeit der Prüfungen ... 344
13.2 Prüfung der Zwischenschichten ... 345
13.3 Qualitätssicherung des Betons ... 345
13.3.1 Erstprüfung ... 345

	13.3.2	Qualitätssicherung auf der Baustelle	346
	13.3.3	Erhärtungsprüfung	347
	13.4	Besondere Prüfungen	347

14 Ablaufplan für Planung und Bemessung von Betonböden 353

15 Instandhaltung während der Nutzung 357
    15.1 Begriffe zur Instandhaltung 357
    15.2 Aufgaben des Bauherrn bzw. Nutzers 358
    15.3 Anforderungen an den Planer und die Ausführenden 359

16 Schrifttum 361

17 Stichwortverzeichnis 371

Vorwort

Die Anforderungen an Produktions- und Lagerhallen des Industrie- und Wirtschaftsbaus haben sich im Laufe der letzten Jahrzehnte stark gewandelt. Produktionsvorgänge und Lagerungsabläufe sind erheblich verändert worden. Damit ergeben sich für alle Flächen, auf denen die Produktionen und Lagerungen ablaufen, entsprechend geänderte Beanspruchungen.

Architekten und Ingenieure müssen sich bei der Planung einer Halle darüber im Klaren sein, dass der Hallenfußboden das am stärksten beanspruchte Bauteil des Bauwerks ist. Beim Versagen eines Hallenfußbodens ergeben sich zwar keine Probleme für die Standsicherheit des Bauwerks, aber sehr wohl können enorme Probleme beim Betriebsablauf in der Halle entstehen, die schlimmstenfalls die Produktion zum Stillstand bringen. Die beim Versagen eines Hallenfußbodens entstehenden Probleme sind größer als z.B. beim Undichtwerden des Daches. Den negativen Auswirkungen, die sich bei Unterbrechungen und Störungen des Betriebsablaufs ergeben können, muss schon bei der Planung entsprochen werden. Daher sind Hallenfußböden gründlicher zu planen, als dies häufig der Fall ist. Allerdings setzt dies Kenntnisse der einwirkenden Beanspruchungen voraus. Hierzu sind vonseiten der Bauherrschaft umfangreiche Informationen zu leisten.

Ein Hallenfußboden wird auf wirtschaftliche Weise durch eine Betonbodenplatte gebildet, die auf einem tragfähigen Unterbau liegt. Diese Betonbodenplatte bildet mit dem tragenden Unterbau den Betonboden. Ob ein zusätzlicher Belag auf die Betonbodenplatte aufzubringen ist, hängt von den Anforderungen der Nutzung ab.

Betonböden für Produktions- und Lagerhallen sowie die dazugehörigen Freiflächen erfahren während ihrer Nutzung häufig rollende, schleifende und stoßende Belastungen. Außer diesen und anderen mechanischen Einwirkungen können auch chemische Angriffe eine Rolle spielen.

Damit sowohl von den Planenden als auch von den Ausführenden die anspruchsvolle und häufig unterschätzte Aufgabe zur Herstellung eines Betonbodens sinnvoll gelöst werden kann, enthält das vorliegende Buch entsprechende Grundlagen und Hinweise für Planung und Ausführung. Dabei wird versucht, die recht komplexen Zusammenhänge möglichst einfach und praxisgerecht darzustellen. Auf wissenschaftliche Tiefe wird bewusst verzichtet. Hierzu wird auf andere Werke hingewiesen, die auch Grundlagen für die vorliegende Arbeit lieferten. Neuere Erkenntnisse aus Wissenschaft und Forschung haben Eingang gefunden.

Die dargestellten Konstruktions- und Bemessungsverfahren sind Empfehlungen der Autoren. So weit wie möglich wird auf den entsprechenden Regelwerken aufgebaut. Neben den in diesem Fachbuch dargestellten Vorschlägen gibt es auch andere Hinweise und Empfehlungen, z.B. im Merkblatt vom Deutschen Beton- und Bautechnik-Verein „Industrieböden aus Beton für Frei- und Hallenflächen" [R30.1]. Jeder Planer und Ausführende hat für sein Bauprojekt zu entscheiden, ob die in diesem Fachbuch dargestellten Konstruktions- und Bemessungsverfahren für den jeweils vorliegenden Fall angewendet werden können.

In den letzten Jahren wurden Spezialverfahren entwickelt und werden auch künftig neue Verfahren erprobt, die von den üblichen Konstruktionen und Ausführungsarten abweichen. Im Rahmen dieses Buches können diese Spezialverfahren nicht dargestellt werden. Es ist vielmehr Sinn dieses Fachbuches, eine Hilfestellung für Planung, Bemessung und Ausführung von Betonböden zu geben, die inzwischen zum üblichen Baugeschehen gehören und sich bewährt haben.

Teil I dieses Buches behandelt die Planung von Betonböden in Abhängigkeit von der Nutzung. Hierbei werden die Konstruktionsarten und die Anforderungen dargestellt. (Kapitel 1 bis 6)

Teil II behandelt die Bemessung unbewehrter und bewehrter Betonböden, abhängig von den Einwirkungen durch Last- und Verformungsbeanspruchungen. (Kapitel 7 bis 8)

Teil III befasst sich mit der Ausführung von Betonböden, einschl. der Unterkonstruktion, der Herstellung von Fugen und der Durchführung von Qualitätssicherungsmaßnahmen. (Kapitel 9 bis 15)

Das vorliegende Buch soll eine Arbeitshilfe bei Planung, Bemessung und Ausführung für eine sachgerechte und wirtschaftliche Herstellung von Betonböden sein. Das Buch fasst die Erfahrungen zusammen, die während jahrzehntelanger Beratungstätigkeit zur Herstellung von Betonböden gesammelt werden konnten. Den vielen Kollegen aus Wissenschaft und Praxis sei an dieser Stelle für zahlreiche Anregungen, Hinweise und Verbesserungsvorschläge gedankt. Ebenso danken wir dem Verlag für die Bereitschaft zur Veröffentlichung dieses Buchs.

Juni 2006

Gottfried C.O. Lohmeyer und Karsten Ebeling

Einführung

In Produktions- und Lagerhallen bildet der Hallenfußboden die Grundlage für den gesamten Betriebsablauf. Dieser Hallenfußboden wird unterschiedlich bezeichnet, z.B. Industrieboden, Industriefußboden, Bodenplatte, Sohlplatte, Betonboden. Wie der Hallenfußboden auch genannt wird: Die von ihm zu erfüllende Aufgabe ist es stets, den Betriebsablauf dauerhaft und sicher zu gewährleisten. Dies gilt in gleicher Weise auch für die befahrbaren Befestigungen der Freiflächen außerhalb der Produktions- und Lagerhallen.

Hinsichtlich der Wirtschaftlichkeit und der Dauerhaftigkeit bieten Hallenfußböden aus Beton viele Vorteile. Diese Hallenfußböden werden nachfolgend als „Betonböden" bezeichnet.

Betonböden

Ein Betonboden besteht im Wesentlichen aus drei Teilen:

- Betonbodenplatte mit entsprechender Oberfläche
- Tragschicht aus Kies, Schotter oder als Bodenverfestigung
- Gleichmäßig verdichteter Untergrund

Betonböden kommen nicht nur in Produktions- und Lagerhallen zur Anwendung, sondern auch für Flächen im Freien. Betonböden im Freien sind Verkehrsflächen, die dem Straßenbau ähneln, speziell den Betonstraßen.

Nach anfänglicher Nutzung des Betons lediglich für die Befestigung von Industriehallen entwickelte sich schon vor über hundert Jahren der Betonstraßenbau. Im Jahr 1888 wurde die erste deutsche Betonstraße in Breslau hergestellt. Trotz Herstellung im Handbetrieb erwies sich diese Straße als sehr haltbar und bedurfte nur einer relativ geringen Pflege. In den folgenden Jahren baute man diese Betonstraßen in mehreren deutschen Städten. 1924 wurde in Berlin erstmals eine Betonstraße maschinell hergestellt. Hierbei wurde auf amerikanische Erfahrungen aufgebaut. Anschließend begann mit der Fertigstellung der ersten Autobahn zwischen Köln und Bonn im Jahr 1934 der Bau von schwer belasteten Schnellstraßen.

Die Erfahrungen im Betonstraßenbau beeinflussten rückwirkend den Bau von Betonböden für Industriehallen. Im Gegensatz zu öffentlichen Straßen und Autobahnen werden Betonböden im Industriebau kaum durch derart häufige Lastwechsel beansprucht, wie dies bei den modernen Autobahnen der Fall ist. Diese Beanspruchung kann gegebenenfalls bei stark frequentierten Logistikhallen durch sehr regen Gabelstaplerverkehr entstehen. Im Allgemeinen ist bei Betonböden die Anzahl der Lastwechsel geringer. Es können jedoch bei Betonböden höhere Einzellasten sehr konzentriert wirken oder aber auch großflächig und langfristig wirkende Lasten auftreten.

Beanspruchung von Betonflächen

Unter Berücksichtigung dieser speziellen Beanspruchungen der Betonböden konnten die Erfahrungen des Betonstraßenbaus auf die Konstruktion von Betonböden in Produktions- und Lagerhallen sowie von Freiflächen übertragen werden.

Straßenflächen, z.B. Werkstraßen, Betriebsstraßen, Verbindungsstraßen oder Zu- und Abfahrten im Bereich des Grundstücks, werden von Lastkraftwagen, ggf. Schwerlastwagen, Personenwagen, Gabelstaplern, Elektrokarren oder Sonderfahrzeugen in unterschiedlicher Häufigkeit und mit stark unterschiedlichen Radlasten befahren.

Lagerflächen und Abstellflächen im Freien, sowie Zu- und Auslieferbereiche vor Hallen müssen die Lager- und Abstellgüter aufnehmen können. Sie werden darüber hinaus oft durch die Ladegeräte stark schleifend beansprucht, insbesondere wenn es sich um Schüttgüter handelt, die von Baggern, Radladern oder anderen Hebe- und Transportgeräten umgesetzt werden. Container bringen große Punktlasten.

Parkflächen und Einstellplätze für PKW von Kunden oder Bediensteten sowie Bereitstellungsräume für LKW werden durch Fahrverkehr und ruhenden Verkehr beansprucht.

Auffangflächen und Ableitflächen für Anlagen zum Herstellen, Behandeln und Verwenden Wasser gefährdender Flüssigkeiten (HBV-Anlagen) sowie zum Lagern, Abfüllen und Umschlagen (LAU-Anlagen) Wasser gefährdender Flüssigkeiten können bei Umfüllstationen, Tanktassen, Fasslagerflächen und auch in Produktionshallen erforderlich sein.

Hallenflächen in Produktions- und Werkhallen, in Montage- und Wartungshallen erhalten nicht nur Lasten aus Maschinen und Geräten. Diese Flächen werden auch an der Oberfläche durch schlagende, schleifende und stoßende Einwirkungen mechanisch sowie durch Angriff von Säuren, Laugen, Ölen chemisch beansprucht.

Lagerhallen werden in unterschiedlichster Art beansprucht. Üblich ist ein reger Gabelstapler- oder Hubwagenverkehr. Auch andere Fördersysteme, z.B. Unterflur-Kettenförderer in Verteil- und Logistikzentren, stellen besondere Anforderungen an die Betonfläche.

Hochregallager bringen hohe und stark konzentrierte Punktlasten. Flächig gelagerte Güter stellen andere Beanspruchungen der Betonfläche dar.

Ausstellungshallen sowie Baumärkte oder Markt- und Messehallen haben besondere Anforderungen an die Oberflächengestaltung zu erfüllen.

Ziel für Planung und Bemessung

Das Ziel jeder Planung sollte sein, unter wirtschaftlichen Gesichtspunkten eine optimale Betonboden-Konstruktion zu wählen, die den Anforderungen des Nutzers dauerhaft gerecht wird. Daher sollte folgende Konstruktion angestrebt werden:

Betonbodenplatte

- als einschichtige Platte auf Tragschicht, getrennt durch Raumfugen von allen anderen Bauteilen,
- ohne Estrich, erforderlichenfalls mit Hartstoffschicht,
- ohne Matten- oder Stabstahlbewehrung,
- ohne Dehnfugen innerhalb der Fläche, möglichst wenig Fugen.

Solch eine Konstruktion kann nicht immer erreicht werden. Das ergibt sich aus der Unterschiedlichkeit der Nutzung und der Größe der Fläche. Für diese Fälle sind weitergehende Konstruktionen denkbar. Anstelle unbewehrter Betonbetonplatten können bewehrte Platten verwendet werden, die entweder mit Stabstahl, Matten oder Spannstahl bewehrt sein können oder Faserbewehrungen bzw. Kombinationen dieser Bewehrungen erhalten. Anstelle einer fugenlosen Konstruktion können Scheinfugen, Pressfugen oder notfalls auch Dehnfugen angeordnet werden.

Dieses anzustrebende Ziel sollte stets bei Planung und Bemessung im Blick behalten werden. Damit sollten möglichst einfache Konstruktionen entstehen, die sich einfacher herstellen lassen und damit weniger anfällig für Mängel sind.

Die angegebenen Bemessungsverfahren sind Empfehlungen der Autoren und beruhen auf Erfahrungen mit bisherigen Konstruktionen, die sich bewährt haben.

1 Planungsgrundlagen

Nutzung des Betonbodens

Voraussetzung für jede Planung von Betonböden ist zunächst eine möglichst genaue Abklärung der vorgesehenen Nutzung des Betonbodens, da sich daraus die spätere Beanspruchung ergibt. Es ist Aufgabe des Objektplaners, gemeinsam mit dem Tragwerksplaner eine Grundlagenermittlung durchzuführen. Das heißt: Es sind die Voraussetzungen zur Lösung der Bauaufgabe zu ermitteln. Hierzu sind allgemeine Angaben des Bauherrn wie „geringe Belastungen" oder „intensive Beanspruchung" nicht ausreichend. Jeder Betrieb hat seine spezifischen Aufgaben zu erfüllen, die sich auf die Betriebsabläufe auswirken. Je nach Betriebsstruktur können sich in einer Halle innerhalb eines Tages so viele Lastwechsel ergeben wie in einer anderen Halle im ganzen Monat. Dies wirkt sich auf die Dauerhaftigkeit des Betonbodens aus. Hilfreich kann es sein, Erfahrungen aus dem bisherigen Betrieb auszuwerten, sofern derartige Erfahrungen vorliegen. Im Kapitel 3 „Nutzung von Betonböden" wird hierauf näher eingegangen.

Bild 1.1: Beispiel für die Nutzung eines Betonbodens als Produktionshalle (Foto: MEV)

Dauerhaftigkeit des Betonbodens

Außerdem sollte mit dem Bauherrn geklärt werden, welche Nutzungsdauer erwartet wird. Im allgemeinen Hochbau wird von einem gewöhnlichen Zeitraum von 50 Jahren ausgegangen. Bei Lager- und Produktionshallen können sich Bauherren gegebenenfalls wesentlich kürzere Zeiten vorstellen, z. B. 20 Jahre, da sich in dieser Zeit ohnehin die Nutzungsanforderungen ändern werden. Obwohl es sich bei Betonböden nicht um Tragwerke in Sinne von DIN 1055-100 „Einwirkungen auf Tragwerke" handelt, können dennoch die in dieser Norm genannten Festlegungen als sinnvolle Hinweise für Betonböden gelten:

„Ein Tragwerk muss so bemessen werden, dass seine Tragfähigkeit, Gebrauchstauglichkeit und Dauerhaftigkeit während der vorgesehenen Nutzungsdauer den vorstehenden Bedingungen genügt. Die genannten Anforderungen müssen durch die Wahl geeigneter

Bild 1.2: Beispiel für die Nutzung eines Betonbodens als Lagerhalle (Foto: MEV)

Baustoffe, einer zutreffenden Bemessung und einer zweckmäßigen baulichen Durchbildung sowie die Festlegung von Überwachungsverfahren für den Entwurf, die Ausführung und die Nutzung des jeweiligen Gesamtbauwerks erreicht werden."

Die Dauerhaftigkeit ist die Fähigkeit des Tragwerks und seiner Teile, sowohl die Tragfähigkeit als auch die Gebrauchstauglichkeit während der gesamten Nutzungsdauer sicherzustellen. Weiter heißt es:

„Das Tragwerk ist zu bemessen, dass zeitabhängige Eigenschaftsveränderungen die Dauerhaftigkeit und das Verhalten des Tragwerks während der geplanten Nutzungsdauer nicht unvorhergesehen beeinträchtigen."

„Die folgenden, untereinander in Beziehung stehenden Merkmale müssen beachtet werden, um ein angemessen dauerhaftes Tragwerk sicherzustellen:

- *Vorgesehene und mögliche Nutzung des Tragwerks*
- *Erforderliche Leistungskriterien*
- *Erwartete Umwelteinflüsse*
- *Zusammensetzung, Eigenschaften und das Verhalten der Baustoffe*
- *Beschaffenheit des Baugrunds*
- *Wahl des Tragsystems*
- *Form von Bauteilen sowie die Durchbildung des Tragwerks*
- *Qualität der Bauausführung und die Überwachungsintensität*
- *besondere Schutzmaßnahmen*
- *Instandhaltung während der vorgesehenen Nutzungsdauer"*

Noch einmal der Hinweis: Betonböden sind keine Tragwerke im Sinne der Normen, wenn sie von den anderen Bauteilen durch Raumfugen (Bewegungsfugen) getrennt sind, wie es die Standardbauweise vorsieht. Dennoch sind die vorstehenden Angaben der DIN 1055-100 bei der Planung von Betonböden durchaus beachtenswert.

Vorhandener Untergrund

Ein weiterer wesentlicher Punkt ist der vorhandene Untergrund, der für die Aufnahme des Betonbodens zur Verfügung steht. Durch den vorhandenen Untergrund wird die Gesamtplanung stark beeinflusst. Daher ist vor Planungsbeginn eine Baugrundbeurteilung erforderlich. Für die Baugrund- und Untergrunderkundung ist ein Erd- und Grundbauinstitut (Geotechnik) einzuschalten. Durch Untersuchungen muss geklärt werden, ob und inwieweit der vorhandene Baugrund geeignet ist oder ausgetauscht werden muss, und wenn ja, in welcher Tiefe. Hierbei ist festzulegen, ob eine Tragschicht notwendig ist und welche Anforderungen diese zu erfüllen hat.

Konstruktionsart des Betonbodens

Die Grundkonstruktion eines Betonbodens ergibt sich im Wesentlichen aus drei Teilen:

– Untergrund

– Tragschicht

– Betonbodenplatte

Die Wahl der Tragschicht in Art und Dicke ist abhängig von der Beschaffenheit des Untergrundes, bezogen auf die Beanspruchung des Betonbodens. Die Betonbodenplatte ist durch den Tragwerksplaner zu bemessen. Die auftretenden Beanspruchungen sind Voraussetzung für eine Bemessung. Hierauf wird in Kapitel 4 näher eingegangen.

Die Vorschriften und Regelwerke, die einer Bemessung oder erforderlichen Nachweisen zugrunde gelegt werden können, sind in Kapitel 2 genannt. Die Bemessung wird im Teil II dieses Buches in den Kapiteln 7 und 8 im Einzelnen dargestellt.

Grundlage für Planung und Bemessung von Betonbodenplatten sind die Festigkeits- und Formänderungseigenschaften des Betons gemäß DIN 1045-1 (Tafel 1.1).

Planungskonzept

Vom Planer ist ein Planungskonzept zu erstellen. In diesem Planungskonzept sind alle Anforderungen zu berücksichtigen, die sich aus den Wünschen des Bauherrn und der späteren Nutzung ergeben. Vor Festlegung der erforderlichen technischen Maßnahmen bietet das Planungskonzept dem Bauherrn und dem Nutzer die Möglichkeit, eventuelle Änderungswünsche vorzubringen, die dann eingearbeitet werden können.

Schon bei der Festlegung des Planungskonzepts kann es erforderlich werden, dem Bauherrn und/oder dem Nutzer klarzumachen, dass nicht alle Wünsche in der praktischen

1 Planungsgrundlagen

Tafel 1.1: Festigkeits- und Formänderungseigenschaften von Beton [nach DIN 1045-1; Tab. 9]

Kenngrößen		Festigkeitsklassen			Erläuterung
		C25/30	C30/37	C35/45	
f_{ck}	[N/mm²]	25	30	35	Zylinderdruckfestigkeit
$f_{ck,cube}$	[N/mm²]	30	37	45	Würfeldruckfestigkeit
f_{ctm}	[N/mm²]	2,6	2,9	3,2	mittlere Zugfestigkeit
$f_{ctk;0,05}$	[N/mm²]	1,8	2,0	2,2	5%-Quantil der Zugfestigkeit
$f_{ctk;0,95}$	[N/mm²]	3,3	3,8	4,2	95%-Quantil der Zugfestigkeit
E_{c0m}	[N/mm²]	30500	31900	33300	Elastizitätsmodul als Tangentenmodul
E_{cm}	[N/mm²]	26700	28300	29900	Elastizitätsmodul als Sekantenmodul
$\varepsilon_{ct,u,Last}$	[‰]		- 0,10		Zugbruchdehnung bei Last bzw. Zwang
$\varepsilon_{ct,u,Zwang}$	[‰]		- 0,14		

Umsetzung erfüllbar sind. Unter anderem gehören zu den nicht erfüllbaren oder nicht vollständig erfüllbaren Anforderungen folgende Beispiele:

– fugenlose Betonflächen oder Betonflächen mit sehr großen Fugenabständen, die dauerhaft vollständig rissfrei bleiben sollen;

– Ebenheitsanforderungen, die über die in Normen festgelegten Anforderungen hinausgehen, ohne Einsatz besonderer Techniken oder nachträgliche Schleif- oder Spachtelarbeiten;

– völlig gleichfarbige Betonoberflächen ohne spätere Beschichtungen.

2 Regelwerke für Betonböden

Betonbodenplatten sind im Standardfall keine tragenden oder aussteifenden Bauteile im Sinne von DIN 1045-1 [N1] und DIN EN 206-1 [N4]. Begründung:

- Betonbodenplatten liegen auf einem tragfähigen Untergrund und auf einer durchgehenden Tragschicht, sie wirken z.B. als elastisch gebettete Platten,
- Betonbodenplatten tragen keine anderen Bauteile und steifen weder andere Bauteile noch das ganze Bauwerk aus, sie sind von anderen Bauteilen durch Randfugen getrennt.

Betonbodenplatten sind auch keine Tragwerke im Sinne von DIN 1055 „Einwirkungen auf Tragwerke" [N10]. Daher müssen die Anforderungen dieser Normen nicht erfüllt werden.

Anders ist es bei tragenden oder aussteifenden Betonbodenplatten, die an der Tragfähigkeit und Standsicherheit der Halle oder seiner Konstruktionsteile beteiligt sind. Dieses kann z.B. der Fall sein bei Hochregalen, die auch die Dachkonstruktion tragen. In derartigen Fällen sind von den Betonbodenplatten die Anforderungen der DIN 1045 und der zugehörigen Normen zu erfüllen.

Für den Bau von Betonböden für Produktions- und Lagerhallen sowie für Freiflächen existieren keine gesonderten Normen, die speziell für diesen Bereich des Bauens anzuwenden sind. Das bedeutet jedoch nicht, dass man sich beim Bau von Betonböden im völlig regelfreien Bereich befindet. Es ist durchaus erforderlich, einige DIN-Normen und Vorschriften oder Vertragsbedingungen des Stahlbetonbaus und/oder des Betonstraßenbaus als Grundlage für Planung und Ausführung hinzuzuziehen. Hierfür steht eine Fülle von Regelwerken zur Verfügung. Zur Anwendung werden mindestens jene Normen und Regelwerke kommen, die sich auf die einzusetzenden Baustoffe beziehen sowie jene Normen der VOB, die die Vergabe- und Vertragsordnung für Bauleistungen betreffen.

Das bedeutet: DIN 1045 mit den zugehörigen Normen *müssen* nicht angewendet werden, sie *sollten* jedoch hinzugezogen werden. Es ist dringend zu empfehlen, diese Normen als Vertragsbestandteil zu vereinbaren. In Kapitel 16 sind Normen, Richtlinien, Merkblätter und andere Regelwerke zusammengestellt, die für Betonböden in Produktions- und Lagerhallen sowie Freiflächen angewendet werden können.

Die DAfStb-Richtlinie „Stahlfaserbeton" war beim Abschluss der Arbeiten für das Manuskript dieses Buches noch in Bearbeitung. Daher konnten zum Stahlfaserbeton noch keine Angaben für die Festlegung von Leistungsklassen und für erforderliche Abmessungen von Betonbodenplatten aus Stahlfaserbeton gemacht werden.

Begrüßenswert ist es, dass ein Merkblatt vom Deutschen Beton- und Bautechnik-Verein erarbeitet wurde, das Leitlinien zusammenfasst, die sich in der Praxis bewährt haben. Es ist dies das DBV-Merkblatt „Industrieböden aus Beton für Frei- und Hallenflächen" Fassung November 2004 [R30.1].

3 Nutzungen, Einwirkungen, Beanspruchungen

3.1 Nutzung von Betonböden

Betonböden für Hallen- und Freiflächen des Industrie- und Wirtschaftsbaus werden auf vielfältige Weise genutzt. Die jeweilige Nutzungsart der Flächen ergibt die entsprechenden Beanspruchungen der Betonböden. Auch wenn der Titel des Buches die Hallen- und Freiflächen für Produktions- und Lagerhallen besonders herausstellt, so ergeben sich daraus keineswegs die alleinigen Nutzanwendungen für Betonböden. Es gehören alle Fußbodenkonstruktionen des Industrie- und Wirtschaftsbaus dazu, nicht jedoch öffentliche Verkehrsflächen.

Einige Beispiele können die Vielfalt unterschiedlicher Nutzungen verdeutlichen, die bei der Stahl-, Kunststoff-, Glas-, Papier- oder Textilherstellung und deren Weiterverarbeitung oder Lagerung entstehen. Sie erstrecken sich von leichter und feiner bis schwerer und grober Nutzung der Fußbodenflächen.

Hallenbeispiele sind unter anderem:

– Produktionshallen

– Montagehallen

– Wartungshallen

– Lagerhallen

– Hochregallager

– Verteil- und Logistikzentren

– Ausstellungshallen

– Baumärkte

– Markt- und Messehallen

– Flugzeughallen

Beispiele für Freiflächen sind unter anderem:

– Zu- und Abfahrten im Bereich des Grundstücks

– Zu- und Auslieferbereiche vor Hallen

– Lagerflächen im Freien

– Containerflächen

– Ausstellungsflächen

– Parkflächen für Kunden oder Bedienstete

– Waschanlagen

3.1 Nutzung von Betonböden

Die Nutzung der Betonböden wirkt sich auf die Beanspruchung der Flächen aus. Hieraus entstehen verschiedene Einflüsse, die im Einzelfall abzuklären sind. Häufig sind die Betonböden durch Verkehr beansprucht. Einige wesentliche Einflussgrößen sind in Bild 3.1 zusammengestellt.

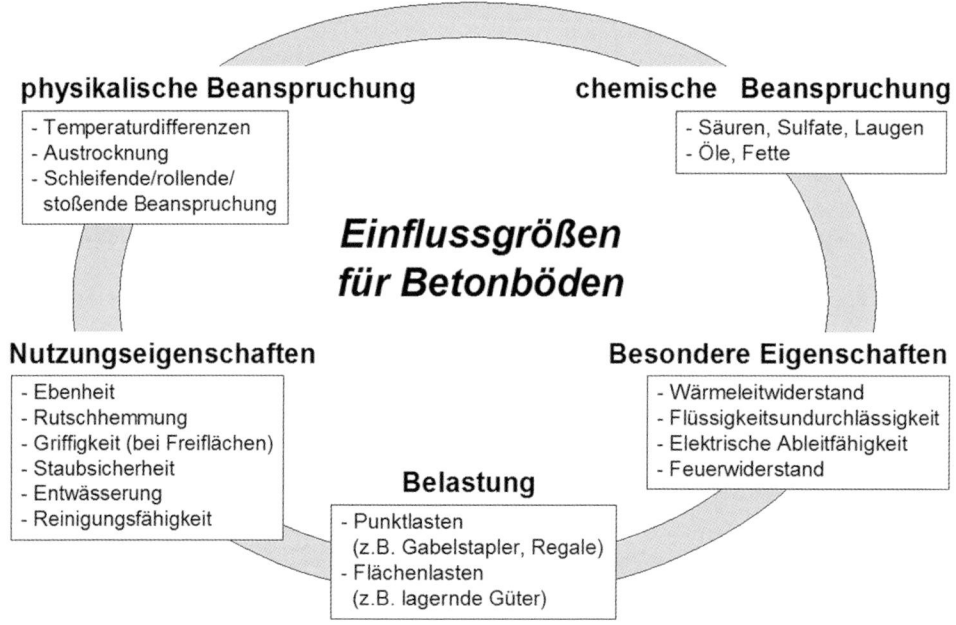

Bild 3.1: Einflussgrößen für Betonböden

Wenn ein Betonboden dauerhaft nutzungsfähig zu sein hat und den auftretenden Beanspruchungen standhalten soll, muss er für die zu erwartende Nutzung ausgerüstet sein. Hierfür ist eine gründliche Planung erforderlich, für die der Auftraggeber die Vorgaben zu liefern hat.

Falls die spätere Nutzung einer Halle nicht bekannt ist, da z.B. ein Investor die Ansprüche des künftigen Betreibers nicht kennt, käme ein Multifunktionsboden infrage. Ein solcher Multifunktionsboden stellt einen Kompromiss für Nutzbarkeit, Beanspruchung und Wirtschaftlichkeit dar. Er kann üblichen Standard-Beanspruchungen standhalten und ist für normale Nutzung geeignet (siehe Kapitel 6.1).

Nachfolgend wird ein Vorschlag gemacht, die vorgesehene Nutzung von Betonböden in Nutzungsbereiche einzuteilen, damit alle Beteiligten von gleichen Vorstellungen ausgehen (Tafel 3.1). Hierbei werden für den Nutzungsbereich A geringere Anforderungen und für den Nutzungsbereich C höhere Anforderungen an das Vermeiden von Rissen gegenüber dem allgemeinen Nutzungsbereich B gestellt.

Tafel 3.1: Nutzungsbereiche für Betonböden [Vorschlag Lohmeyer/Ebeling, in Anlehnung an R30.1]

Nutzungsbereich	Anforderungen an die Rissvermeidung	Beispiele
A	gering	Lagerhallen für unempfindliche Schüttgüter, grobe Metall- und Holzverarbeitung, Stahlbaubetriebe, landwirtschaftliche Gerätehallen
B	mittel	feine Metall- und Holzverarbeitung, Kunststoff- und Gummiindustrie, Lagerhallen, Logistikzentren, Kfz-Reparaturbetriebe
C	hoch	Ausstellungs- und Verkaufsräume, Papier- und Textilverarbeitung, feinmechanische Betriebe, Lebensmittelbereiche, Hochregallager

Auf diese Nutzungsbereiche wird bei der Festlegung der erforderlichen Plattendicken (siehe Kapitel 4) zurückgegriffen.

Sollte die spätere Nutzung und Beanspruchung einer Halle nicht bekannt sein, da für die geplante Halle erst noch ein Nutzer gefunden werden muss, sollte man die Planung auf einen „Multifunktionsboden" abstellen. Kapitel 6.1 behandelt diese Multifunktionsböden.

Verkehrsflächen im öffentlichen Bereich, die nach den Regeln des allgemeinen Straßenbaues zu planen und auszuführen sind, werden nicht behandelt. Hierfür werden besondere Einbauverfahren eingesetzt. Für diese Flächen gelten „Zusätzliche Technische Vertragsbedingungen und Richtlinien" ZTV, herausgegeben vom Bundesministerium für Verkehr, Bau- und Wohnungswesen durch die Bundesanstalt für Straßenwesen. Dennoch werden Erfahrungen und Anregungen des Straßenbaus für den Bau von Betonböden im Industrie- und Wirtschaftsbau genutzt.

3.2 Einwirkungen auf Betonböden und Beanspruchungen

So unterschiedlich die Nutzung der Betonböden ist, so verschieden sind auch die auf Betonbodenplatten einwirkenden Beanspruchungen. Die Einwirkungen und Beanspruchungen ergeben sich im Wesentlichen aus den Einflussgrößen, die in Bild 3.1 zusammengestellt sind:

– Einwirkungen durch punktförmig oder flächig wirkende Lasten

– Mechanische Beanspruchungen, schleifend, rollend, stoßend

– Physikalische Beanspruchungen, wie Temperaturen oder Schwinden

– Chemische Beanspruchungen durch Säuren, Laugen, Öle, Fette

Betonbodenplatten können den vorgenannten Einwirkungen und anderen Beanspruchungen gut widerstehen. Konstruktion und Beton müssen jedoch auf die einwirkenden Beanspruchungen abgestimmt sein. Schon bei Beginn der Planung des Bauwerks ist zu klären, welche Beanspruchungen bei der späteren Nutzung entstehen werden. Hierbei muss der Auftraggeber bzw. der Nutzer der Halle mitwirken.

Beim Planen, Bemessen und Ausführen müssen alle Maßnahmen darauf abzielen, Fehler zu vermeiden, die zu Mängeln führen können. Nachstehend werden einige bei Betonböden auftretende Mängel genannt:

– Risse, z.B. bei hohen Zug- oder Biegezugbeanspruchungen durch Nachgiebigkeit des Unterbaus, durch Überlastung, durch zu große Formänderungen;

– Oberflächenzerstörungen, z.B. durch ungeeignete Betonzusammensetzung bei starker Stoß- oder Abriebbeanspruchung;

– Unebenheiten oder falsches Gefälle, z.B. durch unzureichende Anforderungen an die Ausführung oder schlechte Ausführungsqualität.

Für die Festlegung der Konstruktion von Betonböden sind meistens punktförmig wirkende Einzellasten maßgebend. Diese Einzellasten erzeugen Biegebeanspruchungen, denen die Gesamtkonstruktion gewachsen sein muss. Je höher die punktförmig wirkenden Einzellasten sind, umso tragfähiger müssen Betonbodenplatte, Tragschicht und Untergrund sein.

Wichtiger Hinweis:
Große Einzellasten, insbesondere Lasten über 100 kN (entspricht 10 t), belasten sehr stark den Unterbau. Bei ungenügendem Unterbau können trotz Lastverteilung durch die Betonbodenplatte größere Verformungen auftreten. Um späteren Beeinträchtigungen bei der späteren Nutzung vorzubeugen, ist eine genaue Erkundung der Tragfähigkeit des Untergrunds durch ein Institut für Erd- und Grundbau erforderlich.

3.3 Lastbeanspruchungen

Damit eine einwandfreie Wahl der Konstruktion erfolgen kann, werden nachstehend die bei Betonböden häufig auftretenden Lasten genannt, die für den jeweiligen Einzelfall festzulegen sind.

3.3.1 Beanspruchungen durch Fahrzeuge

Radlasten von Fahrzeugen und Gabelstaplern werden durch Kontaktdruck zwischen Reifen und Betonoberfläche in die Betonbodenplatte übertragen. Aus diesem Kontaktdruck ergibt sich die Beanspruchung der Betonbodenplatte. Beim Fahren entstehen je nach Laststellung in ein und demselben Querschnitt der Betonbodenplatte wechselnde Biegedruck- und Biegezugspannungen. Dies ist bei üblichen Deckenkonstruktionen des Hochbaus nicht der Fall.

3 Nutzungen, Einwirkungen, Beanspruchungen

Bild 3.2:
Fahrbetrieb durch Gabelstapler [Foto ISVP Lohmeyer + Ebeling]

Bild 3.3:
Gabelstapler bei Sortierarbeiten [Werkfoto GORLO Industrieboden GmbH & Co.KG]

3.3 Lastbeanspruchungen

Bild 3.4:
Schwerlaststapler [Foto ISVP Lohmeyer + Ebeling]

Luftreifen erzeugen einen Kontaktdruck, der dem Innendruck der Reifen entspricht. Da der Reifendruck in der Regel maximal 10 bar betragen kann, beträgt dementsprechend der Kontaktdruck maximal 1,0 N/mm². (Vergleich: Bei einem PWK mit einem Reifendruck 3 bar beträgt der Kontaktdruck 0,3 N/mm²).

Vollreifen aus Gummi können Kontaktdrücke bis zu maximal 1,5 MPa (dies entspricht 1,5 N/mm²) bewirken. Diese Reifen haben bei gleicher Belastung eine kleinere Aufstandsfläche. Die Beanspruchung der Betonbodenplatte ist dadurch entsprechend größer.

Sonderreifen, z.B. aus speziellen Kunststoffen wie Elastomer, können mit Kontaktdrücken bis zu 7 N/mm² arbeiten. Bei Einwirkung derart großer Kontaktdrücke sind besondere Maßnahmen erforderlich, die einer gesonderten Bemessung bedürfen. So kann z.B. ein Kantenschutz für Fugen unumgänglich sein.

Fahrzeuge mit Zwillingsreifen (nebeneinander angeordnete Räder) verursachen eine um 10 bis 30 % geringere Beanspruchung der Betonbodenplatte gegenüber Einzelreifen, wenn die Last über die Zwillingsreifen abgetragen wird.

Fahrzeuge mit Tandemachsen (hintereinander angeordnete Räder) führen zu einer Erhöhung der Beanspruchung bis zu 20 % gegenüber Einzelachsen mit jeweils gleicher Last. Die Lasteinwirkungsbereiche der Tandemachsen überlagern sich.

Radlasten für übliche Fahrzeugarten sind in den folgenden Tafeln 3.2 bis 3.4 als charakteristische Lasten Q_k angegeben. Um die Bemessungslasten Q_d zu erhalten, sind die charakteristischen Lasten mit einem Teilsicherheitsbeiwert γ_Q und einer Lastwechselzahl φ_n

zu multiplizieren. Im Allgemeinen genügt für Teilsicherheitsbeiwert und Lastwechselzahl ein Gesamtfaktor von $\gamma_Q \cdot \varphi_n = 1{,}6$. Damit ergibt sich die Bemessungslast Q_d für übliche Fälle:

$$Q_d = 1{,}6 \cdot Q_k \qquad \text{(Gl. 3.1)}$$

Bei intensivem Fahrverkehr auftretende sehr häufige Lastwechsel sind genauer zu erfassen (siehe Kapitel 7.2).

Die tatsächlich auftretenden Lasten sind im Einzelfall zu klären.

Die ungünstigste Laststellung ergibt sich, wenn beide Räder des Gabelstaplers nebeneinander am Plattenrand stehen. Die Fugeneinteilung sollte so erfolgen, dass Fugen nicht entlang der Regale im Fahrbereich verlaufen.

Tafel 3.2: Gabelstapler. Charakteristische Werte für lotrechte Nutzlasten bei Betrieb aus Gegengewichtsstaplern für zulässige Gesamtlast > 25 kN bzw. Gesamtgewicht > 2,5 t (nach DIN 1055-3, [N10])

Gabelstapler Kategorie	zulässige Gesamtlast	Nenntragfähigkeit	Nutzlast (Achslast)	Radlast Q_k auf 20 cm · 20 cm	Radabstand	Lastflächen Länge L	Breite b
	[kN]	[kN]	[kN]	[kN]	[m]	[m]	[m]
G1	31	10	26	13	0,85	2,60	1,00
G2	46	15	40	20	0,95	3,00	1,10
G3	69	25	63	32	1,00	3,30	1,20
G4	100	40	90	45	1,20	4,00	1,40
G5	150	60	140	70	1,50	4,60	1,90
G6	190	80	170	85	1,80	5,10	2,30

Die Radlasten werden als Einzellast wirkend angenommen und auf eine Aufstandsfläche von 20 cm · 20 cm verteilt. Daraus ergibt sich der Kontaktdruck des Rades auf der Betonbodenplatte. Die maßgebenden Lastflächen für Gabelstapler sind Bild 3.5 zu entnehmen. Bild 3.6 enthält die Lastflächen für lotrechte Nutzlasten bei Flächen mit Lkw-Verkehr entsprechend den Brückenklassen nach DIN 1072 [N11].

Aufstandslasten von Hubschraubern für Hubschrauberlandeplätze sind Tafel 3.5 zu entnehmen.

3.3 Lastbeanspruchungen

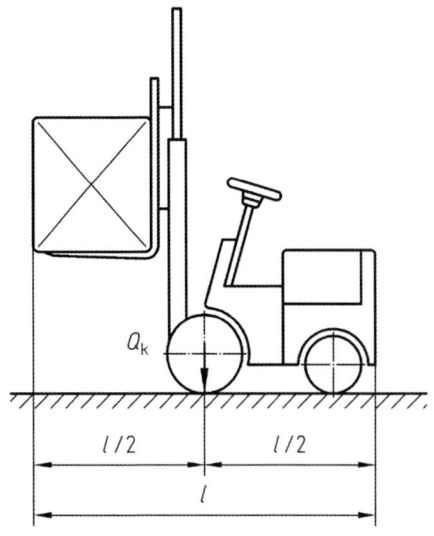

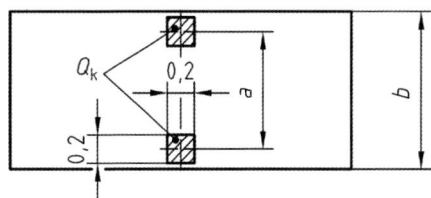

Bild 3.5:
Darstellung der Lastflächen für Gabelstapler
[nach DIN 1055-3, N10]

Tafel 3.3: Lastkraftwagen. Charakteristische Werte für lotrechte Nutzlasten bei Flächen mit Lkw-Verkehr entsprechend den Brückenklassen (nach DIN 1072, [N11])

Be-zeich-nung	Fahr-zeug-art	Ge-samt-last	Achslast vorn	Achslast mitte	Achslast hinten	max. Rad-last Q_k	Auf-stands-fläche bei einzelner Achse	Rad-ab-stand	Achs-ab-stand	Lastflä-che b	Flächen-last q_k
		[kN]	[kN]	[kN]	[kN]	[kN]	[cm²]	[m]	[m]	[m]	[kN/m²]
Schwer-last-wagen	SLW 60	600	200	200	200	100	20 · 60		1,50		
	SLW 30	300	100	100	100	65	20 · 46				
Last-kraft-wagen	LKW 16	160	60	-	110	55	20 · 40	2,00		6,0 · 3,0	entfällt
	LKW 12	120	40	-	110	55	20 · 40		3,00		
	LKW 9	90	30	-	90	45	20 · 30				

3 Nutzungen, Einwirkungen, Beanspruchungen

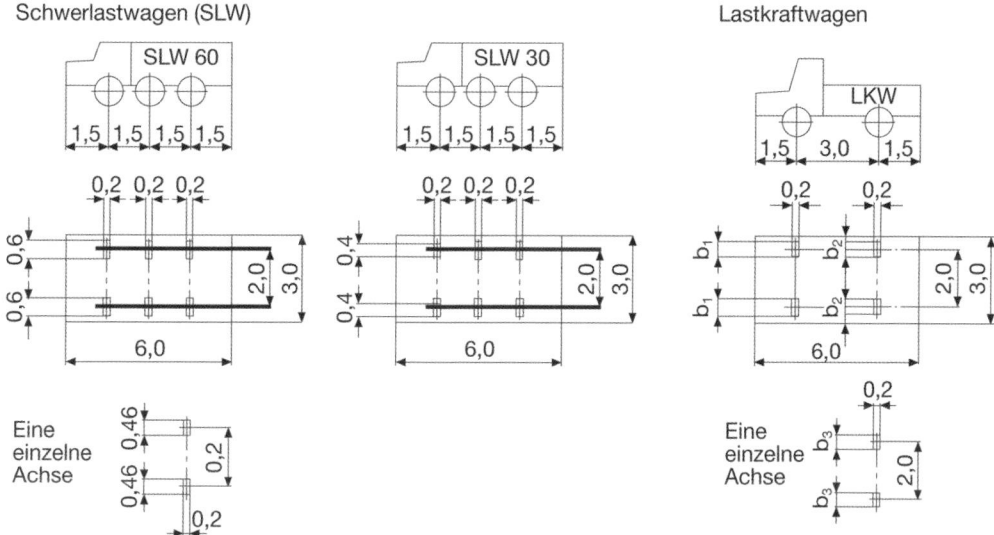

Bild 3.6:
Darstellung der Lastflächen für Schwerlastwagen und Lastkraftwagen (nach DIN 1072, [N11])

Tafel 3.4: Fahrzeuge. Charakteristische Werte für lotrechte Nutzlasten bei Flächen mit Fahrzeugverkehr für zulässige Gesamtlasten $\leq$ 25 kN bzw. Gesamtgewicht $\leq$ 2,5 t (nach DIN 1055-3, [N10])

Fahrzeug-verkehr Kategorie	Nutzung	Beispiele	Nutzlast (Achslast) [kN]	Radlast Q_k auf 20 cm · 20 cm [kN]	Radabstand [m]	Flächenlast q_k [kN/m²]
F1	Verkehrs- und Parkflächen für leichte Fahrzeuge	Parkflächen einschl. Fahrgassen	20	10	1,80	entfällt
F2			20	10	1,80	
F3		Zufahrtsflächen	20	10	1,80	

Tafel 3.5: Hubschrauber. Charakteristische Werte für lotrechte Nutzlasten bei Flächen für Hubschrauberladeplätze (nach DIN 1055-3, [N10])

Hubschrauber Kategorie	zulässiges Abfluggewicht [t]	Hubschrauber-Regellast Q_k [kN]	Seitenlängen einer quadratischen Aufstandsfläche [cm]
K1	3	30	20
K2	6	60	30
K3	12	120	30

Andere Fahrzeuge

In Produktions- und Lagerhallen werden noch eine Vielzahl anderer Förderfahrzeuge eingesetzt, z.B.:

- Spezialstapler: Schubmaststapler, Schmalgangstapler, Hochregalstapler, Drehkabinenstapler
- Hubwagen: Hubwagen für Handbetrieb, Nieder- oder Hochhubwagen
- Kommissionierer
- Schlepper

Für Fahrzeuge, die sich nicht in die nachstehenden Lasttabellen einordnen lassen, sind die Radlasten mit ihren Aufstandsflächen dem jeweils zugehörigen technischen Datenblatt zu entnehmen.

Alle Radlasten werden als Einzellasten wirkend angenommen, jedoch verteilt über die Aufstandsfläche des Rades. Bei den Gabelstaplern und bei Fahrzeugen mit einer maximalen Gesamtlast von 25 kN kann mit Aufstandsflächen von 20 cm · 20 cm gerechnet werden (siehe Tafeln 3.2 und 3.4). Bei anderen Fahrzeugen sind die Aufstandsflächen in den zugehörigen Tabellen angegeben (siehe Tafeln 3.3 und 3.5).

Bei Betonbodenplatten dürfen punktförmig wirkende Lasten nicht flächig verteilt angenommen werden. Mit Flächenlasten darf nur dann gerechnet werden, wenn die Lasten tatsächlich flächig wirken.

Begründung:
Bei Betonbodenplatten, die vollflächig gelagert sind, ist die Situation eine andere als z.B. bei frei gespannten Geschossdecken. Flächenlasten auf Betonbodenplatten ergeben keine Biegebeanspruchungen, da die Lasten durch Druckübertragung direkt in den Unterbau eingetragen werden. Bei konzentriert einwirkenden Lasten wird sich die Betonplatte unter diesen Lasten verformen, wodurch eine Biegebeanspruchung entsteht. Die Gesamtbeanspruchung ist bei Berücksichtigung der Biegung größer als dies bei Annahme einer flächig verteilten Last der Fall wäre.

Die bei den Fahrzeugen angegebenen Lastflächen in Länge L und Breite b geben an, über welche Flächenausdehnung sich das jeweilige Fahrzeug erstreckt. In diesem Bereich können keine anderen Lasten wirken. Keineswegs darf die Fahrzeuglast über diese Lastfläche als gleichmäßig verteilt angenommen werden.

3.3.2 Beanspruchungen durch Lagergüter

Insbesondere in Lagerhallen ist mit Lasten aus den lagernden Gütern zu rechnen. Hier ist zu klären, in welcher Form diese Güter gelagert werden. Entsprechend der Musterbauordnung werden Hallen bei Lagerhöhen von mehr als 7,50 m über Oberkante Betonbodenplatte den Hochregallagern zugeordnet. Für diese Hochregale und die darunter liegenden Betonbodenplatten sind stets Tragfähigkeitsnachweise zu erbringen.

Flächig wirkende Lasten

Eine flächige Lagerung, z.B. von Schüttgütern, erzeugt keine Biegebeanspruchung, die bei der Bemessung der Betonbodenplatte zu berücksichtigen wäre. Diese flächigen Lasten wirken jedoch zusätzlich zu den vorgenannten Radlasten, denn Transport und Lagerung können nicht unabhängig von wirkenden Radlasten erfolgen, es sei denn, es würde eine Kranbahn eingesetzt. Voraussetzung ist auch bei flächig wirkenden Lasten eine einwandfreie Unterkonstruktion, die bei Belastung nicht nachgibt.

Langfristig wirkende Flächenlasten können jedoch die Verkürzungen aus Schwinden und Temperaturdifferenzen behindern. Hierdurch entstehen Zugspannungen in der Betonbodenplatte. Wenn bei langfristig wirkenden Lasten gleichzeitig große Fugenabstände in der Betonbodenplatte gewählt werden sollen, wird stets eine Gleitschicht zwischen Tragschicht und Betonbodenplatte erforderlich sein (siehe Kapitel 4.2.6).

Regallasten

Anders ist die Situation bei Gütern, die in Regalen gelagert werden. Die auftretenden Lasten können sehr groß sein, insbesondere bei der Lagerung schwerer Güter oder bei Hochregallagern. In Sonderfällen, z.B. bei Hochregallagern, hat das Regalsystem auch die Dachkonstruktion zu tragen. Diese Konstruktionen bedürfen einer speziellen Abklärung der gesamten Tragkonstruktion.

Stützenlasten aus Hochregallagern können die Größenordnung von 250 kN (dies entspricht 25 t) erreichen. Bei kleinen Fußplatten entstehen sehr große Kontaktdrücke unter den Regalfüßen. Kontaktdrücke über 4 N/mm^2 erfordern eine genaue Bemessung. Kontaktdrücke über 7 N/mm^2 müssen vermieden werden. Erforderlichenfalls sind die Lastübertragungsflächen unter den Regalfüßen zu vergrößern oder es ist ein gesonderter Nachweis, z.B. gegen Durchstanzen, erforderlich (siehe auch Bemessungsbeispiele in Kapitel 8).

Für die Planung sind die maximal entstehenden Stützenlasten vom Regalbauer anzugeben, ebenso die Anordnung der Regalfüße und die Größe der Fußplatten. Daraus ergibt sich die Kontaktpressung unter den Regalfüßen. Häufig sind die Fußplatten der Regalfüße sehr klein, wodurch unnötig hohe Kontaktpressungen entstehen. In diesem Fall sind die Aufstandsflächen zu vergrößern. Die Betonbodenplatte ist für die maximalen Regallasten zu bemessen, wobei die nahebei einwirkenden Radlasten der Stapler in ungünstigster Laststellung zu berücksichtigen sind. Um die Bemessungslasten G_d zu erhalten, sind die charakteristischen Lasten G_k mit einem Teilsicherheitsbeiwert γ_G zu multiplizieren. Im Allgemeinen genügt für Teilsicherheitsbeiwert $\gamma_G = 1{,}2$. Damit ergibt sich die Bemessungslast G_d für Regallasten:

$$G_d = 1{,}2 \cdot G_k \qquad\qquad (Gl.\ 3.2)$$

Die Fugeneinteilung in der Betonbodenplatte ist so zu planen, dass Regalstützen möglichst nur im mittleren Plattenbereich angeordnet werden, damit Regallasten nicht für den Plattenrand anzusetzen sind.

3.3 Lastbeanspruchungen

Lasten aus Paletten, Stapelboxen oder Containern

Die Lasten von Paletten, Stapelboxen oder Containern können sehr groß und die Abstellflächen sehr klein sein. Häufig erfolgt eine Stapelung übereinander. Bei Groß-Containern können Punktlasten bis zu 250 kN entstehen. Stapelboxen oder Container mit Stahlfüßen können eine Kontaktpressung erzeugen, die die Betontragfähigkeit überschreiten kann. Außerdem ist beim Transportieren und Absetzen mit sehr hohen mechanischen Beanspruchungen zu rechnen. Füße aus Winkelprofilen, wie sie bei Stapelboxen angewendet werden, sind nicht betonverträglich. Bei harten Stößen von Stahl auf Beton muss Beton versagen. Kontaktdrücke über 4 N/mm^2 erfordern auch hierbei eine Bemessung für diese Beanspruchung, Kontaktdrücke über 7 N/mm^2 müssen vermieden werden. Um dies zu erreichen, sind die Lastübertragungsflächen zu vergrößern. Hierauf ist der Nutzer einer Halle schon bei der Planung hinzuweisen.

Hohe Betondruckfestigkeiten und Oberflächenfestigkeiten sind erforderlich. Eine Zuordnung in die Expositionsklasse XM3 ist in diesen Fällen unabdingbar.

3.3.3 Beanspruchungen durch Maschinen

In Produktionshallen sind Maschinen und Werkbänke erforderlich, die den Betonboden belasten, wenn sie direkt auf der Betonbodenplatte stehen. Häufig besteht der Wunsch, die erforderlichen Maschinen ohne gesonderte Gründung direkt auf die Betonbodenplatte zustellen, damit bei Änderungen der Produktion genügend Flexibilität durch Umstellen der Maschinen gegeben ist. Dies kann geschehen, wenn die Lasten und Erschütterungen durch die Maschinen nicht zu groß sind und die Bemessung des Betonbodens darauf abgestellt werden kann.

Bei schweren Maschinen und/oder Maschinen mit starken Schwingungen sind gesonderte Maschinenfundamente erforderlich. Diese Maschinenfundamente sollten stets von der Betonbodenplatte durch Raumfugen getrennt sein. Sie sind gesondert zu gründen. Bei sehr großen Lasten und Schwingungen ist eine genauere Erkundung der Tragfähigkeit des Untergrunds bis in tiefere Schichten durch ein Erd- und Grundbauinstitut erforderlich.

Hinweis:
Bei sehr großen Lasten ist eine genauere Erkundung der Tragfähigkeit des Untergrunds durch ein Erd- und Grundbauinstitut erforderlich, um späteren Setzungen oder Beeinträchtigungen des Betriebs vorzubeugen.

3.3.4 Bemessungslasten

Die in den vorstehenden Tafeln 3.3 bis 3.6 für Fahrzeuge genannten Lasten sind so genannte charakteristische Lasten Q_k. Für die Bemessung von Konstruktionen sind jedoch die so genannten Bemessungslasten Q_d maßgebend. Um die Bemessungslasten Q_d zu erhalten, sind die charakteristischen Lasten Q_k mit zugehörigen Sicherheitsbeiwerten γ zu versehen. Dabei wird unterschieden nach γ_G für ständige Lasten G_k und γ_Q für veränderliche Lasten Q_k. Bei Radlasten ist außerdem die Anzahl der Lastwechsel zu berücksichtigen. Dies geschieht durch eine Lastwechselzahl φ_n (anstelle einer Stoßzahl bzw. eines

Schwingbeiwerts), denn viele Lastwechsel stellen eine zusätzliche Beanspruchung dar, z.B. insbesondere bei regem Gabelstaplerverkehr.

Die Sicherheitsbeiwerte und Lastwechselzahlen sind im Kapitel 7.2 „Einwirkungen für Bemessung und Nachweise" im Einzelnen aufgeführt. Für die überschlägige Planung genügt es zunächst, mit den Angaben zu arbeiten, die in den Tafeln der Kapitel 4.5 und 4.6 für unbewehrte und bewehrte Betonbodenplatten zusammengestellt sind.

Die Bemessungslasten Q_d sind auf die Aufstandsfläche zu beziehen. Daraus ergeben sich die maßgebenden Kontaktpressungen q. Bei Luftreifen bleiben die Kontaktpressungen q stets unter 1,0 N/mm². Bei anderen Bereifungen, z.B. Vollgummi oder Elastikreifen, sind die Aufstandsflächen kleiner und damit die Kontaktpressungen entsprechend größer. Durch Lastkonzentrationen bei sehr harten Reifen entstehen wesentlich größere Beanspruchungen bei sonst gleichen Radlasten. Auch bei kleinen Förderfahrzeugen (z.B. Handhubwagen) können die Kontaktpressungen durch kleine Räder mit harten Reifen erheblich sein.

3.4 Mechanische Beanspruchungen

Die Oberflächen von Betonbodenplatten werden auf verschiedene Weise beansprucht. In DIN 1045 „Tragwerke aus Beton, Stahlbeton und Spannbeton" heißt es ganz allgemein zur Sicherstellung der Dauerhaftigkeit:

„Die Anforderung nach einem angemessen dauerhaften Tragwerk ist erfüllt, wenn dieses während der vorgesehenen Nutzungsdauer seine Funktion hinsichtlich der Tragfähigkeit und der Gebrauchstauglichkeit ohne wesentlichen Verlust der Nutzungseigenschaften bei einem angemessenen Instandhaltungsaufwand erfüllt. Eine angemessene Dauerhaftigkeit des Tragwerks gilt als sichergestellt, wenn ... die Anforderungen an die Zusammensetzung und die Eigenschaften des Betons nach DIN EN 206-1 und DIN 1045-2 und an die Bauausführung nach DIN 1045-3 erfüllt sind."

„Jedes Bauteil ist in Abhängigkeit von den Umgebungsbedingungen, denen es direkt ausgesetzt ist, ... zu klassifizieren. Die Umgebungsbedingungen, denen es ausgesetzt ist, sind dann als Kombination der zugeordneten Expositionsklassen anzugeben."

Die mechanische Beanspruchung der Oberfläche erfolgt meist kombiniert schleifend, rollend und stoßend oder schlagend. Unabhängig davon sind hinsichtlich der mechanischen Beanspruchungen infolge der Nutzung des Betonbodens nur Einstufungen nach DIN 1045 möglich. Diese Einstufungen können in Abhängigkeit von der Nutzung vereinfachend in drei Bereiche erfolgen, sofern es die Verschleißbeanspruchung betrifft. Beispiele für die Zuordnung in die Beanspruchungsbereiche 1 bis 3 mit den Expositionsklassen XM1, XM2 und XM3 zeigt Tafel 3.6.

In Tafel 3.6 wurden mechanische Beanspruchungen durch stahlrollenbereifte Fahrzeuge oder Kettenfahrzeuge bewusst nicht aufgenommen. Diese Beanspruchungen und auch stoßende Beanspruchungen durch Stahlteile, z.B. beim Abstellen von Containern oder Stapelboxen mit Stahlfüßen, übersteigen die Beanspruchbarkeit des Betons. Hier ist mit

3.4 Mechanische Beanspruchungen

Tafel 3.6: Betonbodenplatten bei Verschleißbeanspruchung; Beispiele für die Zuordnung in Beanspruchungsbereiche je nach Beanspruchungsart [1] [Vorschlag Lohmeyer/Ebeling, in Anlehnung an DIN 1045-1]

Beanspruchungsbereich	Expositionsklasse	Beanspruchungsklasse	Beanspruchungsart	Beispiele
1	XM1	mäßige Verschleißbeanspruchung	leichte bis mittelschwere Produktion; Fußgängerbetrieb; geringer Fahrverkehr mit luftbereiften Fahrzeugen (Radlast $Q_d \leq 40$ kN, Reifendruck ≤ 6 bar)	Ausstellungs- und Verkaufsräume, Kunststoff-, Gummi- und Holzindustrie, Papier- und Textilverarbeitung, feinmechanische Betriebe, Wäschereien, Färbereien
2	XM2	starke Verschleißbeanspruchung	Fahrverkehr mit luft- und vollgummibereiften Gabelstaplern (Radlast $Q_d \leq 80$ kN, Reifendruck > 6 bar, Vollgummireifen $p \leq 2$ N/mm^2)	Produktionshallen, Lagerhallen, Logistikzentren, Wartungshallen, Kfz-Reparaturbetriebe
3	XM3	sehr starke Verschleißbeanspruchung	Fahrverkehr mit polyamid- oder elastomer-bereiften Gabelstaplern (Radlast $Q_d > 80$ kN); schleifende und schlagende Beanspruchungen	Stahlindustrie, Metallverarbeitung, Stahlbaubetriebe, Lkw-Reparaturbetriebe, sehr stark frequentierte Verkehrsflächen

[1] Beispiele für die Betonzusammensetzung von Betonbodenplatten bei Verschleißbeanspruchung siehe Tafel 3.7

Beeinträchtigungen der Betonoberfläche zu rechnen. Beton kann die Härte von Stahl nicht erreichen. In derartigen Fällen sind Sonderlösungen erforderlich und/oder der Planer muss den Bauherrn bzw. Nutzer informieren, dass bei derartigen Beanspruchungen keine Dauerlösung erwartet werden kann.

3.4.1 Widerstand gegen Verschleißbeanspruchung

Bei einer Nutzung mit ausgeprägter Verschleißbeanspruchung kann für die Wahl des erforderlichen Betons allein der Widerstand gegen diese Verschleißbeanspruchung maßgebend sein.

Hartstoffe können den Widerstand der Betonoberfläche gegen rollende, stoßende oder schlagende Beanspruchung erhöhen. Beton kann insgesamt mit harter Gesteinskörnung hergestellt werden, z.B. mit quarzitischem Gestein oder mit Hartsteinsplitt. Es können aber auch Hartstoffe auf die Oberfläche gebracht werden, wie dies bei Hartstoffschichten oder Hartstoffeinstreuungen der Fall ist. In Tafel 3.7 ist die Größe des Abriebs angegeben. Der Abrieb wird entsprechend DIN 52108 nach Böhme geprüft und gemessen in cm^3 je 50 cm^2.

Der Verschleißwiderstand des Betons ist abhängig von den Verschleißwiderständen des Zementsteins und der Gesteinskörnung. Zu bedenken ist hierbei, dass jeder Abrieb bei Verschleißbeanspruchung zu einer Staubentwicklung in der Halle führen kann. Schon

3 Nutzungen, Einwirkungen, Beanspruchungen

dies könnte ein Grund sein, Betonoberflächen mit einem geringen Abrieb zu wählen. Eine Verringerung des Abriebs bedeutet, dass der entsprechende Beton eine bestimmte Oberflächenfestigkeit haben muss. Hieraus kann sich eine höhere Forderung an die Betonfestigkeitsklasse ergeben als aus der Größe der Lastbeanspruchung. In Tafel 3.7 ist die erforderliche Betonfestigkeitsklasse mit dem entsprechenden Wasserzementwert w/z angegeben.

Tafel 3.7: Betonbodenplatten bei Verschleißbeanspruchung. Beispiele für die Betonzusammensetzung, abhängig vom Beanspruchungsbereich [Vorschlag Lohmeyer/Ebeling, in Anlehnung an DIN 1045]

Beanspruchungsbereich [1])	Expositionsklasse	Festigkeitsklasse [2])	Abrieb nach DIN 52108 [cm^3 je 50 cm^2]	w/z-Wert [3])	Zementgehalt z [kg/m^3]	Mehlkorngehalt f [kg/m^3]	Kornzusammensetzung und Art der Gesteinskörnung
1	XM1	C25/30 [4]) C30/37 [5])	≤ 12	≤ 0,55 ≤ 0,50	≥ 300 ≤ 360		Kornzusammensetzung A/B 32 mögl. aus quarzitischem Gestein o.Ä.; ggf. Oberfläche mit Hartstoffeinstreuung [6])
2	XM2	C30/37 [5])	≤ 9	≤ 0,46	≥ 320 ≤ 360	f ≤ 400 bei z ≤ 300, f ≤ 450 bei z ≥ 350	Korngruppen 0/2 und 2/8 aus quarzitischem Gestein o.ä. [7]), Korngruppe 11/22 aus Hartsteinsplitt; ggf. Oberfläche mit Hartstoffeinstreuung [6])
3	XM3	C30/37	≤ 7	≤ 0,42	≥ 320 ≤ 360		Kornzusammensetzung A/B 32, Oberfläche mit Hartstoffschicht nach DIN 18560-7 [8])
		C35/45					Kornzusammensetzung A/B 32, Oberfläche mit Hartstoffeinstreuung [6])

[1]) Beispiele für die Beanspruchungsart: siehe Tafel 3.6.
[2]) Hinweis: Für tragende oder aussteifende Betonbodenplatten ohne Hartstoffschichten sind bei entsprechenden Einwirkungen in die Expositionsklassen XM1, XM, XM3 [N1] einzuordnen.
[3]) Der w/z-Wert kann durch Fließmittel eingehalten oder nachträglich durch Vakuumbehandlung erzeugt werden. Vakuumbeton mit Verringerung des Wasserzementwerts bei starker Verschleißbeanspruchung: siehe Kapitel 5.2.3.
[4]) Verschleißschicht erforderlich, z.B. Hartstoffeinstreuung (siehe Kapitel 6.3.1).
[5]) Bei Flächen im Freien als LP-Beton für Expositionsklasse XF4.
[6]) Hartstoffeinstreuungen entsprechen nicht DIN 18560, können aber zweckmäßig sein, bedürfen jedoch einer besonderen Vereinbarung mit dem Auftraggeber (siehe Kapitel 6.3.1).
[7]) Gesteinskörnungen mäßig raue Oberfläche, gedrungene Gestalt, Gesteinskorngemisch möglichst grobkörnig (DIN 1045-2, Tab. F.2.2)
[8]) Hartstoffschichten bei sehr starker Verschleißbeanspruchung: siehe Kapitel 6.3.2

3.4 Mechanische Beanspruchungen

DIN 1045 erfordert für die Expositionsklasse XM3 als besondere Anforderung den Einsatz von Hartstoffen nach DIN 1100. Das bedeutet, der Einsatz von Hartstoffen kann entweder als Hartstoffeinstreuung oder als Hartstoffschicht erfolgen. DIN 1045 verlangt hierfür die Mindestdruckfestigkeitsklasse C35/45. Im DBV-Merkblatt [R30.1, Tabelle 1] wird für diese Art der Beanspruchung in Kombination mit einer Hartstoffschicht die Druckfestigkeitsklasse C30/37 angegeben.

In bestimmten Fällen (z.B. Expositionsklasse XM3) kommen nur Hartstoffschichten nach DIN 18560-7 mit Hartstoffen nach DIN 1100 infrage. Geringere Abriebmengen als 7 cm^3 je 50 cm^2 können jedoch auch mit Hartstoffen der Hartstoffgruppe A (Naturstein) kaum erreicht werden. Für höhere Anforderungen sind besondere Hartstoffe erforderlich:

– als Sonderfall Hartstoffgruppe M (Metalle) mit einer Abriebmenge $\leq$ 3 cm^3 je 50 cm^2,
– als besonderer Ausnahmefall Hartstoffgruppe KS (Elektrokorund und Siliziumcarbid) mit einer Abriebmenge $\leq$ 1,5 cm^3 je 50 cm^2.

Tafel 3.8 gibt den Abrieb durch Schleifen für verschiedene Gesteinsgruppen nach DIN 52100 an, gemessen als Verlust in cm^3 je 50 cm^2 bei der Prüfung nach DIN 52108.

Tafel 3.8: Widerstand gegen Abrieb und Zertrümmerung von Splitt und Kies (nach DIN 52100 [N58], bzw. TL Gestein-StB 04 [R17])

Gestein/Gesteinsgruppe	Rohdichte ρ_R [t/m^3]	Abrieb durch Schleifen Verlust [cm^3/50 cm^2]	Schlag-Zertrümmerungs-Wert SZ_{SP} (8/12,5)
Basalt, Melaphyr	2,85 ... 3,05	5 ... 8,5	SZ_{22}
Diabas	2,75 ... 2,95	5 ... 8	
Diorit, Gabbro	2,70 ... 3,00	5 ... 8	
Basaltlava	2,40 ... 2,85	12 ... 15	
Granit, Syenit	2,60 ... 2,80	5 ... 8	SZ_{26}
Gneis, Granulith,	2,65 ... 3,10	4 ... 10	
Amphibolit,	2,65 ... 3,10	6 ... 12	
Serpentinit	2,65 ... 3,10	8 ... 18	
Grauwacke, Quarzit, quarzit. Sandsteine	2,60 ... 2,75	7 ... 8	
Kies, gebrochen	2,60 ... 2,75	–	
Kalkstein, Dolomitstein	2,65 ... 2,85	15 ... 40	SZ_{32}
Kies, rund	2,55 ... 2,75	–	SZ_{35}

Bestimmte Anforderungen an den Widerstand gegen Verschleiß oder Oberflächenabrieb der Gesteinskörnungen werden in DIN 1045 nicht gestellt. Entsprechende Anforderungen an Gesteinskörnungen sind jedoch in DIN EN 12620 „Gesteinskörnungen für Beton" geregelt.

3.4.2 Widerstand gegen Schlagbeanspruchung

Der Schlagzertrümmerungswert der Gesteinskörnung zeigt den Widerstand verschiedener Gesteinsarten gegen Schlagbeanspruchung. Für Beton oder für Gesteinskörnungen im Beton werden weder in DIN 1045 noch in den Straßenbau-Vorschriften bestimmte Anforderungen an den Widerstand gegen Schlagbeanspruchung gestellt. Anders ist es für Schichten ohne Bindemittel, z.B. für Frostschutzschichten oder Tragschichten im öffentlichen Straßenbau. Hierfür sind die gesteinsbezogenen Anforderungen an den Widerstand gegen Zertrümmerung nach in TL Gestein-StB 04 gemäß Tafel 3.8 einzuhalten.

Die Widerstandsfähigkeit von Beton gegen Schlagbeanspruchung ist dann größer, wenn der Beton nicht zu spröde ist. Harte Stoffe erhöhen zwar die Widerstandsfähigkeit gegen Abrieb, sind jedoch meistens gegen Schlagbeanspruchung weniger geeignet. Zur Erhöhung der Widerstandsfähigkeit gegen Roll-, Stoß- und Schlagbeanspruchung sind „zähe" Stoffe erforderlich.

Tafel 3.8 gibt Schlagzertrümmerungswerte entsprechend den Technischen Lieferbedingungen für Gesteinskörnungen im Straßenbau TL Gestein-StB 04 an. Diese Werte verdeutlichen die Unterschiede. Die Eignung gegen Schlagbeanspruchung ist umso größer, je kleiner der Schlagzertrümmerungswert ist. Gesteine mit einem Schlagzertrümmerungswert von SZ_{22} sind besser gegen Schlagbeanspruchung geeignet als Gesteine mit Werten von SZ_{26}. Bei Kalkstein und Dolomitstein sind entsprechend TL Gestein-StB 04 nur SZ-Werte bis maximal 28 M.-% zulässig.

Erforderlichenfalls sind entsprechende Werte vertraglich zu vereinbaren, z.B. Schlagzertrümmerungswert $\leq SZ_{22}$. Dies empfiehlt sich jedoch nur bei sehr stark schlagend beanspruchten Flächen.

3.4.3 Widerstand gegen Polieren grober Gesteinskörnungen

Der Widerstand gegen Polieren von groben Gesteinskörnungen, die in Betonbodenplatten verwendet werden, kann als PSV-Wert gemäß DIN EN 1097-8 bestimmt werden. (PSV = polished stone value). Der Widerstand gegen Polieren (glattschleifen) ist umso größer, je größer die Zahl als PSV-Index angegeben wird. PSV_{50} ist widerstandsfähiger als PSV_{44}.

Im öffentlichen Straßenbau soll der PSV-Wert für Gesteinskörnungen bei Fahrbahndecken aus Beton gemäß TL Gestein-StB 04 bei gering beanspruchten Flächen $\geq PSV_{44}$ betragen, in den stärker beanspruchten Bauklassen (z.B. Autobahnen) $\geq PSV_{50}$. Diese Forderung kann auf Betonbodenplatten im Freien übertragen werden, wenn hohe Geschwindigkeiten gefahren werden und Bremskräfte eine wesentliche Rolle spielen. Dies bedarf allerdings einer besonderen vertraglichen Vereinbarung. Bei besonderen Beanspruchungen, z.B. Waschbeton, wird für gebrochene Gesteinskörnung in TL Beton-StB [16] der Wert PSV_{53} gefordert.

3.5 Beanspruchungen durch Temperaturdifferenzen

Betonböden im Freien erfahren besondere Temperaturbeanspruchungen, da die Betonplatte den jahreszeitlichen und täglichen Temperaturschwankungen an der Oberfläche ausgesetzt ist. Aber auch Betonböden in Hallen sind nicht frei von Temperaturbeanspruchungen. Dies gilt für das Beheizen beim Beginn einer Arbeitsperiode oder beim Abkühlen während der Betriebspausen. Große Fenster- und Toröffnungen ermöglichen eine starke Sonneneinstrahlung auf die Betonoberfläche. Nicht zu vernachlässigen ist der Bauzustand, insbesondere wenn die Hallenkonstruktion zurzeit des Betonbodeneinbaues noch nicht fertig gestellt ist. In diesem Fall kann die Beanspruchung der Betonplatte wie bei Betonböden im Freien sein.

Ein gleichmäßiges Abkühlen führt zum Verkürzen der Betonplatten, die vorhandenen Fugen werden sich hierbei öffnen. Dieser Verkürzung wird jedoch die Reibungskraft zwischen Betonplatte und Untergrund entgegenwirken. Daher muss die Reibungskraft besonders bei Platten mit großen Fugenabständen durch das Anordnen von Gleitschichten unter den Betonplatten vermindert werden.

Das gleichmäßige Erwärmen einer Betonplatte, wie es z.B. beim langsamen Aufheizen einer Halle erfolgt, ist unbedeutend und kann im Allgemeinen unberücksichtigt bleiben. Beim Erwärmen möchte sich die Betonplatte ausdehnen. Wenn diese Ausdehnung behindert wird, entstehen Betondruckspannungen. Die Betonplatte kann diese Druckspannungen ohne weiteres aufnehmen. Für die Sicherung angrenzender Bauteile (z.B. Wände oder Schächte) sind Raumfugen mit weicher Fugeneinlage anzuordnen (s. Kapitel 4.4.6).

Die Temperaturdehnzahl des Betons $\alpha_{c,T}$ kann angenommen werden mit:

$$\alpha_{c,T} = 10 \cdot 10^{-6} \text{ K}^{-1} \hspace{4cm} \text{(Gl. 3.3)}$$

Als etwas besser vorstellbarer Wert ergibt sich daraus folgende Längenänderung ΔL:

$$\Delta L = 1 \text{ mm je 10 m Länge bei 10 Kelvin Temperaturänderung} \hspace{2cm} \text{(Gl. 3.4)}$$

Diese Längenänderung sollte Betonbodenplatten ermöglicht werden, um auf diese Weise Zwängungen zu verhindern. Daher sind entsprechende Randfugen als Bewegungsfugen erforderlich.

Das ungleichmäßige Abkühlen oder Erwärmen einer Betonbodenplatte kann wesentlich ungünstiger als eine gleichmäßige Temperaturänderung sein. Diese Vorgänge können zu Verwölbungen der Betonbodenplatte führen. Für das Entstehen ungleichmäßiger Temperaturverhältnisse innerhalb der Plattendicke sind drei Ursachen entscheidend:

– Wärmeentwicklung beim Erhärten des Betons mit anschließendem Abkühlen,

– Erwärmen durch Sonneneinstrahlung,

– Abkühlen durch Wind und/oder Nachtkälte.

3.5.1 Wärmeentwicklung und Abkühlen beim Erhärten des Betons

Eine starke Wärmeentwicklung des Betons beim Erhärten kann durch eine entsprechende Betonzusammensetzung, das zu frühe Abkühlen des erhärtenden Betons durch geeignete Nachbehandlung bei der Ausführung gemildert werden.

Beim Erhärten des Betons wird Wärme entwickelt; es entsteht infolge der chemischen Reaktion des Zements mit dem Wasser die so genannte Hydratationswärme. Sie ist umso größer, je mehr Zement verwendet wird und je höher die Zementfestigkeitsklasse ist. Die Temperatur wird etwa 12 bis 36 Stunden nach der Herstellung des Betons den Höchstwert erreichen.

Das Erwärmen ist bei üblichen Bauteildicken in der Regel nicht sehr bedeutsam, wohl aber das nachfolgende Abkühlen, da es an der Oberfläche intensiver erfolgt als in tieferen Bereichen der Betonplatte. Schnelles Abkühlen durch Wind innerhalb der genannten Zeitspanne ist besonders kritisch. Es entstehen durch große Temperaturdifferenzen hohe Temperaturspannungen, die sehr leicht die bis dahin noch geringe Zugfestigkeit des Betons erreichen. Risse sind die Folge. Temperaturdifferenzen zwischen dem Kern und der Oberfläche des Betons von mehr als 15 Kelvin führen im erhärtenden, jungen Beton zu Rissen [L34]. Diese Risse werden zwar zunächst nicht die gesamte Plattendicke erfassen, da nur im oberen Bereich Zugspannungen herrschen, sie werden aber oft durch das nachfolgende Schwinden des Betons aufgeweitet und vertieft.

3.5.2 Erwärmen durch Sonneneinstrahlung

Temperaturdifferenzen, die sich ungleichmäßig über die Dicke der Betonbodenplatten verteilen, sind wesentlich kritischer als gleichmäßige Abkühlungen oder Erwärmungen. Hierbei kann es zu Verwölbungen der Betonbodenplatten kommen. Diese Verwölbungen bewirken zusätzliche Biegebeanspruchungen in den Betonbodenplatten.

Betonbodenplatten im Freien sind der Sonneneinstrahlung ausgesetzt, wobei eine Erwärmung der Oberseite stattfindet. Dies kann ggf. aber auch bei Betonbodenplatten in Hallen mit großen Fenstern geschehen.

Bei Sonneneinstrahlung und Windstille kann es aufgrund der Wärmeleitfähigkeit des Betons zu einer Temperaturdifferenz von maximal 0,9 Kelvin je 1 cm Bauteiltiefe kommen. Dies ist der Temperaturgradient Δt des Betons:

$$\Delta t_{Erwärmung} \approx 0{,}9 \text{ K/cm} \tag{Gl. 3.5}$$

Bei derartigen ungleichmäßigen Erwärmungen an der Oberseite kommt es zum Aufwölben (Aufbuckeln) der Betonbodenplatten, es entstehen Wölbspannungen. Dies ist eine zusätzliche Beanspruchung, die für die Bemessung von Betonbodenplatten maßgebend werden kann. Beispiele zur Bemessung bei Wölbspannungen durch Temperaturdifferenzen enthält Kapitel 7.8.

3.5.3 Abkühlen durch Wind und/oder Nachtkälte

Beim Abkühlen der Betonoberfläche ist der Temperaturgradient Δt nur etwa halb groß wie bei Erwärmung:

$$\Delta t_{Abkühlung} \approx 0,4 \text{ K/cm} \tag{Gl. 3.6}$$

Dennoch kann dieser Fall kritisch werden, wenn das Abkühlen noch während der Erhärtungsphase des Betons stattfindet: Es kann hierbei zu einer feinen, netzartigen Rissbildung kommen: Es entstehen Krakeleerisse (oder Craqueles). Dieser Einfluss wird häufig durch schnelles Austrocknen überlagert, wenn die Betonoberfläche nicht durch geeignete Nachbehandlung geschützt wird. Hinzu kommt dann noch die Verdunstungskälte. Diese Einflüsse können entstandene Krakelees weiter vertiefen.

3.6 Beanspruchungen durch Frost ohne oder mit Taumittel

Frosteinwirkung während des Erhärtens muss auf jeden Fall vermieden werden. Die Folge wäre eine Zerstörung der Oberfläche, es kommt dann zum Abblättern der oberen Betonschichten. Für Betonbodenplatten im Freien muss ein frostsicherer Unterbau vorhanden sein (Kapitel 4.2.1).

Bei Betonbodenplatten im Freien und bei Hallenflächen, die ans Freie anschließen (z.B. im Torbereich), ist stets Beton mit hohem Widerstand gegen Frostangriff vorzusehen, z.B. Zuordnung in Expositionsklasse XF1. Ob Taumittel-Einwirkung hinzukommt, ist im Einzelfall abzuklären. Falls Taumittel eingesetzt werden, wäre „Frostangriff mit Taumittel" zu berücksichtigen, z.B. Zuordnung in Expositionsklasse XF2 oder XF4. Für die Zuordnung in Expositionsklassen XF1 bis XF4 mit der zugehörigen Betonfestigkeitsklasse und der erforderlichen Gesteinskörnung ist Tafel 3.9 maßgebend.

Die Taumittel-Einwirkung gilt für alle Flächen im Freien, bei denen Taumittel gestreut wird, aber auch für angrenzende Flächen, auf die Taumittel durch Fahrzeuge eingeschleppt werden kann, wenn dort mit Frosteinwirkung zu rechnen ist, z.B. in Halleneinfahrten bei betriebsbedingt lange offen stehenden Toren. Bei Frost-Taumittel-Einwirkung ist der Beton mit künstlichen Luftporen durch Zusatz von Luftporenbildner LP herzustellen (s. Kapitel 5.2.3).

Auf den Zusatz von Luftporenbildner LP kann bei Betonbodenplatten mit Hartstoffschichten in der Expositionsklasse XF2 verzichtet werden, wenn die Hartstoffschicht mindestens 10 mm dick ist. Bei Expositionsklasse XF4 muss bezüglich des erforderlichen Frost-Taumittel-Widerstand der Hartstoffschicht eine Zustimmung des Hartstoffherstellers vorliegen.

Bevor die Betonbodenfläche der ersten Frost-Taumittel-Beanspruchung ausgesetzt wird, sollte der Beton nach ausreichender Erhärtung mindestens einmal ausgetrocknet sein. Sollte dies nicht möglich sein, ist ein wirksames Hydrophobierungsmittel aufzubringen, um der Gefahr von Frost-Taumittel-Schäden vorzubeugen. In der Praxis läuft eine Hydrophobierung häufig unter dem Begriff „Versiegelung".

Tafel 3.9: Beton bei Frostbeanspruchung, der im durchfeuchteten Zustand in erheblichem Umfang Frost-Tau-Wechseln ausgesetzt ist [nach DIN 1045]

Klasse	Umgebung	Beispiele	Betonfestig- keitsklasse min f_{ck}	Wasser- zement- wert $(w/z)_{eq}$	Gesteins- körnung [5][6]
XF1	mäßige Was- sersättigung, Frostangriff ohne Taumittel	Außenbauteile	C25/30	$\leq 0{,}60$	F4
XF2	mäßige Was- sersättigung, Frostangriff mit Taumittel	Bauteile im Sprühneben- oder Spritzwasserbereich von taumittel- behandelten Verkehrsflächen, so- weit nicht XF4	C35/45 [1]) [2])	$\leq 0{,}50$ [4])	MS_{28}
XF3	hohe Wasser- sättigung, Frostangriff ohne Taumittel	stark wasserbeanspruchte Flächen	C35/45 [1]) [2])	$\leq 0{,}50$ [4])	F2
XF4	hohe Wasser- sättigung, Frostangriff mit Taumittel	Verkehrsflächen, die mit Taumittel behandelt werden oder im Spritz- wasserbereich liegen	C30/37 [3])	$\leq 0{,}50$	MS_{18}

[1]) Bei Beton mit Luftporen (LP-Beton) zwei Festigkeitsklassen niedriger möglich, z.B. C25/30 LP
[2]) Für langsam und sehr langsam erhärtende Betone (r < 0,30) eine Festigkeitsklasse niedriger, bedingt durch Änderung zur DIN 1045-2:A1-2005. Zur Einteilung in die geforderte Druckfestigkeits- klasse ist auch in diesem Fall der Nachweis für min f_{ck} an Probekörpern im Alter von 28 Tagen zu bestimmen.
[3]) Nur als Beton mit Luftporen (LP-Beton) zulässig, ggf. stattdessen Hartstoffestrich
[4]) Bei LP-Beton ist ein Wasserzementwert von $(w/z)_{eq} \leq 0{,}55$ zulässig
[5]) Gesteinskörnungen mit Regelanforderungen und zusätzlich Widerstand gegen Frost bzw. Frost und Taumittel (DIN EN 12620 und DIN V 20000-103)
[6]) In [R30.1] wird für den Frost-Tausalzwiderstand begehbarer bzw. befahrbarer Betonböden im Freien F1 bzw. MS_{18} gefordert (siehe Kapitel 5.2).

3.7 Beanspruchungen durch Chloride

Die Verwendung von Taumitteln zum Freihalten der Verkehrsflächen von Eis und Schnee bewirkt eine Beanspruchung des Betonbodens durch Chloride. Dies gilt für alle verkehrs- beanspruchten Flächen im Freien. Es gilt auch für solche Flächen, die direkt an Freiflä- chen anschließen, z.B. Hallenflächen im Einflussbereich länger offen stehender Tore.

Zu einer Beanspruchung durch Chloride kommt es auch bei Einwirkung von Meerwasser. Dies kann bei Betonflächen in Hafenanlagen und allgemein bei Betonflächen in direkter Küstennähe der Fall sein.

Chloride bewirken keine Betonkorrosion. Sie sind daher für unbewehrte Betonböden ohne Bedeutung. Bei bewehrten Betonböden führen sie ohne geeignete Maßnahmen zu einer Bewehrungskorrosion der oberen Bewehrung. Für einen ausreichenden Schutz gegen

3.7 Beanspruchungen durch Chloride

Bewehrungskorrosion muss die Betondeckung für die obere Bewehrung daher groß genug sein. Dafür sind die Werte der Betondeckung nach DIN 1045-1 einzuhalten:

- Nennmaß der Betondeckung (obere Bewehrung): $c_{nom} \leq 55$ mm
- Mindestmaß nach dem Einbau der Bewehrung: $c_{min} \leq 40$ mm

Nach DIN 1045 sind bei bewehrten Betonbodenplatten die Expositionsklassen XD nach Tafel 3.10 zu beachten.

Tafel 3.10: Bewehrter Beton, der chloridhaltigem Wasser einschließlich Taumittel, ausgenommen Meerwasser, ausgesetzt ist

Klasse	Umgebung	Beispiele	Betonfestig-keitsklasse min f_{ck}	Wasser-zementwert $(w/z)_{eq}$
XD1	mäßige Feuchte	Bauteile im Sprühnebelbereich von Verkehrsflächen; Einzelgaragen	C30/37 [1]) C25/30 LP	$\leq 0{,}55$
XD2	nass, selten trocken	Bauteile, die chloridhaltigen Industriewässern ausgesetzt sind	C35/45 [1])[2]) C30/37 LP	$\leq 0{,}50$
XD3	hohe wechselnd nass und trocken	Fahrbahndecken	C35/45 [1]) C30/37 LP	$\leq 0{,}45$

[1]) Bei Beton mit Luftporen (LP-Beton) eine Festigkeitsklasse niedriger möglich, z.B. C30/37 LP oder C25/30 LP

[2]) Für langsam und sehr langsam erhärtende Betone (r < 0,30) eine Festigkeitsklasse niedriger, bedingt durch Änderung zur DIN 1045-2:A1-2005. Zur Einteilung in die geforderte Druckfestigkeitsklasse ist auch in diesem Fall der Nachweis für min f_{ck} an Probekörpern im Alter von 28 Tagen zu bestimmen.

Weiterhin sind bei bewehrten Betonbodenplatten in Kontakt mit Meerwasser oder in Meerwasserumgebung die Expositionsklassen XS nach Tafel 3.11 zu beachten.

Tafel 3.11: Bewehrter Beton, der Chloriden aus Meerwasser oder aus salzhaltiger Luft ausgesetzt ist

Klasse	Umgebung	Beispiele	Betonfestig-keitsklasse min f_{ck}	Wasser-zementwert $(w/z)_{eq}$
XS1	salzhaltige Luft, kein unmittelbarer Meerwasserkontakt	Außenbauteile in Küstennähe (Entfernung bis etwa 1 km zur Küste)	C30/37 [1]) C25/30 LP	$\leq 0{,}55$
XS3	Tidebereiche, Spritzwasser- und Sprühnebelbereiche	Betonbodenplatten im Bereich von Hafenanlagen	C35/45 [1]) C30/37 LP	$\leq 0{,}45$

[1]) Bei Beton mit Luftporen (LP-Beton) eine Festigkeitsklasse niedriger möglich, z.B. C30/37 LP oder C25/30 LP

3.8 Chemische Beanspruchungen

3.8.1 Grundwasser

Obwohl Beton ein sehr widerstandsfähiger Baustoff ist, kann er dennoch von verschiedenen Stoffen chemisch angegriffen werden. Der sonst häufig vorkommende Angriff durch aggressives Grundwasser spielt bei Betonböden im Allgemeinen keine Rolle, da diese Bauteile nicht im Grundwasser liegen. Insofern entfällt hierbei die in DIN 1045-1 vorgesehene Einteilung in Expositionsklassen XA1 bis XA3 für Betonkorrosion durch aggressive chemische Umgebung, die für vorwiegend natürlich zusammengesetzte Wässer vorgesehen ist. Anders sieht es jedoch mit einer Beanspruchung durch anders zusammengesetzte Flüssigkeiten aus, wie sie in Produktions- und Lagerbetrieben in Form von Säuren, Laugen, Sulfaten, oder Ölen und Fetten vorkommen können.

3.8.2 Flüssigkeiten der Industrie

In Industrie-, Produktions- und Lagerbetrieben können verschiedene Stoffe auftreten, die den Beton chemisch angreifen. Sie können außerdem den Beton oder die Fugen durchdringen und ins Grundwasser gelangen.

Besondere Vorsicht ist in der chemischen Industrie geboten. So ist z.B. in Zellstoffwerken, Galvanisieranstalten und Beizereien mit Mineralsäuren und Sulfaten zu rechnen, in Kokereien entstehen Ammoniumsalze und Sulfate. In Düngemittel-Lagerhallen wirken Sulfate betonangreifend. In Zucker-, Papier-, Farben-, Weinessig- und Konservenfabriken, Brennereien, Gerbereien, Molkereien, Käsereien und Anlagen zur Grünfutterherstellung wirken im Wesentlichen organische Säuren, u.a. Ameisen-, Essig-, Milch- und Buttersäure.

Der chemische Angriff und die erforderlichen Gegenmaßnahmen sind im Einzelfall abzuklären. Generell wird empfohlen, für Bauaufgaben, bei denen Beton einem chemischen Angriff ausgesetzt ist, Betone mit hohem Wassereindringwiderstand zu verwenden.

Einen wesentlichen Einfluss auf die Größe der chemischen Beanspruchung hat die Einwirkungsdauer. Folgende Unterschiede sind daher besonders zu berücksichtigen:

– Regelmäßige und dauernde Beaufschlagung durch angreifende Flüssigkeiten,
– Zeitlich befristete Einwirkung in besonderen Situationen, z.B. bei unplanmäßig ablaufenden Arbeits-, Lagerungs- oder Umfüllvorgängen mit sofortigem Entfernen der kritischen Flüssigkeiten.

Der chemische Angriff auf Beton wird im Wesentlichen durch Sulfate und Säuren hervorgerufen. Anorganische Säuren bewirken meistens einen starken Angriff auf Beton [L39].

Organische Säuren wirken im Allgemeinen weniger stark oder sind nur schwach angreifend. Säurehaltige oder säurebildende organische Substanzen, wie Abfälle in der Konservenindustrie oder Fruchtsäfte, Sauermilch und Silagen, führen meistens zu schwachen Angriffen. Manche organische Säuren bilden sogar Schutzschichten, z.B. Oxalsäure [L39].

3.8 Chemische Beanspruchungen

Die meisten Ammoniumsalze führen zu Auslaugungen des Betons; Ammoniak greift den Beton jedoch nicht an.

Tierische oder pflanzliche Fette und Öle haben ein schwaches Angriffsvermögen, das bei Beton der Festigkeitsklassen C25/30 und darüber in der Regel vernachlässigt werden kann [L39].

Mineralöle und -fette zerstören den Beton nicht. Steinkohlen-Teeröle sind so schwach angreifend, dass dieser Angriff bei Beton $\geq$ C30/37 zu vernachlässigen ist.

Bei mäßigem chemischem Angriff durch Säuren und/oder Sulfate (analog Expositionsklasse XA2) muss Beton mit hohem Wassereindringwiderstand verwendet werden. Die Wassereindringtiefe darf 30 mm nicht überschreiten. Der Beton muss einen Wasserzementwert von w/z $\leq$ 0,50 aufweisen. Bei Sulfatangriff ist außerdem Zement mit hohem Sulfatwiderstand zu verwenden (HS-Zement).

Bei der Festlegung des Angriffsgrades in DIN 1045-2 wird davon ausgegangen, dass diese angreifenden Stoffe in Wasser gelöst sind und auf den Beton einwirken. Ohne Feuchtigkeitseinfluss kann es nicht zu einem chemischen Angriff kommen. Bei nur gelegentlicher Einwirkung angreifender Stoffe ist der Angriffsgrad entsprechend gemindert.

In Produktions- und Lagerräumen kann beim Umgang mit stark angreifenden und/oder wassergefährdenden Stoffen ein Oberflächenschutz der Betonbodenplatte erforderlich werden. Unter „Umgang" ist das Lagern, Abfüllen, Umschlagen, Herstellen, Behandeln oder Verwenden flüssiger oder pastöser wassergefährdender Stoffe zu verstehen. Derartig beanspruchte Betonbodenplatten müssen dem Besorgnisgrundsatz des Wasserhaushaltsgesetzes genügen und außer den Anforderungen der DIN 1045 zusätzlich auch der DAfStb-Richtlinie „Betonbau beim Umgang mit wassergefährdenden Stoffen". Falls ein Oberflächenschutz erforderlich wird, muss dieser der DIN 28052 und der DAfStb-Richtlinie „Schutz und Instandsetzung von Betonbauteilen" entsprechen.

In den meisten Fällen der Praxis wird ein besonderer Schutz des Betons nicht erforderlich sein. Bei der Herstellung ist vor allem auf einen flüssigkeitsdichten Beton und eine einwandfreie Qualität der Oberfläche zu achten.

Flüssigkeiten der Industrie können betonangreifende Stoffe enthalten. Erforderliche Maßnahmen sind stets im Einzelfall abzuklären und festzulegen. Die Tafeln 3.12 bis 3.15 zeigen den Schädlichkeitsgrad verschiedener Substanzen sowie die möglichen Schutzmaßnahmen.

Für weitere Ausführungen zu Betonkonstruktionen, die der DAfStb-Richtlinie für „Betonbau beim Umgang mit wassergefährdenden Stoffen" entsprechen müssen, gilt Kapitel 6.4.3.

Tafel 3.12: Einwirkungen verschiedener Stoffe auf Beton und mögliche Schutzmaßnahmen (nach TFB [L39])

Substanz	Schädlich-keitsgrad (Tafel 3.13)	Schutzmaßnahmen (Tafe 3.15)		
		Imprägnierungen, Beschichtungen	Auskleidungen	Bindemittel, Spezialmörtel
Abgase	3*)	62,52,45,54	12	51,57
Abwasser	0 bis 5 je pH-Wert u. Sulfatgehalt			
Aceton (rein)	0			
Äther	1			
ätherische Öle	1			
Alaun	3 und 4*)	31, 52, 59, 58, 54	11, 12	23, 25, 51, 57
Alkalien	0			
Alkohol	0			
Aluminiumchlorid	4 und 5*)	31, 52, 56, 58, 59	11, 12, 54	23, 51, 57
Aluminiumsulfat	3 und 4*)	31, 52, 44, 37, 56, 59	11, 12	23, 51, 57, 58
Aluminium (Metall)	0			
Ameisensäure	3 und 4	56, 64	11, 12	51, 57
Ammoniak	0			
Ammonsalze	3 und 4 *)	31, 52, 59, 54	54,59	51, 52, 57
Anthracenöl	1			
Asche	3 und 4 *)	52, 54, 64	11, 12	25
Ätznatron	0			
Benzin	0			
Benzol	0			
Bier	1 und 2	52, 58, 54	11, 12	51, 52
Beizen	3 und 4*)	33, 51, 54, 59	11, 12	51, 52
Blei	0			
Borax	1			
Braunkohle	1 bis 3*)	52, 59, 64	11	51, 57
Buttermilch	2 bis 4	56, 55, 64	12, 54	52, 58
Calziumchlorid	2	31, 45, 52, 56, 59, 54	11, 31	23, 51 ,57
Calziumsulfat (Gips)	1 bis 4*)	31, 45, 52, 56, 58, 59	11, 12	25

3.8 Chemische Beanspruchungen

Tafel 3.12: (Fortsetzung)

Substanz	Schädlich-keitsgrad (Tafel 3.13)	Schutzmaßnahmen (Tafe 3.15)		
		Imprägnierungen, Beschichtungen	Auskleidungen	Bindemittel, Spezialmörtel
Calziumnitrat	1			
Carbolsäure (Phenol)	2 und 3	44, 45, 62, 64	11, 12	24, 51, 57
Chlorwasser (Chlorkalk)	2	31, 33, 54	11, 12	24, 58
Chloride (Alkali-)	1			
Citronensäure	4 und 5*)	52, 56, 54, 64	12	51, 52, 57
Cumol	0			
dest. Wasser (s. Wasser)	-			
Dieselöl	1			
Dünger (Kunst-)	1 bis 4*)	31, 54, 59	11, 12, 54	51, 52, 57
Eisen (Stahl)	0			
Eisenchlorid	1 bis 3*)	31, 52 56, 58, 62, 64	11, 12	23, 51, 57
Erdnussöl	3	52, 54, 55, 58, 64	12, 52, 54	51, 52, 57, 58
Essig	3 und 4	31, 46	11, 12	23, 51, 58
Essigsäure	3 und 4	31, 46	11, 12	23, 51, 58
Fett (Pflanzen- und Tier-)	3 bis 5	31, 52, 54, 58, 59, 64	11, 12, 54	51, 52
Fluate	1			
Feuchtigkeit	1			
Flusssäure	5	45, 54	14, 16	23, 57
Flusswasser (s. Wasser)	-			
Formalin	3 und 4	31, 33	11, 12	24, 58
Fruchtsäfte	3 und 4	52, 54, 56, 62	11, 12	24, 51, 52
Gerbsäure	2	31, 46	11, 12	
Gipswasser	1 bis 4	31, 45, 52, 56, 58, 59	11, 12	25
Glaubersalz	3 und 4*)	31, 44, 52, 56, 58, 59	11, 12	25
Glycerin	3	31, 44, 46, 52, 54, 59	11, 12	23, 51, 52, 57
Glykol	3 und 4			
Grundwasser (s. Wasser)	-			

Tafel 3.12: (Fortsetzung)

Substanz	Schädlich-keitsgrad (Tafel 3.13)	Schutzmaßnahmen (Tafe 3.15)		
		Imprägnierungen, Beschichtungen	Auskleidungen	Bindemittel, Spezialmörtel
Grünfutter	2 und 3	31, 44, 52	11, 12, 54	51, 52, 57
Heizöl	0 und 1			
Humussäuren	3 und 4	31, 62, 64	11, 12, 51	51, 57
Jauche	3	52, 62, 64	11, 12, 31	51, 52, 57
Kakaobutter	5	52, 57, 58, 55, 54	11, 12, 52, 54	51, 52, 57, 58
Kalilauge	0			
Kalipermanganat	0			
Kalisalpeter	1			
Kaliwasserglas	0			
Kalk (Ätzkalk, Kalkhydrat)	0			
Karbolineum	2 bis 4	44, 45, 62, 64	11, 12	24, 51, 57
Kochsalz	1		11, 12	
Kohlensäure (Gas)	0		11, 12	
Kohlensäure (in Lösung)	2 und 3	52, 54, 58, 59, 62	11, 12, 31, 54	23, 51, 52, 57
Kohle	0 bis 3*)	52, 59, 64	11, 12,	23, 51, 57
Koks	0 und 1			
Kupfervitriol	2 und 3	31, 45, 52, 54, 55, 58	11, 12	25
Leichtöl	0 und 1		11, 12	
Leinöl	3	46, 52, 54, 58, 59, 62, 64	11, 12, 54	51, 52, 57
Magnesiumsalze	3*)	44, 45, 52, 54, 56 bis 59, 62	11, 12, 54	28, 51, 52, 57
Melasse	2	52, 54, 56, 57, 59, 62, 64	11, 12, 54	51, 52, 57
Milch	0			
Milch, saure	2 bis 4	52, 55	11, 12, 59	51, 52, 58
Milchsäure	3 und 4	31, 45, 54, 56, 58, 59, 62	11, 12, 54	51, 57, 58
Mineralöle	0		11, 12	
Moorwässer	3 und 4	33, 52	11, 12	22
Molkereiwässer	2 bis 4	52, 55	11, 12, 59	51, 52, 58
Natronlauge	0			

3.8 Chemische Beanspruchungen

Tafel 3.12: (Fortsetzung)

Substanz	Schädlichkeitsgrad (Tafel 3.13)	Schutzmaßnahmen (Tafe 3.15)		
		Imprägnierungen, Beschichtungen	Auskleidungen	Bindemittel, Spezialmörtel
Nickelbäder	2 und 3	33, 52, 59,	11, 12, 54	51, 52
Obstsaft	3 und 4	31, 52, 59, 64	11, 12, 54	51, 52, 57
Öl (Mineral-)	1			
Öl (Pflanzen-)	3 bis 5	31, 52, 54, 58, 62	11, 12, 54	51, 52, 57
Oxalsäure	0 und 1			
Paraffin	1			
Pech	0			
Petroleum	1			
pflanzliche Fette (s. Fett)	3 bis 5			
Phosphorsäure	3 und 4	45, 46, 52, 54, 55, 56, 58, 59, 62, 64	11, 12, 14	23, 51, 57
Pottasche	1			
Quellwasser (s. Wasser)	-			
Rauchgase	3 und 4*)	44, 45, 52, 54	11, 12, 16	23, 34, 51
Rizinusöl	5	31, 52, 54, 58	11, 12	51, 52, 57
Rüböl	5	31, 52, 54, 58, 62	11, 12, 54, 59	23, 51, 52, 57
Salpetersäure	5	45, 54	11, 12	51, 57
Salze	-			
Salzsäure	5	45, 54	11, 12, 31, 54	51, 57
Sauerkraut	2 und 3	52, 58, 59	11, 12	51, 52, 57
Säuren	4 und 5	31, 44, 52, 54, 55, 59	12, 31, 54	23, 51, 52, 57
Schwefel	0			
Schwefelkohlenstoff	0			
Schwefelsäure	5	44, 54, 56	11, 13, 16	
Schwefelwasserstoff	3 und 4*)	45, 52, 54, 58, 59, 62, 64	11, 12, 31	23, 24, 57
Schweröl	0			23, 51, 52, 57
Seife	0			
Soda	0			
Sole	2 und 3			

Tafel 3.12: (Fortsetzung)

Substanz	Schädlich-keitsgrad (Tafel 3.13)	Schutzmaßnahmen (Tafe 3.15)		
		Imprägnierungen, Beschichtungen	Auskleidungen	Bindemittel, Spezialmörtel
Staufferfett	2			
Steinkohle	1 bis 3*)			25
Sulfate	3 und 4*)			25
Süßmost	3 und 4	52, 54, 56, 62		24, 51, 52
Teer	2 und 3			
Terpentinöl	0			
tierische Fette (s. Fett)	3 bis 5			
Toluol	0			
Vaseline	1			
Wasser				
dest. Wasser, Regenwasser, Kondenswasser, kalkarmes Wasser	3 und 4			
weiches Wasser	2 und 3			
hartes Wasser (stark kalkhaltig)	0			
wie zuvor (stark gipshaltig)	3 und 4	31		25
wie zuvor (stark kohlensäurehaltig)	2 und 3	31, 62		
Binnenseewasser	1			
Flusswasser	1			
Gletscherwasser	2 und 3			
Meerwasser	1 bis 3			25
Wasserglas	0			
Weinsäure	2 und 3	31	11, 12, 31	51, 52, 57
Wein	1			
Wollfett	4 und 5	31, 52, 54, 58	11, 12, 54	51, 52, 57
Xylol	0			
Zink	0		11, 12, 54	51, 52, 57
Zucker	3 und 4*)	31, 52, 54, 56, 59, 62, 64	11, 12	

Tafel 3.13: Schädlichkeitsgrade; Erläuterungen zu Tafel 3.12 (nach TFB [L39]

Schädlichkeitsgrad	Erläuterung
0	völlig unschädlich
1	sehr geringe Wirkung
2	schwache Wirkung
3	deutliche Angriffe
4	gefährlich
5	sehr gefährlich
*	nur in Verbindung mit Feuchtigkeit, sonst geringer

Tafel 3.14: Anforderungen an Beton mit hohem Widerstand gegen chemische Angriffe bei Einwirkung von Flüssigkeiten der Industrie nach Tafel 3.12 (Empfehlungen [L39])

Schädlichkeitsgrad TFB nach Tafel 3.12	Anforderungen		Weitere Maßnahmen
	Wasserzementwert	Wassereindringtiefe	
1 bis 3	w/z ≤ 0,50 (0,60)	$e_w \leq$ 30 mm (50 mm)	keine
4 und 5	w/z ≤ 0,50	$e_w \leq$ 30 mm	Schutz des Betons erforderlich

3.9 Auswirkungen des Schwindens von Beton

Betonböden in Hallen mit sehr trockenem Raumklima, z.B. in klimatisierten Hallen, sind besonders stark dem Schwinden ausgesetzt. Das Schwinden des Betons entsteht durch das Schwinden des Zementsteins während des Austrocknens. Niedrige Luftfeuchtigkeit, reger Luftaustausch und hohe Temperaturen beschleunigen das Austrocknen des Betons und damit den Schwindvorgang. Zementgehalt und insbesondere der Wassergehalt bestimmen die Größe des Schwindens, auch die Zementart. Das Schwinden wird also umso größer sein, je mehr Zementstein im Beton vorhanden ist und je wasserreicher der Beton hergestellt wurde.

Die Betonbodenplatte trocknet nicht gleichmäßig aus, sondern im Wesentlichen von der Betonoberfläche her, also einseitig. Daher wird auch das Schwinden nicht gleichmäßig erfolgen. Der Schwindvorgang setzt an der Oberfläche ein, das Verkürzen wirkt sich nach unten geringer aus. Durch dieses unterschiedliche Schwinden ergibt sich eine Aufwölbung der Betonbodenplatte an den Rändern, die Betonbodenplatte schüsselt auf. Die Auswirkung ist ähnlich wie beim Abkühlen der Betonoberfläche.

Da das Schwinden ein langwieriger Prozess ist und nach unten weiter fortschreitet, ist im Laufe der Zeit auch der untere Bereich der Betonbodenplatte dem Schwinden ausgesetzt. Der Anteil des gleichmäßigen Schwindens bewirkt eine Verkürzung der Betonbodenplatte in ähnlicher Weise, wie es ein gleichmäßiges Abkühlen bewirkt. Beide Vorgänge überlagern sich gegebenenfalls. Da jedoch die Verkürzungen der Betonbodenplatte nur durch die Reibungskräfte auf der Unterlage behindert werden, sind die entstehenden Zugspannungen nur hiervon abhängig. Das bedeutet, dass sich bei langfristig wirkenden Belastun-

Tafel 3.15: Schutzmaßnahmen; Erläuterungen zu Tafel 3.12 [L39]

Schlüssel-Nr.	Empfohlener Werkstoff	Schlüssel-Nr.	Empfohlener Werkstoff
Materialien für Auskleidungen		Künstliche und natürliche Kautschuke	
11	Ziegel	41	Naturkautschuk NK
12	Klinker	42	Butadien-Kautschuk (Buna)
13	Graphitplatten	43	Butyl-Kautschuk IIR
14	Kohlenstoffplatten	44	Chloropren-Kautschuk CR
15	feuerbeständige Steine	45	Styrol-Butadien-Kautschuk SBR
16	Bleiplatten	46	Polysulfid-Kautschuk SR
Bindemittel		Kunststoffe	
21	Portlandzement	51	Furanharz
22	Tonerde-Schmelzzement	52	Epoxidharz EP
23	Schwefel	53	Polymethacrylat PMMA
24	Silikate	54	Polyvinyl PV
25	HS-Zement	55	Polyurethan PUR
56		Chlorsulfon-Polyethylen CSM	
Mineralstoffe		57	Phenolharz PF
31	Bitumen	58	Polyesterharz UP
32	Paraffin	59	Chloropren-Kautschuk CR
33		Asphalt	
Imprägniermittel (nur beschränkt wirksam)			
61		Silikon SI	
62		Magnesium- oder Zinkfluat	
63		Bleifluat	
64		Alkalisilikat	

gen und großen Fugenabständen Gleitschichten zwischen Betonplatte und Tragschicht günstig auswirken (s. Kapitel 4.2.6).

Die Größe des Schwindens ist von folgenden Einflüssen abhängig:

Zementart, Betondruckfestigkeit, relative Luftfeuchte, Bauteildicke.

Die Schwinddehnung $\varepsilon_{cs\infty}$ darf für den Zeitpunkt $t = \infty$ wie folgt nach DIN 1045 abgeschätzt werden:

$$\varepsilon_{cs\infty} = \varepsilon_{cas\infty} + \varepsilon_{cds\infty} \tag{Gl. 3.7}$$

Hierbei sind:

ε_{cas} Schrumpfdehnung zum Zeitpunkt $t = \infty$ nach Bild 3.7

ε_{cds} Trocknungsschwinddehnung zum Zeitpunkt $t = \infty$ nach Bild 3.8

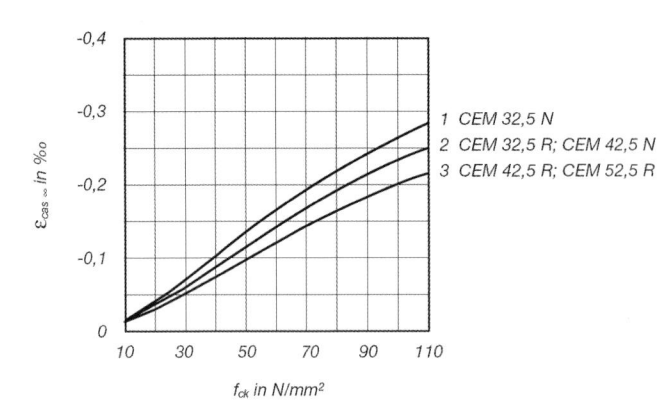

Bild 3.7:
Schrumpfdehnung $\varepsilon_{cas\infty}$ zum Zeitpunkt $t = \infty$ für Normalbeton (DIN 1045-1 Bild 20)

In Bild 3.8c wird gezeigt, wie schrittweise zu verfahren ist, um die Trocknungsschwinddehnung ε_{cds} zu ermitteln, wobei die verschiedenen Einflüsse erfasst werden:

Schritt (1) in Bild 3.8a mit der wirksamen Bauteildicke h_0 bis zur Kurve für die entsprechende relative Luftfeuchte RH gehen
Schritt (2) von diesem Punkt zum Ursprung der Kurve eine Sekante ziehen
Schritt (3) in Bild 3.8b von der Druckfestigkeit f_{ck} des Betons nach oben bis an die Kurve der entsprechenden Zementfestigkeitsklasse gehen
Schritt (4) von diesem Punkt hinüber in den linken Bildteil bis an die Sekante gehen
Schritt (5) von diesem Punkt nach unten gehend ist die ε_{cds} abzulesen

Vereinfacht kann von folgender Größe des unbehinderten Gesamt-Schwindens $\varepsilon_{cs,\infty}$ bei Betonbodenplatten ausgegangen werden, das sich aus Schrumpfdehnung $\varepsilon_{cas,\infty}$ und Trocknungsschwinddehnung $\varepsilon_{cds\infty}$ zusammensetzt:

$$\varepsilon_{cs\infty} = \varepsilon_{cas\infty} + \varepsilon_{cds\infty} \approx - 0{,}4 \text{ mm/m}$$ (Gl. 3.8)

3.10 Auswirkungen der Karbonatisierung von Beton

Das Einwirken des in der Luft vorhandenen Kohlendioxids CO_2 in die Kapillarporen des Betons wirkt auf den stark alkalischen Beton neutralisierend. Der Beton karbonatisiert. Eine direkte Schädigung des Betons findet dadurch nicht statt, jedoch können indirekt Schäden hervorgerufen werden und zwar für im Beton vorhandene Bewehrung. Der Korrosionsschutz der Bewehrung wird durch die Karbonatisierung aufgehoben, der Betonstahl kann rosten, wenn nachfolgend Sauerstoff und Wasser an den Beton gelangen

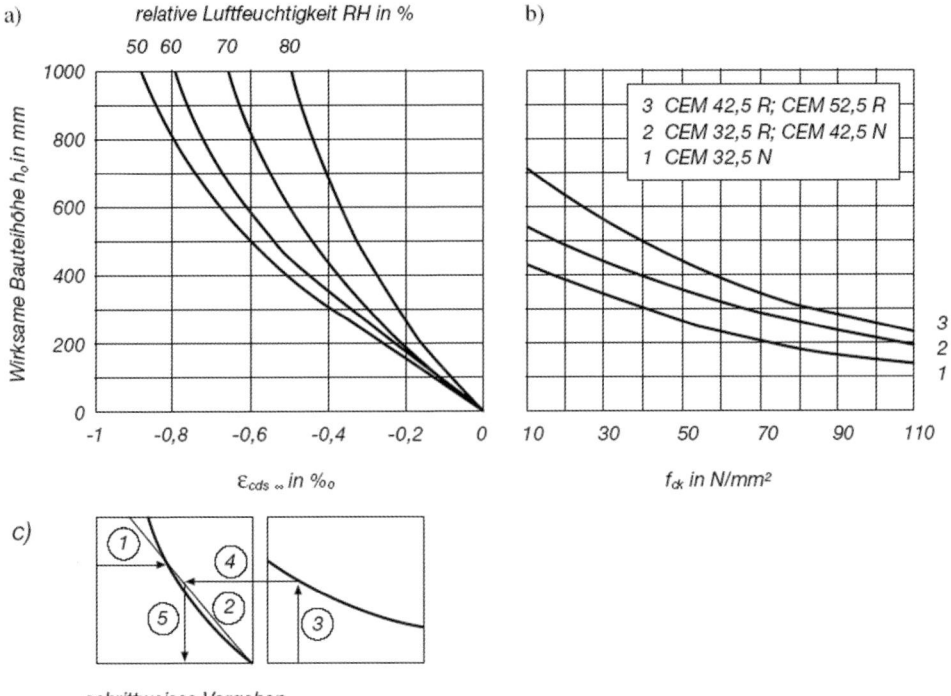

Bild 3.8:
Trocknungsschwinddehnung ε_{cas} zum Zeitpunkt $t = \infty$ für Normalbeton (DIN 1045-1 Bild 21)
a) Einfluss der relativen Luftfeuchte RH [‰]
b) Einfluss von Betondruckfestigkeit und Zementart
c) schrittweises Vorgehen zur Bestimmung der Schwinddehnung

kann. Für bewehrte Betonbauteile sind gemäß DIN 1045 daher die Expositionsklassen XC zu berücksichtigen (Tafel 3.16).

Tafel 3.16: Bewehrter Beton, der Luft sowie Feuchtigkeit ausgesetzt ist

Klasse	Umgebung	Beispiele	Betonfestig-keitsklasse min f_{ck}	Wasser-zementwert $(w/z)_{eq}$
XC1	trocken oder ständig nass	Bauteile in Innenräumen mit üblicher Luftfeuchte	C16/20	$\leq 0{,}75$
XC2	nass, selten trocken	Gründungsbauteile	C16/20	$\leq 0{,}75$
XC3	mäßige Feuchte	Bauteile, zu denen die Außenluft häufig oder ständig Zugang hat	C20/25	$\leq 0{,}65$
XC4	wechselnd nass und trocken	Außenbauteile mit direkter Beregnung	C25/30	$\leq 0{,}60$

4 Konstruktionsarten und Anforderungen

4.1 Allgemeines zur Gesamtkonstruktion

4.1.1 Standardausführung im Betonstraßenbau

Die Standardausführung im Betonstraßenbau ist die unbewehrte Betondecke auf einem sehr gut tragfähigen Unterbau. Dieser Unterbau besteht aus einem verdichteten Untergrund, einer Frostschutzschicht und einer gebundenen oder ungebundenen Tragschicht. Die Betondecke liegt direkt auf der Tragschicht, eine Trennschicht wird nicht angeordnet. Der Einbau erfolgt mit speziellen Straßenfertigern.

Diese Bauweise ist in der RStO festgelegt: „Richtlinien für die Standardisierung des Oberbaues von Verkehrsflächen" des Bundesverkehrsministeriums [R5]. Weitere Einzelheiten enthält die ZTV Beton-StB: „Zusätzliche Technische Vertragsbedingungen und Richtlinien für den Bau von Fahrbahndecken aus Beton" [R6].

Diese Regelungen des öffentlichen Betonstraßenbaus sind auch auf den Bau von Betonbodenplatten im Freien übertragbar, teilweise ebenfalls für Betonböden in Produktions- und Lagerhallen.

Nach der RStO gelten für den öffentlichen Betonstraßenbau (Bauklasse SV, I bis IV) folgende Anforderungen bei gebundenen Tragschichten:

- Verformungsmodul des Untergrundes: $E_{V2,U} \geq 45$ MN/m^2
- Verformungsmodul der Frostschutzschicht: $E_{V2,T} \geq 120$ MN/m^2
- Gebundene Tragschicht oder Bodenverfestigung: $d_T = 15$ cm [1])
- Dicke der Betondecke je nach Bauklasse: $d_P = 23$ cm - 27 cm [2])
- Betonfestigkeitsklasse: C30/37 LP

Anforderungen bei ungebundenen Tragschichten nach RStO:

- Verformungsmodul des Untergrundes: $E_{V2,U} \geq 45$ MN/m^2
- Verformungsmodul der Frostschutzschicht: $E_{V2,T} \geq 150$ MN/m^2
- Gebundene Tragschicht oder Bodenverfestigung: $d_T = 30$ cm [1])
- Dicke der Betondecke je nach Bauklasse: $d_P = 26$ cm - 30 cm [2])
- Betonfestigkeitsklasse: C30/37 LP

[1]) Dicke der Tragschicht bei Verfestigungen für Bauklasse SV: $d_T = 20$ cm
[2]) Dicke der Betondecke nach Tafel 4.1

Die Dicke der Betondecke ist demnach abhängig von der Bauklasse und von der Art der Tragschicht. Für die Einstufung in eine Bauklasse ist die Verkehrsbelastungszahl maßgebend. Maßgebend hierfür ist die Anzahl der zu erwartenden Achsübergänge von Fahrzeugen mit 10-t-Achslasten (siehe Tafel 4.1).

4.1 Allgemeines zur Gesamtkonstruktion

Tafel 4.1: Dicke der Betondecke im öffentlichen Straßenbau in Abhängigkeit von der Bauklasse und der Art der Tragschicht (nach RStO)

Bauklasse	Verkehrsbelastung in 10-t-Achsübergängen	Beispiele für die Straßenart	Dicke der Betondecke d
SV	$> 32 \cdot 10^6$	Schnellverkehrsstraßen, Industriesammelstraßen	27 cm [1]) 30 cm [2])
I	> 10 bis $32 \cdot 10^6$	Hauptverkehrsstraßen, Industriestraßen	24 cm [1]) 28 cm [2])
II	> 3 bis $10 \cdot 10^6$	Straßen im Gewerbegebiet	24 cm [1]) 27 cm [2])
III	$> 0,8$ bis $3 \cdot 10^6$	Parkflächen für Schwerverkehr	23 cm [1]) 26 cm [2])

[1]) Unterbau mit hydraulisch gebundener Tragschicht oder Verfestigungen
[2]) Unterbau mit ungebundener Schottertragschicht

In die Betonbodenplatte werden Scheinfugen als Sollrissfugen eingeschnitten. Der Fugenabstand beträgt höchstens das 25-fache der Plattendicke und höchstens 7,50 m. Zur Querkraftübertragung werden in den Fugen stets Stahldübel eingebaut: Ø 25 mm, Länge ≥ 500 mm, Abstand in den belasteten Fahrstreifen 250 mm. Die Stahldübel haben einen Kunststoffüberzug von 0,3 mm Dicke zur Verbesserung der Gleitfähigkeit. Nur bei geringeren Beanspruchungen (Bauklasse IV - VI) wird auf Dübel verzichtet. Hier reicht die Rissverzahnung zur Querkraftübertragung aus.

4.1.2 Aufbau eines Betonbodens für Produktions- und Lagerhallen

Beim Aufbau eines Betonbodens ist danach zu unterscheiden, ob es sich um Freiflächen oder Hallenflächen handelt. Freiflächen müssen frostsicher gegründet sein.

In der Praxis werden unterschiedliche Arten der Konstruktion angewendet. Die Regelkonstruktion eines Betonbodens besteht im Wesentlichen aus der Betonbodenplatte, dem Untergrund und der Tragschicht. Unter dem Begriff „Betonboden" wird die Einheit aus diesen drei Teilen betrachtet. Die Betonbodenplatte ist also nur ein Teil eines Betonbodens. Für eine einwandfreie Nutzung und dauerhafte Funktionsfähigkeit des Betonsbodens ist die volle Wirksamkeit der drei übereinander liegenden Bauelemente erforderlich. Bild 4.1 zeigt den Aufbau eines Betonbodens für Hallen und für Freiflächen in vereinfachter Form.

Die Gesamtkonstruktion kann nur dann funktionieren, wenn jedes der drei hauptsächlichen Bauelemente einwandfrei hergestellt wurde und das Gesamtpaket die auftretenden Einwirkungen und Beanspruchungen in die tiefer liegenden Schichten des Baugrundes ableitet.

Der Untergrund muss ausreichend tragfähig sein. Wenn er dies von Natur aus nicht ist, muss eine ausreichende Tragfähigkeit geschaffen werden, notfalls durch Austausch des Untergrundes bis zu einer bestimmten Tiefe. Der Untergrund muss verdichtet werden, damit eine genügende Tragfähigkeit entsteht. Die Verdichtung ist durch Prüfungen zu belegen, z.B. durch Plattendruckversuche.

a) Hallen-Betonboden

ggf. Oberflächenbelag
Betonbodenplatte
Trenn-/Gleitschicht
Tragschicht
Untergrund

b) Freifläche aus Beton

ggf. Oberflächenbelag
Betonbodenplatte
Trennlagen/Gleitschicht
Tragschicht
Frostschutzschicht
Untergrund

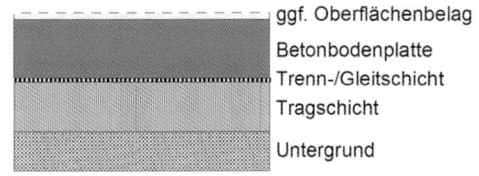

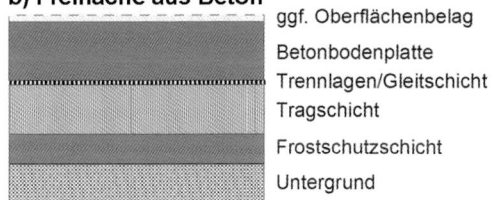

Bild 4.1:
Aufbau eines Betonbodens
a) Hallen-Betonboden
b) Freifläche aus Beton

Betonböden im Freien müssen frostsicher gegründet sein. Die Dicke des frostsicheren Aufbaues ist so zu wählen, dass während der Nutzung bei Frost- und Tauperioden keine Schädigungen auftreten können. Die Aufbaudicke wird durch die Frostempfindlichkeit des Bodens und die Frosteindringtiefe bestimmt.

Die Tragschicht muss aus geeignetem Material in ausreichender Dicke hergestellt werden. Die Tragschicht muss nach dem höhengerechten Einbau verdichtet werden, so dass eine plangenaue und tragfähige Oberfläche entsteht. Hierbei ist ein bestimmter Verdichtungsgrad zu erreichen. Dies ist durch Prüfungen zu belegen, z.B. durch Plattendruckversuche.

Die Betonbodenplatte ist aus Beton ausreichender Betonfestigkeitsklasse entsprechend DIN 1045 in der erforderlichen Dicke fachgerecht herzustellen. Sie sollte stets von allen anderen Bauteilen (Fundamente, Stützen, Wände) durch Raumfugen getrennt sein. Bild 4.2 zeigt die Trennung der Betonbodenplatte von Stützen und Fundamenten.

Durch Trennung der Betonbodenplatte von allen anderen Bauteilen sind Zwängungen in der Betonbodenplatte zu verhindern. Zwängungen könnten in der Betonbodenplatte entstehen, wenn Beanspruchungen und Verformungen anderer Bauteile auf die Betonbodenplatte übertragen werden. In der Betonbodenplatte entstehende Zwängungen könnten Risse hervorrufen, die vermieden werden sollten. Durch Trennung der Betonbodenplatte von anderen Bauteilen wird die Rissgefahr verringert.

4.1 Allgemeines zur Gesamtkonstruktion

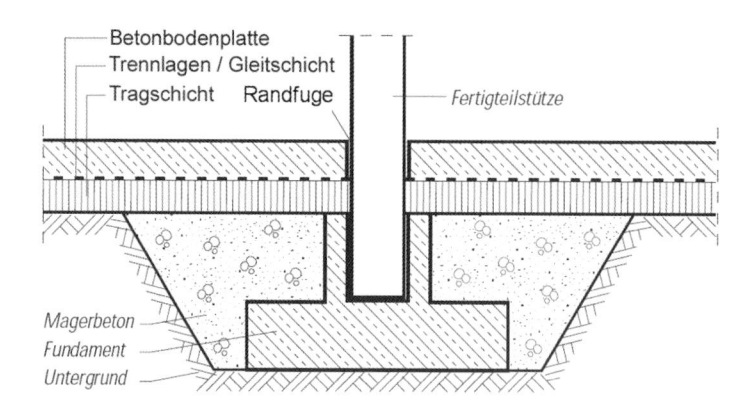

Bild 4.2:
Betonbodenplatte und Tragschicht im Bereich eines Stützenfundaments mit Trennung von der Betonbodenplatte durch umlaufende Raumfuge (Randfuge)

Übliche Konstruktionen für Betonbodenplatten sind folgende:

– Unbewehrte Betonbodenplatten,

– Mattenbewehrte Betonbodenplatten,

– Stahlfaserbewehrte Betonbodenplatten,

– Kombiniert bewehrte Betonbodenplatten,

– Vorgespannte Betonbodenplatten,

– Betonbodenplatten mit gewalztem Beton (Walzbeton),

– Fertigteilplatten.

Eigenart der Gesamtkonstruktion

Das Besondere dieser Konstruktion liegt darin, dass die Betonbodenplatte vollflächig auf einer tragfähigen Unterlage aufliegt. Sie ist als elastisch gelagerte Platte zu betrachten. Insofern besteht hier ein wesentlicher Unterschied zu Geschossdecken, auch zu befahrenen Geschossdecken, wie z.B. Hofkellerdecken, Decken in Industriegebäuden oder Parkdecks.

Ein weiterer Unterschied besteht darin, dass die Regelbauweise dieser Betonbodenkonstruktion kein Tragwerk im Sinne der DIN 1045 ist. Die Betonbodenkonstruktion ist bei vollständiger Trennung von allen anderen Bauteilen kein tragendes oder aussteifendes Bauteil für die Hallenkonstruktion. Betonbodenplatten fallen daher nicht in den Gültigkeitsbereich der DIN 1045 „Tragwerke aus Beton, Stahlbeton und Spannbeton". Der Anwendungsbereich der DIN 1045 bezieht sich auf die „Bemessung und Konstruktion von *Tragwerken* des Hoch- und Ingenieurbaus aus unbewehrtem Beton, Stahlbeton und Spannbeton …".

Die Betonung liegt hier auf „Tragwerk". In DIN 1055 „Einwirkungen auf Tragwerke" wird das Tragwerk definiert: Ein Tragwerk ist eine „planmäßige Anordnung miteinander verbundener tragender und aussteifender Bauteile, die so entworfen sind, dass sie ein bestimmtes Maß an Tragwiderstand (z.B. Fundament, Stützen, Riegel, Decken, Trennwände) aufweisen."

Zusammengefasst:

Betonbodenplatten sind in statischer Sicht keine Bauteile im Sinne der DIN 1045, wenn folgende Bedingungen zutreffen:

– Die Betonbodenplatte liegt vollflächig auf einer durchgehenden Tragschicht und einem tragfähigen Untergrund,

– Die Betonbodenplatte trägt keine anderen Bauteile, ist an dem Tragverhalten des Bauwerks nicht beteiligt und steift das Bauwerk auch nicht aus.

Die Situation ist eine andere, wenn die Betonbodenplatte für die Standsicherheit der Halle herangezogen wird, z.B. als Zugband zwischen den Stützenfüßen einer Rahmenkonstruktion. Hierbei würde die Betonbodenplatte als zugbeanspruchtes Bauteil zur Standsicherheit der Halle beitragen. In diesem Fall wäre für die Betonbodenplatte die DIN 1045 maßgebend. Von einer derartigen Konstruktionsweise ist jedoch dringend abzuraten, auch wenn sie zunächst sehr sinnvoll erscheint.

Begründung:
Bei Einleitung von Zugkräften in eine Stahlbetonbodenplatte wird diese zusätzlich zu den direkten Einwirkungen auch auf Zug beansprucht. Zugbeanspruchungen bewirken Dehnungen. Die Bruchdehnung des Betons ist geringer als die Dehnfähigkeit des Stahls. Es besteht somit die Gefahr, dass Risse im Beton entstehen, bevor der Stahl in der Betonbodenplatte wirksam werden kann und die Zugkräfte aufnimmt. Es wird schließlich mit gerissener Zugzone gerechnet. Eine rissfreie Betonbodenplatte ist nicht zu gewährleisten, wenn mit Rissen im Beton gerechnet wird.

Auch wenn die Betonbodenplatten in statischer Hinsicht nicht in den Gültigkeitsbereich der DIN 1045 fallen (ähnlich wie Betonfahrbahnplatten von Autobahnen), so wird man dennoch die Anforderungen der DIN 1045 in betontechnischer Sicht zugrunde legen; z.B. die Anforderungen an den Beton hinsichtlich der Betonfestigkeitsklassen und der Expositionsklassen.

Die entsprechenden Vorgaben für Untergrund, Tragschicht und Betonbodenplatte müssen bei der Planung und Bemessung festgelegt werden und sind dem ausführenden Unternehmen eindeutig zu benennen.

Die in diesem Buch genannten Konstruktionsarten und Anforderungen sind Empfehlungen. Sie bauen auf jahrzehntelange Erfahrungen auf und haben sich bei fachgerechter Ausführung bewährt.

4.2 Planung der Unterkonstruktion

Ein Betonboden entsteht aus dem Zusammenwirken mehrerer Bauteile. Es sind mindestens:

- der Untergrund,
- die Trennlagen/Gleitschicht,
- die Tragschicht,
- die Betonbodenplatte.

Erforderlichenfalls ist auf der Betonoberfläche ein Oberflächenbelag vorzusehen.

In verschiedenen Fällen kommen im Bereich der Unterkonstruktion weitere Bauelemente hinzu. Dies können sein:

Dränung, Dämmung, Sauberkeitsschicht, Schutzschicht und Geotextil.

Diese Bauteile der Unterkonstruktion eines Betonbodens werden nachfolgend kurz beschrieben.

4.2.1 Untergrund

Der vorhandene Untergrund muss zur Aufnahme der Belastungen aus der Betonbodenplatte geeignet sein. Er trägt zur Funktionsfähigkeit der gesamten Betonbodenkonstruktion entscheidend bei. Der Untergrund muss mehrere Bedingungen erfüllen:

- Gleichmäßige Zusammensetzung über die gesamte Fläche
- Gute Verdichtbarkeit
- Ausreichende Tragfähigkeit
- Gute Entwässerung
- Ausreichende Frostsicherheit bei Flächen im Freien

Zur Herstellung eines tragfähigen Untergrundes bestehen mehrere Möglichkeiten:

- Gewachsener Boden mit genügender Tragfähigkeit (frostsicher bei Freiflächen),
- Austausch des Bodens gegen verdichtungsfähiges Material,
- Einbau von Gemischen, die mit hydraulischem Bindemittel verfestigt werden, z.B. Verfestigung mit Zement, Tragschichtbinder o.Ä.

Im Rahmen der Planung des Bauwerks sind die Baugrundverhältnisse abzuklären. Sollte der anstehende Baugrund eine der vorgenannten Fähigkeiten nicht aufweisen, ist eine Verbesserung oder ein Austausch des Baugrunds zu prüfen und eventuell erforderlich.

Dies kann erhebliche Kosten verursachen. Schon hier ist eine Kosten-Nutzen-Analyse aufzustellen.

Je nach Größe der auftretenden Belastungen, insbesondere der Einzellasten, ist eine entsprechend dichte Lagerung des Baugrunds erforderlich. Diese dichte Lagerung kann durch Versuche geprüft werden. Geeignet hierfür ist der Plattendruckversuch nach DIN 18134, der auch als Lastplattenversuch bezeichnet wird. Bei diesem Versuch wird das Einsinken einer belasteten Platte festgestellt. Es wird der Verformungsmodul geprüft. Dieser Verformungsmodul nach der ersten Belastung wird als E_{V1}-Wert angegeben, nach der zweiten Belastung als E_{V2}-Wert, jeweils in MN/m². Das Prüfverfahren ist in Kapitel 13 beschrieben. Der festgestellte Verformungsmodul vorhE_{V2} soll mindestens so groß wie der erforderliche Verformungsmodul erfE_{V2} sein. Die erforderlichen Verformungsmoduln sind in Tafel 4.2 angegeben. Außerdem darf das Verhältnis der beiden Verformungsmoduln nicht zu groß sein.

Tafel 4.2: Erforderlicher Verformungsmodul E_{V2} des Untergrunds und der Tragschicht unter Betonbodenplatten [nach L20]

max. Belastung Einzellast Q_d [kN]	Verformungsmodul E_{V2} [N/mm² bzw. MN/m²]	
	des Untergrundes [1]) $E_{V2,U}$	der Tragschicht [2]) $E_{V2,T}$
$\leq$ 30	$\geq$ 35	$\geq$ 80
$\leq$ 60	$\geq$ 45 [3])	$\geq$ 100 [4])
$\leq$ 100	$\geq$ 60	$\geq$ 120
$\leq$ 140	$\geq$ 80	$\geq$ 150

[1]) Bedingung: Untergrund $E_{V2,U}$ / $E_{V1,U}$ $\leq$ 2,5
[2]) Tragschicht $E_{V2,T}$ / $E_{V1,T}$ $\leq$ 2,2
[3]) Für den Untergrund entspricht ein Verformungsmodul von 45 MN/m² nach DIN 18134 [N42] etwa einer Proctordichte von $D_{Pr} = 95\,\%$ nach DIN 18127 [N41] (siehe Tafel 13.2)
[4]) Für die Tragschicht entspricht ein Verformungsmodul von $E_{V2} = 100$ MN/m² nach DIN 18134 [N42] etwa einer Proctordichte von $D_{Pr} = 100\,\%$ nach DIN 18127 [N41] (siehe Tafel 13.2)

Verformungsmodul Untergrund:

$$E_{V2,U} / E_{V1,U} \leq 2{,}5 \qquad (\text{Gl. 4.1})$$

Falls der festgestellte Verformungsmodul nicht so groß ist wie der erforderliche Verformungsmodul, ist eine Verbesserung des Baugrunds erforderlich, z.B. durch weitere Verdichtung oder durch Verfestigung mit Zement. Gelingt eine Erhöhung des Verformungsmoduls nicht, ist ein Austausch des Baugrunds gegen geeignetes Material erforderlich, z.B. Kiessand oder Schotter. In diesen Fällen sollte eine genauere Erkundung der Tragfähigkeit des Untergrunds durch ein Institut für Erd- und Grundbau erfolgen.

4.2 Planung der Unterkonstruktion

Bei Aufschüttungen, z.B. im Bereich von Fundamenten, Rohrleitungen, Kabelkanälen o.ä., ist die Gefahr unterschiedlicher Setzungen besonders groß. Hierfür gelten jedoch die Anforderungen der Tafel 4.2 ebenfalls.

Gelegentlich ist eine einwandfreie maschinelle Verdichtung in diesen Bereichen nicht möglich. Eventuell ist bei intensiver Verdichtung zu befürchten, dass Rohrleitungen oder andere Einbauten beschädigt werden. In diesen Fällen ist es sinnvoll, Sand-, Kies- oder Schotter-Zement-Gemische bzw. Magerbeton im Zusammenhang mit der Tragschicht einzubauen (Bild 4.3).

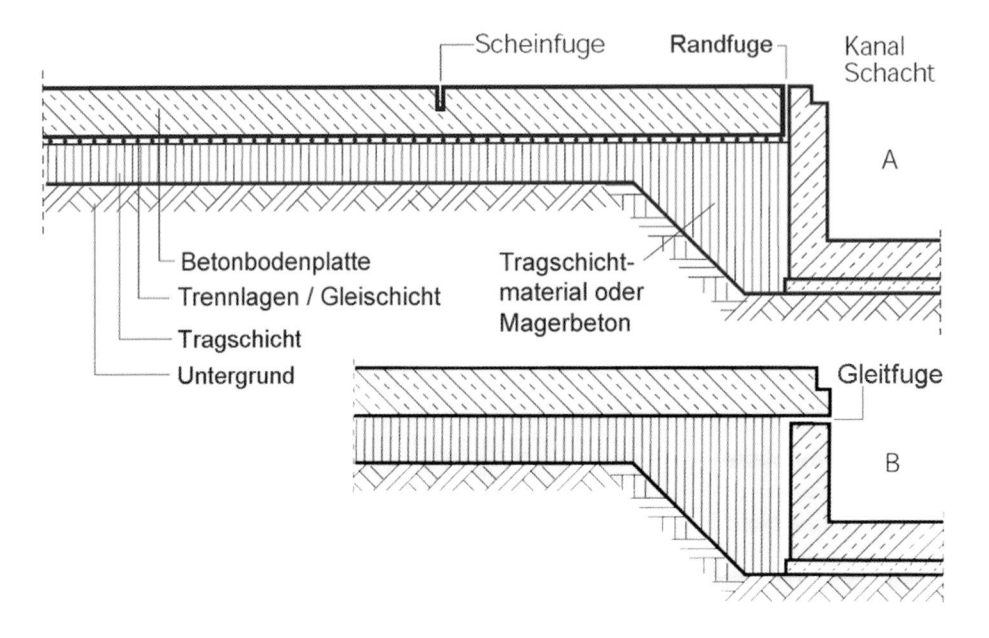

Bild 4.3:
Aufzufüllende Böschungen im Bereich von Kanälen oder Schächten mit klarer Trennung der Betonbodenplatte von den Wänden durch längs laufende Randfuge (A) oder Gleitfuge (B)

Untergrund für Betonbodenplatten im Freien

Bei Flächen im Freien muss der gesamte Aufbau des Betonbodens frostsicher gegründet sein. Die erforderliche Dicke des frostsicheren Aufbaus soll ab Oberkante Betonbodenplatte entsprechend ZTV E StB [R7] mindestens betragen:

- 60 cm bei üblichen Baugrundverhältnissen und normalen Beanspruchungen,
- 80 cm bei ungünstigen Grundwasserverhältnissen und kalten Klimazonen.

Bei frostempfindlichen Böden, z.B. ton- und schluffhaltige Böden, muss der Untergrund gegen frostsicheres Material ausgetauscht werden, z.B. durch Kies-Sand-Gemische. Bei Verwendung einer wärmedämmenden Schicht kann die frostsichere Tiefe verringert werden, z.B. bei Schichten aus Porenleichtbeton (siehe Kapitel 4.10).

Bei Flächen im Freien ist stets eine Frostschutzschicht erforderlich. Diese Frostschutzschicht kann auf die Dicke der erforderlichen Tragschicht angerechnet werden. Bei bindigem oder sehr feinkörnigem Untergrund ist unbedingt zu klären, in welcher Weise das Niederschlagswasser abgeführt werden kann. Es kann ein Filtervlies oder eine Dränung erforderlich werden (siehe Kapitel 4.2.2).

4.2.2 Dränung

Für Dränmaßnahmen ist DIN 4095 „Dränung zum Schutz baulicher Anlagen; Planung, Bemessung und Ausführung" maßgebend.

Die Feststellung eines eventuellen Wasseranfalls ist eine planerische Aufgabe. In der Planung werden die erforderlichen Dränarbeiten festgelegt. Die erforderlichen Maßnahmen sind abhängig von der Geländeneigung bei Hang- oder Muldenlage, von der Schichtung und Durchlässigkeit des Bodens und von der Versickerung des Niederschlagswassers.

Der ungünstigste Grundwasserstand kann z.B. ermittelt werden durch Schürfen und Bohrungen oder aus örtlichen Erfahrungen bei Nachbargrundstücken bzw. durch Befragen des zuständigen Amtes. Dränmaßnahmen sind bei der Planung des Bauvorhabens zu ermitteln und festzulegen.

Erforderlichenfalls sind Grundwasser, Schichtenwasser oder aufstauendes Sickerwasser durch Dränung abzuführen. Der Wasseranfall ist abhängig von der Größe des Einzugsgebiets, der Geländeneigung, der Schichtung und Durchlässigkeit des Bodens sowie von der Niederschlagshöhe. Es ist zu prüfen, wohin das Wasser abgeleitet werden kann und zwar in baulicher und wasserrechtlicher Hinsicht. Die chemische Beschaffenheit des Wassers muss bekannt sein oder durch eine Wasseranalyse erkundet werden.

Die Dränmaßnahmen sind abhängig von der Größe der bebauten Fläche. Bei Flächen bis 200 m^2 darf eine Flächendränschicht ohne Dränleitungen zur Ausführung kommen. Mischkies der Sieblinie A8 bis A32 nach DIN 1045 ist als Dränschicht allein unter Bodenplatten nicht zu empfehlen, da der Durchlässigkeitswert zu gering ist. Bei Flächen über 200 m^2 ist ein Flächendrän zu planen. Der Abstand der Leitungen untereinander ist zu bemessen. Dieser Flächendrän wird über Dränleitungen entwässert, z.B. in eine Ringleitung, die die Halle umschließt.

Bei bestimmten Verhältnissen kann der Einbau eines Geotextils als Filtervlies Vorteile bringen. So kann z.B. ein Filtervlies auf dem Planum des Untergrunds verlegt werden, bevor die Tragschicht eingebaut wird. Das Wasser muss allerdings seitlich abfließen können, in Dränleitungen gefasst und abgeführt werden. Außerdem verhindert ein Filtervlies das Durchmischen von Untergrund und Frostschutzmaterial. Es erhöht durch die eigene hohe Zugfestigkeit zusätzlich die Tragfähigkeit der Gesamtkonstruktion.

4.2.3 Tragschicht

Für eine gute Tragfähigkeit der Betonbodenplatte ist auf dem verdichteten Untergrund der Einbau einer Tragschicht bestimmter Dicke und Eigenschaft erforderlich. Diese Tragschicht könnte entfallen, wenn der Untergrund allein schon ausreichend tragfähig ist. Eine ausreichende Tragfähigkeit ist gegeben, wenn die Werte der Tafel 4.2 erreicht werden.

Für den Einbau unter Betonbodenplatten stehen verschiedene Tragschichtmaterialien und Einbauverfahren zur Verfügung. Kiestragschichten (KTS) und Schottertragschichten (STS) als Tragschichten ohne Bindemittel sind für den Straßenbau in der ZTV SoB-StB 04 geregelt [R14].

Kiestragschichten (KTS)

Kiestragschichten bestehen aus hohlraumarmen, korngestuften Kies-Sand-Gemischen der Körnung 0/32 mm, 0/45 oder 0/56 mm. Die bei vollständiger Verdichtung erreichbare Tragfähigkeit ist abhängig von der Kornzusammensetzung und Kornabstufung des Gemischs. Je dichter die Lagerung durch gute Kornabstufung ist, umso mehr Tragfähigkeit kann erreicht werden. Die dichte Lagerung ist durch Plattendruckversuche nach DIN 18134 zu prüfen. Beim Plattendruckversuch wird das Einsinken einer belasteten Platte festgestellt und als Verformungsmodul angegeben. Der Verformungsmodul nach der ersten Belastung wird als E_{V1}-Wert bezeichnet und nach der zweiten Belastung als E_{V2}-Wert jeweils in MN/m² angegeben (Prüfverfahren siehe Kapitel 13). Mit dem festgestellten Verformungsmodul E_{V2} kann die Kiestragschicht (KTS) bezeichnet werden:

E_{V2}-Wert $\geq$ 80 MN/m²   KTS   80
E_{V2}-Wert $\geq$ 100 MN/m²   KTS 100
E_{V2}-Wert $\geq$ 120 MN/m²   KTS 120

Das Verhältnis von E_{V2} zu E_{V1} darf nicht zu groß sein, daher die Forderung für Kiestragschichten:

$$E_{V2,T} / E_{V1,T} \leq 2{,}2 \qquad\qquad\qquad\qquad (\text{Gl. 4.2})$$

Schottertragschichten (STS)

Schottertragschichten bestehen aus hohlraumarmen, korngestuften Schotter-Splitt-Brechsand-Gemischen der Körnung 0/32, 0/45 oder 0/56 mm. Sinngemäß wie bei Kiestragschichten können auch Schottertragschichten STS nach ihrer Tragfähigkeit bezeichnet werden, angegeben durch den Verformungsmodul als E_{V2}-Wert:

E_{V2}-Wert $\geq$ 120 MN/m²   STS 120
E_{V2}-Wert $\geq$ 150 MN/m²   STS 150
E_{V2}-Wert $\geq$ 180 MN/m²   STS 180

Das Verhältnis von E_{V2} zu E_{V1} darf nicht zu groß sein, daher gilt auch für Schottertragschichten die Forderung aus Gleichung 4.2.

Andere Tragschichten

Hydraulisch gebundene Kies- und Schottertragschichten HGT kommen außer den üblichen ungebundenen Kies- und Schottertragschichten ebenfalls zur Ausführung. Dies gilt insbesondere, wenn höhere Tragfähigkeiten erforderlich sind. Im Allgemeinen werden hierzu Kies-Sand-Gemische verwendet.

Verfestigungen mit hydraulischen Bindemitteln (Zement, Tragschichtbinder o.Ä.) können baustellengemischt oder zentralgemischt zur Anwendung kommen. Wenn der vorhandene Kies- oder Sandboden für das Einmischen von hydraulischen Bindemitteln geeignet ist, kann für hohe Belastungen die baustellengemischte Verfestigung sehr wirtschaftlich sein. Dies setzt allerdings den Einsatz von Spezialgeräten voraus, die nur bei großen Flächen sinnvoll eingesetzt werden können.

Tragschichten aus Beton, z.B. aus Beton der Festigkeitsklasse C12/15, können dann eingesetzt werden, wenn hohe Tragfähigkeiten erforderlich sind und anderes geeignetes Material nicht zur Verfügung steht. Die Betontragschichten können als Walzbeton eingebracht werden, wenn das Walzen möglich ist und nicht durch Stützen oder andere Einbauten behindert wird.

Wärmedämmschichten ergeben sich gelegentlich aus betrieblichen Anforderungen. Sie müssen durch die Betonbodenplatte einwirkende Belastungen auf die Unterkonstruktion übertragen. Wegen der hierfür erforderlichen Druckfestigkeit sind z.B. Dämmschichten aus folgenden werkmäßig hergestellten Dämmstoffen geeignet:

– Dämmstoffe aus extrudiertem Polystyrolschaum (XPS)

– Dämmstoffe aus Schaumglas (CG)

– Schüttung aus Schaumglas-Schotter (SGS)

– Porenleichtbeton PLB oder Beton mit Polystyrolkugeln als Zuschlag (EPS-Beton)

Weitere Einzelheiten zu Wärmedämmstoffen sind in Kapitel 4.10.3 wiedergegeben.

Müllverbrennungsaschen haben sich unter Hallenböden häufig als nicht raumbeständig erwiesen. Unter bestimmten Bedingungen quellen sie. Müllverbrennungsaschen sollten daher im Sinne einer reibungslosen Nutzung der Halle nicht eingesetzt werden.

Rezykliertes Material darf keine quellfähigen Bestandteile aufweisen, da hierdurch später die Höhenlage der Betonbodenplatte beeinträchtigt werden könnte.

Auswahl der Tragschichten

Die Belastbarkeit einer Tragschicht ist im Wesentlichem vom Tragschichtmaterial und von der Dicke der Tragschicht abhängig. Beides, Art und Dicke der Tragschicht, müssen auf die Belastung abstimmt sein. Maßgebend hierfür ist im Regelfall die maximale Einzellast, die bei der Nutzung des Betonbodens wirksam wird. Die Wahl einer geeigneten Tragschicht mit der zugehörigen Tragschichtdicke kann nach Bild 4.4 erfolgen.

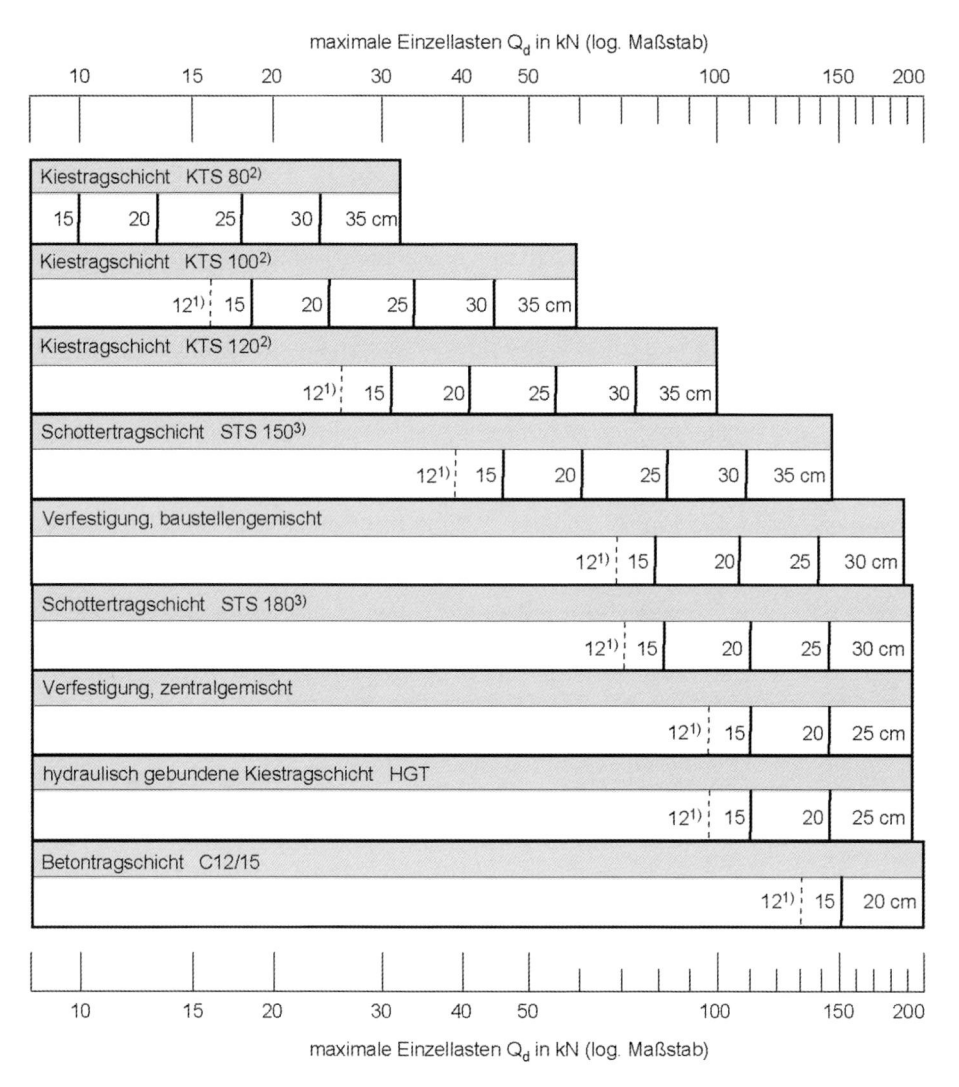

4.2 Planung der Unterkonstruktion

maximale Einzellasten Q_d in kN (log. Maßstab)

Tragschicht	Dicken in cm bei Einzellasten
Kiestragschicht KTS 80[2]	15 / 20 / 25 / 30 / 35 cm
Kiestragschicht KTS 100[2]	12[1] / 15 / 20 / 25 / 30 / 35 cm
Kiestragschicht KTS 120[2]	12[1] / 15 / 20 / 25 / 30 / 35 cm
Schottertragschicht STS 150[3]	12[1] / 15 / 20 / 25 / 30 / 35 cm
Verfestigung, baustellengemischt	12[1] / 15 / 20 / 25 / 30 cm
Schottertragschicht STS 180[3]	12[1] / 15 / 20 / 25 / 30 cm
Verfestigung, zentralgemischt	12[1] / 15 / 20 / 25 cm
hydraulisch gebundene Kiestragschicht HGT	12[1] / 15 / 20 / 25 cm
Betontragschicht C12/15	12[1] / 15 / 20 cm

maximale Einzellasten Q_d in kN (log. Maßstab)

Bild 4.4:
Auswahl einer Tragschicht in Art und Dicke, abhängig von der maximalen Einzellast [nach L20]
[1]) Geplante Mindestdicke der Tragschicht 15 cm; tatsächlich ausgeführte Dicke der Tragschicht auch an der ungünstigsten Stellen durch Baustellen-Ungenauigkeiten nicht weniger als 12 cm.
[2]) Die Zahl hinter Kiestragschichten gibt den erforderlichen E_{V2}-Wert an, z.B. KTS 100 = Kiestragschicht mit einem E_{V2}-Wert $\geq$ 100 MN/m². Je dichter die Lagerung durch gute Kornabstufung ist, umso mehr Tragfähigkeit kann erreicht werden. Die dichte Lagerung ist durch Plattendruckversuch nach DIN 18134 zu prüfen.
[3]) Die Zahl hinter Schottertragschichten gibt den erforderlichen E_{V2}-Wert an, z.B. STS 150 = Schottertragschicht mit einem E_{V2}-Wert $\geq$ 150 MN/m². Je dichter die Lagerung durch gute Kornabstufung ist, umso mehr Tragfähigkeit kann erreicht werden. Die dichte Lagerung ist durch Plattendruckversuch nach DIN 18134 zu prüfen.

4 Konstruktionsarten und Anforderungen

In Bild 4.4 kann ausgehend von der maximalen Einzellast die Art des Tragschichtmaterials gewählt werden, zu der sich die erforderliche Mindestdicke der Tragschicht ergibt. Umgekehrt kann für eine mögliche Einbaudicke die zugehörige Art des Tragschichtmaterials gewählt werden.

Üblicherweise werden Tragschichten in Dicken von 20 bis 30 cm hergestellt. Die Tragschicht soll in einer Dicke von mindestens 15 cm geplant werden. Die tatsächliche Einbaudicke darf an der ungünstigsten Stelle unter Berücksichtigung der Einbautoleranzen, z.B. durch Baustellenungenauigkeiten, nicht weniger als 12 cm betragen.

Einige Beispiele für Tragschichten sind in Tafel 4.3 zusammengestellt.

Tafel 4.3: Beispiele von Tragschichten für Betonböden bei verschiedenen Belastungen (Beispiele nach Bild 4.4)

max. Einzellast Q_d [kN]	Art der Tragschicht	Dicke der Tragschicht h_T [cm]
10	Kiestragschicht KTS 80	15
20	Kiestragschicht KTS 80	28
30	Kiestragschicht KTS 80	34
50	Kiestragschicht KTS 100	33
80	Schottertragschicht STS 150	25
100	Verfestigung mit Zement, baustellengemischt	19

Voraussetzungen für die Anwendung der Tragschichten

Voraussetzung für das erfolgreiche Anwenden der vorgenannten ungebundenen Tragschichten ist die einwandfreie Verdichtung des Tragschichtmaterials. Die Verdichtung hat maschinell mit Walzen oder schweren Rüttelplatten zu erfolgen. Das Prüfen der erreichten Verdichtungswirkung ist besonders wichtig.

Vor dem Einbau der Tragschicht muss der Verformungsmodul des Untergrunds geprüft und protokolliert werden. Hierbei muss der festgestellte $E_{V2,U}$-Wert den für die Belastung des Untergrunds erforderlichen Wert entsprechend Tafel 4.2 erreichen.

Außerdem soll das Verhältnis der beiden Verformungsmoduln E_{V2} und E_{V1} die Bedingungen der Gleichung 4.1 einhalten:

Untergrund $E_{V2,U} / E_{V1,U} \leq 2{,}5$ \hfill (Gl. 4.1)

Nach dem Einbau der Tragschicht ist der Verformungsmodul an der Tragschichtoberfläche zu prüfen und zu protokollieren. Der beim Plattendruckversuch festgestellte $E_{V2,T}$-Wert muss den für die wirkende Einzellast erforderlichen Wert für Tragschichten entsprechend Tafel 4.2 erreichen.

Außerdem sollte das Verhältnis der beiden Verformungsmoduln E_{V2} und E_{V1} die Bedingungen der Gleichung 4.2 erfüllen:

Tragschicht $E_{V2,T}$ / $E_{V1,T} \leq 2,2$ (Gl. 4.2)

Der Verhältniswert E_{V2} / E_{V1} darf bei geringeren Belastungen bis 20 kN keineswegs den Wert 2,5 überschreiten.

Der Verhältniswert E_{V2} / E_{V1} kann auch auf den Verdichtungsgrad D_{Pr} bezogen werden oder umgekehrt.

– Forderung für $D_{Pr} \geq 103\ \%$: E_{V2} / $E_{V1} \leq 2,2$
– Forderung für $D_{Pr} < 103\ \%$: E_{V2} / $E_{V1} \leq 2,5$
– Höhere Verhältniswerte E_{V2} / E_{V1} als 2,2 bzw. 2,5 sind nur dann zulässig, wenn $E_{V1} \geq 0,6 \cdot E_{V2}$.

4.2.4 Sauberkeitsschicht

Bei einigen Anwendungsbereichen ist der Einbau einer Sauberkeitsschicht erforderlich. Dadurch soll erreicht werden, dass eine stabile Unterlage vorhanden ist und es soll vermieden werden, dass es zu Eindrückungen in die Tragschicht kommt.

Eine Sauberkeitsschicht ist stets in folgenden Fällen einzubauen:

– unter bewehrten Betonbodenplatten,
– auf Wärmedämmschichten, wenn mit Eindrückungen zu rechnen ist, z.B. durch Abstandhalter der Bewehrung,
– bei Betonbodenplatten mit Einbauten, z.B. für Unterflurförderung.

Eine Sauberkeitsschicht ist in diesen Fällen nicht erforderlich, wenn die Tragschicht die gleichen Anforderungen erfüllt oder eine hydraulisch gebundene Tragschicht z.B. Betontragschicht vorhanden ist.

Die Sauberkeitsschicht kann aus Beton C8/10 oder C12/15 nach DIN 1045 etwa 5 cm dick hergestellt werden. Die Dicke der Sauberkeitsschicht kann auf die Dicke der Tragschicht angerechnet werden, wobei die Dicke der Tragschicht jedoch mindestens 15 cm betragen sollte.

Eine Sauberkeitsschicht ist auch dann erforderlich, wenn mit geringen Reibungsbeiwerten auf dem Unterbau gerechnet wird und eine Gleitschicht eingebaut werden soll. Hierfür muss die Oberfläche der Sauberkeitsschicht den Anforderungen von Tafel 7.5 entsprechen und flügelgeglättet sein. Sie darf keine Grate und Versätze aufweisen, die zu Verzahnungen führen können.

Bei zementgebundenen Tragschichten ist keine Sauberkeitsschicht erforderlich.

4 Konstruktionsarten und Anforderungen

Übliche Baufolien sind kein Ersatz für eine Sauberkeitsschicht. Das Verlegen von dicken Folien als Sauberkeitsschicht, z.B. Noppenfolien, erleichtert zwar den Baufortschritt, sollte aber nur dann zum Einsatz kommen, wenn für das verwendete Material ein Prüfzeugnis für den jeweiligen Anwendungsbereich vorhanden ist. Dieses Prüfzeugnis hat der Hersteller vorzulegen. Weitere Anforderungen beim Einsatz von Noppenfolien enthält Kapitel 4.2.6.

4.2.5 Trennlage

Trennlagen sollten aus einem Geotextil-Vlies bestehen. Dieses Vlies kann das Eindringen von Unterbaumaterial in den Beton und das Wegsickern von Zementleim aus dem Beton in den Unterbau verhindern. Kies- und Schottertragschichten sowie Wärmedämmschichten sollten stets mit einer Trennlage abgedeckt werden, sofern nicht eine Sauberkeitsschicht aufgebracht wird, z.B. für bewehrte Betonbodenplatten.

Da ein Austrocknen des Betons nach unten möglich ist, kann durch ein Geotextil-Vlies die Gefahr des Aufschüsseln der Betonbodenplatte infolge ungleichmäßigen Austrocknens verringert werden, insbesondere bei dünnen Betonbodenplatten mit weniger als 200 mm Dicke. Eine Trennlage ist keine Gleitschicht. Sie ersetzt auch keine Sauberkeitsschicht. Tafel 4.4 zeigt eine tabellarische Zusammenstellung.

4.2.6 Gleitschicht

Für eine Trennung der Betonbodenplatte von der Unterkonstruktion kann zur Verringerung der Reibung eine Gleitschicht eingebaut werden. Die Gleitschicht kann aus folgenden Materialien stehen (siehe Tafel 7.5):

– Zwei Lagen PE-Folie je 0,3 mm dick (PE = Polyethylen)

– Eine Lage PTFE-Folie (PTFE = Polytetraflour-Ethylen)

– Eine Lage Bitumenbahn

Noppenfolien ersetzen keine Gleitschicht. Ein Gleiten der Betonbodenplatte könnte bei Noppenfolien nur unterhalb der Noppen im Sandbett stattfinden. Der dadurch entstehende Zwang ist zu berücksichtigen.

Bei dickeren Betonbodenplatten > 240 mm wird durch die Gleitschicht das Aufschüsseln nicht so ungünstig beeinflusst wie bei dünnen Platten. Eine gut wirksame Gleitschicht bringt mehrere Vorteile:

– Verringerung der Reibungskraft zwischen Betonbodenplatte und Unterkonstruktion,

– Vermeiden größerer Zugspannungen in der Betonbodenplatte, besonders bei hohen Belastungen, die langfristig wirken,

– größere zulässige Fugenabstände bei Betonbodenplatten in Hallen,

– Behinderung der Dampfdiffusion aus dem Unterbau in die Betonbodenplatte während der Nutzung.

4.2 Planung der Unterkonstruktion

Gleitschichten werden umso wirkungsvoller sein, je ebener sie verlegt und eingebaut werden. Zur Verringerung der Reibung ist im Allgemeinen eine Sauberkeitsschicht erforderlich, deren Oberfläche geglättet sein sollte. Es dürfen keine Grate und Versätze oder Wellen vorhanden sein, die zu Verzahnungen und zur Behinderung des Gleitens führen könnten.

Bei bewehrten Betonbodenplatten sollte die Gleitschicht stets durch eine Schutzschicht gesichert werden (siehe Kapitel 4.2.7).

Gleitschichten können dazu führen, dass sich nicht alle, sondern nur einzelne Scheinfugen öffnen, während sich bei den anderen Scheinfugen unter dem Fugenschnitt kein Riss ausbildet. Tafel 4.4 zeigt eine tabellarische Zusammenstellung.

Tafel 4.4: Tabellarische Zusammenstellung für Trennlagen und Gleitschichten

	Trennlagen	Gleitschichten [1])
erforderlich	- bei ungebundenen Tragschichten - bei Wärmedämmschichten	- bei hohen, langfristig wirkenden Belastungen - bei Fugenabständen L > 7,5 m
Aufgabe	- Eindringen von Unterbaumaterial in den Beton verhindern - Wegsickern von Wasser aus Beton in Unterbau vermeiden - Verminderung der Gefahr des Aufschüsselns infolge ungleichmäßigen Austrocknens	- Reibung Betonbodenplatte / Tragschicht verringern - größere Zugspannungen in Betonbodenplatte vermeiden - größere Fugenabstände bei Betonbodenplatten in Hallen ermöglichen Behinderung der Dampfdiffusion aus dem Unterbau
Material	- Geotextil-Vlies	- mindestens 2 Lagen Kunststoff-Folie auf geglätteter Oberfläche ohne Grate und Versätze z.B. PE-Folie $\geq$ 0,3 mm, ggf. spezielle Gleitfolien

[1]) bei bewehrten Betonbodenplatten Schutzschicht erforderlich (z.B. 5 cm Sauberkeitsschicht aus Beton C12/15)

4.2.7 Schutzschicht

Bei Betonböden, die mit Dämmschichten bzw. Trenn- oder Gleitschichten hergestellt werden, sollte im Einzelfall geklärt und entschieden werden, ob auf diesen empfindlichen Schichten der Einbau einer Schutzschicht erforderlich ist. Hierbei ist zu bedenken, dass empfindliche Schichten beim rauen Betonierbetrieb zerstört werden können, wodurch ihre Wirksamkeit beeinträchtigt werden könnte. Als Schutzschicht sind z.B. geeignet:

– Beton $\geq$ 50 mm dick, Festigkeitsklasse $\geq$ C12/15 nach DIN 1045

– Zementestrich $\geq$ 30 mm dick, Festigkeitsklasse $\geq$ CT-C15-F3 nach DIN EN 13813

– Bauschutzmatten $\geq$ 6 mm dick aus Polyurethan-Kautschuk

4.3 Planung der Betonbodenplatte

Vom Planer ist ein Konzept zu erstellen, dass alle Beanspruchungen aus der späteren Nutzung zu berücksichtigen hat. Die sich daraus ergebenden technischen und optischen Anforderungen an den Betonboden sind so darzustellen, dass der Bauherr bzw. der spätere Nutzer wissen, was vom zu erstellenden Betonboden zu erwarten ist. Ihnen muss die Möglichkeit gegeben werden, Änderungswünsche vorzubringen, damit diese eingearbeitet werden können.

Aber auch dem Bauherrn bzw. dem Nutzer ist klar zu machen, dass überzogene Anforderungen nicht erfüllbar sind. Häufig wird mehr erwartet als geleistet werden kann. Zu den nicht oder nicht vollständig erfüllbaren Anforderungen gehören z.B.:

– Rissfreie Betonbodenplatten ohne Fugen

– Fugen in Betonbodenplatten ohne Beeinträchtigung der Nutzung

– Vollständig rissfreie Ausführungsart trotz Fugen

– Besondere Anforderungen an die Ebenheit

– Bestimmte Wünsche an das optische Erscheinungsbild, z.B. Gleichfarbigkeit

Betonbodenplatten aus Ortbeton sind die übliche Ausführungsart. Hierfür gelten die nachfolgenden Ausführungen. Betonbodenplatten in Fertigteilbauweise bieten in bestimmten Fällen besondere Vorteile. Hierfür sind in Kapitel 4.9 besondere Ausführungen gemacht worden.

Betonbodenplatten sollten während der Nutzung möglichst rissfrei bleiben. Lastbeanspruchungen sollen rissfrei aufgenommen werden, risserzeugende Zwangbeanspruchungen müssen vermieden werden. Es sollte bei der Planung stets vorab geklärt werden, mit welchem Aufwand eine Rissefreiheit anzustreben ist. Dementsprechend muss die Konstruktion des gesamten Betonbodens gewählt werden.

Bewehrungen in Betonbodenplatten können das Entstehen von Rissen nicht verhindern. Bewehrungen können bestenfalls - wenn sie sehr kräftig gewählt werden - die Breite der entstehenden Risse begrenzen. Es bestehen andere Möglichkeiten, eine hohe Tragfähigkeit von Betonbodenplatten zu erreichen und die Betonbodenplatte möglichst rissfrei zu halten. Dieses sind z.B. folgende Maßnahmen:

– Tragfähiger Unterbau,

– Beton mit hoher Zugfestigkeit durch niedrigen Wasserzementwert,

– Genügend großes Widerstandsmoment der Betonplatte durch ausreichende Plattendicke.

4.3 Planung der Betonbodenplatte

Das bedeutet:

- Betonbodenplatten aus Ortbeton können unbewehrt hergestellt werden, erhalten jedoch Fugen innerhalb der Fläche. Sie können bei geeigneten Konstruktionen und fachgerechter Ausführung rissfrei bleiben.
- Betonbodenplatten mit Bewehrung können in größeren Flächen hergestellt werden, es ist jedoch mit Rissen zu rechnen. Bei einer Begrenzung der Rissbreite ergeben sich recht kräftige Bewehrungen, insbesondere bei Zwangbeanspruchung.

Folgerungen:

- Unbewehrte Platten: Zwang vermeiden zur Verhinderung von Rissen, daher Fugen anordnen.
- Bewehrte Platten: Zwang berücksichtigen und mit Rissen rechnen, daher Begrenzung der Rissbreite.

4.3.1 Betonfestigkeit und Wasserzementwert

Betonfestigkeit und Dicke der Betonbodenplatte sind zunächst abhängig von den zu erwartenden Lasten. Zusätzliche Anforderungen an die Betonfestigkeit oder an den Wasserzementwert des Betons können sich durch weitere Beanspruchungen ergeben, z.B. durch mechanische Beanspruchungen, gegebenenfalls auch durch chemische Angriffe auf die Oberfläche oder durch Temperatur- oder Frostbeanspruchungen. Aufgrund dieser Beanspruchungen ist eine Zuordnung in die jeweilige Expositionsklasse erforderlich (siehe Kapitel. 3.4 bis 3.8 und 3.10). Diese Beanspruchungen können einen starken Einfluss auf den erforderlichen Wasserzementwert des Betons haben, wodurch sich höhere Betonfestigkeitsklassen ergeben können, als diese für die einwirkenden Belastungen erforderlich wären.

Beton C20/25 üblicher Ausführung ist für Betonbodenplatten nicht ausreichend. Die Biegezugfestigkeit dieses Betons ist für Betonbodenplatten in Produktions- und Lagerhallen zu gering. Dieser Beton kann gegebenenfalls für untergeordnete Zwecke verwendet werden, z.B. für die vorübergehende Befestigung von Zufahrten während der Bauzeit.

Beton C25/30 kann für Betonbodenplatten mit Belastungen $Q_d \leq 20$ kN Einzellast verwendet werden. Dieser Beton sollte für eine ausreichende Biegezugfestigkeit einen Wasserzementwert von w/z $\leq 0{,}55$ aufweisen.

Bei Verschleißbeanspruchung sollte der Mittelwert des Verschleißwiderstands nach Böhme (DIN 52108) begrenzt sein auf höchstens 12 cm^3 Schleifverschleiß je 50 cm^2 (siehe Tafel 3.7). Dies kann auch durch Hartstoffeinstreuung erreicht werden.

Beton C30/37 bringt eine ausreichende Druckfestigkeit für höhere Belastungen aus Einzellasten und vor allem eine genügend große Biegezugfestigkeit, wenn der Wasserzementwert klein genug ist. Je nach Größe der Belastung soll der Wasserzementwert betragen:

- für Einzellasten $Q_d \leq 40$ kN: Wasserzementwert w/z $\leq 0{,}50$
- für Einzellasten $Q_d \leq 80$ kN: Wasserzementwert w/z $\leq 0{,}46$

Bei hoher Verschleißbeanspruchung sollte der Mittelwert des Verschleißwiderstands nach Böhme (DIN 52108) begrenzt sein auf höchstens 9 cm^3 Schleifverschleiß je 50 cm^2 (siehe Tafel 3.7). Dies kann durch Hartsteinsplitt 11/22 und ggf. eine Hartstoffeinstreuung erfolgen.

Beton C35/45 wird für hoch belastete und mechanisch sehr stark beanspruchte Betonbodenplatten erforderlich.

Für Einzellasten $Q_d > 80$ kN, in besonderen Fällen bis $Q_d \leq 140$ kN ist ein Wasserzementwert w/z $\leq 0{,}42$ einzuhalten. Als Mittelwert des Verschleißwiderstands nach Böhme (DIN 52108) sind höchstens 7 cm^3 Schleifverschleiß je 50 cm^2, z.B. durch Hartstoffschichten nach DIN 18560-7, anzusetzen.

Beton C40/50 kann für sehr hoch belastete und mechanisch sehr stark beanspruchte Betonbodenplatten gewählt werden, für die eine gesonderte Bemessung erforderlich ist.

Anmerkung:
Bei den höher beanspruchten Betonbodenplatten mit Einzellasten $Q_d > 40$ kN ist auf den erforderlichen Wasserzementwert des Betons besonders zu achten. Der Wasserzementwert ist durch Erstprüfungen zu belegen. Die Zugfestigkeit des Betons kann durch die Art der Gesteinskörnung gesteigert werden, z.B. durch Einsatz von Splitt.

4.3.2 Biegezugfestigkeit und Betondehnung

Bei Beanspruchungen auf Zug und Biegezug kann anstelle der Biegezugfestigkeit die Dehnfähigkeit des Betons rechnerisch in Ansatz gebracht werden. Die Beanspruchungen können daher über die Dehnfähigkeit des Betons unabhängig von der Zugfestigkeit des Betons aufgenommen werden. Damit sind unbewehrte Betonplatten möglich.

Die Bemessung von Betonböden sollte stets so erfolgen, dass Risse in Betonplatten möglichst vermieden werden. Deshalb darf bei den auftretenden Beanspruchungen die Bruchdehnung des Betons nicht erreicht werden. Die auftretenden Dehnungen dürfen nicht größer werden als die zulässige Dehnung des Betons, unabhängig von der Biegezugfestigkeit des Betons.

4.3.3 Plattendicken

Je nach Beanspruchung und Ausführungsart sind entsprechende Plattendicken erforderlich. Plattendicken für unbewehrte, mattenbewehrte und faserbewehrte Betonbodenplatten werden für eine vereinfachte Planung in den folgenden Kapiteln 4.5 und 4.6 angegeben. Die Dicken der Betonbodenplatten betragen im Allgemeinen 18 bis 30 cm. Üblich sind Plattendicken von 20 bis 24 cm. Dünnere Platten können nur geringen Beanspruchungen standhalten. Dickere Platten über 26 cm sind bei sehr hohen und besonderen Beanspruchungen erforderlich, z.B. bis zu Plattendicken von 36 cm. Nähere Angaben hierzu enthalten die Tafeln 4.6 und 4.8.

4.3.4 Verschleißbeanspruchung

Bei einer Nutzung mit ausgeprägter Verschleißbeanspruchung kann für die Wahl des erforderlichen Betons allein der Widerstand gegen diese Verschleißbeanspruchung maßgebend sein. In Tafel 3.6 sind Beispiele für die Zuordnung und in Tafel 3.7 ist die Größe des Schleifverschleißes angegeben.

4.3.5 Betonbodenplatten im Freien

Im Freien sind Betonbodenplatten mindestens aus Beton C30/37 herzustellen, wenn mit einer Beanspruchung durch Taumittel zu rechnen ist. Die Taumittelbeanspruchung ist im Allgemeinen nicht auszuschließen. Diese Flächen sind der Expositionsklasse XF4 zuzuordnen (siehe Tafel 3.12).

Für einen ausreichenden Frost-Tausalzwiderstand sind Luftporenbildner LP zuzusetzen. Das gilt auch für angrenzende Flächen, auf die die Fahrzeuge Tausalz einschleppen, wenn dort zeitweise Temperaturen unter 0 °C auftreten können.

4.3.6 Betonbodenplatten mit Gefälle

Betonbodenplatten, die aufgrund ihrer Nutzung ein Gefälle haben müssen, werden in Kapitel 6.6.1 behandelt. Diese Flächen sind so zu planen, dass die Betonoberfläche mit Rüttelbohlen abgezogen und verdichtet werden kann. Das bedeutet, dass sternförmige Gefälle zu vermeiden sind, denn diese lassen sich mit Rüttelbohlen nicht abziehen und verdichten. Das würde zum einfachen Handbetrieb verleiten und damit zur Gefahr unvollständiger Verdichtung des Betons im oberflächennahen Bereich führen.

Windschiefe Oberflächen mit Verwindungen im Gefälle sind in entsprechenden unterschiedlichen Höhenlagen zwar herstellbar, aber in der Praxis schwierig ausführbar. Hierfür sind bei der Planung zwingend die erforderlichen Höhenpunkte unter Berücksichtigung der Ausführbarkeit anzugeben.

Fugen sollten nicht im Tiefbereich des Gefälles und nicht in den Kehlen liegen, da die Fugen durch dauernde Feuchtigkeit unnötig beansprucht würden. Außerdem besteht die Gefahr, dass die Fugendichtung versagt, was bei kritischen Flüssigkeiten zur Beeinträchtigung des Untergrundes führen könnte. Das Gefälle sollte daher stets von Fugen wegführen.

4.4 Fugen in Betonbodenplatten

4.4.1 Allgemeines zu Fugen und Rissen

Fugen haben die Aufgabe, Längenänderungen der Betonbodenplatte zu ermöglichen, so dass keine zu großen Längsbeanspruchungen in der Platte entstehen. Längenänderungen ergeben sich bei Temperaturänderungen und beim Schwinden des Betons. Bei Betonbodenplatten, für die eine Rissfreiheit angestrebt wird, sind stets Fugen erforderlich, sofern sie nicht eine Spannbewehrung erhalten (siehe Kapitel 4.6.3). Andere spezielle Maßnahmen sind möglich, erfordern aber umfangreiche Erfahrungen und eine gewisse Tolerierung entstehender Risse (siehe Kapitel 4.7).

Die erforderlichen Fugen sind bei der Planung festzulegen und in einem Fugenplan in Lage, Abmessung und Ausführungsdetail darzustellen (siehe Kapitel 4.4.11). Dieser Fugenplan ist die Grundlage für die spätere Ausführung der Fugen.

Fugen können die Gefahr der Rissentstehung gering halten. Andererseits sind Fugen aber auch Schwachstellen, bei denen spätere Mängel ihren Anfang nehmen können. Bei Verkehrsbeanspruchung werden die Fugenkanten besonders stark beansprucht. Es sollte daher durchaus die Frage geklärt werden, ob für den jeweils vorliegenden Fall die gewollten Fugen oder die ungewollten Risse störender wirken. Im Einzelfall ist zu entscheiden, ob enge oder weite Fugenabstände bei der vorgesehenen Nutzung der Betonbodenplatte sinnvoller sind.

4.4.2 Art und Lage der Fugen

Bei Betonbodenplatten werden Scheinfugen, Pressfugen und Randfugen unterschieden. Die Fugenarten und deren Anwendungen sind in Tafel 4.5 zusammengestellt. In bestimmten Fällen ist eine Fugensicherung erforderlich. Diese kann durch spezielle Fugenschienen (Bild 4.11) oder durch Verdübelung (Bild 4.15) und/oder Kantenschutz (Bild 4.14) erfolgen.

Scheinfugen sind Sollrissfugen. Sie werden als Kerbe nur im oberen Bereich der Betonbodenplatte ausgebildet. Sie schwächen den Querschnitt und bewirken eine klare Rissführung unterhalb des Kerbschnittes (Kapitel 4.4.4).

Pressfugen trennen die Betonplatte in ganzer Dicke, sie bieten ebenfalls keine Ausdehnungsmöglichkeit für den Beton. Pressfugen entstehen durch Gegenbetonieren an eine entschalte Stirnseite eines vorher betonierten Betonfeldes (Kapitel 4.4.5).

Randfugen (Bewegungsfugen, Dehnfugen, Raumfugen) sind stets erforderlich zur Trennung der Betonplatte von anderen Bauteilen. Innerhalb der Fläche sind Bewegungsfugen nur in besonderen Fällen nötig. Bewegungsfugen gestatten bei genügend breiter Ausbildung und weicher Fugeneinlage eine Ausdehnung der Betonbodenplatte (Kapitel 4.4.6).

Die Lage der Fugen ist vom Planer so zu wählen, dass einerseits die Beanspruchung der Betonbodenplatten durch den Fahrverkehr im Bereich der Fugen nicht unnötig groß wird und andererseits die spätere Nutzung nicht mehr als nötig beeinträchtigt wird.

4.4 Fugen in Betonbodenplatten

Tafel 4.5: Fugenarten und ihre Anwendung [in Anlehnung an L20]

Fugenart	Darstellung der Fuge	Fugenanordnung und Fugenausbildung
Scheinfugen		zweckmäßig in Längs- und Querrichtung bei großflächigem Betonieren bei Lasten $Q_d \leq 30$ kN und Fugenabständen bis 7,5 m ohne Fugensicherung bei Lasten $Q_d > 30$ kN und Fugenabständen bis 6,0 m ohne Fugensicherung bei Lasten $Q_d \leq 60$ kN und Fugenabständen bis 6,0 m ohne Fugensicherung bei Lasten $Q_d > 60$ kN und Fugenabständen über 6,0 m mit Fugensicherung Scheinfugen erforderlich bei allen einspringenden Ecken
Pressfugen		zweckmäßig in Längsrichtung bei streifenförmigem Betonieren bei Tagesabschnittfugen bzw. Arbeitsfugen bei Lasten $Q_d \leq 60$ kN und Fugenabständen bis 6 m mit rauer Stirnseite bei Lasten $Q_d > 60$ kN oder Fugenabständen über 6 m mit Fugensicherung der Hauptfahrstreifen
Randfugen		stets an Rändern von Betonbodenplatten nicht zur Aufteilung der Fläche stets zur Trennung von anderen Bauteilen in Hauptfahrstreifen stets mit Fugensicherung in Tordurchfahrten: bei Lasten $Q_d > 30$ kN stets mit Fugensicherung

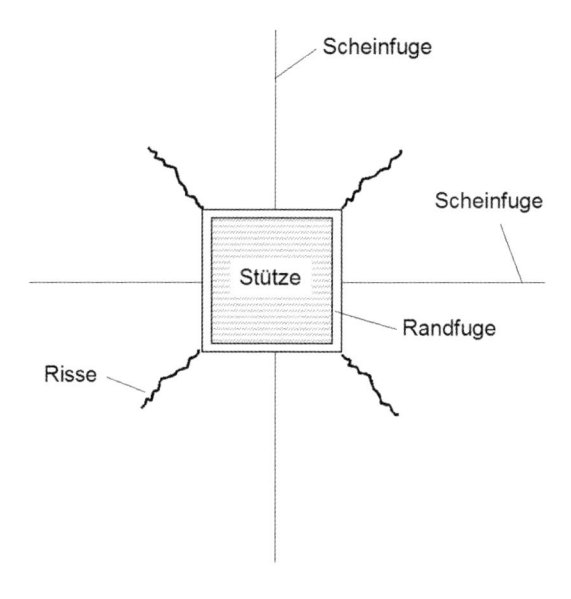

Bild 4.5: Ungünstige Fugenführung bei Stützen mit Rissgefahr an einspringenden Ecken

Folgende Punkte sind für die Anordnung der Fugen zu beachten:

- Unterteilung der Fläche in möglichst quadratische Felder durch Scheinfugen oder Pressfugen, Seitenverhältnis Länge zu Breite nicht größer als $L_F/b_F \leq 1{,}5$.
- Zwickel wegen erhöhter Bruchgefahr stets vermeiden; also keine Flächen wählen, die schmal oder spitz auslaufen.
- Längs- und Querfugen sollen sich kreuzen und nicht gegenseitig versetzt werden.
- Fugenkreuzungen nicht in die Hauptfahrbereiche und Längsfugen nicht in die Hauptfahrspur und nicht entlang der Regale legen.
- Einspringende Ecken vermeiden, bei unvermeidbaren einspringende Ecken ist zum Verhindern von Kerbspannungen eine Fuge in Verlängerung einer der beiden Kanten anzuordnen.
- Durch sinnvoll angeordnete Fugen, z.B. im Bereich von Stützen (Bild 4.6), bei L-förmigen Grundrissen (Bild 4.7a) oder bei Schächten, Kanälen und Entwässerungsrinnen (Bild 4.7b), können Risse vermieden werden.
- Fugen in Bereichen geringerer Beanspruchung vorsehen und nicht in Bereichen wirkender Radlasten.
- Fugensicherung: Notwendigkeit im Einzelfall nach Tafel 4.5 abschätzen.
- Fugen in Betonbodenplatten auf Wärmedämmschichten in Fahrbereichen stets mit Fugensicherung.

Tafel 4.5 zeigt die jeweils geeignete Fugenart und ihre Anwendung.

Eine meistens ausgeführte, aber ungünstige Fugenausbildung an Stützen ergibt sich dadurch, dass die Fugen in der Betonbodenplatte auf Stützenmitte geführt werden. Dadurch entstehen einspringende Ecken. Risse an einspringenden Ecken sind häufig die Folge (Bild 4.5). Die Scheinfugen sollten nicht bis zur Stütze durchlaufen, sondern durch Abschalen vorher abgefangen werden. Diese Abschalung der Stütze ist vor dem Betonieren zu stellen. Nach dem Betonieren kann die Schnittführung bis gegen diese Abschalung erfolgen. Die Abschalung kann eine um 45° gedrehte Diagonalschalung sein oder aus zwei Rohrhälften bestehen (Bild 4.6). Bei der Ausführung ist darauf zu achten, dass anstelle der Abschalung keine Scheinfugen-Diagonalschnitte ausgeführt werden, sondern tatsächlich die Schalung vor dem Betonieren gestellt und die von den Ecken ausgehenden Scheinfugen frühzeitig geschnitten werden. Günstiger ist die Ausführung mit Rohrhälften.

Feste Einbauten (z.B. Stützen, Wände, Schächte, Kanäle) sind stets durch Randfugen von der Betonbodenplatte zu trennen. Damit die freie Beweglichkeit der Betonbodenplatte nicht behindert wird, sind stets weiche Fugeneinlagen zu verwenden, z.B. Weichfaserplatten, jedoch keine Hartschaumplatten.

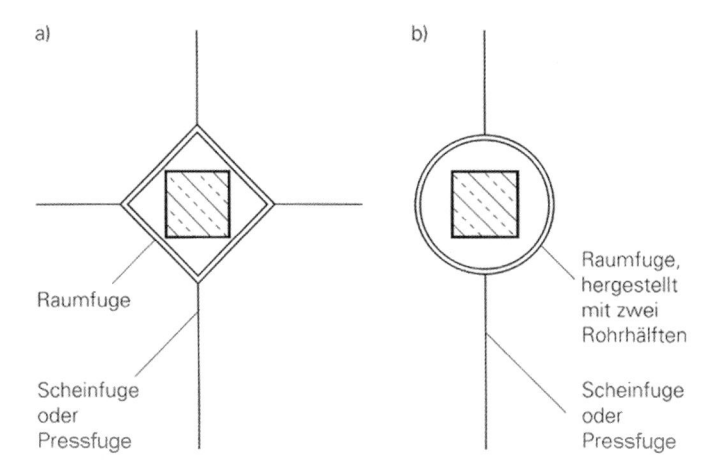

4.4 Fugen in Betonbodenplatten

Bild 4.6:
Beispiele für Fugenausbildungen zum Vermeiden von einspringenden Ecken bei Stützen, die innerhalb der Betonfläche stehen: Fugen nicht auf Stützen zulaufen lassen, sondern:
a) Scheinfugen vor der Stütze durch diagonal abgeschalte Randfugen abfangen
b) Scheinfugen gegen zwei Rohrhälften laufen lassen, die um die Stütze gestellt sind

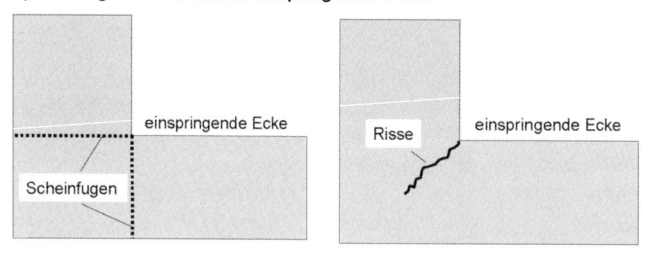

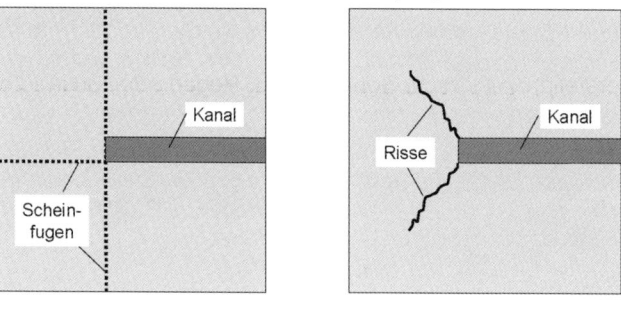

Bild 4.7:
Fugen bei einspringenden Ecken zum Vermeiden von Rissen
a) L-förmiger Grundriss mit einspringender Ecke
b) Kanal in der Betonbodenplatte mit zwei einspringenden Ecken

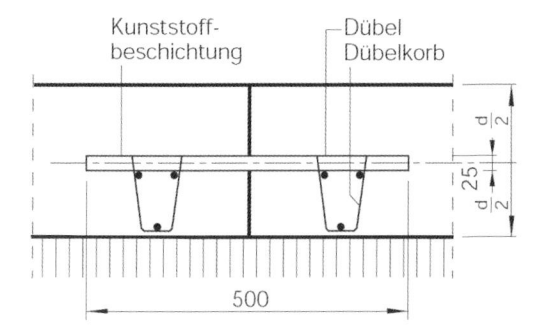

Bild 4.8:
Beispiel einer Pressfuge mit Verdübelung zur Querkraftübertragung bei größeren Fugenabständen bzw. Radlasten entsprechend Tafel 4.5

4.4.3 Fugenabstände

Fugenabstände sind von mehreren Faktoren abhängig. Sie werden daher auch in den nachfolgenden Abschnitten für unbewehrte und bewehrte Betonbodenplatten gesondert angegeben (siehe Tafeln 4.6 und 4.7).

Für die Anordnung der Fugen wird häufig das Stützenraster der Hallenkonstruktion gewählt. Bei üblichen Hallen ergeben sich im Standardfall die Fugenabstände mit 6 m bis 7,5 m. Grundsätzlich sollte die Fugeneinteilung so erfolgen, dass möglichst quadratische Felder entstehen mit $L_F/b_F \approx 1,0$. Bei rechteckigen Feldern sollte das Seitenverhältnis nicht größer als 1,5 sein:

Seitenverhältnis $L_F/b_F \approx 1,0$, stets $L_F/b_F \leq 1,5$

Die Fugenabstände sind insbesondere von der Dicke der Betonbodenplatte, von Art und Menge der Bewehrung sowie von den Herstell- und Lagerungsbedingungen abhängig. Dünne Betonbodenplatten im Freien erfordern geringere Fugenabstände als dickere Platten. Sehr häufig setzt die Rissbildung bereits kurz nach Erhärtungsbeginn beim Abfließen der Hydratationswärme ein. Es ist daher von Bedeutung, ob die Betonbodenplatte vor dem Aufstellen der Hallenkonstruktion im Freien betoniert wird oder ob das Betonieren in offener Halle bei Zugluft erfolgt oder ob die Betonbodenplatte in eine geschlossene Halle ohne Witterungseinflüsse eingebracht wird.

Empfehlung: Bei Hallenkonstruktionen sollten die Betonbodenplatten möglichst erst nach Herstellung der Halle betoniert werden. Dadurch sind diese vor Witterungseinflüssen weitgehend geschützt und beim Herstellprozess nicht Sonne, Wind, Regen oder Schnee ausgesetzt. So können Schäden vermieden werden.

Wesentliche Einflüsse auf den Fugenabstand haben u.a.:

– Dicke der Betonbodenplatte,

– Gleitmöglichkeit auf der Unterkonstruktion,

– Langfristig wirkende Lasten,

– Erhärtungsbedingungen (geschlossene oder offene Halle, im Freien),

- Temperaturbedingungen während der Nutzung,
- Art und Menge der Bewehrung,
- Anforderungen durch die Nutzung an die zulässige Rissbreite.

Unter bestimmten Bedingungen sind größere Fugenabstände über 7,5 m und entsprechende Feldgrößen über 60 m² möglich. Sie erfordern z.B. günstige Herstellbedingungen. Darüber hinaus sind außerdem folgende Maßnahmen erforderlich, die tatsächlich einzuhalten und zu kontrollieren sind:

- Gut tragfähige Unterkonstruktion,
- Gute Gleitmöglichkeit auf ebener Unterlage,
- Besondere Sicherung der Fugen, z.B. durch Kantenschutz und Dübel,
- Genügend langer Schutz vor Bauverkehr,
- Dauernder Schutz vor größeren Temperaturschwankungen.

Weitere Einflüsse bestimmen die Anordnung der Fugen zur Unterteilung von Betonbodenplatten in Felder. Einige wesentliche Einflüsse werden nachfolgend genannt:

- Fugenart (z.B. Scheinfugen, Pressfugen, Randfugen)
- Örtliche Verhältnisse (z.B. Stützen, Wände, Kanäle, Schächte)
- Art des Betoneinbaues (z.B. Einbaugerät und -art, Verdichtungsgerät und -art)
- Langfristig wirkende Lasten (z.B. Art der Einrichtungen und der Lagergüter)
- Besondere Ansprüche bei der Nutzung (z.B. wenig Fugen)
- Rissentstehung unkritisch (z.B. rauer Betrieb)
- Optischer Eindruck vorrangig (z.B. Ausstellungshalle)

Fugenabstände über 12 m werden im Allgemeinen nur bei bewehrten oder gewalzten Betonbodenplatten möglich sein, wenn mit Zustimmung des Auftraggebers ein größeres Rissrisiko hingenommen wird. Dieses Risiko kann in vielen Fällen eingegangen werden, wenn entstehende Risse nicht die Funktionsfähigkeit oder die Dauerhaftigkeit des Betonbodens für die Nutzung negativ beeinflussen.

Fugenlose Betonbodenplatten können nahezu rissfrei nur hergestellt werden, wenn sie durch eine eingebaute Spannbewehrung unter eine bestimmte Druckspannung gebracht werden. Dies ist die einzig sichere Methode zum Vermeiden von Rissen. Diese Maßnahme muss nicht sehr aufwendig sein (siehe Abschn. 4.7.4).

Betonbodenplatten im Freien sind mit normalen Fugenabständen herzustellen, wenn kein besonderer Nachweis geführt wird. Die stets wechselnden Umgebungsbedingungen während der späteren Nutzung haben auf die Betonbodenplatte ungünstige Auswirkungen, die durch geeignete Fugenabstände gemildert werden können.

Bei unbewehrten Betonbodenplatten im Freien sollten die Abstände der Scheinfugen nicht größer sein als 6 m und als die 34- bzw. 30-fache Plattendicke h (siehe Tafel 4.7):

$L_F \leq 34$ h bei quadratischen Platten   mit $L_F/b_F \leq 1{,}25$
$L_F \leq 30$ h bei rechteckigen Platten   mit $1{,}25 < L_F/b_F \leq 1{,}5$

Bei bewehrten Betonbodenplatten im Freien sollten die Abstände der Scheinfugen nicht größer als 7,5 m sein. Abhängig von der Plattendicke sollte die Plattenlänge bei quadratischen Platten entweder kleiner als die 34-fache oder größer als die 41-fache Plattendicke sein. Für rechteckige Platten gelten engere Werte (siehe Tafel 4.9):

$L_F \leq 34$ h oder ≥ 41 h bei quadratischen Platten   mit $L_F/b_F \leq 1{,}25$
$L_F \leq 30$ h oder ≥ 37 h bei rechteckigen Platten   mit $1{,}25 < L_F/b_F \leq 1{,}5$

Diese Fugenabstände gelten auch für ähnlich temperaturbeanspruchte Platten in Hallen. Beim Überschreiten dieser Fugenabstände wachsen die Wölbspannungen infolge Erewärmung von oben (Sonneneinstrahlung) stark an, ein besonderer Nachweis zur Risssicherheit wäre dann erforderlich (siehe Kapitel 8.1.2).

4.4.4 Sollrissquerschnitte als Scheinfugen

Scheinfugen sind die üblichen Fugen in Betonbodenplatten (Bild 4.9). Sie entstehen durch nachträgliches Schneiden der Betonbodenplatte mit einem Schneidgerät bis in eine Tiefe von einem Viertel bis einem Drittel der Plattendicke, also etwa 60 mm tief. Die Breite der Scheinfuge ergibt sich aus der Dicke des Schneidblattes und beträgt etwa 4 mm. Die dadurch entstehende Kerbe von etwa 60/4 mm bildet eine Sollrissstelle. Der im unteren Plattenbereich unter der Kerbe entstehende Riss ist erwünscht. Da der Schnitt sehr frühzeitig bei noch geringer Betonfestigkeit erfolgen muss, ist nicht immer eine Scharfkantigkeit der Fuge zu erwarten.

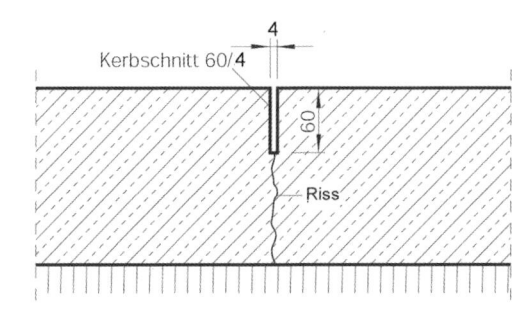

Bild 4.9:
Scheinfuge als einfache Fugenkerbe ohne Fugenverguss mit darunter entstandenem Riss

Ziel dieses frühen Einschneidens ist es, eventuell entstehende Risse zu zwingen, unterhalb dieser Querschnittsschwächungen quasi unsichtbar aufzutreten. Sie sollen nicht unkontrolliert in anderen Plattenbereichen auftreten und an der Oberfläche sichtbar sein. Die Betonbodenplatte behält eine gewisse Rissverzahnung, wenn sich der Riss nicht zu weit öffnet. Auch aus diesem Grunde sollten die Fugenabstände nicht zu groß sein und eine geeignete Betonzusammensetzung eingesetzt werden. Eine untere Fugeneinlage ist nicht erforderlich, sie ist eher schädlich.

4.4 Fugen in Betonbodenplatten

Scheinfugen können offen bleiben. Bei einem Schließen der Fugen sofort nach Fertigstellung der Betonbodenplatte ist wegen der geringen Fugenbreite und des noch nicht abgeschlossenen Schwindvorgangs mit einer Überdehnung des Fugendichtstoffes zu rechnen. Der Fugendichtstoff wird sich von den Fugenflanken lösen. Dies ist technisch ohne Bedeutung, kann aber ggf. die Betriebsbedingungen z.B. aus hygienischen Gründen beeinträchtigen.

Um diesen Effekt zu umgehen, wäre ein breiterer Nachschnitt erforderlich, wodurch jedoch ein anderes Problem auftritt. Die breiteren Fugen haben den wesentlichen Nachteil, dass die Fugenkanten befahrener Fugen stärker beansprucht werden. Daher ist von einem Nachschnitt der Fugen bei starker mechanischer Beanspruchung der Betonbodenplatte abzuraten. Sollte für eine dauerhaftere Fugenabdichtung die Fuge verbreitert werden, ist im oberen Bereich der Kerbe ein Nachschnitt auf 25 mm Tiefe und 8 mm Breite erforderlich. Die unteren 10 mm werden mit Moosgummi ausgefüllt, die oberen 15 mm nehmen den Fugendichtstoff auf (Bild 4.10).

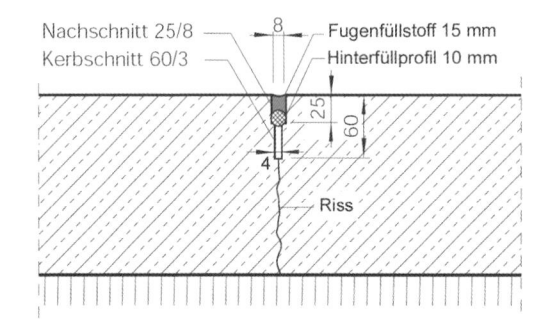

Bild 4.10:
Scheinfuge als Fugenkerbe mit Nachschnitt für Fugenabdichtung

Wenn ein sofortiges Schließen der Fugen ohne Nachschnitt vorgenommen wird, kann der Fugenfüllstoff nur relativ kurzfristig wirksam sein. Die Fugen werden sich infolge des Schwindens des Betons weiter öffnen, der Fugenfüllstoff wird überdehnt und löst sich von den Fugenflanken. Einige Hersteller bieten spezielle Kunststoff-Fugenfüllstoffe an, die in die gesamte Kerbe ohne Nachschnitt eingebracht werden. Hierfür ist ein Nachweis des Herstellers über die Eignung der Fugenfüllstoffe und die Anwendung zum geeigneten Zeitpunkt erforderlich.

Bei bewehrten Betonbodenplatten mit Betonstahlmatten sollte im Fugenbereich die obere Bewehrung durchgeschnitten werden. Bei Scheinfugen mit durchlaufender Mattenbewehrung wird die Wirkung der Sollrissfugen eingeschränkt. Eine Verdübelung kann nicht von durchlaufender Bewehrung ersetzt werden, falls eine Fugensicherung nach Tafel 4.5 erforderlich sein sollte.

Eine Fugensicherung mit Querkraftübertragung bei Scheinfugen quer zu Hauptfahrstreifen sowie bei größeren Fugenabständen und hohen Einzellasten ist zu klären (siehe Tafel 4.5 und Bild 4.7). Durch geeignete Fugensicherung (Fugen-Doppelschienen oder Verdübelung) kann erreicht werden, dass sich benachbarte Felder höhenmäßig nicht gegeneinander versetzen.

4.4.5 Arbeitsfugen als Pressfugen

Arbeitsfugen entstehen beim Herstellen benachbarter Plattenfelder, die in zeitlichem Abstand betoniert werden. Es sind sogenannte Tagesfeldfugen. Zur Ausbildung der Fuge wird die Stirnseite der erstbetonierten Betonbodenplatte lotrecht abgeschalt. Nach dem Entschalen der Stirnseite kann die nachfolgende Betonbodenplatte ohne Fugeneinlage press dagegen betoniert werden. Damit entsteht die sogenannte Pressfuge.

Raue Stirnseiten der Betonbodenplatten können eine Querkraftübertragung in der Fuge ermöglichen, wenn sich die Fugen nicht zu weit öffnen und die Radlasten nicht zu groß sind. Diese Querkraftübertragung kann bei kleinen Fugenabständen und genügend großer Rautiefe unter günstigen Herstellbedingungen erwartet werden („Ausführung S speziell" entsprechend Tafel 4.7). Eine ausreichende Rautiefe kann z.B. durch Einbau von Rippenstreckmetall an der Stirnseitenschalung erfolgen. Das Rippenstreckmetall ist nicht bis zur Oberkante zu führen und vor dem Anbetonieren des zweiten Betonierabschnitts zu entfernen.

Fugenausbildungen an der Oberseite der Betonbodenplatten können auf unterschiedliche Weise erfolgen. Die einfachste Ausführungsart ergibt sich dadurch, dass sich die Fugen öffnen, die sich an der Oberfläche als Risse abzeichnen. Diese Risse sind zwar annähernd gerade geführt, denn sie entstehen entlang den Pressfugen, aber sie haben sonst das gleiche Erscheinungsbild wie andere Risse. Bei anspruchsvolleren Flächen könnten die Pressfugen an der Oberseite nachgeschnitten werden. Meistens gelingt es jedoch nicht, die Rissufer mit dem üblichen Scheinfugenschnitt von 4 mm Breite zu erfassen. Nur bei mechanisch nicht stark beanspruchten Flächen sollte ein Nachschnitt von 8 mm Breite eingebracht und mit Fugendichtstoff geschlossen werden, wie dies auch bei Scheinfugen entsprechend Bild 4.10 ausgeführt werden kann.

Fugenschienen sollten stets bei stark belasteten Fugen eingebaut werden. Schwer belastete Fugen oder solche, die mit harten Reifen beansprucht werden, benötigen einen Kantenschutz. Dies kann wie bei Randfugen entsprechend Bild 4.14 mit Stahlwinkeln erfolgen. Bei Radlasten $Q_d > 60$ kN und sehr hoher Fahrzeugfrequenz sollten spezielle Fugen-Doppelschienen eingebaut werden, wie z.B. in Bild 4.11 dargestellt.

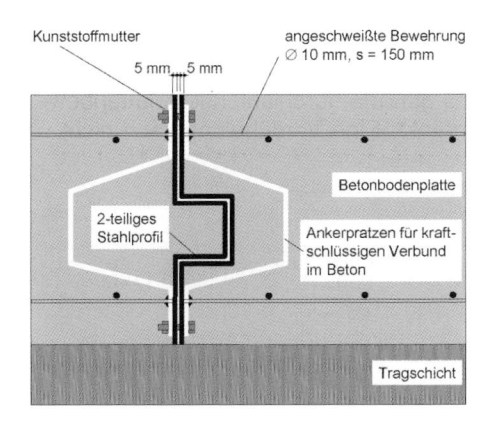

Bild 4.11:
Fugen-Doppelschiene mit Stahlkantenschutz für eine gegenseitige Verzahnung der angrenzenden Tagesfelder

4.4 Fugen in Betonbodenplatten

Verdübelungen erübrigen sich bei Fugen-Doppelschienen in Pressfugen, da Höhenbewegungen durch die Nut- und Federausbildung verhindert werden. Längsbewegungen müssen möglich sein, dafür sollen die Fugenprofile für den Einbau nur mit Kunststoffmuttern gesichert werden, die beim Öffnen der Fuge nachgeben. Die Oberkanten der Fugen-Doppelschiene müssen beim Einbau ohne Höhenunterschied bündig sein, da die Profile überglättet werden und dadurch die Höhenlage der Betonbodenoberfläche bestimmt wird. Die an die Betonbodenplatte anschließenden Flächen der Fugen-Doppelschiene sollten ohne Walzhaut sein und daher schon in der Werkstatt gesandstrahlt werden. Ein Schutzanstrich entfällt.

Verdübelungen oder Verzahnungen der Pressfugen sind bei größeren Fugenabständen und Radlasten zu empfehlen und entsprechend Tafel 4.5 zu prüfen. Bei Rand- bzw. Eckbelastung einer verdübelten Platte können Verformungen nur dann stattfinden, wenn die Nachbarplatte bzw. alle angrenzenden Platten diese Verformung mitmachen. Dadurch können sowohl die Verformung als auch die Rissgefahr stark verringert werden (siehe Bild 4.12). Bei Fugenabständen > 7,5 m sollten die Fugen nur in einer Richtung verdübelt werden (z.B. Verdübelung der Hauptfahrstreifen). Die Fugen in der anderen Richtung sind durch andere Maßnahmen zu sichern, z.B. durch Fugen-Doppelschienen mit Verzahnung entsprechend Bild 4.11. Bei Verdübelungen der Fugen in beiden Richtungen können Zwangbeanspruchungen im Beton durch die Dübel entstehen, besonders bei großen Fugenabständen.

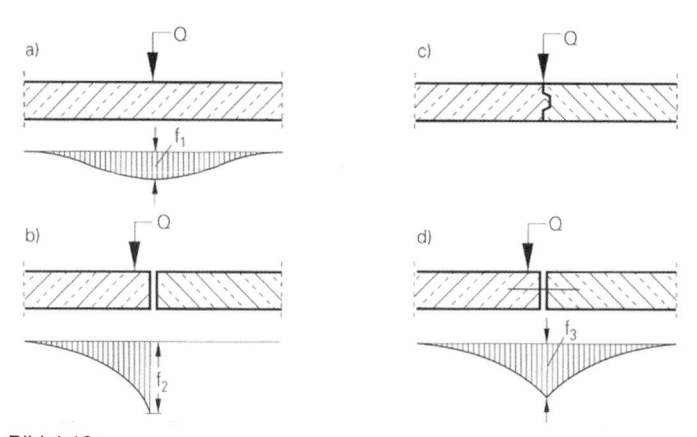

Bild 4.12:
Schematisch dargestellte Verformung einer Betonbodenplatte unter einer Verkehrslast
a) Verformung bei Belastung in Plattenmitte
b) Verformung einer unverdübelten Platte bei Belastung am Plattenrand mit $f_2 \approx 2 \cdot f_1$
c) Verringerte Verformung einer Platte mit verzahnter Fuge durch Einbau von Fugen-Doppelschienen bei Belastung am Plattenrand
d) Verringerte Verformung einer verdübelten Platte bei Belastung am Plattenrand mit $f_3 < f_2$

4.4.6 Randfugen als Bewegungsfugen

Randfugen (Dehnfugen, Raumfugen) trennen die Betonbodenplatte in ganzer Dicke. Sie sind innerhalb von Hallenflächen in der Regel nicht erforderlich. Außerdem können sie durch ihre größere Breite den Betriebsablauf stören.

Randfugen sind dort nötig, wo Betonbodenplatten von anderen Bauteilen und festen Einbauten getrennt werden müssen, z.B. zur Trennung der Betonbodenplatten von Wänden, Stützen, Kanälen, Schächten, Bodeneinläufen (siehe Bilder 4.2, 4.3 und 4.13).

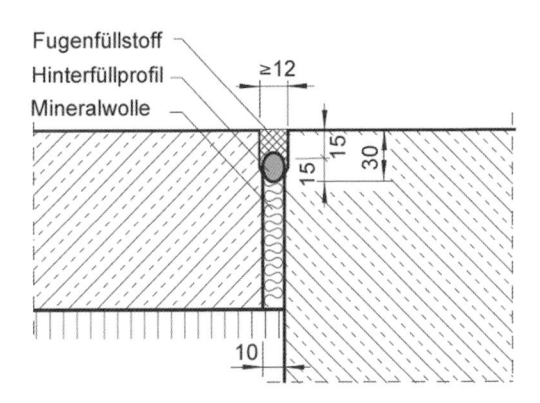

Bild 4.13:
Randfuge mit Fugeneinlage sowie Nachschnitt und Fugenverschluss im oberen Bereich beim Anschluss an andere Bauteile, z.B. Maschinenfundamente

Randfugen zur Trennung der Betonbodenplatten sind aber auch in anderen Fällen erforderlich, z.B.:

– zur Trennung der Innenflächen von den Außenflächen, z.B. im Torbereich,

– bei Flächen, die unterschiedlichen Temperaturen ausgesetzt werden,

– bei großen Hallen, wenn bei Ausdehnung der Betonbodenplatten die Beanspruchung der Fugendichtung zu groß würde,

– beim Betoneinbau bei niedrigen Temperaturen mit großen Abmessungen, z.B. über 100 m,

– zur Trennung der Warmbereiche von den anderen Bereichen, z.B. Wärmekammern,

– bei sehr unterschiedlich belasteten Flächen,

– zur Trennung der Flächen, auf denen Maschinen stehen, insbesondere wenn diese große Schwingungen oder Stöße verursachen (siehe Bild 4.13).

Flächen im Freien sind von Bauwerken stets durch Randfugen zu trennen, insbesondere dann, wenn die Flächen zwischen Gebäuden oder aufgehenden Bauteilen liegen.

Befahrene Bewegungsfugen mit Radlasten $Q_d > 30$ kN sollten stets eine Fugensicherung erhalten. Dies kann mit Fugen-Doppelschienen geschehen (Bild 4.11) oder durch eine Verdübelung erfolgen (Bild 4.15). Dadurch soll beim Überrollen der Randfuge eine Kraftübertragung auf die angrenzende Platte erfolgen. Es entstehen geringere Verformungen

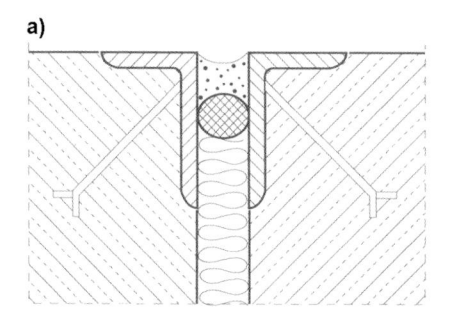

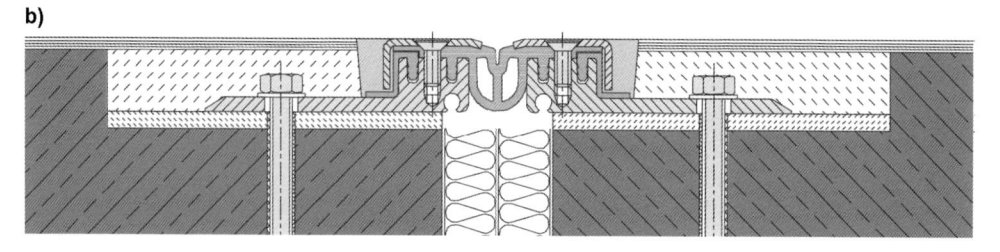

4.4 Fugen in Betonbodenplatten

Bild 4.14:
Bewegungsfuge für starken Verkehr mit harter Bereifung
a) Kantenschutz aus zwei Stahlwinkeln L 80 x 8 mm mit Verankerung
b) Fugenprofil, z.B. Migua-Fugensysteme GmbH & Co.KG

und die Risssicherheit wird erhöht. Bewegungsfugen sollen nicht dort liegen, wo sie häufig durch Längsverkehr direkt beansprucht werden. Querverkehr lässt sich häufig nicht vermeiden, dies ist z.B. im Torbereich von Hallen der Fall (Bild 4.15).

Die Fugenkanten werden durch die größere Breite der Randfugen stärker beansprucht. Im Einzelfall ist zu klären, ob ein besonderer Kantenschutz der Randfugen erforderlich ist, z.B. bei starkem Verkehr oder Fahrzeugen mit harter Bereifung entsprechend Expositionsklasse XM2 bzw. XM3 (siehe Tafel 3.7 und Bild 4.11).

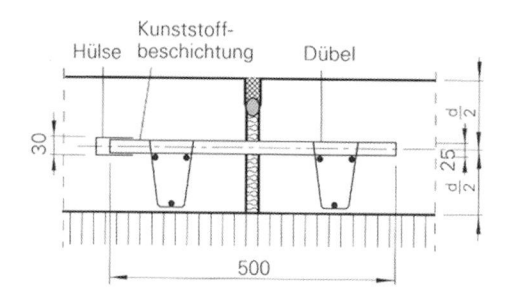

Bild 4.15:
Randfuge mit Verdübelung zur Querkraftübertragung (z.B. für Flächen im Freien und im Torbereich beim Übergang vom Freien in die Halle)

Weiche Fugeneinlagen sind bei Randfugen erforderlich, z.B. Mineralfasermatten, jedoch keine Hartschaumplatten. Sie sollen mit genügender Breite die Ausdehnung der Betonbodenplatten gestatten, z.B. Randfugenbreite $\geq$ 5 mm, möglichst 10 mm, erforderlichenfalls 20 mm. Die Breite der Randfugen ist zu bemessen.

Befahrene Randfugen sind im oberen Bereich abzudichten (siehe Kapitel 4.4.9), sofern nicht ohnehin spezielle Fugenprofile verwendet werden. Damit einwandfreie Fugenflanken zur Aufnahme des Fugenfüllstoffs entstehen, ist im oberen Bereich ein Nachschnitt vorteilhaft (Bilder 4.13 und 4.15).

4.4.7 Dübel

Dübel ermöglichen eine besondere Art der Fugensicherung (Tafel 4.5). Sie sollen eine Querkraftübertragung ermöglichen, die einerseits Lastbeanspruchung eine gleiche Höhenlage der Betonbodenplatten im Fugenbereich sicherstellen, die aber andererseits Längsbewegung der Betonbodenplatten nicht behindern. Dazu müssen die Dübel in Höhenlage und Ausrichtung exakt eingebaut sein: Sie müssen genau parallel zu einander und parallel zur Plattenachse angeordnet werden und in Plattenmitte liegen.

Als Dübel sind glatte Rundstähle zu verwenden, z.B. Ø 25 mm, Länge 500 mm (Bild 4.15). Der Abstand der äußeren Dübel vom Plattenrand sollte 25 cm betragen, die darauf folgenden Dübel sollten bei häufigen Lastwechseln in Hauptfahrspuren ebenfalls in 25 cm Abstand eingebaut werden (z.B. 4 oder 5 Dübel). Für die anderen Dübel außerhalb von Fahrspuren genügen Abstände von 50 cm (Bild 4.16).

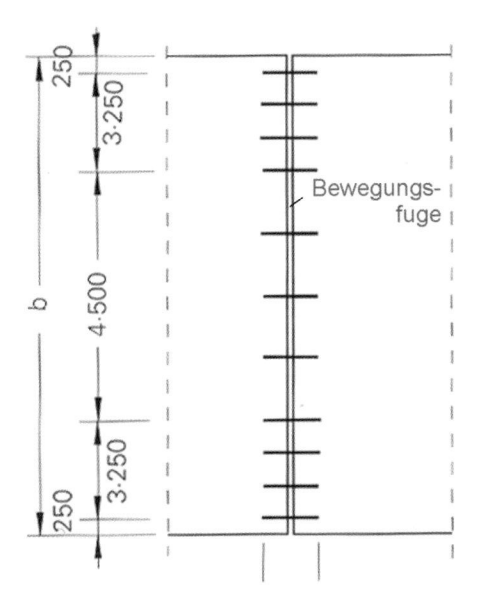

Bild 4.16:
Anordnung der Dübel in einer Bewegungsfuge, die durch regen Fahrverkehr beansprucht wird (Grundriss)

Damit eine Längsbewegung im Fugenbereich möglich ist, soll jeder Dübel mit einer Kunststoffbeschichtung versehen sein. Bei befahrenen Randfugen ist auf ein Ende des Dübels eine Blech- oder Kunststoffhülse zu stecken (Bild 4.15). Insgesamt sollten die Dübel aus Rundstahl Ø 25 mm, 500 mm lang (Bild 4.15) und kunststoffbeschichtet sein sowie mit einseitiger Kunststoffhülse für Längsbewegung von 20 mm versehen sein.

4.4 Fugen in Betonbodenplatten

Für das Verlegen der Dübel sind besondere Dübelkörbe zweckmäßig, die den Dübeln die richtige Lage sichern.

Bei großen Plattenlängen über 7,5 m sollten die Fugen möglichst nur in einer Richtung verdübelt werden, also entweder Querfugen oder Längsfugen. Bei Fugensicherungen für alle Fugen würden Verdübelungen bei größeren Fugenabständen zusätzliche Zwängungen erzeugen, insbesondere in den Eckbereichen der Betonbodenplatten. Um diese Zwängungen zu vermeiden, kann in einer Richtung mit Rundstahldübeln, in der anderen Richtung mit verzahnten Pressfugen gearbeitet werden.

Bei befahrenen Randfugen in Betonbodenplatten wird zur Lastübertragung und zur Sicherung gleicher Höhenlage der Betonbodenplatten bei größeren Lasten stets eine Fugensicherung erforderlich sein, die z.B. durch eine Verdübelung mit Kantenschutz erreicht werden kann (siehe Tafel 4.5 sowie Bild 4.15 und 4.16). Hohe Anforderungen an Ebenheitstoleranzen können Grund für eine Verdübelung der Fugen sein, um zu starke oder ungleichmäßige Aufschlüsselungen zu vermeiden. Auf eine Verdübelung kann nur verzichtet werden, wenn entweder die Lasten sehr gering und nur selten auftreten, so dass Höhenunterschiede nicht zu erwarten sind oder wenn wegen eines rauen Betriebs entstehende Höhenunterschiede keine Rolle spielen.

Bei Pressfugen kann eine raue Ausbildung der Plattenstirnseiten gegebenenfalls eine ausreichende Querkraftübertragung bewirken. Dies ist z.B. bei kleineren Fugenabständen und Lasten der Fall, wenn eine genügend große Rautiefe vorhanden ist (z.B. durch Einbau von Rippenstreckmetall) und für günstige Herstellbedingungen gesorgt wird (Ausführung S speziell entsprechend Tafel 4.7). In diesen Fällen kann auf eine Fugensicherung der Pressfugen verzichtet werden (siehe Tafel 4.5).

Bei Scheinfugen (Sollrissfugen) wirkt der Riss unter dem Kerbschnitt als Verzahnung. Im Allgemeinen kann bei Scheinfugen eine ausreichende Querkraftübertragung angenommen werden, wenn Fugenabstände und Belastungen nicht zu groß sind (siehe Kapitel 7.9). Eine Fugensicherung der Scheinfugen ist hierbei nicht erforderlich (siehe Tafel 4.5).

In jedem Fall sind die Anforderungen mit dem Auftraggeber bzw. mit dem Nutzer der Halle in der Planung abzuklären. Mit größeren Fugenabständen und höheren Belastungen nehmen die Beanspruchungen und damit die Erfordernisse der Fugenausbildung zu.

4.4.8 Anker

Es gibt Fälle, bei denen ein Auseinanderwandern der Platten stattfinden kann. Dies ist z.B. bei Randplatten der Fall, wenn Temperatureinwirkungen eine Rolle spielen oder in stark befahrenen Kurvenbereichen. Durch wiederholtes Erwärmen und Abkühlen wandern die Randplatten zu der Seite, an der der Widerstand gegen Verschieben geringer ist. Dies ist z.B. besonders bei Randplatten im Freien der Fall, wenn sie in einer Außenkrümmung liegen.

Gegen ein mögliches Auseinanderwandern der Platten können Anker eingebaut werden. Sie sollten aus Rippenstahl Ø 16 mm bestehen und eine Länge von mindestens 600 mm haben. Sie werden in halber Fugenhöhe der zu verankernden Platten eingebaut. Erforderlich sind mindestens drei Anker je Platte. Bei größeren Plattenlängen sollte der Abstand höchstens 2 m betragen.

4.4.9 Fugenkanten

Scharfe Fugenkanten

Bei Fugen werden die Fugenkanten besonders stark beansprucht. Fugen sollten daher so schmal wie möglich sein (z.B. 4 mm bei Scheinfugen), damit die Räder nicht zu stark auf die Fugenkanten wirken. In einfachen Fällen mit leichten Beanspruchungen (z.B. luftbereifte Gabelstapler) können die Kanten der Scheinfugen oder der geschnittenen Pressfugen scharfkantig bleiben. Bei intensivem Fahrverkehr werden jedoch die Fugenkanten beim Überfahren von Fahrzeugen mit Reifenpressungen über 1,0 bis 2,0 N/mm² (z.B. Vollgummireifen) stark beansprucht. Häufig sind diese Beanspruchungen auf Dauer zu groß und bei scharfkantig belassenen Fugenkanten entstehen Kantenabplatzungen.

Gefaste Fugenkanten

Um ein Abbrechen der Fugenkanten zu vermeiden, ist ein schmales Abfasen der Fugenkanten zu empfehlen (Bild 4.17). Die Fase sollte in der Draufsicht nicht breiter als 3 mm sein, so dass sich eine Fugenweite an der Oberfläche von nicht mehr als 10 mm ergibt. Ein zu breites Abfasen muss vermieden werden, da sonst die Räder beim Hineinrollen in die Fuge zusätzliche Stöße verursachen können.

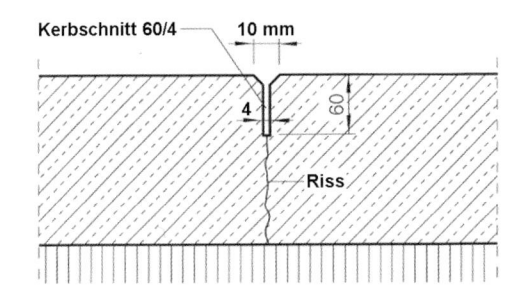

Bild 4.17:
Scheinfuge mit abgefasten Kanten

Kantenschutzwinkel

Bei stark belasteten Fugen sind zur Sicherung der Fugenkanten besondere Maßnahmen erforderlich (Tafel 4.5). Diese Maßnahmen sind im Einzelfall abzuklären. Ein Schutz der Kanten von Bewegungsfugen ist stets erforderlich. Bei Nutzung durch Fahrzeuge mit Radlasten über 60 kN und Reifenpressungen über 2,0 N/mm² (z.B. Vollreifen aus Polyurethan) können zusätzliche Kantenschutzwinkel auch bei Scheinfugen und Pressfugen nötig werden (Bild 4.14). Kantenschutzwinkel sind außerdem bei Toren und Türen für einen sauberen Abschluss der Betonbodenplatte erforderlich. Bei Toren ist dies für einen ebenen und dichten Anschluss nötig. Fugen, die am Tor den Außen- vom Innenbereich trennen, sollten von Förderfahrzeugen mit höheren Geschwindigkeiten ohne wesentliche Erschütterungen befahren werden können. In bestimmten Fällen sind hierfür besondere Fugenprofile erforderlich.

4.4 Fugen in Betonbodenplatten

Fugenprofile

Bei Nutzung durch Fahrzeuge mit Radlasten über 60 kN und höheren Reifenpressungen mit sehr hoher Fahrzeugfrequenz sollten spezielle Fugenprofile eingebaut werden, wenn eine dauerhafte Lösung des Fugenproblems erwartet wird (siehe Bilder 4.11 und 4.14).

4.4.10 Fugendichtstoffe

Scheinfugen und Pressfugen müssen nicht immer geschlossen werden. Sollte aus betrieblichen Gründen dennoch ein Schließen dieser Fugen erforderlich sein, kann eine funktionsgerechte Fugenabdichtung erst dann erwartet werden, wenn zumindest ein Teil der Schwindverkürzungen stattgefunden hat und sich Fugen möglichst schon geöffnet haben. Dies ist je nach Betonqualität und Umgebungsbedingungen frühestens drei Monate nach dem Schneiden der Fugen der Fall. Die vom Hersteller des Fugendichtstoffs anzugebende zulässige Gesamtverformung des Fugendichtstoffes ist einzuhalten, dabei sind die Fugenbewegungen für die zu erwartende Temperaturdifferenz zu berücksichtigen [R44], z.B.:

– 80 Kelvin bei ganzjährig im Freien bewitterten Fugen,

– 40 Kelvin bei Fugen in Kühlhäusern

– 20 Kelvin bei normal temperierten Hallen.

Für das Abdichten sind befahrbare Fugen abzufasen, damit gleichmäßige Fugenränder entstehen und die Oberfläche des Fugendichtstoffs vertieft ausgebildet wird. Bei Außenflächen und bei Flächen, an die WHG-Anforderungen gestellt werden, sind die geringen Fugenbreiten durch einen Nachschnitt von 8 mm Breite und 25 mm Tiefe zu vergrößern. Dies ist erforderlich, obwohl die größere Fugenbreite ungünstig bei mechanischen Beanspruchungen ist. In den unteren Bereich des Nachschnitts wird ein geschlossenzelliges Rundprofil als Hinterfüllprofil eingebracht, während die oberen 15 mm mit einem elastischen Fugendichtstoff geschlossen werden (Bild 4.10). Hierfür werden meistens Fugendichtstoffe auf Kunststoffbasis verarbeitet. Für die Auswahl können die betrieblichen Erfordernisse entscheidend sein. Voranstrichmittel (Primer) und Fugendichtstoff müssen aufeinander abgestimmt sein, ebenso eine evtl. erforderliche Beschichtung. Die Verarbeitungsrichtlinien des Herstellers und das IVD-Merkblatt sind zu beachten [R44].

Spezielle Kunststoff-Fugenfüllstoffe sind selbstverlaufend und ermöglichen das Füllen des gesamten Kerbschnitts. Hierfür sollen im Allgemeinen die Fugenkanten abgefast sein (Bild 4.17). Der Fugenfüllstoff wird nur bis unter die abgefaste Kante eingebracht. Die Fugenfüllung kann jedoch nur wirksam sein, wenn die Fugenbewegungen gering bleiben. Hierzu muss der größte Teil des Schwindens abgeschlossen sein (siehe Kapitel 3.9). Dies ist erst mehrere Monate nach Herstellung der Betonbodenplatten der Fall. Anderenfalls würde der Fugenfüllstoff von den Fugenflanken abreißen und müsste erneuert werden. Für diesen Anwendungsbereich ist ein Nachweis des Herstellers über die Eignung der Fugenfüllstoffe zu erbringen, da übliche Fugenfüllstoffe bei dieser Ausführungsart überfordert sind. Wartung und Erneuerung der Fugenfüllung sollten vertraglich geregelt werden.

Bewegungsfugen sind zur Aufnahme des Fugendichtstoffs je nach Lage und Anforderung mit einem Nachschnitt zu versehen, z.B. 30 mm tief und 2 mm breiter als die Fuge. Die unteren 15 mm werden mit einem geschlossenzelligen Rundprofil als Hinterfüllprofil ausgefüllt, die oberen 15 mm werden mit einem Fugendichtstoff geschlossen (Bilder 4.10 und .4.13). Für den Fugenfüllstoff soll ein Allgemeines bauaufsichtliches Prüfzeugnis AbP vorliegen, das den entsprechenden Anwendungsbereich erfasst. Außerdem ist vom Hersteller das EG-Sicherheitsdatenblatt vorzulegen.

Fugen in Flächen für den Umgang mit wassergefährdenden Stoffen müssen so dicht sein, dass ein Durchdringen von Flüssigkeiten in den Untergrund verhindert wird. Diese Anforderungen gelten für LAU-Anlagen (Anlagen aus Beton zum Lagern, Abfüllen und Umschlagen wassergefährdender Stoffe) bzw. HBV-Anlagen (Anlagen zum Herstellen, Behandeln und Verwenden wassergefährdender Stoffe).

Maßgebend hierfür sind die Zulassungsgrundsätze des Deutschen Instituts für Bautechnik Berlin DIBt. Die Beständigkeit des Fugenmaterials ist nachzuweisen. Die Fugendichtstoffe sollten auch dem IVD-Merkblatt Nr. 6 [R44] entsprechen.

4.4.11 Fugenplan

Die Abstände und die Lage der Fugen sind im Rahmen der Planung in einem Fugenplan darzustellen. Abstände und Lage der Fugen sind abhängig von mehreren Einflüssen. Zur Übersicht sind die wesentlichen Einflüsse nachfolgend zusammengestellt.

Einflüsse auf die Abstände der Fugen:

– Dicke der Betonbodenplatte

– Gleitmöglichkeit auf der Unterkonstruktion

– Erhärtungsbedingungen (geschlossene oder offene Halle, im Freien)

– Konstruktionsart (z.B. unbewehrte oder bewehrte Betonbodenplatte)

– Langfristig wirkende Lasten

– Temperaturbedingungen während der Nutzung

– Anforderungen durch die Nutzung an die zulässige Rissbreite

Empfehlungen für die Lage der Fugen:

– Unterteilung der Fläche in möglichst quadratische Felder durch Scheinfugen oder Pressfugen, Seitenverhältnis Länge zu Breite nicht größer als $L_F/b_F \leq 1{,}5$ wählen.

– Zwickel wegen erhöhter Bruchgefahr stets vermeiden; also keine Flächen wählen, die schmal oder spitz auslaufen.

– Längs- und Querfugen sollen sich kreuzen und nicht gegenseitig versetzt werden.

– Fugenkreuzungen nicht in die Hauptfahrbereiche und Längsfugen nicht in die Hauptfahrspur legen.

- Einspringende Ecken vermeiden, bei unvermeidbaren einspringende Ecken ist zum Vermeiden von Kerbspannungen eine Fuge in Verlängerung einer Kante anzuordnen.
- Ort und Stellung der Stützen und Wände sowie Lage der Einbauten in der Betonbodenplatte berücksichtigen, z.B. Schächte, Kanäle, Rinnen, Montagegruben, Fundamente.
- Durch sinnvoll angeordnete Fugen, z.B. im Bereich von Stützen (Bild 4.6), bei L-förmigen Grundrissen (Bild 4.7a) oder bei Schächten, Kanälen und Entwässerungsrinnen (Bild 4.7b) Risse vermeiden.
- Fugen in Bereichen geringerer Beanspruchung vorsehen und nicht in Bereichen wirkender Radlasten, hierbei Regalstellungen beachten.

Tafel 4.5 zeigt die jeweils geeignete Fugenart und ihre Anwendung.

Hinweise:

Genügend langer Schutz der Betonbodenplatte vor Bauverkehr verringert die Rissgefahr bei großen Fugenabständen. Fugenkanten und Fugendichtstoffe sind während der Nutzung einer erhöhten Verschleißbeanspruchung ausgesetzt. Die Fugen sind im Rahmen der Bauwerksunterhaltung und Wartung instand zuhalten und erforderlichenfalls instand zusetzen (siehe Kapitel 15).

4.5 Unbewehrte Betonbodenplatten

Betonbodenplatten können in der Regel unbewehrt bleiben. Zur Funktionsfähigkeit eines Betonbodens gehört nicht nur eine tragfähige Betonbodenplatte. Erforderlich ist auch ein tragfähiger Unterbau, der sich aus dem Untergrund und der Tragschicht ergibt. Es wird sich stets als unbefriedigend erweisen, auf einen tragfähigen Unterbau zu verzichten, auch wenn die Betonbodenplatte bewehrt würde. Das Bewehren der Betonbodenplatte ist kein Ersatz für eine tragfähige Unterkonstruktion.

Schon bei der Planung, aber auch bei der Ausführung, wird häufig gegen diesen Grundsatz verstoßen. Es ist nur dann zweckmäßig und sinnvoll, die Betonbodenplatten zu bewehren, wenn die entstehenden Biegezugspannungen so groß werden, dass sie vom Beton allein nicht mehr aufgenommen werden können. Hier wäre es sinnvoll, die Betonbodenplatte dicker zu machen und einen Beton mit höherer Biegezugfestigkeit zu wählen. Wenn stattdessen die Biegezugspannungen einer Bewehrung zugewiesen werden, dehnen sich die Stahleinlagen soweit, dass der Beton reißt. Bei dieser Bemessung nach Zustand II mit gerissener Zugzone wird also das Entstehen von Rissen in der Betonbodenplatte direkt geplant. Dies kann für eine Betonbodenplatte, die möglichst rissfrei bleiben soll, nur dann sinnvoll sein, wenn andere Möglichkeiten ausscheiden und es nicht anders geht.

Betonbodenplatten in Hallen sollen von allen anderen Bauteilen durch Randfugen getrennt werden. Dies ist die erste Voraussetzung dafür, dass Betonbodenplatten rissfrei bleiben können. Damit wird vermieden, dass Zugkräfte oder andere unkontrollierte Zwangbeanspruchungen aus dem Bauwerk in die Betonbodenplatte eingeleitet werden.

Betonbodenplatten sind keine tragenden und keine aussteifenden Bauteile im Sinne der DIN 1045 und können somit frei von einengenden Tragwerksnormen gestaltet werden.

Nochmaliger Hinweis:
Bei einem tragfähigen Unterbau und bei üblichen Belastungen ist ein Bewehren der Betonbodenplatte nicht erforderlich. Ohne tragfähigen Unterbau sollte kein Betonboden hergestellt werden. Dieser Grundsatz, der bereits in Kapitel 4.2 dargestellt wurde, führt zu den Dicken der Betonbodenplatten, die für bestimmte Verkehrsbelastungen in Tafel 4.6 zusammengestellt sind.

Die unbewehrte Betonbodenplatte bietet drei Vorteile:

– Sicherer Betoneinbau ohne störende Bewehrung

– Schnellere Bauausführung

– Wirtschaftliche Bauweise

Für üblich und normal beanspruchte Betonböden in Hallen ist in der Regel eine genaue Bemessung meistens nicht nötig. Die vereinfachte Planung der Plattendicke von Betonböden in Hallen kann z.B. mit Hilfe der Angaben in Tafel 4.6 erfolgen. Falls eine genauere Bemessung erforderlich ist, kann diese nach Kapitel 8.1 durchgeführt werden.

4.5.1 Vereinfachte Planung der Plattendicke

Für eine vereinfachte Planung kann bei der Wahl einer geeigneten Betonbodenplatte in Hallen von der Zusammenstellung in nachstehender Tafel 4.6 ausgegangen werden. Die genauere Bemessung zeigen die Beispiele in Kapitel 8.1.

Die Einteilung in Beanspruchungsbereiche entsprechend den Expositionsklassen XM1 bis XM3 kann nach den Tafeln 3.6 und 3.7 erfolgen. Hiermit sind - ausgehend von der maximalen Einzellast als Bemessungswert Q_d - folgende Kennwerte einer Betonbodenplatte wählbar:

– Betondruckfestigkeitsklasse

– Wasserzementwert w/z des Betons

– Kornzusammensetzung der Gesteinskörnung

Für die Wahl der Betonplattendicke ist zunächst eine weitere Festlegung auf einen bestimmten Nutzungsbereich erforderlich. In Tafel 3.1 sind Vorschläge für Nutzungsbereiche angegeben. Diese sind gleichzeitig auch im Zusammenhang mit Anforderungen an die Sicherheit gegen Rissentstehung zu sehen.

4.5 Unbewehrte Betonbodenplatten

Tafel 4.6: Beispiele für unbewehrte Betonbodenplatten in Hallen bei Verkehrsbelastung durch Einzellasten mit begrenzter Anzahl von Lastwechseln [1]) [Vorschlag Lohmeyer]

Beanspruchungs-bereich [2]) (z.B. infolge der Expositionsklasse XM1 bis XM3)	maximale Radlast Bemessungswert Q_d [3]) [kN]	Regallast am Fahrbereich Bemessungswert G_d [4]) [kN]	Beton-festigkeits-klasse [8])	w/z-Wert des Betons [5])	Dicke h der Betonbodenplatte [6]) [cm]		
					Nutzungsbereich [7])		
					A	B	C
Beanspruchungs-bereich 1 (z.B. infolge XM1)	10	15	C25/30	$\leq 0{,}55$	≥ 14	≥ 16	≥ 18
	20				≥ 16	≥ 18	≥ 20
	30	25	C30/37	$\leq 0{,}50$	≥ 16	≥ 18	≥ 20
	40				≥ 18	≥ 20	≥ 22
Beanspruchungs-bereich 2 (z.B. infolge XM2)	50	35	C30/37	$\leq 0{,}46$	≥ 18	≥ 20	≥ 22
	60				≥ 20	≥ 22	≥ 24
	80				≥ 22	≥ 24	≥ 26
Beanspruchungs-bereich 3 (z.B. infolge XM3)	100	50	C35/45	$\leq 0{,}42$	≥ 24	≥ 26	≥ 28
	120				≥ 26	≥ 28	≥ 30
	140				≥ 28	≥ 30	≥ 32

[1]) Bei Anwendung dieser Tafel sind die hierzu erforderlichen Voraussetzungen einzuhalten (siehe folgender Abschnitt). Begrenzte Anzahl von Lastwechseln: $n \leq 5 \cdot 10^4$
[2]) Beispiele für die Beanspruchungsbereiche nach Tafeln 3.6 und 3.7.
[3]) Der Bemessungswert Q_d der maximalen Radlast ergibt sich aus der charakteristischen Radlast Q_k (siehe Tafel 3.2) unter Berücksichtigung von Teilsicherheitsbeiwert und Lastwechselzahl: $Q_d \approx 1{,}6 \cdot Q_k$ (siehe Tafel 7.1).
[4]) Der Bemessungswert Gd der maximalen Regallast am Fahrbereich ergibt sich aus der charakteristischen Regallast G_k unter Berücksichtigung des Teilsicherheitsbeiwerts: $G_d \approx 1{,}2 \cdot G_k$ (siehe Tafel 7.1)
[5]) Der w/z-Wert kann z.B. durch Fließmittel eingehalten oder nachträglich durch Vakuumbehandlung erzeugt werden.
[6]) Die angegebenen Plattendicken ergeben sich bei Berücksichtigung der zulässigen Betondehnung im ungerissenen Zustand, unabhängig von der Zugfestigkeit des Betons
[7]) Beispiele für Nutzungsbereiche sind in Tafel 3.1 angegeben.
[8]) Erforderlichenfalls sind die Betondruckfestigkeitsklassen aus den Expositionsklassen nach DIN 1045 zu berücksichtigen.

Voraussetzungen für die Anwendung der Tafel

Bei üblich und normal beanspruchten Betonböden in Hallen ist in der Regel eine genaue Bemessung nicht nötig. Die erforderliche Plattendicke kann nach Tafel 4.6 bei Beachtung folgender Voraussetzungen gewählt werden:

– Maximale Belastungen durch Verkehrslasten (Radlasten) bis zu $Q_d \leq 140$ kN, entsprechend 14 t

– Langfristig wirkende Lasten (Lagergüter, Regallasten) bis zu $q_d \leq 20$ kN/m², entsprechend 2 t/m²

- Maximale Kontaktpressung unter den Lasten von q ≤ 1,0 N/mm² (z.B. Luftreifen oder Regalfüße)
- Einwandfrei verdichtete Tragschicht mit einem Verformungsmodul (E_{V2}-Wert) entsprechend Tafel 4.2
- Verhältnis der Verformungsmoduln: Untergrund $E_{V2,U}$ / $E_{V1,U}$ ≤ 2,5
- Verhältnis der Verformungsmoduln: Tragschicht $E_{V2,T}$ / $E_{V1,T}$ ≤ 2,2
- Ausbildung des Betonbodens einschließlich Fugen nach Kapitel 4.4 und Tafel 4.5
- Einwandfreie und fachgerechte Ausführung der gesamten Arbeiten
- Nachweis von Wasserzementwert und Plattendicke entsprechend Tafel 4.6

Die angegebenen Plattendicken sind Mindestdicken, die an jeder Stelle des Betonbodens tatsächlich vorhanden sein müssen.

Hinweise:
Für Betonplatten in Hallen sind außer den Gabelstaplerlasten auch übliche Einzellasten als Bemessungswerte G_d berücksichtigt, wie sie z.B. unter Regalfüßen oder punktförmig wirkenden Stapellasten entstehen. Einen genaueren Nachweis zeigt das Beispiel in Kapitel 8.1.1.

Für Betonplatten im Freien sind im Allgemeinen größere Plattendicken und geringere Fugenabstände erforderlich als in Hallen. Insbesondere bei Verwölbungen infolge Sonneneinstrahlung verbunden mit Verkehr durch Schwerlastwagen entstehen höhere Beanspruchungen. Dadurch können um etwa 4 cm dickere Platten erforderlich werden. Die genauere Bemessung zeigt das Beispiel in Kapitel 8.1.2.

4.5.2 Berücksichtigung höherer Kontaktdrücke

Für die Beanspruchung von Betonbodenplatten ist nicht nur die Größe von Einzellasten maßgebend, sondern auch deren Verteilung über die Aufstandsfläche. Auch kleinere Lasten können bei sehr kleinen Aufstandsflächen hohe Kontaktdrücke erzeugen.

Kontaktdrücke bis q ≤ 1,0 N/mm² liegen im Normalbereich. Hiergegen sind Betonbodenplatten widerstandsfähig, wenn die Bedingungen der Tafel 4.6 eingehalten werden und die Herstellung fachgerecht erfolgt.

Kontaktdrücke von q > 1,0 N/mm² bis q ≤ 2,0 N/mm², z.B. bei Einsatz von Vollgummi oder Elastikreifen, erfordern eine größere Dicke der Betonbodenplatte als die nach Tafel 4.6. Hierfür kann die in der Tafel angegebene Dicke mit dem Beiwert $k = \sqrt{q}$ multipliziert werden [L20a Vorschlag Lohmeyer].

Kontaktdrücke von q > 2,0 N/mm² bis zu q ≤ 4,0 N/mm², z.B. bei Einsatz von Vollreifen aus Elastomer, machen besondere Maßnahmen erforderlich, die im Einzelfall durch eine gesonderte Bemessung abzuklären sind (siehe Kapitel 8).

4.5 Unbewehrte Betonbodenplatten

Kontaktdrücke von q > 4,0 N/mm² bis zu q ≤ 7,0 N/mm² und bei Einzellasten Q_d > 140 kN (14 t) oder bei anderen ungünstigen Belastungen (z.B. sehr harte Stöße und/oder sehr häufige Lastwechsel) erfordern genauere Bemessungen (siehe Kapitel 8).

Kontaktdrücke q > 7,0 N/mm² sind für eine dauerhafte Funktionsfähigkeit der Betonbodenplatte nicht zu gewährleisten. Derart hohe Lastpressungen müssen vermieden werden oder es sind z.B. Stahloberflächen zu schaffen (siehe Kapitel 4.9).

Eine Betonbodenplatte ohne Bewehrung kann frei von Biegezugrissen dauerhaft funktionieren, wenn der gesamte Betonboden unter diesen Bedingungen und nach dieser Bauweise fachgerecht hergestellt wird.

4.5.3 Fugenabstände bei unbewehrten Platten

Für die Ausbildung der Fugen und deren Abstände gelten die in Kapitel 4.4.3 genannten Ausführungen.

Übliche Fugenabstände in Abhängigkeit von der Dicke der Betonbodenplatte und von den Herstellbedingungen sind in Tafel 4.7 zusammengestellt.

Tafel 4.7: Fugenabstände L_F von Schein- oder Pressfugen bei unbewehrten Betonbodenplatten, abhängig von den Herstellbedingungen und der Plattendicke h [nach Lohmeyer]

Herstellbedingungen der Betonbodenplatte	Abstand der Fugen	Unterlage
F Betonieren im Freien	$L_F \leq 6$ m und $L_F \leq 34$ h bei quadratischen Platten mit $L_F / b_F \leq 1,25$ $L_F \leq 30$ h bei rechteckigen Platten mit $L_F / b_F > 1,25 \leq 1,5$	bei feuchter Tragschicht: Trennlage sinnvoll, aber nicht zwingend erforderlich
O Betonieren in offenen Hallen bei Ausführungsart N [1]	$L_F \leq 7,5$ m	Trennlage auf Tragschicht nach Kapitel 4.2.5
G Betonieren in geschlossenen Hallen bei Ausführungsart S [2]	$L_F \leq 10$ m	Gleitschicht auf Tragschicht nach Kapitel 4.2.6

[1]) Ausführungsart **N** (normal): Gute Betonzusammensetzung, übliche Temperatureinwirkung beim Einbau der Betonbodenplatte in offenen Hallen, jedoch unter Dach, z.B.: T ≥ 10°C und T ≤ 25°C; Beginn der Nachbehandlung nach Abschluss der Oberflächenbearbeitung entsprechend DIN 1045-3 Tabelle 2 für Expositionsklasse XM bis 70 % der charakteristischen Betondruckfestigkeit f_{ck} erreicht ist

[2]) Ausführungsart **S** (speziell): spezielle Betonzusammensetzung mit w ≤ 165 kg/m³ und Volumen des Zementleims zl ≤ 290 l/m³, besonderer Schutz des Betons beim Einbau der Betonbodenplatte in geschlossener Halle; Vermeidung direkter Sonneneinstrahlung mit schneller Erwärmung und Austrocknung der Oberfläche; Verhinderung zu schneller Abkühlung der Oberfläche infolge Zugluft oder Wind; sofort einsetzende Nachbehandlung z.B. durch Aufsprühen eines Nachbehandlungsmittels und anschließendes Feuchthalten und Abdecken des Betons; doppelt lange Nachbehandlungsdauer gegenüber DIN 1045-3 Tabelle 2.

4.6 Bewehrte Betonbodenplatten

Betonbodenplatten müssen normalerweise nicht bewehrt werden. Nur in jenen Fällen, in denen die Betonzugfestigkeit bzw. die zulässige Betondehnung überschritten wird, ist Bewehrung erforderlich. Für die erforderliche Bewehrung ist meistens nicht der statische Nachweis für Lastbeanspruchungen maßgebend, sondern der Nachweis von Zwangbeanspruchungen. Bewehrte Betonbodenplatten benötigen stets eine Bewehrung zur Begrenzung der Rissbreite. Nur dann kann erwartet werden, dass sich die entstehenden Risse nicht ungünstig auf die Funktionsfähigkeit und die Dauerhaftigkeit der Betonbodenplatte auswirken.

Bei Betonbodenplatten sollte nicht nur die entstehende Rissbreite begrenzt werden, sondern es sollte nach Möglichkeit das Entstehen von Trennrissen überhaupt vermieden werden. Im Gegensatz zu anderen Stahlbetonbauteilen des üblichen Hochbaus und auch Ingenieurbaus werden Betonbodenplatten bei vollflächiger elastischer Lagerung völlig anders beansprucht. Innerhalb eines Querschnittes entstehen bei rollenden Lasten stets wechselnde Beanspruchungen. Die Biegebeanspruchung wechselt von Biegezug auf Biegedruck und wieder Biegezug. Daraus ergibt sich, dass zunächst nur mikrofein entstehende Biegerisse im Laufe der Zeit aufgeweitet werden und schließlich sichtbar sind. Diesem Sachverhalt wird häufig in der Praxis nicht Rechnung getragen.

Bei einer Entscheidung für bewehrte Betonbodenplatten können unterschiedliche Bewehrungen zum Einsatz kommen, z.B.:

– Matten- oder Stabstahlbewehrung unten und oben in der Betonbodenplatte
– Stahlfaserbewehrung in der gesamten Betonbodenplatte mit zusätzlicher Verschleißschicht auf der Oberseite
– Spannlitzen mittig in der Betonbodenplatte in Längs- und Querrichtung
– Kombinationen vorgenannter Bewehrungen

4.6.1 Mattenbewehrte Betonbodenplatten

Aus überholter Tradition werden für Betonbodenplatten gelegentlich immer noch Betonstahlmatten Q188A oder Q257A verwendet. Das liegt häufig daran, dass sich bei einer „statischen Berechnung" als elastisch gelagerte Platten nur geringe Schnittgrößen ergeben. Dabei wird allerdings nicht bedacht, dass es sich bei Betonbodenplatten nicht um „statisch" beanspruchte Bauteile handelt und eine Bemessung nach Zustand II (mit gerissener Zugzone) geradezu Risse voraussetzt. Vermeintlich sollen diese Bewehrungen die Risssicherheit erhöhen, funktionieren aber nicht, weder theoretisch noch praktisch. Außerdem können dünne Matten während des Betonierens ohne besonderen Aufwand (sehr viele Abstandhalter) nicht in ihrer Lage gesichert werden und durch Verschieben und Hinuntertreten in eine falsche Lage geraten.

Derart schwache Bewehrungen sind nicht imstande, die *gesamten* Zugspannungen aufzunehmen, bevor der Beton reißt. Oft stellen diese Bewehrungen nur eine Art „Angstbewehrung" dar. Da diese Bewehrungen wirkungslos sind, kann auch von einem „Stahlbegräbnis" gesprochen werden (siehe Kapitel 8). Diese Erkenntnisse sind nicht neu und sollten in der Fachwelt inzwischen seit Jahrzehnten bekannt sein, vor allem aber in der Praxis zum Nutzen des Bauherrn auch Anwendung finden. Eine derartige Bewehrung kann bestenfalls das Auseinanderwandern gebrochener Plattenteile begrenzen.

Auch die etwas stärkeren Bewehrungen aus Betonstahlmatten oder Betonstabstahl vermindern bei einer Biegebeanspruchung nicht die Biegezugspannung im Beton und verändern nicht die Bruchdehnung des Betons.

Nochmaliger Hinweis:
Die Bewehrungen können das Entstehen von Rissen in der Betonbodenplatte nicht verhindern, wenn die Biegezugfestigkeit bzw. die Bruchdehnung des Betons überschritten wird.

Eine Bewehrung zum *Vermeiden von Rissen* müsste wegen des Verbunds zwischen Beton und Stahl wesentlich umfangreicher sein als eine Bewehrung, die die Breite entstehender Risse begrenzen soll. Derartige Bewehrungen sind nicht realistisch. Schon eine Bewehrung zur *Begrenzung der Rissbreite* nach DIN 1045 ist sehr umfangreich. Eine derartige Bewehrung ist aber stets erforderlich, wenn eine ausreichende Funktionsfähigkeit und Dauerhaftigkeit der Betonbodenplatte gegeben sein soll.

Um umfangreiche Bemessungen der Betonbodenplatte zu vermeiden (z.B. als elastisch gebettete Platte mit entsprechenden Laststellungen), kann die Plattendicke nach Tafel 4.8 für bewehrte Platten gewählt werden. Diese Tafel wurde aus Tafel 4.6 für unbewehrte Platten abgeleitet. Das bedeutet: Bei Anrechnung der Bewehrung aus Betonstahlmatten oben und unten kann die Betonbodenplatte in geringerer Dicke und mit größeren Fugenabständen bzw. nur mit Randfugen hergestellt werden (siehe Tafel 4.5). Wichtig ist jedoch, dass Zwangbeanspruchungen durch langfristig wirkende Lasten vermieden werden, wie dies z.B. bei Lagergütern oder Regallasten oder Maschinen auf der Bodenplatte der Fall ist.

Voraussetzungen für die Anwendung der Tafel

Bei üblich und normal beanspruchten Betonböden in Hallen ist eine genaue Bemessung nicht nötig. Die erforderliche Plattendicke kann nach Tafel 4.8 bei Beachtung folgenden Voraussetzungen gewählt werden:

– Maximale Belastungen durch Verkehrslasten (Radlasten) bis zu $Q_d \leq 140$ kN, entsprechend 14 t

– Langfristig wirkende Lasten (Lagergüter, Regallasten) bis zu $q_d \leq 20$ kN/m², entsprechend 2 t/m²

– Maximale Kontaktpressung unter den Lasten $q \leq 1{,}0$ N/mm² (z.B. Lufreifen oder Regalfüße)

– Einwandfrei verdichtete Tragschicht mit einem Verformungsmodul (E_{V2}-Wert) entsprechend Tafel 4.2

– Verhältnis der Verformungsmoduln: Untergrund $E_{V2,U} / E_{V1,U} \leq 2{,}5$

- Verhältnis der Verformungsmoduln: Tragschicht $E_{V2,T} / E_{V1,T} \leq 2,2$
- Ausbildung des Betonbodens einschließlich Fugen nach Kapitel 4.4 und Tafel 4.5
- Einwandfreie und fachgerechte Ausführung der gesamten Arbeiten
- Nachweis von Wasserzementwert und Plattendicke entsprechend Tafel 4.6

Die angegebenen Dicken der Betonbodenplatten sind Mindestdicken, die an jeder Stelle der Betonbodenplatte tatsächlich vorhanden sein müssen.

Tafel 4.8: Beispiele für mattenbewehrte Betonbodenplatten in Hallen bei Verkehrsbelastung durch Einzellasten mit begrenzter Anzahl von Lastwechseln [1] [2] und ohne Zwangbeanspruchungen [Vorschlag Lohmeyer]

Beanspruchungsbereich[2] (z.B. infolge der Expositionsklasse XM1 bis XM3)	Bemessungswert der maximalen Radlast Q_d [3] [kN]	Regallast am Fahrbereich Bemessungswert G_d [4] [kN]	Betonfestigkeitsklasse [7]	w/z-Wert des Betons [5]	Bewehrung jeweils oben und unten	Dicke h der Betonbodenplatte [cm] Nutzungsbereich [6]		
						A	B	C
Beanspruchungsbereich 1 (z.B. infolge XM1)	10	15	C25/30	$\leq 0,55$	Q 513 A bzw. Listenmatten 100·8/100·8	≥ 14	≥ 14	≥ 16
	20					≥ 14	≥ 16	≥ 18
	30	25	C30/37	$\leq 0,50$		≥ 14	≥ 16	≥ 18
	40					≥ 16	≥ 18	≥ 20
Beanspruchungsbereich 2 (z.B. infolge XM2)	50	35	C30/37	$\leq 0,46$	Listenmatten 100·10/ 100·10	≥ 16	≥ 18	≥ 20
	60					≥ 18	≥ 20	≥ 22
	80					≥ 20	≥ 22	≥ 24
Beanspruchungsbereich 3 (z.B. infolge XM3)	100	50	C35/45	$\leq 0,42$	Listenmatten 100·12/ 100·12	≥ 20	≥ 22	≥ 24
	120					≥ 22	≥ 24	≥ 26
	140					≥ 24	≥ 26	≥ 28

[1] Bei Anwendung dieser Tafel sind die hierzu erforderlichen Voraussetzungen wie bei Tafel 4.6 einzuhalten; Begrenzte Anzahl von Lastwechseln: $n \leq 5 \cdot 10^4$
[2] Beispiele für die Beanspruchungsbereiche nach Tafeln 3.6 und 3.7
[3] Der Bemessungswert Q_d der maximalen Radlast ergibt sich aus der charakteristischen Radlast Q_k (siehe Tafel 3.2) unter Berücksichtigung von Teilsicherheitsbeiwert und Lastwechselzahl: $Q_d \approx 1,6 \cdot Q_k$ (siehe Tafel 7.1).
[4] Der Bemessungswert G_d der maximalen Regallast am Fahrbereich ergibt sich aus der charakteristischen Regallast G_k unter Berücksichtigung des Teilsicherheitsbeiwerts: $G_d \approx 1,2 \cdot G_k$ (Tafel 7.1)
[5] Der w/z-Wert kann z.B. durch Fließmittel eingehalten oder nachträglich durch Vakuumbehandlung erzeugt werden.
[6] Beispiele für Nutzungsbereiche sind in Tafel 3.1 angegeben
[7] Erforderlichenfalls sind die Betondruckfestigkeitsklassen aus den Expositionsklassen nach DIN 1045 zu berücksichtigen.

4.6 Bewehrte Betonbodenplatten

Hinweise:
Für Betonplatten in Hallen sind außer den Gabelstaplerlasten auch übliche Einzellasten als Bemessungswerte G_d berücksichtigt, wie sie z.B. unter Regalfüßen oder punktförmig wirkenden Stapellasten entstehen. Genauere Nachweise zeigen die Beispiele in den Kapiteln 8.2.1 bis 8.2.4.
Für Betonplatten im Freien sind im Allgemeinen größere Plattendicken und geringere Fugenabstände erforderlich als in Hallen. Insbesondere bei Verwölbungen infolge Sonneneinstrahlung verbunden mit Verkehr durch Schwerlastwagen entstehen höhere Beanspruchungen. Dadurch können dickere Platten erforderlich werden.

Das Entstehen von Rissen kann nicht mit Sicherheit verhindert werden. Daher hat der Planer eine Hinweispflicht gegenüber dem Auftraggeber, der dieser Verfahrensweise zustimmen sollte. Bei üblichen Nutzungen werden die entstehenden Risse die Nutzung des Betonbodens nicht beeinträchtigen. Bei Betonbodenplatten entsprechend Tafel 4.8 kann bei Berücksichtigung der Voraussetzungen, wie sie bei Tafel 4.6 angegeben wurden, ungefähr von einer rechnerisch entstehenden Rissbreite von $w_k \leq 0,2$ mm ausgegangen werden.

Bild 4.18:
Mattenbewehrte Betonbodenplatte [Werkfoto Noggerath & Co. Betontechnik GmbH]

Fugenabstände

Die Fugenabstände können bei bewehrten Betonbodenplatten nach Tafel 4.9 gewählt werden.

Fugenabstände über 12 m können gewählt werden, wenn die Ausführungsart S eingehalten wird und eine kräftigere Bewehrung zum Einsatz kommt. Dies kann durch Listenmatten mit einem Querschnitt ab $a_s \approx 8$ cm^2/m erwartet werden, z.B. 100 · 10 / 100 · 10 oben und unten. Der Einbau einer Gleitschicht entsprechend Kapitel 4.2.6 ist außerdem erforderlich, wenn die Rissgefahr gemindert werden soll. Mit dieser Bewehrung lässt sich bei günstigen Verhältnissen die rechnerisch entstehende Rissbreite etwa auf $w_k \leq 0,2$ mm begrenzen. Ein rechnerischer Nachweis ist zu führen.

Tafel 4.9: Abstände L_F der Schein- oder Pressfugen bei bewehrten Betonbodenplatten, abhängig von den Herstellbedingungen und der Plattendicke h [nach Lohmeyer]

Herstellbedingungen der Betonbodenplatte	Abstand der Fugen	Unterlage
F Betonieren im Freien	$L_F \leq 7{,}5$ m und $L_F \leq 34$ h oder ≥ 41 h bei quadratischen Platten mit $L_F / b_F \leq 1{,}25$ sowie $L_F \leq 30$ h oder ≥ 37 h bei rechteckigen Platten mit $L_F / b_F > 1{,}25 \leq 1{,}5$	Sauberkeitsschicht nach Kapitel 4.2.4
O Betonieren in offenen Hallen bei Ausführungsart N [1])	$L_F \leq 12$ m	Gleitschicht nach Kapitel 4.2.6
G Betonieren in geschlossenen Hallen bei Ausführungsart S [2]) mit Einbau von Listenmatten	$L_F \leq 25$ m	Gleitschicht nach Kapitel 4.2.6

[1]) Ausführungsart **N** (normal): Gute Betonzusammensetzung, übliche Temperatureinwirkung beim Einbau der Betonbodenplatte in offenen Hallen, jedoch unter Dach; z.B.: $T \geq 10°C$ und $T \leq 25°C$, Beginn der Nachbehandlung nach Abschluss der Oberflächenbearbeitung entsprechend DIN 1045-3 Tabelle 2 für Expositionsklasse XM bis 70 % der charakteristischen Betondruckfestigkeit f_{ck} erreicht ist.
[2]) Ausführungsart **S** (speziell): spezielle Betonzusammensetzung mit $w \leq 165$ kg/m^3 und Volumen des Zementleims zl ≤ 290 l/m^3; Listenmatten mit Querschnitt $a_s \geq 8$ cm^2/m, z.B. 150·9d / 150·9d, oben und unten; besonderer Schutz des Betons beim Einbau der Betonbodenplatte in geschlossener Halle; Vermeidung direkter Sonneneinstrahlung mit schneller Erwärmung und Austrocknung der Oberfläche; Verhinderung zu schneller Abkühlung der Oberfläche infolge Zugluft oder Wind; sofort einsetzende Nachbehandlung z.B. durch Aufsprühen eines Nachbehandlungsmittels und anschließendes Feuchthalten und Abdecken des Betons; doppelt lange Nachbehandlungsdauer gegenüber DIN 1045-3 Tabelle 2.

4.6.2 Stahlfaserbewehrte Betonbodenplatten

Die Erhöhung der zentrischen Zugfestigkeit von Stahlfaserbeton ist bei üblichen Fasermengen gering. Die Biegezugfestigkeit kann in Abhängigkeit von der Leistungsklasse des Stahlfaserbetons höher sein als bei Beton ohne Fasern [R30.6]. Im Vergleich zu Betonbodenplatten ohne Stahlfasern werden unter Anderem folgende Eigenschaften verbessert [R30.8]:

– Arbeitsvermögen

– Reißverhalten

– Schlagfestigkeit

– Ermüdungsfestigkeit

Das bedeutet: Die Zugabe von Stahlfasern beeinflusst die Zugfestigkeitseigenschaften des Betons kaum. Dahingegen steigt die Verformungsfähigkeit im Nachbruchbereich, die

4.6 Bewehrte Betonbodenplatten

so genannte Duktilität, erheblich an. Dadurch ist die Rissanfälligkeit von Stahlfaserbeton kaum anders als bei unbewehrtem Beton. Günstiger ist das Verhalten von Stahlfaserbeton erst dann, wenn bereits Risse entstanden sind. Dies sollte bei der Planung von Stahlfaserbeton-Bodenplatten berücksichtigt werden.

Im Bereich der Einwirkung höherer Punktlasten kann es erforderlich sein, eine zusätzliche Betonstahlbewehrung anzuordnen.

Leistungsklassen des Stahlfaserbetons

Für die Klassifizierung des Stahlfaserbetons sind Leistungsklassen festgelegt worden [R25].

Die Leistungsklassen des Stahlfaserbetons sind eine Kennzeichnung der charakteristischen Werte der Nachrissbiegezugfestigkeit von Stahlfaserbeton für die Verformungsbereiche 1 und 2. Diesen Verformungsbereichen sind Durchbiegungswerte zugeordnet, die bei der Erstprüfung des Stahlfaserbetons einer bestimmten Zusammensetzung festgestellt werden. Für diese Erstprüfungen ist der Stahlfaserhersteller zuständig.

Die Leistungsklassen des Stahlfaserbetons sind durch den Buchstaben L gekennzeichnet. Die erste Zahl gibt die Leistungsklasse L1 für den Verformungsbereich 1 an, die zweite Zahl die Leistungsklasse L2 für den Verformungsbereich 2. Die beiden Leistungsklassen sind zusätzlich zur Druckfestigkeitsklasse des Betons anzugeben.

Der Verformungsbereich 1 (kleine Verformungen) gilt für den Nachweis der Gebrauchstauglichkeit, der Verformungsbereich 2 (größere Durchbiegungen) für den Nachweis der Tragfähigkeit.

Der Planer ist verantwortlich für die Auswahl der Leistungsklasse des Stahlfaserbetons, nicht aber für die Faserauswahl und die Fasermenge oder für die Betonzusammensetzung. Diese Aufgaben liegen im Verantwortungsbereich des Herstellers von Stahlfaserbeton. Im Regelfall ist dies das Transportbetonwerk, das entsprechende Erstprüfungen zur Einstufung des vorgehaltenen Stahlfaserbetons in die Leistungsklasse vornimmt und diesen Stahlfaserbeton überwacht. Maßgebend ist die DAfStb-Richtlinie „Stahlfaserbeton" [R25]. Diese Richtlinie ist zurzeit noch in Bearbeitung. Daher können sich Änderungen ergeben, die nach endgültigem Erscheinen der Richtlinie erforderlichenfalls entsprechend anzupassen sind.

Die Bezeichnung der Leistungsklassen zeigt folgendes Beispiel:

C30/37 L1,6/1,2 XC2

mit   C30/37   gewählte Druckfestigkeitsklasse des Betons nach DIN 1045-1 [N1] und DIN EN 206-1 [N4].

        L1,6/1,2 Stahlfaserbeton der Leistungsklasse L1-1,6 für den Verformungsbereich 1; Stahlfaserbeton der Leistungsklasse L2-1,2 für den Verformungsbereich 2. Die Leistungsklasse L1 ist im Allgemeinen größer als die Leistungsklasse L2.

        XC2   maßgebende Expositionsklasse gemäß DIN 1045-1, Tab. 3 [N1]

Hinweise zur Bemessung von stahlfaserbewehrten Betonbodenplatten
Beispiele für stahlfaserbewehrte Betonbodenplatten, wie diese in Tafel 4.6 für unbewehrte und in Tafel 4.8 für mattenbewehrte Betonbodenplatten angegeben sind, können derzeit nicht genannt werden. Die DAfStb-Richtlinie „Stahlfaserbeton" [R25] ist noch in Bearbeitung.
Für Betonplatten in Hallen sind außer den Gabelstaplerlasten auch übliche Einzellasten als Bemessungswerte G_d zu berücksichtigen, wie sie z.B. unter Regalfüßen oder punktförmig wirkenden Stapellasten entstehen.
Für Betonplatten im Freien sind im Allgemeinen größere Plattendicken und geringere Fugenabstände erforderlich als in Hallen. Insbesondere bei Verwölbungen infolge Sonneneinstrahlung verbunden mit Verkehr durch Schwerlastwagen entstehen höhere Beanspruchungen.

Oberflächen von stahlfaserbewehrten Betonbodenplatten

Bei Betonbodenplatten mit Stahlfaserbewehrung ist mit Fasern an der Oberfläche zu rechnen. Für den Fall, dass Fasern nicht an der Oberfläche liegen sollen, ist eine zusätzliche Abdeckschicht erforderlich. Gründe hierfür können sein:

– Befürchtete Verletzungsgefahr

– Erwartete Korrosionsgefahr

– Beeinträchtigung der Nutzung durch hochgebogene Stahlfasern

– Beeinträchtigungen bei der Reinigung durch Kraterbildung

– Störung des optischen Eindrucks

Eine Verletzungsgefahr kann nicht vollständig ausgeschlossen werden, kann aber nur betriebsbedingt beurteilt werden. In Bereichen mit Fahrbetrieb können bis zur Oberfläche ragende Stahlfasern jedoch zu Ausbrüchen im faserumgebenden Bereich führen. Die Korrosionsgefahr ist gering, auch im oberflächennahen Bereich entstehen im Allgemeinen hieraus keine größeren Betonabplatzungen. Korrosion könnte durch Verwendung korrosionsgeschützter Fasern oder Fasern aus nichtrostendem Stahl verhindert werden. In Nassbetrieben oder Betrieben mit Nassreinigung sollte stets eine zusätzliche Abdeckschicht zur Abdeckung der oberflächennahen Fasern aufgebracht werden. Als Abdeckschicht kann am Sinnvollsten eine Harstoffschicht gewählt werden, die gleichzeitig die mechanische Beanspruchbarkeit der Betonoberfläche erhöht (siehe Kapitel 6.3.1). Hartstoffeinstreuungen genügen nicht zur Abdeckung der Stahlfasern.

Fugenabstände

Für die Abstände der Scheinfugen gilt bei Betonbodenplatten mit den in der Baupraxis üblichen, sehr geringen Stahlfaserbewehrungen ähnliches wie bei unbewehrten Betonbodenplatten. Die Fugenabstände sollten bei diesen faserbewehrten Betonbodenplatten nach Tafel 4.7 gewählt werden.

Größere Fugenabstände sind möglich, wenn die Ausführungsart S eingehalten wird und eine kräftigere Faserbewehrung zum Einsatz kommt. Dies kann z.B. von den höheren

Leistungsklassen des Stahlfaserbetons erwartet werden. Die Fugenabstände der Tafel 4.9 sollten keinesfalls überschritten werden. Der Einbau einer Gleitschicht entsprechend Abschnitt 4.2.6 ist außerdem erforderlich, wenn die Rissgefahr gemindert werden soll. Ein rechnerischer Nachweis sollte vom Faserhersteller geführt werden.

Fugen sind so anzuordnen, dass möglichst keine einspringenden Ecken entstehen. Wenn einspringende Ecken unumgänglich sind, sollten zusätzliche Betonstahlbewehrungen eingelegt werden, z.B. oben und unten diagonal je 4 Ø 14 mm.

4.6.3 Betonbodenplatten mit Spannlitzen

Bei besonders beanspruchten Hallenflächen können die Betonbodenplatten in bestimmten Fällen sinnvoller mit Spannlitzen als mit Betonstahlmatten oder Stahlfasern bewehrt werden.

Solche Hallenflächen sind z.B.:

– Fugenlose Betonbodenplatten, die rissfrei bleiben sollen

– Hochbeanspruchte Hallenflächen ohne beeinträchtigende Risse

– Flächen für den Umgang mit wassergefährdenden Stoffen, bei denen wassergefährdende Stoffe nicht in den Baugrund gelangen dürfen.

Der Vorschlag, eine Spannlitzenbewehrung anzuordnen, mag zunächst als sehr aufwendig und teuer erscheinen, muss es aber nicht sein. Die Vorteile werden oft nicht erkannt. Sowohl beim planenden Ingenieur als auch beim ausführenden Unternehmen besteht eine allgemeine Ablehnung und somit keine ausreichende Akzeptanz für diese Bauweise. In außereuropäischen Ländern ist diese Bauweise weit verbreitet, z.B. in USA oder Asien. Flächen mit Spannlitzenbewehrung sind aber auch bei uns Stand der Technik.

Bei den hier vorgeschlagenen Betonbodenplatten mit Spannlitzenbewehrung geht es nicht um Spannbetonkonstruktionen nach DIN 1045. Diese Betonbodenplatten sind keine tragenden und aussteifenden Bauteile im Sinne der DIN 1045, da sie vollflächig auf einem Unterbau aufliegen und von allen anderen Bauteilen durch Randfugen getrennt sind. Die Betonbodenplatten werden auch nicht durch Spannglieder des Spannbetonbaues mit sofortigem oder späterem Verbund bewehrt, sondern erhalten lediglich Spannlitzen ohne Verbund, z.B.:

– Spanndrahtlitzen, 7-drähtig, Nenndurchmesser 9,3 mm und 12,5 mm aus St 1570/1770

– Monolitzen als Einzelspannglied mit etwa 150 mm^2 Querschnitt aus St 1770 oder 1860 (Bild 4.19)

Die Spannlitzen haben einen werksgefertigten Korrosionsschutz. Sie liegen in einer Fettschicht und sind von einer PE-Hülle ummantelt. Ein nachträgliches Verpressen, wie dies bei anderen Spanngliedern erforderlich ist, entfällt bei den Spannlitzen.

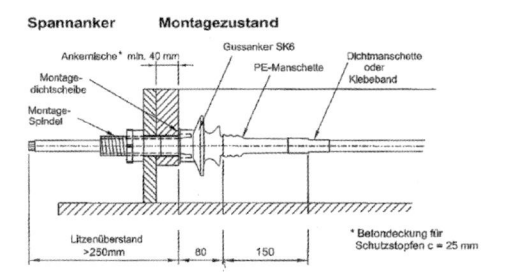

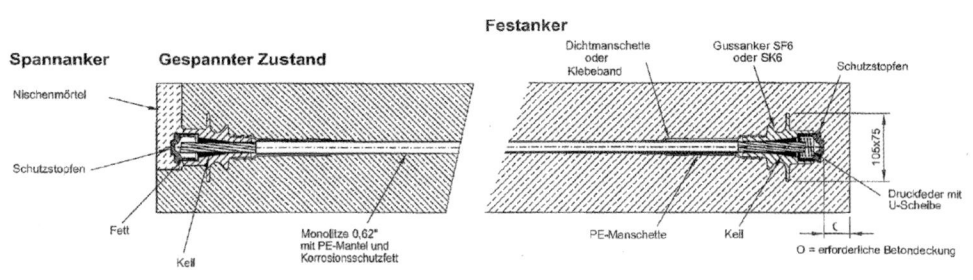

Bild 4.19: Monolitzenspannverfahren ohne Verbund (System: Suspa DSI)

Die Spannlitzen haben somit keinen Verbund zum umgebenden Beton. Sie sollen in Plattenmitte liegen und werden in bestimmten Abständen in Längs- und Querrichtung der Betonbodenplatte angeordnet. Die Spannlitzen haben an ihren Enden kleine Ankerkörper, die an der Stirnschalung der Arbeitsfuge bzw. des Plattenrandes befestigt werden. Bereits während der Erhärtung des Betons kann ein erstes Vorspannen der Litzen erfolgen, so dass der Beton eine geringe Druckspannung erhält, z.B. 0,5 N/mm². Die Frührissgefahr ist damit stark verringert. Später ist diese Vorspannung auf den erforderlichen Spanngrad zu erhöhen.

Fugenlose Feldlängen von 50 m sind möglich und auch typisch, so dass Hallenflächen von 2500 m² ohne Fugen hergestellt werden können. Auch größere Flächen sind möglich. Hierfür sind Einzelheiten mit dem Hersteller abzuklären, ob und in welcher Weise Koppelfugen angelegt werden, die die spätere Nutzung nicht beeinträchtigen.

Um die Verluste beim Spannen der Litzen durch Reibung auf dem Unterbau gering zu halten, ist der Einbau einer geglätteten Sauberkeitsschicht erforderlich, auf der eine Gleitschicht angeordnet wird (siehe Kapitel 4.2.4 und 4.2.6). Als Gleitschicht sind mindestens zwei Lagen PE-Folie je 0,3 mm erforderlich.

Meist genügt eine relativ geringe Anzahl von Spannlitzen, die mittig in Längs- und Querrichtung der Betonbodenplatte eingebaut werden. Hierbei kann mit einer Spannkraft bis 200 kN je Litze gerechnet werden.

Oft bringt schon eine geringe Druckspannung in beiden Richtungen der Betonbodenplatte große Vorteile. Eine wirksame Ausnutzung des Tragverhaltens ergibt sich, wenn die Betonbodenplatten keine Fugen erhalten und wenn der Betonquerschnitt auf eine Druckspannung gebracht wird, die der Zugfestigkeit des Betons entspricht. Daraus ergeben sich mehrere Vorteile:

− Keine Zugspannungen im Beton bei üblichen Beanspruchungen
− Keine Rissgefahr bei großen Abmessungen der Betonbodenplatten
− Höheres Tragverhalten des Betonquerschnitts, dadurch dünnere Plattendicken möglich
− Die gespannten Litzen wirken wie eine elastische Feder, wodurch sich bei Überbeanspruchung entstehende Risse wieder schließen.

Es ist zu berücksichtigen, dass außer den Verlusten der Spannkraft durch Reibung auf dem Unterbau auch später Verluste durch Kriechen und Schwinden des Betons entstehen. Die Verluste können 10 % bis 15 % betragen. Im Einzelfall ist zu klären, ob eine größere Spannkraft aufgebracht werden kann oder ob später ein Nachspannen erfolgen soll. Beide Möglichkeiten sind gegeben.

Beispiele für Betonbodenplatten mit Spannlitzen-Bewehrung sind in Tafel 4.10 zusammengestellt. Hierbei wird davon ausgegangen, dass die später verbleibenden Spannkräfte so groß sind, dass in der Betonbodenplatte eine Druckspannung wirksam bleibt, die in der Größe der Betonzugfestigkeit liegt.

Die Planung von Betonbodenplatte mit Spannstahlbewehrung sollte stets in Abstimmung mit dem Hersteller der Spanndrahtlitzen bzw. Monolitzen erfolgen. Damit kann die erforderliche Art und Anzahl der Spannstähle festgelegt werden.

Hinweise:
Für Betonplatten in Hallen sind außer den Gabelstaplerlasten auch übliche Einzellasten als Bemessungswerte G_d berücksichtigt, wie sie z.B. unter Regalfüßen oder punktförmig wirkenden Stapellasten entstehen. Einen genaueren Nachweis zeigt das Beispiel in Kapitel 8.4.
Für Betonplatten im Freien können im Allgemeinen die gleichen Plattendicken und gleichen Fugenabstände wie in Hallen angesetzt werden.

4.6.4 Betonbodenplatten mit kombinierter Bewehrung

Bewehrungen unterschiedlicher Art können miteinander kombiniert werden. Dies gilt z.B. für:

− Betonstahl aus Mattenbewehrung und Stabstahlbewehrung
− Betonstahlbewehrung mit Faserbewehrung
− Stahlfasern mit Kunststofffasern
− Betonstahlbewehrung mit Spannstahlbewehrung

Für diese kombinierten Bewehrungen können Bemessungen durchgeführt werden. Es ist aber auch möglich, diesen jeweiligen Bewehrungen bestimmte Aufgabenbereiche konstruktiv zuzuweisen.

4 Konstruktionsarten und Anforderungen

Tafel 4.10: Beispiele für Betonbodenplatten, die mit Spannlitzen bewehrt sind, bei Verkehrsbelastung durch Einzellasten mit geringen Lastwechseln[1]) [Vorschlag Lohmeyer]

Beanspruchungsbereich [2]) (z.B. infolge der Expositionsklasse XM1 bis XM3)	Bemessungswert der maximalen Radlast Q_d [3]) [kN]	Regallast am Fahrbereich Bemessungswert G_d [4]) [kN]	Betonfestigkeitsklasse [7])	w/z-Wert des Betons [5])	Dicke h der Betonbodenplatte [6]) [cm]	Druckspannung im Beton durch Spannen der Litzen [N/mm²]
Beanspruchungsbereich 1 (z.B. infolge XM1)	10	15	C25/30	$\leq 0{,}55$	≥ 15	$\geq 2{,}6$
	20					
	30	25	C30/37	$\leq 0{,}50$		
	40					$\geq 2{,}9$
Beanspruchungsbereich 2 (z.B. infolge XM2)	50	35	C30/37	$\leq 0{,}46$	≥ 16	
	60				≥ 18	
	80				≥ 18	
Beanspruchungsbereich 3 (z.B. infolge XM3)	100	50	C35/45	$\leq 0{,}42$	≥ 20	$\geq 3{,}2$
	120				≥ 22	
	140				≥ 24	

[1]) Bei Anwendung dieser Tafel sind die gleichen Voraussetzungen einzuhalten wie bei Tafel 4.6; Begrenzte Anzahl von Lastwechseln: n $\leq 5 \cdot 10^4$
[2]) Beispiele für den Bereich der Beanspruchungsart nach Tafeln 3.6 und 3.7
[3]) Die Bemessungswert Q_d der maximalen Radlast ergibt sich aus der Radlast Q_k (siehe Tafel 3.2) unter Berücksichtigung von Teilsicherheitsbeiwert und Lastwechselzahl: $Q_d \approx 1{,}6 \cdot Q_k$ (Tafel 7.1)
[4]) Der Bemessungswert G_d der maximalen Regallast am Fahrbereich ergibt sich aus der charakteristischen Regallast G_k unter Berücksichtigung des Teilsicherheitsbeiwerts: $G_d \approx 1{,}2 \cdot G_k$ (Tafel 7.1)
[5]) Der w/z-Wert kann durch Fließmittel eingehalten oder nachträglich durch Vakuumbehandlung erzeugt werden.
[6]) Plattendicken für Nutzungsbereiche A, B und C nach Tafel 3.1
[7]) Erforderlichenfalls sind die Betondruckfestigkeitsklassen aus den Expositionsklassen nach DIN 1045 zu berücksichtigen.

Mattenbewehrte Platten können beispielsweise ohne gesonderten Nachweis bei zusätzlich beanspruchten Bereichen durch Stabstahlbewehrung verstärkt werden. Dies kann wie z.B. bei unvermeidbar einspringenden Ecken sinnvoll sein, wo 2 · 4 Ø 14 mm diagonal über die Ecke mit Steckbügeln eingelegt werden.

Stahlfaserbewehrte Platten können zusätzlich mit Stahlbewehrung in solchen Bereichen versehen werden, wo in der Nutzungsphase stationär sehr konzentriert einwirkende Lasten auftreten werden, z.B. unter Füßen von Hochregalen oder bei Überladebrücken in Logistikhallen mit intensivem Güterumschlag oder in Schwergutlagerhallen. Bei unvermeidbaren einspringenden Ecken in stahlfaserbewehrten Platten ist eine zusätzliche Stabstahlbewehrung einzulegen, z.B. oben und unten diagonal je 4 Ø 14 mm. Das gilt auch für einspringende Ecken von Aussparungen, Schächten, Kanälen usw., die nicht durch Fugen gesichert sind.

Kunststofffasern können bei unbewehrten oder anderweitig bewehrten Platten eingesetzt werden, um die Frührissgefahr zu verringern. Damit lassen sich bei nicht günstigen Herstellbedingungen die sonst auftretenden netzartigen Risse minimieren.

Spannstahlbewehrte Platten haben zusätzlich häufig eine Mattenbewehrung als Grundbewehrung, auch wenn diese nicht rechnerisch nachgewiesen wird. Diese Mattenbewehrung sollte aber auch mindestens aus je einer Matte Q513 A oben und unten bestehen.

Eine erforderliche Kombination unterschiedlicher Bewehrungen ist stets im Einzelfall zu klären. Nicht immer sind Bewehrungen sinnvoll, da häufig der Beton allein imstande ist, die auftretenden Biegezugspannungen zu übernehmen.

4.7 Fugenlose Betonbodenplatten

Für fugenlose Betonbodenplatten sind verschiedene Herstellverfahren möglich. Schon aus den vorhergehenden Kapiteln ist ersichtlich, dass unter bestimmten Bedingungen größere Flächen ohne Fugen herstellbar sind, wenn begrenzte Rissbreiten zugelassen werden (siehe Kapitel 4.6).

Die Bezeichnung „fugenlose Betonbodenplatte" gilt häufig nur mit Einschränkungen. Bei größeren Flächen ist im Einzelfall zu klären, ob Fugen zur Unterteilung der Gesamtfläche in Tagesabschnitte anzuordnen sind. Falls Tagesfeldfugen erforderlich sind, bedarf es einer Klärung, wie diese ausgeführt werden. Tagesfeldfugen entstehen dann, wenn die Gesamtfläche nicht in einer Tagesleistung hergestellt werden kann und kein Tag-Nacht-Betrieb erfolgen soll.

Außerdem ist zu klären, ob unter einer fugenlosen Betonbodenplatte auch zu verstehen ist, dass Fugen zur Trennung der Betonbodenplatte von anderen Bauteilen nicht nötig sind. Gegebenenfalls sind auch bei diesen Betonbodenplatten die sonst üblichen Randfugen und Fugen an allen aufgehenden Bauteilen erforderlich. Für die meisten Fälle ist es sinnvoll, zumindest hier eine Trennung vorzunehmen.

Bei fugenlosen Betonbodenplatten sind zwei wesentliche Prinzipien zu unterscheiden:

– Betonbodenplatten mit weitgehend freier Bewegungsmöglichkeit zum Unterbau

– Betonbodenplatten mit fester Verbindung zum Unterbau

4.7.1 Betonbodenplatten mit weitgehend freier Bewegungsmöglichkeit zum Unterbau

Betonbodenplatten mit weitgehend freier Bewegungsmöglichkeit werden so hergestellt, dass sie sich mit geringer Reibung auf dem Unterbau bewegen können. Hierfür ist eine ebene Unterlage mit Gleitschicht erforderlich (siehe Kapitel 4.2.6 und Tafel 7.5). Die Ausbildung von Randfugen ist erforderlich. Die Randbereiche und aufgehende Bauteile innerhalb der Betonbodenplatte (z.B. Stützen) dürfen die Gleitmöglichkeit der Betonbodenplatte nicht behindern.

Die Randfugen sind in einer Breite auszuführen, die in Abhängigkeit von der Plattenlänge eine genügende Ausdehnungsmöglichkeit bietet. Dies gilt insbesondere dann, wenn aufgrund der Betriebsbedingungen oder durch Sonneneinstrahlung mit Erwärmungen der Betonbodenplatte zu rechnen ist.

Die Längenänderung Δl einer Betonbodenplatte beträgt je 10 Kelvin Temperaturunterschied auf 10 m Länge etwa 1 mm:

Längenänderung $\Delta l \approx \alpha_T \cdot \Delta T \cdot l_0 \approx 10^{-5} \text{ K}^{-1} \cdot 10 \text{ K} \cdot 10 \text{ m} \cdot 10^3 \text{ mm/m}$
$\approx 1 \text{ mm}$

Beispiel zur Erläuterung:
Bei einer Betonbodenplatte mit insgesamt 50 m Länge ergibt sich bei einer Temperaturerhöhung von 20 Kelvin gegenüber der Ausgangstemperatur bei der Herstellung der Betonbodenplatte folgende Ausdehnung, die von der Randfuge aufgenommen werden muss:

Längenänderung $\Delta l \approx \alpha_T \cdot \Delta T \cdot l_0 \approx 10^{-5} \text{ K}^{-1} \cdot 20 \text{ K} \cdot \frac{1}{2} \cdot 50 \text{ m} \cdot 10^3 \text{ mm/m}$
$\approx 5 \text{ mm}$

Entsprechend den zu erwartenden Längenänderungen am Rand der Betonbodenplatte ist die Breite der Randfugen auszulegen. Üblich sind Randfugen von wenigstens 5 mm Breite, erforderlich können aber auch 10 mm oder in besonderen Fällen 20 mm werden. Eine weiche Fugeneinlage ist stets nötig.

Randfugen stören den Betriebsablauf meistens nicht und werden von den Nutzern der Halle kaum wahrgenommen. Kritisch sind jedoch befahrene Fugen, z.B. im Torbereich. Hierfür sind stets spezielle Fugenprofile erforderlich (siehe Bild 4.14).

4.7.2 Betonbodenplatten mit fester Verbindung zum Unterbau

Bei diesem Konstruktionsprinzip wird von der Überlegung ausgegangen, dass die Betonbodenplatte mit dem Unterbau fest verbunden wird. Im Idealfall wäre das beim Betonieren einer Betonbodenplatte auf rauer und griffiger Felsoberfläche gegeben. Hierbei kann sich die Betonbodenplatte nicht bewegen, weil sie mit dem Untergrund fest verzahnt ist und dieser Untergrund keine Bewegungen mitmacht.

Alle Spezialverfahren dieser Bauart zielen darauf ab, eine möglichst feste Verbindung mit dem Unterbau zu erreichen. Diesem Ziel kommt man beispielsweise mit einer genügend dicken und sehr gut verdichteten Schottertragschicht näher, wenn die Oberfläche eine starke Verzahnung mit der Betonbodenplatte ermöglicht. Die verbleibenden Vertiefungen zwischen den oberen Gesteinskörnern soll der Beton ausfüllen, wodurch die erforderliche Verzahnung erreicht wird. Der Beton sollte nicht bluten, die Schottertragschicht ist vor dem Betonieren anzufeuchten.

Das Ziel hierbei ist, dass sich die Betonunterseite weder beim Abfließen der Hydratationswärme noch beim nachfolgenden Schwinden verkürzen kann. Das bedeutet, dass das Verkürzungsbestreben des Betons nur zwischen den eng beieinander liegenden Verzahnungspunkten abspielen kann und soll. Die dabei entstehenden mikrofeinen Risse haben keine ungünstigen Auswirkungen auf die dauerhafte Funktionsfähigkeit der Betonbodenplatte. Sie werden mit bloßem Auge kaum sichtbar sein.

4.7.3 Betonbodenplatten mit Bewehrung

Mattenbewehrte Betonbodenplatten

Platten mit „üblichen" Fugenabständen sind in Kapitel 4.6.1 dargestellt. Für „fugenlose" mattenbewehrte Betonbodenplatten können beide Herstellprinzipien angewendet werden: mit weitgehend freier Bewegungsmöglichkeit oder mit fester Verbindung zum Unterbau.

1. Möglichkeit:

Bewegung der Betonbodenplatte auf dem Unterbau
Zum Vermeiden hohe Zwangbeanspruchungen ist der Einbau einer Gleitschicht unter der Betonbodenplatte erforderlich (siehe Kapitel 4.2.6). Unter den Voraussetzungen, dass keine hohen ständigen Lasten wirken (Regallasten), dass eine ausreichende Bewehrung eingebaut wird und dass Risse mit rechnerischen Rissbreiten von $w_k \approx 0{,}2$ mm Breite hingenommen werden können, sind Fugenabstände über 10 m bis 25 m möglich (siehe Tafel 4.9). Eine derartige Bewehrung sollte einen Querschnitt von möglichst $a_s \approx 8$ cm^2/m für die obere und untere Bewehrung haben. Dies sind z.B. mindestens Listenmatten 100·10 / 100·10 mit 7,85 cm^2/m. Die Ausführung sollte in der speziellen Ausführungsart S erfolgen (siehe Fußnote [2]) zu Tafel 4.9). Ein Nachweis der rechnerisch zu erwartenden Rissbreite ist zu führen.

2. Möglichkeit:

Feste Verbindung mit dem Unterbau
Dieses Herstellprinzip sollte nur von Spezialfirmen angewendet werden, die mit ihrer Bauart ausreichende Erfahrungen haben und daher außer der Gewährleistung für die Ausführung auch die volle Planungsverantwortung übernehmen können.

Stahlfaserbewehrte Betonbodenplatten
„Fugenlose" stahlfaserbewehrte Betonbodenplatten werden meistens nach dem Prinzip der weitgehend freien Bewegungsmöglichkeit auf dem Unterbau hergestellt und erfordern eine Gleitschicht (siehe Kapitel 4.2.6). Dafür gilt im Wesentlichen das Gleiche wie für mattenbewehrte Betonbodenplatten. Sie erfordern für Fugenabstände über 12 m bis 25 m entsprechend Kapitel 4.6.2 einen ausreichend hohen Stahlfasergehalt, um z.B. die Faserbetonklasse F1,4/1,2 zu erreichen. Dies ist mit dem Hersteller des Betons und ggf. mit dem Hersteller der Stahlfasern abzustimmen. Die Gleitfähigkeit auf dem Unterbau darf nicht durch hohe ständige Lasten (z.B. Regallasten) behindert werden. Risse bis etwa 0,20 mm werden sich nicht vermeiden lassen und sind nach entsprechender Vereinbarung vom Auftraggeber hinzunehmen. Die Ausführung sollte unter den Bedingungen der Ausführungsart S erfolgen (siehe Fußnote [2]) bei Tafel 4.9).

4.7.4 Betonbodenplatten mit Spannlitzen

Betonbodenplatten mit Spannlitzen werden nach dem Prinzip der weitgehend freien Bewegungsmöglichkeit hergestellt. Diese Betonbodenplatten sind in Kapitel 4.6.3 beschrieben. Sie erfordern eine Gleitschicht unter der Betonbodenplatte (siehe Kapitel 4.2.6).

Für das Aufbringen einer Druckspannung in der Betonbodenplatte werden Spanndrahtlitzen oder Monolitzen verwendet (siehe Tafel 4.10). Fugenabstände bis 50 m sind möglich, so dass Betonbodenplatten von 2500 m^2 Fläche ohne Fugen hergestellt werden können, die auch rissfrei bleiben.

Ob das Herstellen derart großer Flächen in einem Stück mit einem ausführungstechnisch sinnvollen Betonierablauf machbar ist, muss im Einzelfall geklärt werden. Tagesabschnitte in dieser Größenordnung erfordern eine besondere Logistik im Betonierablauf. Erforderlichenfalls sind mehrere Betoniertrupps einzusetzen oder es ist ein Tag- und Nachtbetrieb erforderlich. Besondere Probleme können die dem Betoneinbau nachfolgenden Glättvorgänge für die Oberflächenbearbeitung ergeben. Damit die insgesamt erforderlichen besonderen Maßnahmen kalkuliert werden können, sind Angaben zum fugenlosen Betonieren in der Leistungsbeschreibung zu machen. Eine Abstimmung zwischen allen Beteiligten ist erforderlich. Es ist sinnvoll, auch den Hersteller der Spannlitzen einzuschalten, denn hier liegen entsprechende Erfahrungen vor.

Betonbodenplatten mit Spannlitzen auf Gleitschicht können fugenlos hergestellt werden. Man kann davon ausgehen, dass sie dauerhaft rissfrei bleiben.

4.7.5 Betonbodenplatten mit gewalztem Beton

Bei gewalztem Beton (Walzbeton) wird im Prinzip von einer festen Verbindung mit dem Unterbau ausgegangen. Der Einsatz von gewalztem Beton ist bei mehreren Anwendungsbereichen möglich z.B.:

– Auffüllungen von Arbeitsräumen, Böschungen o.ä. unter hoch belasteten Flächen, sofern gewalzt werden kann

– Betontragschichten unter einer Betonbodenplatte (siehe Kapitel 4.2.3)

– Betonbodenplatten mit zusätzlichem Belag

Gewalzter Beton ist für die Herstellung bewehrter Betonbodenplatten nicht geeignet, diese Betonbodenplatten sind unbewehrt. Der gewalzte Beton sollte mindestens der Betonfestigkeitsklasse C 25/30 entsprechen. Ein Nachweis ist nur durch die nachträgliche Entnahme von Bohrkernen möglich. Übliche Einbaudicken betragen 18 bis 24 cm. Die Anwendung von Betonbodenplatten mit gewalztem Beton sollte auf den Beanspruchungsbereich 1 gegrenzt werden (Tafel 4.6). Eine Anwendung für höhere Beanspruchungsbereiche ist im Spezialfall mit dem Hersteller detailliert abzuklären.

Voraussetzung für Betonbodenplatten aus gewalztem Beton ist, dass die Fläche einwandfrei gewalzt werden kann. Stützen oder andere Einbauten innerhalb der Fläche (z.B. Kanäle und Schächte) behindern das Walzen und können Minderfestigkeiten des Betons in diesen Einflussbereichen bewirken. Diese Bereiche sind daher im Handbetrieb zu verdichten, z.B. mit Stampfern oder Rüttelplatten.

Ein richtig zusammengesetzter, gewalzter Beton ist sehr steif und hat einen geringen Zementleimbedarf. Bei guter Verdichtung sollen sich die Gesteinskörner möglichst gegenseitig abstützen, so dass der Beton theoretisch keinen Anlass zum Schwinden hat. Eine vollständige Abstützung der Gesteinskörnung wird praktisch nicht erreicht. Dennoch ist das Schwinden des Betons geringer als bei einem Beton üblicher Zusammensetzung. Diese günstige Baustoffeigenschaft und das einfache Einbauverfahren ermöglicht die Herstellung großflächiger Betonbodenplatten ohne Fugen. Randfugen sind auch hierbei erforderlich.

Da Oberflächen des gewalzten Betons keine ausgesprochene Ebenflächigkeit und keinen besonderen Oberflächenschluss aufweisen, ist das Aufbringen einer Deckschicht erforderlich. Für Deckschichten haben sich elastisch-plastische Beläge bewährt. Die Deckschicht ist z.B. 10 mm bis 20 mm dick und besteht aus feiner Gesteinskörnung mit modifizierter Kunstharz-Bitumen-Dispersion sowie Zement als Bindemittel. Hierfür sind verschiedene Spezialverfahren entwickelt worden, die auch von Spezialfirmen eingebaut werden. Die gewalzten Betonbodenplatten werden aus zwei Schichten hergestellt, die im Verbund wirken.

Betonbodenplatten aus gewalztem Beton ohne Deckschicht bzw. Verschleißschicht sind in der Regel nur bei untergeordneten Nutzungen ausreichend, z.B. für Baustraßen oder provisorische Zufahrten bzw. Lagerflächen.

Die zulässige Größe fugenloser Flächen ist mit dem Hersteller im Einzelfall abzuklären.

Bild 4.20:
Einbau und Verdichtung von gewalztem Beton [Werkfoto RINOL Deutschland GmbH, DFT Industrieboden GmbH]

4.8 Betonböden mit Förderkettensystemen

Für Lager- und Umschlaghallen von Frachtzentren ist ein schneller und wirtschaftlicher Betriebsablauf von großer Bedeutung. Die Basis hierfür können Förderkettensysteme sein, die in die Betonbodenplatte oberflächenbündig eingebaut werden. Diese innerhalb der Betonbodenplatte laufenden Förderkettensysteme transportieren Fördergeräte, die in einem geschlossenen Kreis in der Halle umlaufen und an den entsprechenden Stellen ausgeklinkt werden (Bild 4.21).

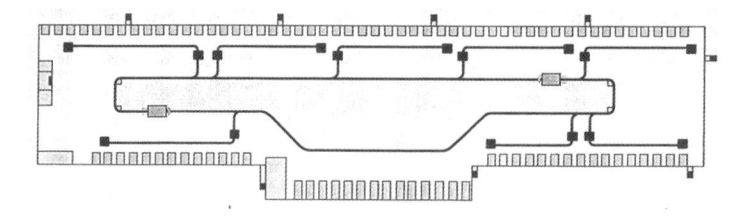

Bild 4.21: Beispiel eines Grundrisses für ein Fracht-Terminal mit Förderkettensystem [L25]

Zusätzlich können Abzweige das Förderkettensystem erweitern. Gabelstapler und andere Förderfahrzeuge, die auf der Betonbodenplatte laufen, können die Kettenschienen des Fördersystems im Querverkehr überfahren. Sie ergänzen somit die Transportvorgänge in den Hallen zu einem sinnvollen Gesamtablauf. Da die eingebauten Kettenschienen in die Betonbodenplatte einschneiden, sind besondere Maßnahmen erforderlich (Bild 4.22).

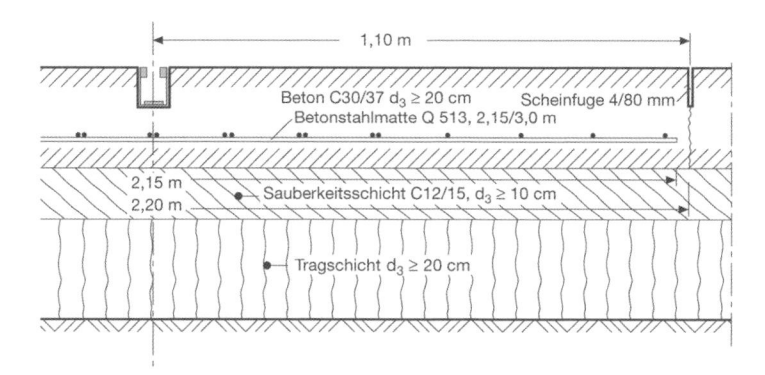

Bild 4.22: In die Betonbodenplatte einschneidende Kettenschiene mit zusätzlicher Bewehrung in der Betonbodenplatte [L25]

Auch andere Elemente für das Förderkettensystem, wie Antriebsschächte, Weichenboxen, Reinigungsboxen oder Erkennungsboxen, werden oberflächenbündig eingebaut und schwächen somit die Betonbodenplatte in diesen Bereichen.

Für die Unterkonstruktion (Untergrund, Tragschicht) gelten im Wesentlichen die gleichen Grundsätze wie für andere Betonböden. Es kommen jedoch einige Besonderheiten hinzu:

Schächte für das Antriebssystem sollten als Fertigteile hergestellt und im Zuge der Gründungsarbeiten der Hallenkonstruktion auf tragfähigem Untergrund mit Hebezeugen versetzt werden.

4.9 Fertigteile im Betonbodenbereich

Unterbeton für die Montage des Förderkettensystems muss eine feste Auflagerung schaffen, damit die Kettenschienen auf genaue Höhe eingebaut und verankert werden können. Der Unterbeton dient gleichzeitig als Sauberkeitsschicht. Nach der Montage kann ein direktes Einbetonieren der Kettenschienen in die Betonbodenplatte erfolgen.

Grenzwerte der Beanspruchung: Für nachstehende Grenzwerte kann die im Folgenden beschriebene Verstärkung der Betonbodenplatte im Bereich der Kettenschienen vorgesehen werden:

Lastgröße als Einzellast Q $\leq$ 40 kN
Kontaktpressung p $\leq$ 1 N/mm^2 bzw. 10 bar
Lastwechselzahl n $\leq$ 200 pro Tag

Für größere Beanspruchungen sind weitergehende Maßnahmen im Einzelfall festzulegen.

Zusätzliche Maßnahmen für die Betonbodenplatte, die im Bereich der Förderkettenschienen erforderlich sind:

– Betonbodenplatte d $\geq$ 200 mm

– Betonfestigkeitsklasse C30/37 mit Zugfestigkeit f$_{ctk;95}$ $\geq$ 3,8 N/mm^2

– Hartstoffschicht CT-C60-F 9A-V15 nach DIN 18560-7

– Bewehrung unter den Kettenschienen mit Betonstahlmatten Q513 A auf 2,15 m Breite (Bild 4.22)

– Verankerung der Kettenschienen im Beton mit Ankern (Bild 4.23)

– Scheinfugen beiderseits der Kettenschienen in etwa 1,10 m Abstand

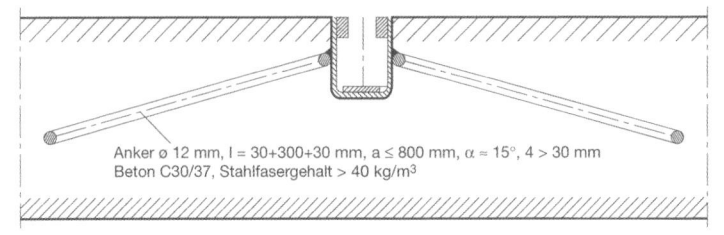

Anker ø 12 mm, l = 30+300+30 mm, a $\leq$ 800 mm, $\alpha \approx$ 15°, 4 > 30 mm
Beton C30/37, Stahlfasergehalt > 40 kg/m^3

Bild 4.23:
Verankerung der Kettenschiene zur festen Verbindung mit der Betonbodenplatte durch angeschweißte Anker [L25]

4.9 Fertigteile im Betonbodenbereich

Unterschiedliche Fertigteile sind für Hallen- und Freiflächen einsetzbar. Dies können z.B. Fertigteilplatten, Gleisplatten, Schächte, Kanäle oder Entwässerungsrinnen sein. Im weitesten Sinne gehören zu den Fertigteilen im Betonbodenbereich auch Betonpflastersteine. Flächen mit Betonpflastersteinen, die durchaus für Freiflächen zur Ausführung kommen können, sind jedoch nicht Gegenstand dieses Buches.

4.9.1 Fertigteile für die Flächenbefestigung

Großflächenplatten

Fertigteilplatten aus Stahlbeton mit einem Standardmaß von 2 m · 2 m werden als Großflächenplatten bezeichnet. Sie sind einzusetzen für normal belastbare Flächenbefestigungen, für stark frequentierte Fahr- und Lagerflächen sowie als Schwerlastplatten für Schwerverkehr. Die Plattendicke beträgt im Allgemeinen 140 mm. Die Platten bestehen aus Beton C45/55 und haben rutschhemmende Oberflächen. Für schwere Belastungen sind Dicken von 160 mm bzw. 180 mm zu wählen. Die Kanten sind mit Fase von 5 mm oder mit Stahlwinkeln zur Kantenverstärkung ausgebildet (Bild 4.24).

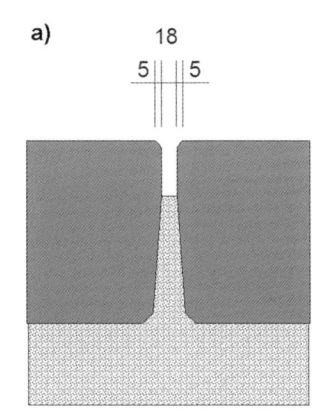

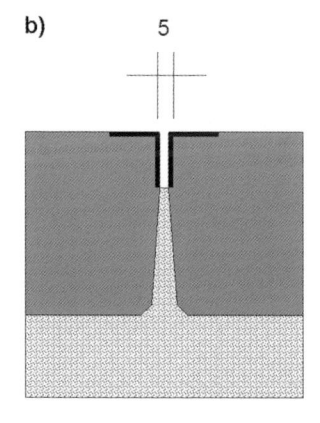

Bild 4.24:
Fugenausbildung bei Großflächenplatten
(System: Stelcon)
a) Kanten mit 5 mm Fase, 7 mm breite Stoßfugen
b) Kanten mit Stahlwinkel-Einfassung, 5 mm breite Stoßfugen

Die Großflächenplatten werden in einem 30 bis 50 mm dicken Feinplanum aus Hartsteinsplitt 2/5 mm auf der Tragschicht verlegt. Die Fugen werden mit Hartsteinsplitt 2/5 mm geschlossen. Im Bereich flüssigkeitsdichter Flächen sind nur Platten mit Allgemeiner bauaufsichtlicher Zulassung zu verwenden. Die Fugen sind bis 45 mm unter OK Platten mit Hartsteinsplitt zu füllen. Nach dem Einbringen des Fugenstützprofils sind die Fugen mit einem den Anforderungen entsprechenden Fugenvergussmaterial zu schließen.

Außer dem Standardmaß von 2 m · 2 m stehen auch Ergänzungsplatten von 1,5 m, 1,25 m oder 1,0 m Breite zur Verfügung.

Mittelflächenplatten

Stahlbetonplatten mit einem Standardmaß von 1,0 m · 1,0 m. Sie haben Dicken von 120 und 140 mm und bestehen aus Stahlbeton C45/55 für übliche Verkehrsbelastung. Für Schwerlastbeanspruchung oder Befahren durch Kettenfahrzeuge werden 160 mm dicke Platten mit einer verschweißten Ummantelung aus 6 mm starkem Blech hergestellt. Diese Stahlblechmantelplatten oder Panzerplatten sind dort einsetzbar, wo Betonoberflächen den äußerst harten Beanspruchungen nicht widerstehen können. Die Oberflächen können in glatter Ausführung oder für hohe Trittsicherheit mit Tränenblech hergestellt werden. Die Verlegung erfolgt wie bei Großflächenplatten.

4.9 Fertigteile im Betonbodenbereich

Bild 4.25:
Containerfläche mit Großflächenplatten [Werkfoto BTE Stelcon Deutschland GmbH]

Bild 4.26:
Freifläche im Hafenbereich mit Großflächenplatten [Werkfoto BTE Stelcon Deutschland GmbH]

Kleinflächenplatten

Mit einem Standardmaß von 300 · 300 mm werden Kleinflächenplatten in 30 mm Dicke als Hartbetonplatten mit Hartstoffen bzw. Stahlspänen an der Oberfläche hergestellt. Außerdem sind für besonders harte Beanspruchungen Stahlankerplatten aus 3 mm dickem Stahlblech aus Normalstahl bzw. V2A-Stahl einsetzbar. Die Kanten können rundkantig oder scharfkantig ausgebildet werden.

Die 30 mm dicken Hartbetonplatten und auch die Stahlankerplatten aus 3 mm dickem Blech werden auf einem Tragbeton aus Beton C25/30 mit Haftschlämme in Mörtelbett aus Zementmörtel verlegt. Für Stahlankerplatten muss das Mörtelbett 40 bis 60 mm dick sein. Der Verlegemörtel muss aus sämtlichen Schlitzen der Stahlankerplatten oberflächenbündig herausquellen.

4.9.2 Fertigteile für den Gleisbereich

Für Lager- und Produktionshallen, insbesondere Werkhallen, erfolgt die Anlieferung der Rohstoffe oder Auslieferung der Produkte auch über die Bahn. Die hierzu erforderlichen Gleisanlagen würden den Betriebsablauf behindern, wenn nicht besondere Maßnahmen greifen würden und die Gleise durch andere Fahrzeuge (Lkw, Gabelstapler) nicht überfahrbar wären.

Gleis-Auskleidungsplatten

Im Gleisbereich ist das Verlegen von Gleis-Auskleideplatten eine sichere und wirtschaftliche Maßnahme. Diese Großflächenplatten werden im Rastermaß als Gleismittelplatten und Gleisrandplatten mit oder ohne umlaufenden Stahlwinkel als Kantenschutz hergestellt. Sie sind sowohl für Kopfschienen als auch für Rillenschienen einsetzbar. Die Breite der Gleis-Auskleideplatten entspricht der Spurweite des Gleises. Die Platten werden zwischen den Schienen auf der Tragschicht verlegt, damit ein Überfahren von Gleisen im Lagerflächenverkehr möglich ist, z.B. im Bereich der Anlieferung durch die Bahn (siehe Bild 4.27). Die Art der Tragschicht ist vom Planer anzugeben.

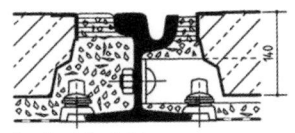

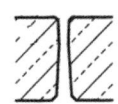

Detail mit Kopfschiene   Großflächenplatten ohne Rahmen (=MB)

Bild 4.27:
Gleisauskleidung bei einer Rillenschiene mit Gleis-Auskleideplatten (System: Stelcon)

Gleis-Tragplatten

Gleis-Tragplatten bilden die tragende Konstruktion zur Befestigung des Gleisbereichs und dienen gleichzeitig der Befestigung der Schienen (Bild 4.29). Die Schienen werden auf der Gleittragplatte mit Spannklemmenverbindungen befestigt. Der Gleisbereich kann ebenfalls von Fahrzeugen überquert werden. Die Gleistragplatten liegen auf einer Tragschicht, die im Rahmen der Planung festzulegen ist.

Gleiswannen

Für den sicheren Umgang mit wassergefährdenden Stoffen im Gleisbereich wie auch für den speziellen Einsatz in Waschanlagen wurden Gleiswannen aus Stahlbeton entwickelt. Diese Gleiswannen können oberflächenbündig mit Betonabdeckplatten oder Gitterrost abgedeckt werden (Bild 4.30). Dadurch ist auch in diesem Bereich ein Querverkehr durch

4.9 Fertigteile im Betonbodenbereich

Lkw oder Stapler möglich. Die Gleiswannen liegen auf einer Tragschicht, die abhängig von den Belastungen anzugeben ist.

Bild 4.28:
Gleisauskleidungsplatten
[Werkfoto BTE Stelcon Deutschland GmbH]

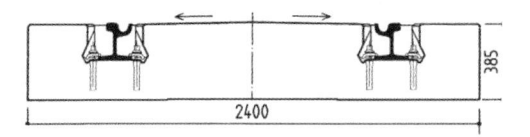

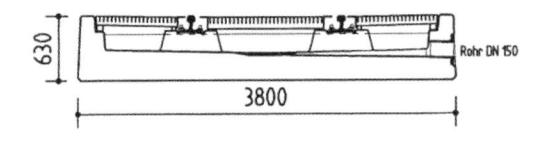

Bild 4.29:
Gleis-Tragplatte aus Stahlbeton zur direkten Befahrbarkeit des Gleisbereichs durch Fahrzeuge und zur Befestigung der Schienen (System Stelcon);
a) Querschnitt;
b) Detail

Bild 4.30:
Querschnitt durch eine Gleiswanne mit Abflussrohr DN 150 beim Umgang mit wassergefährdenden Stoffen (System: Stelcon)

Gleis-Arbeitsgruben

Für Wartungs- und Reparaturarbeiten von Schienenfahrzeugen des Werkverkehrs sind Arbeitsgruben unter der Gleisanlage erforderlich. Auch hierfür werden werkmäßig Stahlbeton-Fertigteile hergestellt. Die Verlegung erfolgt auf einer Tragschicht, z.B. einer Betontragschicht.

4.10 Gedämmte Betonböden

Für den Einbau von Wärmedämmschichten kann es unterschiedliche Gründe geben:

– Bei Flächen im Freien auf frostempfindlichen Böden gegen Austausch eines frostsicheren Materials (siehe Kapitel 4.2.3)

– Bei beheizten Betonbodenplatten oder bei Flächen in Hallen zur Verbesserung des Raumklimas bzw. wegen Anforderungen zur Energieeinsparung

– Bei gekühlten Betonbodenplatten oder Kühllagern zum Schutz des Untergrundes gegen Auffrieren

Ganz allgemein ist bei beheizten oder gekühlten Betonbodenplatten eine Wärmedämmung nötig. Hinsichtlich der Wärmedämmung ist zu unterscheiden zwischen Freiflächen, Arbeitsstätten und Aufenthaltsräumen.

Regelungen für diesen Bereich enthalten die Landesbauordnungen LBO, die Arbeitsstätten-Verordnung, die Arbeitsstätten-Richtlinien, die Energie-Einsparverordnung EnEV und die DIN 4108-2 „Wärmeschutz und Energie-Einsparung in Gebäuden, Mindestanforderungen an den Wärmeschutz" [N20].

4.10.1 Anforderungen an den Wärmeschutz

Unter großflächigen Gebäuden bildet sich im Erdreich eine Wärmelinse aus. Schon dadurch kann bei Betonbodenplatten in Hallen der Mindestwärmeschutz erreicht werden. Allerdings bildet der Randbereich von Hallen eine Wärmebrücke. Daher muss mindestens ein Randstreifen unter der Betonbodenplatte gedämmt werden. Für die Wärmeleitfähigkeit des Erdreichs ist die Breite des Randstreifens nach den bauphysikalischen Anforderungen zu bemessen. Hierfür kann ein Randstreifen von 1,5 m bis 3,0 m ausreichen. Die gleiche Wirkung wie ein horizontal gedämmter Randstreifen kann eine vertikal angeordnete Dämmschicht am Randsockel bzw. Randfundament bringen, wenn die Dämmschicht etwa 1 m tief reicht [L18].

Beheizte Gebäude müssen nach der Energie-Einsparverordnung EnEV bestimmte Anforderungen erfüllen. Höchstwerte des Transmissionswärmeverlusts H_T' und ggf. des Jahres-Primärenergiebedarfs Q_p sowie des Wärmedurchgangs U_{max} dürfen nicht überschritten werden. Betonböden sind den Bauteilflächen gleichzusetzen, die das Gebäude umschließen und auf dem Erdreich liegen. Die Anforderungen an die Gebäude bzw. Gebäudeteile sind abhängig von der Art des Gebäudes entsprechend des jeweiligen Verwendungs-

4.10 Gedämmte Betonböden

zwecks. Die Energie-Einsparverordnung EnEV unterscheidet (im Hinblick auf Betonböden) folgende Gebäude.

Gebäudearten:

1. Gebäude, die ganz oder deutlich überwiegend zum Wohnen genutzt werden;
2. Gebäude mit normalen Innentemperaturen, die nach ihrem Verwendungszweck auf eine Innentemperatur von 19 °C und mehr sowie jährlich mehr als vier Monate beheizt werden;
3. Gebäude mit niedrigen Innentemperaturen, die nach ihrem Verwendungszweck auf eine Innentemperatur von mehr als 12 °C und weniger als 19 °C sowie jährlich mehr als vier Monate beheizt werden, einschließlich der Räume für Heizung und Warmwasserbereitung;
4. Gebäude mit Innentemperaturen unter 12 °C. Für diese Gebäude werden an den Mindestwärmeschutz keine Anforderungen gestellt.

Betriebsgebäude, soweit sie nach ihrem Verwendungszweck großflächig und lang anhaltend offen gehalten werden müssen, fallen nicht in den Gültigkeitsbereich der Energie-Einsparverordnung EnEV.

Nach der Energie-Einsparverordnung EnEV und nach DIN 4108-2:2001 sind sowohl für beheizte Gebäude mit normalen Innentemperaturen als auch für beheizte Gebäude mit niedrigen Innentemperaturen bestimmte Höchstwerte des spezifischen Transmissionswärmeverlust H_T' einzuhalten (EnEV Anhänge 1 und 2, Tabelle 1). Dieser auf die wärmeübertragende Umfassungsfläche bezogene Transmissionswärmeverlust H_T' ist abhängig vom Verhältnis A/V_e. Hierbei ist A die wärmeübertragenden Umfassungsfläche und V_e das beheizte Gebäudevolumen V_e, das von der wärmeübertragenden Umfassungsfläche A umschlossen wird. Bei beheizten Gebäuden mit normalen Innentemperaturen sind außerdem Höchstwerte des Jahres-Primärenergiebedarfs Q_p einzuhalten (EnEV Anhang 1 Tabelle 1).

An die Wärmedämmung unter Bodenplatten, die beheizte Gebäude mit normalen Innentemperaturen nach unten abschließen und auf dem Erdreich liegen, sind außerdem Anforderungen an den Mindestwärmeschutz nach DIN 4108-2:2001 Tabelle 3 einzuhalten:

Für Gebäude mit Innentemperaturen über 19 °C, die jährlich mehr als vier Monate beheizt werden, gilt für den Mindest-Wärmedurchlasswiderstand:

im Außenrandbereich: $R \geq 1{,}20$ m²·K/W
unter der Bodenplatte bis 5 m vom Außenrand: $R \geq 0{,}90$ m²·K/W

Für Gebäude mit Innentemperaturen mehr als 12 °C und weniger als 19 °C, die jährlich mehr als vier Monate beheizt werden, gilt für den Mindest-Wärmedurchlasswiderstand:

im Außenrandbereich: $R \geq 0{,}55$ m²·K/W
unter der Bodenplatte bis 5 m vom Außenrand: $R \geq 0{,}90$ m²·K/W

Für Industriegebäude mit Innentemperaturen unter 12 °C und mit Innentemperaturen mehr als 12 °C und weniger als 19 °C, die jährlich weniger als vier Monate beheizt werden: *keine Anforderungen*

Nach der Arbeitsstättenverordnung müssen Standflächen an Arbeitsplätzen unter Berücksichtigung der Art des Betriebs und der körperlichen Tätigkeit der Arbeitnehmer eine ausreichende Wärmedämmung besitzen. Eine Mindest-Oberflächentemperatur von 18 °C wird auch durch eine Wärmedämmung unter der Bodenplatte kaum einzuhalten sein. Dafür ist die Wärmeleitfähigkeit der dicken Betonbodenplatte meistens zu groß.

Hinweis:
In Arbeitsbereichen, bei denen Mitarbeiter längere Zeit stehend tätig sind, kann die Oberfläche als „nicht fußwarm" empfunden werden, obwohl die Betonbodenplatte auf einer Dämmschicht liegt. Die Fußbodenfläche wird ähnlich wie bei Natursteinfußböden wegen der Wärmeableitung als kalt empfunden. In diesen Fällen ist zu klären, ob diese Bereiche mit einer Flächenheizung versehen werden müssen: Dies ist z.B. in Flugzeug-Wartungshallen erforderlich, sofern nicht andere Maßnahmen ergriffen werden. Kapitel 4.11 behandelt Betonböden mit Flächenheizung, Kapitel 9.7 zeigt Einzelheiten zum Einbau von Wärmedämmschichten.

4.10.2 Ausnahmeregelungen

Nach § 5 des Energie-Einsparungsgesetzes EnEG müssen die Anforderungen nach dem Stand der Technik erfüllbar und wirtschaftlich vertretbar sein. Die Anforderungen gelten als wirtschaftlich vertretbar, wenn die erforderlichen Aufwendungen innerhalb der üblichen Nutzungsdauer durch die eintretenden Einsparungen erwirtschaftet werden können.

Auf Antrag kann von den Anforderungen befreit werden, soweit diese im Einzelfall wegen besonderer Umstände durch einen unangemessenen Aufwand oder in sonstiger Weise zu einer unbilligen Härte führen. Zuständig hierfür ist die untere Bauaufsichtsbehörde, z.B. Bauordnungsamt.

4.10.3 Wärmedämmstoffe

Wärmedämmschichten unter Betonbodenplatten müssen die einwirkenden Belastungen aus der Nutzung der Gebäude auf den Unterkonstruktion übertragen. Sie sollten die gleiche Steifigkeit haben wie die Tragschicht. Wegen der hierfür erforderlichen Druckfestigkeit sind z.B. Dämmschichten aus folgenden werkmäßig hergestellten Dämmstoffen geeignet:

- Dämmplatten aus extrudiertem Polystyrolschaum (XPS)
  entsprechend der Bauregelliste B Teil 1 Nr. 1.5.3
  nach DIN EN 13164:2001,
  Wärmeleitfähigkeit $\lambda = 0{,}035 \ldots 0{,}040$ W/(m · K)
- Dämmplatten aus Schaumglas (CG)
  entsprechend der Bauregelliste B Teil 1 Nr. 1.5.6,
  nach DIN EN 13167:2001,
  Wärmeleitfähigkeit $\lambda = 0{,}045 \ldots 0{,}060$ W/(m · K)

- Schüttung aus Schaumglas-Schotter (SGS)
  als gebrochenes Material aus vorstehendem Schaumglas,
  nach Allgemeiner bauaufsichtlicher Zulassung,
  Rechenwert der Wärmeleitfähigkeit $\lambda_R = 0{,}14$ W/(m · K),
  erforderliche Mindestdicke 150 mm, höchstzulässige Dicke 500 mm
- Porenleichtbeton mit Schaumbildner als Transportbeton nach Allgemeiner bauaufsichtlicher Zulassung und Angaben des Herstellers
  Wärmeleitfähigkeit $\lambda_R = 0{,}48$ W/(m · K) bei $\rho_R = 1200$ kg/m^3 mit $f_{ck} = 4{,}0$ N/mm^2
  Wärmeleitfähigkeit $\lambda_R = 0{,}62$ W/(m · K) bei $\rho_R = 1400$ kg/m^3 mit $f_{ck} = 7{,}0$ N/mm^2
  Wärmeleitfähigkeit $\lambda_R = 0{,}84$ W/(m · K) bei $\rho_R = 1600$ kg/m^3 mit $f_{ck} = 14$ N/mm^2
- Leichtbeton mit expandierten Polystyrolkugeln als Zuschlag (EPS-Beton) als Transportbeton nach Allgemeiner bauaufsichtlicher Zulassung und Angaben des Herstellers

Die Dämmstoffe müssen einer werkseigenen Produktionskontrolle unterliegen sowie einer regelmäßigen Fremdüberwachung einschließlich einer Erstprüfung. Hierüber ist ein Übereinstimmungszertifikat vorzulegen.

Für den Einbau von Wärmedämmschichten enthält Kapitel 9.7 entsprechende Hinweise.

4.10.4 Betonbodenplatte

Die Betonbodenplatten können in gleicher Weise hergestellt werden wie bei anderen Betonböden: unbewehrt oder bewehrt entsprechend des Bemessungsergebnisses. Der Tragfähigkeitsnachweis für wärmegedämmte Betonböden kann gemäß Kapitel 8.7 erfolgen.

Die Fugenausbildung kann ebenfalls in gleicher Weise wie bei anderen Betonböden erfolgen. Jedoch sollten die Fugen bei Betonbodenplatten auf Dämmschichten stets verdübelt werden. Damit soll im Fugenbereich eine bessere Kraftübertragung stattfinden, die zu geringeren Verformungen im Fugenbereich führt.

4.10.5 Schichtenaufbau

Der Schichtenaufbau, der sich bei Wärmedämmschichten insgesamt ergibt, ist folgender (Bild 4.31):

– Untergrund, verdichtet und tragfähig (siehe Kapitel 4.1.2 und 4.2.1)

– Tragschicht (siehe Bild 4.4)

– Sauberkeitsschicht (siehe Kapitel 4.2.4)

– Wärmedämmung, verlegt nach Hersteller-Anweisung (siehe Kapitel 9.7)

– Trennlage (siehe Kapitel 4.2.5)

– Erforderlichenfalls Schutzschicht (siehe Kapitel 4.2.7)

– Betonbodenplatte nach Bemessung

Im Einzelfall ist (in Abstimmung mit dem Dämmstoff-Hersteller) zu entscheiden, ob eine Schutzschicht erforderlich ist oder ob die Betonbodenplatte direkt auf die Dämmschicht betoniert werden kann.

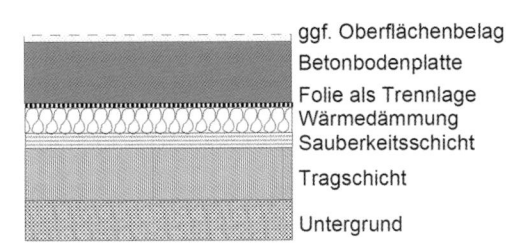

ggf. Oberflächenbelag
Betonbodenplatte
Folie als Trennlage
Wärmedämmung
Sauberkeitsschicht
Tragschicht
Untergrund

Bild 4.31:
Querschnitt durch einen wärmegedämmten Betonboden

4.10.6 Bemessungshilfe für Wärmedämmungen bei Betonbodenplatten

In [L18] wird ein Verfahren zur Bemessung von Wärmedämmschichten unter Betonbodenplatten angeboten. Bild 4.33 zeigt einen lotrechten Schnitt durch den Rand einer Betonbodenplatte auf Dämmung mit einer lotrechten Dämmung am Außenbauteil. Der von innen nach außen verlaufende Wärmestrom läuft durch das Erdreich bis zur Außenluft. Hierbei ist die Wärmeleitfähigkeit λ_E des Erdreichs zu berücksichtigen.

Der Wärmedurchlasswiderstand des Erdreichs $R_E = d_E / \lambda_E$ ist in starkem Maße von der Größe der Hallenbodenfläche A_G abhängig, aber auch von der Form des Grundrisses. Ein schmaler Grundriss hat mehr Randbereiche als ein quadratischer Grundriss gleicher Flächengröße. Dieser Einfluss kann dadurch erfasst werden, dass die Hallenbodenfläche A_G

Bild 4.32:
Betonbodenplatte mit Wärmedämmung [Werkfoto Foamglas Deutsche Pittsburgh Corning GmbH]

4.10 Gedämmte Betonböden

aussen Θ_e

innen $12°C \leq \Theta_i \leq 19°C$

$A_G (B')$

R_{se}, R_{si}

h_D

$\bar{U}$

d_D, d_E

Wärmestrom

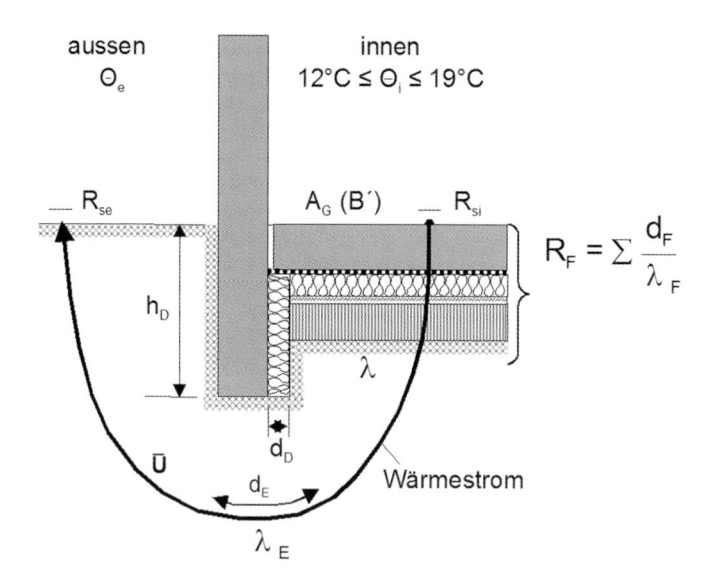

λ_E

$$R_F = \sum \frac{d_F}{\lambda_F}$$

Bild 4.33:
Querschnitt durch den Randbereich einer Betonbodenplatte auf Dämmung und lotrechter Dämmung am Außenbauteil mit Darstellung des Wärmestroms [L18]

mit Hilfe ihres Umfangs P (Peripherie, Perimeter) auf ein sogenanntes charakteristisches Bodenplattenmaß B' umgerechnet wird:

$$\text{Bodenplatte } B' = \frac{A_G}{(P/2)} = 2 \cdot \frac{A_G}{P} \qquad \text{(Gl. 4.3)}$$

Im zugehörigen Bemessungsdiagramm sind die Wärmeverluste von erdberührenden Bodenplatten dargestellt (Bild 4.34). Dabei wurden die Wärmeverluste U mit Hilfe von DIN EN ISO 13370 „Wärmeübertragung über das Erdreich. Berechnungsverfahren" Ausgabe 1998-12 ermittelt. Auf diese Norm wird in der Energie-Einsparverordnung EnEV indirekt Bezug genommen. Auch DIN 4108-6 verweist auf diese Norm.

An die einzelnen Bauteile der umschließenden Gebäudehülle werden zwar in der Energie-Einsparverordnung EnEV keine Anforderungen gestellt, aber der durch die gesamte Gebäudehülle erfolgende Wärmeverlust H_T' muss unterhalb einer vorgegebenen Grenze liegen. Diese Grenze für Temperaturen $\Theta_i < 19\ °C$ ist im Diagramm Bild 4.34 gekennzeichnet durch das charakteristische Bodenplattenmaß B' eingetragen. Außerdem sind die Wärmedurchgangskoeffizienten U dargestellt, und zwar für ungedämmte Bodenplatten, Bodenplatten mit vertikaler Randdämmung und vollflächig gedämmte Bodenplatten.

Die auf der Ordinate angegebenen „scheinbaren" Wärmedurchgangskoeffizienten U können deswegen in dieser Form angegeben werden, weil die auf dem Erdreich liegende Bodenplatte formal wie ein an die Außenluft grenzendes Bauteil behandelt wird. Damit sind die U-Werte mit dem Transmissionswärmeverlust H_T' vergleichbar, denn in der Fläche der Bodenplatte sind keine wirksamen Wärmebrücken vorhanden und die Wärme-

4 Konstruktionsarten und Anforderungen

Erdberührte Bodenplatte

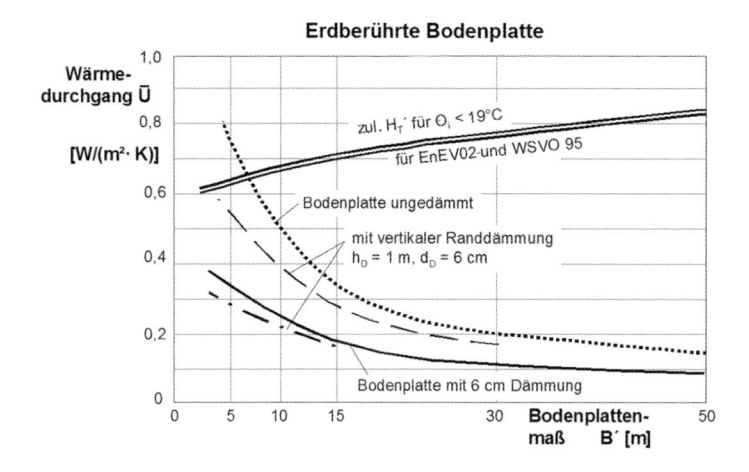

Bild 4.34:
Bemessungsdiagramm für die Wärmedämmung erdberührter Bodenplatten [L18]

brücken am Rand wurden berücksichtigt. Aus dem Bild ist zu ersehen, dass nur bei ungedämmten Bodenplatten mit kleinem Bodenplattenmaß B' der Wärmedurchgang U größer ist als der von der gesamten Gebäudehülle einzuhaltende Mittelwert des Transmissionswärmeverlustes H_T'.

Beispiel zur Erläuterung

Für eine Halle mit den Abmessungen L·B = 30 m · 20 m wird das Bodenplattenmaß B' ermittelt:

$$\text{Bodenplatte } B' = \frac{A_G}{0,5 \cdot P} = \frac{30\,\text{m} \cdot 20\,\text{m}}{30\,\text{m} + 20\,\text{m}} = 12\,\text{m}$$

Aus Bild 4.33 ist zu entnehmen:

U = 0,44 W/(m²·K)   für ungedämmte Bodenplatte ohne Randdämmung
U = 0,34 W/(m²·K)   für ungedämmte Bodenplatte mit 6 cm Randdämmung h_D = 1 m
U = 0,22 W/(m²·K)   für Bodenplatte auf 6 cm Dämmung ohne Randdämmung
U = 0,20 W/(m²·K)   für Bodenplatte auf 6 cm Dämmung mit 6 cm Randdämmung

Beurteilung:

Alle Wärmedurchgangskoeffizienten U liegen unter dem für die gesamte Gebäudehülle dargestellten Mittelwert des Transmissionswärmeverlustes $H_T' \approx 0,68$ W/(m²·K).

4.11 Betonböden mit Flächenheizung

Anwendung

Zur Beheizung von Hallen können Fußbodenheizungen eingesetzt werden. Mit Fußbodenheizungen ist bei großen Raumhöhen eine günstige Verteilung der gewünschten Raumtemperatur wirtschaftlich möglich. Fußbodenheizungen können beispielsweise eingesetzt werden bei:

- Produktionshallen
- Montage- und Wartungshallen
- Lagerhallen und Hochregallagern
- Verteil- und Logistikzentren
- Ausstellungshallen
- Markt- und Messehallen
- Flugzeughangars
- Flächen mit Schnee- und Eisfreihaltung
- z.B. Rampen für Tiefgaragen

Spezielle Einsatzgebiete ergeben sich als Untergefrierschutz von Kühlhäusern sowie für die Eisfreihaltung von Nutzflächen in Kühlhäusern.

Hinweis:
Insgesamt ist zu beachten, dass bei beheizten Fußbodenkonstruktionen wegen der Mehrzahl der Beteiligten einer Schnittstellenkoordination bedarf.

Regelwerke

Für die Herstellung von Flächenheizungen sind außer den einschlägigen DIN-Normen auch zu beachten:

- Energie-Einsparverordnung EnEV
- Arbeitsstätten-Verordnung und Arbeitsstätten-Richtlinie
- Richtlinie zur Herstellung beheizter Fußbodenkonstruktionen im Gewerbe- und Industriebau, Bundesverband Flächenheizungen BVF 01-2005

Im Folgenden wurden mehrere Hinweise der Richtlinie des Bundesverbands Flächenheizungen BVF entnommen.

4.11.1 Konstruktion

Die Flächenheizungen für Hallen werden als Warmwasser- oder Elektro-Fußbodenheizung ausgeführt. Bei Warmwasser-Fußbodenheizungen werden Heizrohre in die Betonbodenplatte eingebaut, die von Heizwasser durchströmt werden. Hierfür kommen Kunststoff- Kupfer- oder Kunststoff-Aluminium-Verbundrohre zum Einsatz. Bei Elektro-Fußbodenheizungen erwärmen stromdurchflossene elektrische Heizleitungen die Betonbodenplatte.

Die Dimensionierung der Flächenheizung sowie die Auswahl und Anordnung der Heizrohre oder Heizleitungen liegt im Aufgabenbereich des Heizungs-Fachplaners. Nach dessen Angaben richten sich Größe, Anordnung und Abstände der Heizrohre oder -leitungen.

Die Heizrohre bzw. -leitungen werden direkt in die Betonbodenplatte einbetoniert. Sie werden durch die Lasten auf der Betonbodenplatte nicht beansprucht. Die eingebetteten Heizleitungen und -rohre haben keinen Einfluss auf die Tragfähigkeit, wenn sie im mittleren Bereich der Betonbodenplatte liegen.

4.11.2 Wärmedämmung

Nach der Energie-Einsparverordnung gelten für die Wärmedämmung unterhalb der Heizebene keine besonderen Grenzwerte. Insgesamt ist jedoch durch den Bauwerksplaner eine ganzheitliche Bewertung des Baukörpers hinsichtlich des Mindestwärmeschutzes vorzunehmen (EnEV § 6 und DIN 4108-2). Im Übrigen gilt auch hier Kapitel 4.10.3.

Nach der Arbeitsstätten-Richtlinie ist ein ausreichender Schutz gegen Wärmeableitung gegeben, wenn eine Oberflächentemperatur des Fußbodens von nicht weniger als 18 °C gewährleistet ist.

Die Wärmedämmung unter lastabtragenden Betonbodenplatten soll - da im Allgemeinen keine Abdichtung unter der Dämmung vorhanden ist - den Anforderungen an eine Perimeterdämmung entsprechen. Allgemeine bauaufsichtliche Zulassungen als Perimeterdämmungen haben z.B. folgende Dämmungen:

– Dämmplatten aus extrudiertem Polystyrolschaum XPS, z.B. Floormate®

– Dämmplatten aus Schaumglas, z.B. Foamglas®-Platten

– Schüttung aus Schaumglassplitt, z.B. Millcell®

Die Dicke der Dämmschicht ist von der Nutzung der Halle abhängig. Sie ist vom Bauwerksplaner unter Beachtung der Wärmeschutz-Anforderungen festzulegen, wobei auch wirtschaftliche Gesichtspunkte zu berücksichtigen sind. Hierbei sollten planerisch auch die Erfahrungen des Dämmstoffherstellers genutzt werden.

Die Dämmschicht kann auf der Tragschicht in einer Sandbettung verlegt werden, sofern vom Hersteller nicht weitergehende Anforderungen gestellt werden.

4.11.3 Trennschicht und Schutzschicht

Auf der verlegten Dämmung sollten zunächst zwei Lagen PE-Folie $\geq 0{,}2$ mm als Trennschicht verlegt werden. Darauf ist eine Schutzschicht entsprechend Kapitel 4.2.7 aufzubringen, damit die Dämmung bei der weiteren Herstellung der Betonbodenplatte, z.B. beim Verlegen und Abstützen der Bewehrung, nicht beeinträchtigt wird.

4.11.4 Trägerelemente für Heizrohre und -leitungen

Die Heizrohre und -leitungen müssen in ihrer Höhen- und Seitenlage unverschiebbar gehalten werden. Hierzu sind bei unbewehrten oder faserbewehrten Betonbodenplatten besondere Trägerelemente erforderlich, an denen die Heizrohre oder -leitungen befestigt werden. Diese Trägerelemente gehören zum Heizsystem, sind auf die Heizelemente abgestimmt und müssen entsprechend eingeplant werden.

Bei bewehrten Betonbodenplatten kann eine Bewehrungslage zur Befestigung der Heizrohre und oder -leitungen genutzt werden. Besondere Trägerelemente können entfallen. Durch die Befestigung und die Auflast der Bewehrung muss ein Aufschwimmen der Heizrohre verhindert werden. Hierzu ist es hilfreich, die Heizrohre vor dem Betonieren zu Füllen, um mehr Eigengewicht zu erhalten.

Zum Einbau der Heizrohre und -leitungen sowie zur Aufheizung siehe Kapitel 9.8.

4.11.5 Fugenausbildung

Die Fugenanordnung ist durch den Bauwerksplaner in der Regel unabhängig von der Fußbodenheizung festzulegen. Der Heizungs-Fachplaner hat die Fugen bei der Anordnung der Heizkreise und der Anbindeleitungen zu berücksichtigen. In besonderen Fällen ist eine Abstimmung zwischen den Fachplanern untereinander sinnvoll.

Bewegungsfugen

Die Fußbodenheizung beeinflusst die Planung der Bewegungsfugen in der Regel nicht. Häufig sind die Fugenfelder zwischen den Bewegungsfugen größer als die Heizkreise. Außerdem sind die thermischen Bedingungen von untergeordneter Bedeutung. Zusätzliche Bewegungsfugen sind bei beheizten Betonbodenplatten in der Regel nicht erforderlich.

Heizrohre und -leitungen sollten Bewegungsfugen möglichst nicht kreuzen. Dies ist jedoch nicht immer zu vermeiden. Wenn Heizrohre oder -leitungen Bewegungsfugen durchqueren, sind diese wegen der zu erwartenden mechanischen Belastungen im Fugenbereich mit Schutzhülsen zu schützen (Bild 4.35). Eine Verdübelung der Bewegungsfugen ist zu klären.

Scheinfugen

Scheinfugen, die nachträglich bis 4 mm breit und 60 mm tief in die Betonbodenplatte eingeschnitten werden, haben im Allgemeinen keinen Einfluss auf die kreuzenden Heizrohre und -leitungen. Bei Scheinfugenabständen über 10 m sollte die Notwendigkeit von Schutzhülsen für Heizrohre und -leitungen zwischen dem Bauwerksplaner und dem Heizungs-Fachplaner objektbezogen geklärt werden.

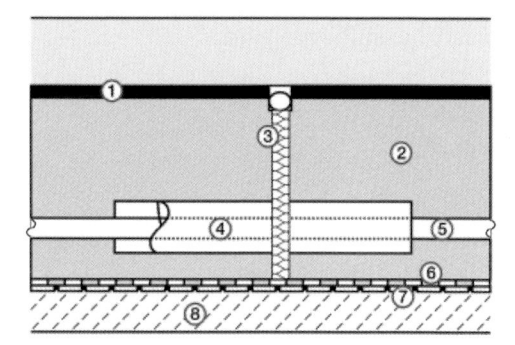

Bild 4.35:
Durchquerung einer Bewegungsfuge durch Heizrohre [R48]
1 Hartstoffschicht (falls für mechanische Beanspruchung erforderlich)
2 Betonbodenplatte
3 Bewegungsfuge
4 Rohr-Schutzhülse
5 Heizungsrohr
6 Trennfolie
7 ggf. Bauwerksabdichtung
8 Sauberkeitsschicht

5 Betontechnologische Anforderungen

Betonböden müssen während der Nutzung hohe Beanspruchungen aufnehmen können. Damit sind hohe Anforderungen an die Gesamtkonstruktion und an den Baustoff Beton sowie seine Zusammensetzung verbunden. In Kapitel 3 sind Einzelheiten zu den unterschiedlichen Beanspruchungen dargestellt.

5.1 Anforderungen an die Ausgangsstoffe

Um die für den jeweiligen Anwendungsfall geforderten Eigenschaften des Betons erzielen zu können, ist die Auswahl geeigneter Ausgangsstoffe wichtig.

Der Beton für Betonbodenplatten wird mit folgenden Ausgangsstoffen hergestellt:

– Zement

– Gesteinskörnung (früher Zuschlag; z.B. Sand, Kies, Splitt)

– Wasser

– Betonzusätze (z.B. Betonzusatzmittel und/oder Betonzusatzstoffe)

5.1.1 Zemente

Für die Herstellung von Betonbodenplatten sind Zemente gemäß DIN EN 197-1 und DIN 1164-10 einzusetzen. In DIN EN 206-1 und DIN 1045-2 werden in Abhängigkeit der zutreffenden Expositionsklassen die Anwendungsbereiche für Zemente geregelt.

In der Baupraxis haben sich Portlandzemente (CEM I) in der Festigkeitsklasse 32,5 R durchgesetzt. Bei Betonen mit hoher Frühfestigkeit ist die Zementfestigkeitsklasse 42,5 R vorteilhaft. Zement dieser Festigkeitsklasse entwickelt jedoch besonders bei hohen Außentemperaturen eine stärkere Wärmeentwicklung, die bei der Betonverarbeitung zu beachten ist.

Für Freiflächen mit einer Frost-Taumittel-Beanspruchung entsprechend der Expositionsklasse XF4 sind nach DIN EN 206-1/DIN 1045-2 nur folgende Zemente einsetzbar:

– CEM I

– CEM II/S, CEM II/T, CEM II/A-LL $\geq$ 32,5

– CEM III/A $\geq$ 42,5

Für Bauaufgaben im Geltungsbereich der Alkali-Richtlinie des Deutschen Ausschusses für Stahlbeton (DAfStb) [R27] ist erforderlichenfalls der Einsatz eines NA-Zements nach DIN 1164-10 notwendig. Diese Forderung ergibt sich für das Transportbetonwerk aus der

5.1 Anforderungen an die Ausgangsstoffe

vom Planer festzulegenden Feuchtigkeitsklasse der Umgebung unter Berücksichtigung der Alkaliempfindlichkeitsklasse der vorgesehenen Gesteinskörnung:

Feuchtigkeitsklasse	WO	(trocken)
	WF	(feucht)
	WA	(feucht und Alkalizufuhr von außen)
Alkaliempfindlichkeitsklasse	EI	(unbedenklich)
	EII	(bedingt brauchbar)
	EIII	(bedenklich)

Für Freiflächen und auch für großflächige Betonbodenplatten kann es sinnvoll sein, die im öffentlichen Straßenbau einzuhaltenden Forderungen entsprechend ZTV-Beton StB [R6] zu berücksichtigen:

Zur Verminderung der Schwindneigung des Betons werden für Fahrbahndecken zusätzliche Anforderungen an den Zement gestellt. Danach dürfen alle Zemente nur einen Gesamt-Alkaligehalt $\leq$ 1,0 M.-% Na_2O-Äquivalent aufweisen.

Bei Sulfatangriff ist Zement mit hohem Sulfatwiderstand (HS) zu verwenden. Dieses kann z.B. bei Düngemittel-Lagerhallen der Fall sein. Geeignet ist z.B. Portlandzement CEM I 32,5 R-HS.

5.1.2 Gesteinskörnung

Die Gesteinskörnung für Betonbodenplatten muss die Anforderungen der DIN EN 12620 und DIN V 20000-103 erfüllen und überwacht sein. Einzusetzen ist nur beständiges Gestein mit dichtem Gefüge und hoher Festigkeit.

Die Kornform sollte möglichst gedrungen sein. Bei hohen Belastungen aus Fahrbetrieb, z.B. Gabelstapler, wird empfohlen, den Anteil ungünstig geformter Körner > 8 mm auf maximal 50 % der Einzelkörner der Kornform Kategorie SI_{50} (Plattigkeitskennzahl) oder FI_{50} (Kornformkennzahl) bei gebrochenem Gestein auf höchstens 20 % Kategorie SI_{20} oder FI_{20} zu begrenzen.

Eine Begrenzung des Schleifverschleißes ergibt sich aus der Nutzung und der zugehörigen Festlegung der maßgebenden Expositionsklasse XM. Die Tafeln 3.6 und 3.7 enthalten hierzu Angaben in Abhängigkeit des gewählten Beanspruchungsbereichs. Der Anteil gebrochener Körnung an der Gesamtgesteinskörnung sollte bei Betonbodenplatten mit Verschleißbeanspruchung mindestens 35 M.-% betragen.

Besondere Anforderungen an Gesteinskörnungen hinsichtlich des Widerstandes gegen Frost und/oder Frost-Taumittel-Beanspruchung ergeben sich für Betonbodenplatten im Freien sowie evtl. in Einfahrtsbereichen von Hallen mit länger offen stehenden Toren. Allgemein gelten hierfür die maßgebenden Expositionsklassen XF nach DIN EN 206-1/ DIN 1045-2 (siehe Tafel 3.9). In [R30.1] wird bei begehbaren bzw. befahrbaren Betonbodenplatten im Freien für den Frost-Taumittel-Widerstand F_1 bzw. MS_{18} gefordert.

Der Widerstand gegen Polieren (PSV-Wert) für Betonbodenplatten sollte ausreichend hoch sein. Für Flächen im Freien mit hohen Fahrgeschwindigkeiten und häufigen Bremskraftbeanspruchungen wird ein PSV-Wert $\geq$ 50 empfohlen (siehe Kapitel 3.4.3).

Insbesondere sind bei Gesteinskörnungen hohe Anforderungen an die Begrenzung schädlicher Bestandteile zu stellen. Nur so können Störungen beim Erstarren und Erhärten des Betons sowie Beeinträchtigungen hinsichtlich der notwendigen Festigkeit und Dichtigkeit des Betons verhindert werden. Diese Anforderungen müssen im Leistungsverzeichnis besonders ausgewiesen werden, da sie nicht über die Festlegung einer maßgebenden Expositionsklasse in die Baustoffanforderungen eingehen. Hierzu sollte die Gesteinskörnung frei von leichtgewichtigen organischen Verunreinigungen (z.B. Holz, Kohle, Humus) sein und keine eisenhaltigen Bestandteile enthalten. Diese Maximalforderung ist jedoch im Allgemeinen von üblichen Kieswerken nur schwer zu erzielen. Für normale Gesteinskörnungen sollte dann bei Betonbodenplatten der Anteil leichtgewichtiger organischer Verunreinigungen nach der DIN EN 12620 begrenzt werden:

– für feine Gesteinskörnungen bis 4 mm Korngröße $\leq$ 0,25 M.-%
– für grobe Gesteinskörnungen und Korngemische über 4 mm Korngröße $\leq$ 0,02 M.-%

Bei der Auswahl des Sandes sind insbesondere die Anteile bis 0,125 mm und 1 mm zu beachten. Um schädliche Beeinträchtigungen der Betoneigenschaften bei zu großen Schwankungen zu vermeiden, sind mit dem Lieferwerk hierfür begrenzte Streubereiche zu vereinbaren. Höchstwerte sind bei 32 mm Größtkorn z.B.:

– $\leq$ 3 M.-% bei Mehlkorn 0/0,125 mm
– $\leq$ 20 M.-% bei Sand 0/1 mm

Als Kornzusammensetzung sollte eine stetige Sieblinie im mittleren Bereich zwischen den Sieblinien A und B entsprechend DIN 1045-2 Anhang L festgelegt werden. Bei unstetiger Sieblinie (Ausfallkörnung) ist die Verarbeitbarkeit durch Eignungsprüfungen abzuklären. Bei beiden Arten der Kornzusammensetzung ist der Sandanteil 0/2 mm für Gesteinskörnungen $>$ 8 mm auf 30 M.-% zu begrenzen (Tafel 5.1). Es sind mindestens 3 getrennte Korngruppen erforderlich, z.B. 0/2, 2/8, $>$ 8 mm.

Die Gesteinskörnungen sind getrennt nach Art und Körnung anzuliefern, zu lagern und bei der Betonbereitung abzumessen.

Hinweis:
Um eine „Datenflut" hinsichtlich Einzelanforderungen an Gesteinskörnungen zu vermeiden, eignen sich für Betonbodenplatten in der Regel die zusätzlichen Anforderungen, die an Fahrbahndecken im Autobahnbau (Klasse SV) nach TL Beton-StB R16] und ZTV-Beton (in Verbindung mit ARS 36/2003) [R6] gestellt werden. Bezüglich der Verschleißanforderungen sind zusätzlich die Tafeln 3.6 und 3.7 zu beachten. Weiterhin ist die DAfStb-Richtlinie „Alkalireaktion im Beton" [R27] zu berücksichtigen. In Tafel 5.1 sind die vorstehend beschriebenen Grenzwerte für die Betonzusammensetzung tabellarisch zusammengestellt.

5.1 Anforderungen an die Ausgangsstoffe

5.1.3 Betonzusätze

Als Betonzusätze können sowohl Zusatzmittel als auch Zusatzstoffe verwendet werden.

Betonzusatzmittel müssen den Anforderungen von DIN EN 934-2 und DIN V 20000-103 erfüllen. Vor der Anwendung sind stets Erstprüfungen durchzuführen. Die zulässigen Zugabemengen werden in DIN 1045-2 und DIN V 20000-100 geregelt. Für Betonbodenplatten kommen üblicherweise nur Betonverflüssiger (BV), Fließmittel (FM), Verzögerer (VZ) und Luftporenbildner (LP) zur Anwendung.

Luftporenbildner (LP-Bildner) ist zur Erhöhung des Widerstandes gegen Frost und Frost-Tausalz erforderlich. LP-Bildner müssen nur für Betonflächen im Freien verwendet werden und bei Betonflächen, die an Freiflächen anschließen (z.B. Hallenböden im Bereich von Toreinfahrten).

Betonverflüssiger (BV) ist notwendig, wenn die Verarbeitbarkeit des Betons verbessert werden soll. Durch Verringerung des Wasseranspruchs können gleichzeitig der Wasserzementwert verringert und Festbetoneigenschaften verbessert werden.

Fließmittel (FM) wird für Beton mit Fließmittel oder für frühhochfesten Beton verwendet. Da die Wirksamkeit üblicher Fließmitteln zeitlich begrenzt ist, werden sie dem Beton erst kurz vor der Verarbeitung auf der Baustelle zugemischt.

Hinweis:
Neuere hochwirksame Fließmittel auf der Basis von Polycarboxylatether (PCE) zeichnen sich durch eine lange zeitliche Wirksamkeit aus und werden für spezielle Betonzusammensetzung mit gewünschter hoher Fließfähigkeit häufig bereits im Transportwerk zugegeben.

Erstarrungsverzögerer (VZ) kann besonders bei heißer Witterung und bei längeren Transportzeiten zweckmäßig sein. Der Verzögerer verlängert die Verarbeitungszeit mit dem Vorteil eines geringen Personaleinsatzes und der Verwendung einfacher Geräte. Der Einsatz von Erstarrungsverzögerern ermöglicht eine intensive Nachverdichtung des Betons, auch ggf. noch am nächsten Tag.

Andere Zusatzmittel sind im Allgemeinen für die Herstellung von Betonbodenplatten nicht erforderlich. Je nach Bauaufgabe kann jedoch die Kombination verschiedener Wirkungsgruppen von Zusatzmitteln notwendig werden, z.B. Luftporenbildner LP und Betonverflüssiger BV oder Fließmittel FM. In diesen Fällen sind Verträglichkeitsprüfungen unerlässlich. Es sind hierbei möglichst Zusatzmittel vom selben Hersteller zu verwenden.

Betonzusatzstoffe sind Feinststoffe, die dem Beton zur Verbesserung bestimmter Betoneigenschaften zugesetzt werden können. Beispiele dafür sind Füller, Fasern, Pigmente oder Silicastaub.

Füller können fehlende Mehlkorngehalte ersetzt werden. Dafür müssen sie eine geeignete Kornform mit glasiger und kugeliger Oberfläche besitzen. Im Wesentlichen verwendet man Flugaschen aus Steinkohlekraftwerken als Füller mit dem Ziel, die Verarbeitbarkeit des Betons zu verbessern. Flugaschen müssen DIN EN 450 entsprechen.

Fasern (Stahlfasern, Kunststofffasern) gelten als Zusatzstoffe. Sie können dem Beton zur Verbesserung seiner Eigenschaften zugegeben werden. Bei Betonbodenplatten kommen im Wesentlichen Stahlfasern als Betonzusatzstoff zum Einsatz. Es sind ausschließlich Stahlfasern mit einer allgemeinen bauaufsichtlichen Zulassung des Deutschen Instituts für Bautechnik DIBt zu verwenden. Das DBV-Merkblatt „Stahlfaserbeton" [R30.6] sowie die zurzeit in Vorbereitung befindliche DAfStb-Richtlinie „Stahlfaserbeton" [R25] regeln die Eigenschaften und Anwendungen des Baustoffes Stahlfaserbeton für die Bereiche, die nicht durch DIN 1045 bzw. die DAfStb-Richtlinie „Betonbau beim Umgang mit wassergefährdenden Stoffen" [R22] abgedeckt sind. Der Planer muss die Faserbetonklasse als Leistungsklasse mit zugehörigen Grundwerten der zentrischen Nachrisszugfestigkeiten und dem gewählten Verformungsbereich (I, II) festlegen. Die dazu passende Betonzusammensetzung einschließlich der notwendigen Faserart und -menge erfolgt durch den Hersteller des Stahlfaserbetons. Die Dichte der Stahlfasern ist bei der Betonzusammensetzung (Stoffraumrechnung) mit 7850 kg/m^3 zu berücksichtigen. Die Zugabe von Stahlfasern führt in der Regel zu einer steiferen Konsistenz gegenüber der Ausgangsmischung. Zur Sicherstellung der Verarbeitbarkeit werden daher häufig verflüssigende Zusatzmittel verwendet. Der Zementleimgehalt ist bei Stahlfaserbeton im Allgemeinen höher als bei „faserfreiem" Normalbeton. Um aus ästhetischen Gründen sichtbare Fasern in der Betonoberfläche oder eine Verletzungsgefahr zu vermeiden, sind zusätzliche Deckschichten erforderlich. Zur Vermeidung von Korrosion ist alternativ die Verwendung von korrosionsgeschützten Fasern oder Fasern aus nicht rostendem Stahl möglich.

Farbpigmente nach DIN EN 12878 werden bis auf Sonderfälle bei Betonbodenplatten nicht eingesetzt. Ein möglicher Anwendungsfall ist eine eingefärbte Betonfläche. Der Einsatz von Farbpigmenten erhöht den Mehlkorngehalt des Betons und kann die Verarbeitbarkeit des Betons ungünstig beeinflussen. Ein gleichmäßiges Einmischen der Pigmente ist nur bei Mischern mit besonders guter Mischwirkung und ausreichend langer Mischzeit möglich.

Silicastaub nach DIN EN 13263 entsteht als Nebenprodukt bei der Herstellung von Ferrosilicium im Elektroschmelzofen. Silicastaub - pulverförmig oder in wässriger Lösung - ist ein puzzolanisch wirkender Zusatzstoff, der die Feinstporenstruktur des Betons günstig verändert. Seine spezifische Oberfläche ist mit 15 bis 25 m^2/g ungefähr 50-mal größer als die des Zements. Der reaktive Anteil an Siliciumdioxid liegt bei 90 bis 98 %. Durch Zugabe von Silicastaub zum Beton können folgende Vorteile erreicht werden:

– Erhöhung der Dichtigkeit und Festigkeit des Betons

– Verringerung des Porengefüges im Beton (weniger und kleinere Poren)

– Verbesserung des Wassereindringwiderstandes

– Erhöhung des Widerstandes gegen mechanischen und chemischen Angriff

5.2 Anforderungen an den Beton

Die Anforderungen an den Beton ergeben sich aus den zu erwartenden, nutzungsbedingten Beanspruchungen der Betonbodenplatte. Die Nutzungen, Einwirkungen und Beanspruchungen bei Betonbodenplatten wurden in Kapitel 3 dargestellt.

5.2.1 Expositionsklassen

Es ist sinnvoll, die Beanspruchungen den Expositionsklassen entsprechend DIN 1045-1 zuzuordnen. Beispiele für die Expositionsklassen enthalten die Tafeln 3.6, 3.9, 3.10, 3.11 und 3.16.

5.2.2 Betonzusammensetzung

Die entsprechenden Anforderungen an den Beton werden im Wesentlichen durch eine geeignete Auswahl der Ausgangsstoffe und durch eine günstige Zusammensetzung dieser Ausgangsstoffe erfüllt (Kapitel 5.1). Die in Kapitel 5.1 genannten Grenzwerte der Ausgangsstoffe sind nachfolgend in Tafel 5.1 zusammengestellt.

Alle Anforderungen, die sich aus den Beanspruchungen der Betonbodenplatte im Gebrauchszustand ergeben, sind schon bei der Zusammensetzung des Betons zu berücksichtigen. Hierauf hat die Objektüberwachung zu achten und mit dem Ausführenden die Anforderungen an den Beton abzustimmen. Da im Allgemeinen kein Baustellenbeton sondern Transportbeton verwendet wird, ist vom Ausführenden zu klären, ob das Transportbetonwerk für den erforderlichen Beton Erstprüfungen vorliegen hat. Dies geht aus dem Betonsortenverzeichnis des Transportbetonwerks hervor. Vor und während der Ausführung muss ein Betonsortenverzeichnis auf der Baustelle vorliegen.

Sollte für die erforderliche Betonzusammensetzung keine Erstprüfung vorliegen, muss diese vor der Betonherstellung durchgeführt werden. Die Prüfergebnisse sollen für die spätere Betonzusammensetzung ausgewertet werden. Da Festbetoneigenschaften jedoch erst nach dem Erhärten des Betons festgestellt werden können, muss hierfür Zeit vorhanden sein. Für die Erstprüfung ist das Transportbetonwerk zuständig. Allerdings müssen dem Transportbetonwerk die hierfür benötigten Informationen zeitig genug zur Verfügung gestellt werden.

Andere Beanspruchungen erfordern die Durchführung bestimmter Maßnahmen bei der Betonverarbeitung (Kapitel 10).

5.2.3 Frischbeton

Grundforderung: Beton für Betonbodenplatten muss sich als Frischbeton auf der Baustelle mit den einzusetzenden Geräten gut verarbeiten lassen.

Als Konsistenz des Betons ist im Allgemeinen eine plastisch-weiche Konsistenz (Ausbreitmaßklasse F2 bis F3) zu empfehlen. Sehr weiche Konsistenzen führen leicht zu Entmischungen mit Schlämmebildung an der Oberfläche und zur verstärkten Rissbildung des jungen Betons. Die Konsistenz ist wesentlich vom gewählten Einbauverfahren abhängig.

5 Betontechnologische Anforderungen

Tafel 5.1: Grenzwerte für die Betonzusammensetzung [Hinweise der Autoren in Anlehnung an R30.1]

Zementgehalt	$z \leq 350$ kg/m³ (in besonderen Fällen ≤ 360 kg/m³) (bei Walzbeton $z \approx 200 \ldots 250$ kg/m³)
Wassergehalt	$w \leq 165$ kg/m³
Höchstgehalt an Feinteilen für grobe Gesteinskörnungen > 4 mm	$f_{1,5}$ [nach R30.1]
Mehlkorngehalt 0/0,125 mm	$k \approx 360 \ldots 370$ kg/m³ [nach R30.1], bei Vakuumbeton ≤ 350 kg/m³
Mehlkorn- und Feinstsandgehalt 0/0,25 mm	MK ≤ 430 kg/m³ [nach R30.1], bei Vakuumbeton siehe Tafel 10.2
Gesteinskörnung 0/2 mm	$g_2 \leq 30$ M.-% bei Größtkorn ≥ 8 mm

Anforderungen an die Eigenschaften von Gesteinskörnungen	Kornform nach Plattigkeitskennzahl SI bzw. Kornformkennzahl FI:	SI_{50} bzw. FI_{50} bzw. bei gebrochenem Korn ≥ 8 mm: SI_{20} bzw. FI_{20}
	Anteil leichtgewichtiger organischer Verunreinigungen:	bis Größtkorn 4 mm: $\leq 0,25$ M.-% über Größtkorn 4 mm: $\leq 0,02$ M.-%
	Widerstand gegen Polieren	bei gebrochener Gesteinskörnung $\geq PSV_{50}$
	ggf. Widerstand bei Frost-Tausalz-Beanspruchung für begehbare bzw. befahrbare Betonböden:	F_1 bzw. MS_{18} [R30.1] allgemein siehe Tafel 3.9

Wasserzementwert	w/z entsprechend der maßgebenden Expositionsklassen nach DIN EN 206-1/DIN 1045-2, bei Verschleißbeanspruchungen: zusätzlich Empfehlungen nach Tafel 3.7
Mindest-Luftgehalt des Frischbetons bei Frost-Taumittel-Beanspruchung für 32 mm Größtkorn [1])	für Betone ohne BV oder FM: Einzelwert $\geq 3,5$ Vol.-% Tagesmittelwert $\geq 4,0$ Vol.-% / für Betone mit BV und/oder FM: Einzelwert $\geq 4,5$ Vol.-% Tagesmittelwert $\geq 5,0$ Vol.-%
Einbau-Konsistenz	Ausbreitmaßklasse F2/F3 sinnvoll; (bei Einbauverfahren mit Straßenfertiger bzw. gewalzter Beton steifere Konsistenzen üblich/notwendig)
Frischbetontemperatur	$\geq 10°C$ und $\leq 25°C$

[1]) Bei Gesteinskörnungen ≤ 16 mm Größtkorn ist der Mindestluftgehalt des Frischbetons um 0,5 Vol.-%, bei Vakuumbeton um 1,0 Vol.-% zu erhöhen.

Hier bestehen erhebliche Unterschiede zwischen dem Betoneinbau mit Rüttelbohle oder mit einem Straßenfertiger oder als gewalzter Beton. Für erforderliche Erstprüfungen im Transportbetonwerk ist die für den Einbau erforderliche Konsistenz durch den Betonverarbeiter mit dem Transportbetonwerk abzustimmen.

5.2 Anforderungen an den Beton

Die Betonzusammensetzung sollte möglichst so gewählt werden, dass die in Tafel 5.1 angegebenen Grenzwerte eingehalten sind. Für die Anforderungen an die Betonfestigkeitsklasse sind der Wasserzementwert und die Kornzusammensetzung zu beachten. Bei Anforderungen an den Verschleißwiderstand gilt Tafel 3.7.

Die Frischbetontemperatur sollte nicht unter 10 °C liegen. Kälterer Beton sollte nicht eingebaut werden, damit die Zeit zwischen Einbau und Oberflächenbearbeitung nicht zu lang wird. Die Zeit ist möglichst kurz zu halten, damit der Beton in der Zwischenzeit nicht Wasser oder Zementschlämme absondert. Erforderlichenfalls ist die Frischbetontemperatur zu messen. Die Frischbetontemperatur sollte auf maximal 25 °C begrenzt werden. Hohe Temperaturen können zu einem schnellen Ansteifen führen. Dadurch kann die Verarbeitung erschwert werden, insbesondere das Abscheiben und Glätten der Oberfläche.

Bei Betonflächen im Freien ist Beton mit Luftporenbildner einzusetzen. Das gilt auch für Flächen, auf die Fahrzeuge Taumittel einschleppen können (z.B. mit Schneematsch) und die zumindest zeitweilig befrostet werden (z.B. Rampen, Hallenbereiche bei Toreinfahrten). Der Gehalt an künstlichen Luftporen muss ausreichend hoch sein und Tafel 5.1 entsprechen. Der Luftporengehalt kann bei der späteren Ausführung gegenüber der Erstprüfung in folgenden Fällen zu gering sein:

– Geringerer Wassergehalt des Betons

– Andere Frischbetontemperatur

– Größere Menge an Betonverflüssiger BV oder Fließmittel FM

– Niedrigere Dosierung des Luftporenbildners LP

Daher ist der Luftporengehalt bei Beginn des Betonierens zu prüfen und das Ergebnis zu protokollieren. Sinnvoll ist es, die Prüfung an jedem Mischfahrzeug vorzunehmen. In Zweifelfällen ist grundsätzlich so zu verfahren. Beton mit zu geringem Luftporengehalt sollte nicht eingebaut werden, da der Frost-Taumittel-Widerstand fraglich ist und später Abplatzungen an der Betonoberfläche entstehen können. Bei Beton mit Fließmittel ist der Luftporengehalt des Ausgangsbetons entsprechend Tafel 5.1 höher anzusetzen, damit nach Zumischen des Fließmittels der erforderliche Gehalt an künstlichen Luftporen vorhanden ist.

Bei Stahlfaserbeton können die Stahlfasern im Transportbetonwerk oder auf der Baustelle im Mischfahrzeug eingemischt werden. Besondere Zugabevorrichtungen sind erforderlich. Wenn für die Stahlfaserzugabe keine Abwiegevorrichtung vorhanden sein sollte, ist das Betonvolumen eines Mischfahrzeugs auf das Gewicht der Stahlfaserbeutel so einzustellen, dass die benötigte Stahlfasermenge je m^3 auch tatsächlich zugegeben wird.

Die geeignete Konsistenz der Ausgangsmischung vor Zugabe der Stahlfasern und des Fließmittels liegt im Allgemeinen im Bereich der Konsistenzklassen F2/F3. Das Fließmittel ist erst nach dem Untermischen der Stahlfasern zuzugeben. Die Mischzeit sollte eine Minute je m^3 Beton betragen, jedoch mindestens fünf Minuten je Mischfahrzeug.

Für Kunststofffaserbeton werden die Fasern im Transportbetonwerk zugegeben. Die Zugabe hat im Zwangsmischer in der bei der Erstprüfung gewählten Reihenfolge zu geschehen: entweder auf die feuchte Gesteinskörnung oder auf den vorgemischten Beton. Danach erfolgt die Fließmittelzugabe. Die Mischzeit muss so lang sein, dass die Fasern vereinzelt werden und gleichmäßig verteilt sind.

Vakuumbeton sollte ein Ausbreitmaß im steiferen Bereich der Konsistenzklasse F3 aufweisen. Der Mehlkorngehalt sollte nicht über 350 kg/m^3 liegen, damit eine einwandfreie Vakuumbehandlung möglich ist. Flugasche sollte nicht zugegeben werden.

Beim Mischen des Betons für Vakuumbehandlung ist wie bei Beton mit Fließmittel der Luftporengehalt um 1 Vol.-% höher anzustreben. Begründung: Bei der Vakuumbehandlung ist nicht auszuschließen, dass der Gehalt an künstlichen Luftporen vermindert wird.

Durch die Vakuumbehandlung wird der Beton bis in eine Tiefe von etwa 150 mm teilweise entwässert. Der Wasserzementwert kann bis zu etwa 10 % gegenüber dem ursprünglichen Wasserzementwert verringert werden. Der besondere Vorteil der Vakuumbehandlung ist außerdem, dass die Oberfläche direkt nach der Vakuumbehandlung durch Abscheiben und Glätten bearbeitet werden kann.

Der Erfolg der Vakuumbehandlung kann durch hohe Temperaturen und/oder ungeeignete Betonzusammensetzung stark beeinträchtigt werden. Daher sollte die Eignung des vorgesehenen Betons vor der Ausführung auf der Baustelle mit der gewählten Betonzusammensetzung unter den voraussichtlichen Witterungsbedingungen erprobt werden.

5.2.4 Besondere Betone

Gewalzter Beton für unbewehrte Betonbodenplatten hat einen niedrigen Zementgehalt von etwa 200 kg/m^3 bis 250 kg/m^3. Der Wassergehalt ist sehr gering. Er ist bei Erstprüfungen zu ermitteln und sollte unterhalb der Werte der optimalen Proctordichte liegen. Dadurch schwindet gewalzter Beton weniger. Der eingebaute Beton muss intensiv verdichtet werden. Dies gelingt nur, wenn die vorgegebene Kornzusammensetzung und der zugehörige Wassergehalt genau eingehalten werden. Daher ist der gesamte Einbau zu überwachen. Der Verdichtungsgrad ist zu kontrollieren und zu protokollieren.

Beton mit Kunststoffzusatz erhält ein dichteres Gefüge mit einem geringeren Elastizitätsmodul. Dies kann der Grund für die Zugabe von Kunststoffzusätzen sein. Der Frischbeton ist im Allgemeinen sehr klebrig. Beton mit Kunststoffzusatz muss daher in weicher Konsistenz (Konsistenzklasse F3) eingebaut werden. Die Kunststoffe werden dem Beton im Werk zugegeben, ein eventuell entsprechend der Erstprüfung erforderliches Fließmittel jedoch erst auf der Baustelle im Mischfahrzeug. Bei warmem Wetter ist eine Hautbildung an der Betonoberfläche nicht auszuschließen, wenn die Konsistenz nicht genügend weich ist. Daher ist bei hohen Temperaturen die Einbaukonsistenz F3/F4 zu empfehlen.

6 Besondere Anforderungen

6.1 Multifunktionsböden

Lager- oder Produktionshallen müssen gelegentlich zu einem Zeitpunkt geplant werden, zu dem die spätere Nutzung noch nicht feststeht. Eine flexible Anpassung an verschiedene Nutzungsarten erleichtert auch den Verkauf einer Halle. Der Wunsch nach einem „universell" verwendbaren oder „multifunktional" einsetzbaren Betonboden kann zwar von Betonböden erfüllt werden, entspricht aber einer Maximalforderung.

Maximalforderungen an Betonböden können nicht zu einer Optimierung der Baumaßnahme führen. Ein Beispiel kann die Problematik klarmachen. Wenn jemand ein Fahrzeug braucht, wird er sich auch entscheiden müssen, ob es ein Pkw oder ein Lkw oder ein Gabelstapler sein soll. Die Anforderung „Fahrzeug" trifft für alle drei Arten zu. So selbstverständlich wie dieses für jeden Fahrzeugnutzer ist, so schwierig ist es für Bauherren bei Hallenfußböden. Aber für einen Fußboden ist es ein Unterschied, ob lediglich Pkw auf ihm fahren (z.B. in einer Ausstellungshalle) oder Lkw-Verkehr herrscht (z.B. im Anlieferbereich) oder Gabelstaplerbetrieb stattfindet (z.B. in einer Lagerhalle).

Auch bei der Festlegung „Gabelstaplerbetrieb" macht es einen großen Unterschiede, ob die Stapler ein Gesamtgewicht von 3,5 t oder 35 t haben. Auch ist es ein wesentlicher Unterschied, ob die Räder luftbereift sind und mit 5 bar Reifendruck entsprechend einer Kontaktpressung von 0,5 N/mm^2 den Betonboden beanspruchen oder ob Kunststoffreifen mit einer Kontaktpressung von 5 N/mm^2 auf die Oberflächen einwirken.

Weitere Unterschiede ergeben sich aus der Häufigkeit der Beanspruchung im Betrieb: Ist die Fahrzeugfrequenz mit zehn Lastwechseln pro Tag oder mit 100 Lastwechseln pro Stunde anzusetzen? Je nach Länge des Arbeitstages im Schichtbetrieb kann dies die 100- oder 200-fache Beanspruchung gegenüber dem anderen Betrieb sein. Dies verkürzt bei sonst gleich großen Lasten die Nutzungsdauer erheblich.

Ein Betonboden kann so stabil ausgebildet werden, dass er die oberen Werte der vorgenannten Beanspruchungen dauerhaft aufnimmt. Dafür muss aber die Gesamtkonstruktion richtig dimensioniert und bemessen sein. Diese Anforderungen gelten für Baugrund, Tragschicht, Betonbodenplatte und Oberflächenbeschaffenheit gleichermaßen.

Der Planer muss dem Bauherrn klar machen, dass derartige Wünsche nach einer „multifunktionalen" Nutzung einer Maximalforderung gleichkommen. Eine Multifunktionalität erfordert hohe Investitionskosten. Der Bauherr muss entscheiden, ob dies für den vorliegenden Fall wirtschaftlich bzw. sinnvoll ist. Andererseits kann es für viele Fälle zweckmäßig sein, für die multifunktionale Nutzung bestimmte Grenzen zu setzen. Es gilt also:

Multifunktionale Nutzung ja, aber nur bis zu einer bestimmten Grenze.

Die Anforderungen sollten auf ein solches Maß begrenzt werden, dass der Betonboden für die Vielzahl der häufigsten Nutzungen ausreicht.

6.1.1 Zielsetzung

Die Aufgabe des nachfolgend vorgestellten „Standard-Betonboden" ist es, für eine Nutzung in den häufigsten Fällen geeignet zu sein. Daraus ergibt sich:

- Es wird dem Bauherrn vom Planer eine Standardkonstruktion vorgestellt, die mit vernünftigem Aufwand herstellbar ist.
- Dem Bauherrn müssen Angaben zu Grenzen der Beanspruchung verdeutlicht werden, die während der späteren Nutzung nicht überschritten werden dürfen.
- Der Bauherr soll nach eigener Einschätzung entscheiden, ob er diesem Vorschlag zustimmen kann oder ob er andere Grenzen festlegen möchte.
- Über diesen „Standard" hinausgehende Anforderungen sind Spezialfälle, für die in im Einzelfall ebenfalls angepasste technische Lösungen gibt.

6.1.2 Grenzen für Beanspruchung und Nutzung

Der Standard-Betonboden deckt die Standard-Beanspruchung ab. Diese betrifft den Beanspruchungsbereich 1 und reicht in den Beanspruchungsbereich 2 hinein, die in den Tafeln 3.6 und 3.7 sowie 4.6 dargestellt sind. Außerdem gilt der Nutzungsbereich B, wie er in Tafel 3.1 beschrieben ist. In Tafel 6.1 sind die Grenzwerte für die Beanspruchbarkeit eines Multifunktionsbodens zusammengestellt.

Tafel 6.1: Grenzwerte für die Beanspruchbarkeit eines Multifunktionsbodens [nach L24]

Beanspruchungsbereich 2 mit Nutzungsbereich B	Grenzwerte	Beispiele
Einzellasten	maximale Einzellast (Radlast und/oder Regallast): $Q_d \leq 60$ kN	Gabelstapler mit 7 t Gesamtgewicht oder Lkw mit 12 t Gesamtgewicht
	Kontaktpressung Rad / Betonboden $p_R \leq 1{,}0$ N/mm² (≤ 10 bar)	luftbereifte Fahrzeuge
Flächenlasten	Flächenpressung unter Regalfüßen $p_F \leq 1{,}0$ N/mm²	Regallager
mechanische Beanspruchung	Anzahl der Lastwechsel beim Fahrbetrieb $n \leq 5 \cdot 10^4$	Schleifen, Rollen bzw. Stoß, Schlag

6.1.3 Anforderungen an die Konstruktion

Der Aufbau eines Standard-Betonbodens für Hallen besteht wie bei Betonböden allgemein aus Baugrund, Tragschicht, Trennlage und Betonplatte (Bild 4.1a). Die Betonbodenplatte ist von anderen Bauteilen durch Randfugen so zu trennen, dass eine freie Bewegungsmöglichkeit gegeben ist. Die Anforderungen an die einzelnen Schichten unter Berücksichtigung der Beanspruchbarkeit (Tafel 6.1) sind in Tafel 6.2 und die Fugeneinteilung in Tafel 6.3 zusammengestellt [nach L24].

6 Besondere Anforderungen

Tafel 6.2: Anforderungen an die einzelnen Schichten eines multifunktionalen Hallenbodens aus Beton mit Beanspruchungsgrenzen nach Tafel 6.1 [nach L24]

Schichtaufbau	Anforderungen für Beanspruchungsgrenzen nach Tafel 6.1
Baugrund	- gleichmäßig tragfähig - $E_{V2} \geq 45$ MN/m² (DIN 18134 Plattendruckversuch) - Ebenheit: Stichmaß ≤ 3 cm auf 4 m langer Messstrecke
Tragschicht	- gleichmäßig tragfähig - Kiestragschicht KTS 120 mit $E_{V2} \geq 120$ MN/m² (DIN 18134 Plattendruckversuch), Dicke $d_T = 30$ cm, nach Bild 4.4 oder - Schottertragschicht STS 150 mit $E_{V2} \geq 150$ MN/m² (DIN 18134 Plattendruckversuch), Dicke $d_T = 20$ cm, nach Bild 4.4 mit abgestufter Kornverteilung 0/32 mm, 0/45 mm oder 0/56 mm - Oberfläche geschlossen Ebenheit: Stichmaß ≤ 2 cm auf 4 m langer Messstrecke
Trennlage	- Geotextil-Vlies
Betonplatte	- unbewehrt - Plattendicke $d_P = 22$ cm - Betondruckfestigkeitsklasse C30/37 Wasserzementwert w/z $\leq 0{,}46$
Betonoberfläche	- Hartstoffschicht mit Hartstoffen der Gruppe A - Betonoberfläche maschinell gescheibt oder geglättet - Ebenheit: Stichmaß ≤ 10 mm auf 4 m langer Messstrecke (DIN 18202, Tabelle 3, Zeile 3) - Schleifverschleiß ≤ 7 cm³/50 cm² nach DIN 18560-7

Tafel 6.3: Fugenanordnung eines multifunktionalen Hallenbodens aus Beton mit Beanspruchungsgrenzen nach Tafel 6.2 [nach L24]

Fugenart	Anforderungen für Beanspruchungsgrenzen nach Tafel 6.1
Scheinfugen [1]	- Scheinfugen etwa 4 mm breit, 60 mm tief - Fugen können offen bleiben - Fugenabstand $L_F \leq 7{,}5$ m; möglichst quadratische Felder $L_F/b_F \leq 1{,}5$ - Fugen ohne Fugensicherung bei $L_F \leq 6{,}0$ m, bei $L_F > 6{,}0$ m mit Fugensicherung
Tagesfeldfugen [1]	- Pressfugen (Bild 4.11)
Randfugen [1]	- vollständige Trennung von anderen Bauteilen durch ganze Plattendicke - Fugenbreite ≥ 5 mm mit weicher Fugeneinlage und Fugenverguss

[1]) Fugensicherung erforderlich, z.B. durch Fugen-Doppelschienen (Bild 4.11) oder Kantenschutzprofile (Bild 4.14) oder durch Verdübelung (Bild 4.15).

Derartige Standard-Betonböden können wirtschaftlich hergestellt und vielfältig genutzt werden. Im Rahmen bestimmter Grenzen sind Betonböden für multifunktionale Nutzungen geeignet. Betonböden dieser Art decken die meisten in der Praxis vorkommenden Beanspruchungen ab. Darüber hinausgehende Beanspruchungen sind Spezialfälle, für die technische Lösungen im Einzelfall festzulegen sind.

6.2 Anforderungen an die Oberfläche

Die Oberfläche einer Betonbodenplatte soll für den Zweck und die Nutzung der Halle oder der Freifläche geeignet sein. Eine bestimmte Oberflächenstruktur erfordert eine entsprechende Art der Oberflächenbearbeitung. So sind z.B. raue und griffige oder glatte und leicht zu reinigende Oberflächen herstellbar.

Übliche Oberflächen ergeben sich durch Besenstrich, Abscheiben oder Glätten der Oberfläche (Kapitel 10.3.1 bis 10.3.3). Besondere Bearbeitungsverfahren sind das Schleifen, Strahlen oder Auswaschen (Kapitel 10.3.4 bis 10.3.6).

6.2.1 Arten der Oberflächen

Besenstrich: Bei jeder Art des Betoneinbaus, mit Ausnahme des Vakuumverfahrens, kann die abschließende Oberflächenbearbeitung durch Besenstrich erfolgen. Hierbei wird die abgezogene Betonoberfläche mit einer Feinstruktur versehen, indem ein Besen über die Betonoberfläche gezogen wird. Die Rauigkeit der Oberflächenstruktur kann durch die Art des Besens bestimmt werden: Ein harter Stahlbesen erzeugt eine andere Struktur als ein Piassavabesen oder ein Haarbesen.

Abscheiben (Abgleichen oder Abreiben): Im Anschluss an das Verdichten und Abziehen des Betons kann ein maschinelles Abscheiben mit Tellerscheiben erfolgen. Dadurch entsteht eine Art Sandpapierstruktur. Die Oberfläche ist nicht so rau wie bei einem Besenstrich. Sie ist besonders geeignet für nachfolgende Oberflächenbehandlungen, z.B. für Beschichtungen.

Glätten: Das Glätten der Oberfläche erfolgt ebenfalls maschinell, jedoch durch Flügelglätter. Erforderlich ist ein vorheriges Abscheiben der Oberfläche. Durch Glätten entsteht eine kellenglatte Oberfläche, auch bei 32 mm Korngröße der Gesteinskörnung.

Schleifen erzeugt eine dem Terrazzo ähnliche Oberfläche, besonders bei größerer Tiefenwirkung. Hierbei wird die obere Zementsteinschicht bis zum Freilegen der Grobkörnung entfernt.

Strahlen entfernt die obere Zementsteinschicht. Je nach Art und Dauer des Strahlens ist eine Tiefenwirkung auch zwischen den Gesteinskörnern vorhanden. Dadurch entsteht eine griffige Oberflächenstruktur. Bekannt sind das Sandstrahlen oder das Kugelstrahlen.

Flammstrahlen entfernt durch hohe Temperatur mit einem Flammengerät ebenfalls die obere Zementmörtelschicht. Außerdem springen bei Verwendung von quarzitischem Gestein die obersten Steinkuppen ab. Die entstehende Oberfläche ist sehr rau und griffig.

Auswaschen entfernt die oberste Zementmörtelschicht vor dem Erhärten des Zements bis zu einem Drittel der groben Gesteinskörnung. Ausgewaschene Flächen werden auch als Waschbeton bezeichnet.

6.2.2 Griffigkeit

Die Griffigkeit der Betonoberfläche muss für die spätere Nutzung der Flächen geeignet sein. Betonoberflächen sind allgemein griffig. Die Griffigkeit kann jedoch sehr stark durch die Oberflächenstruktur beeinflusst werden, die durch bestimmte Oberflächenbearbeitungen entsteht. Die Arten der Betonoberflächen wurden im vorhergehenden Abschnitt vorgestellt. Die Griffigkeit kann durch die Oberflächenbearbeitung ganz allgemein in folgenden Abstufungen gesteuert werden (von sehr starker Griffigkeit zu fein):

– Flammstrahlen

– Besenstrich

– Sandstrahlen

– Auswaschen

– Abscheiben

– Glätten

– Schleifen, Feinschleifen, Polieren

Bei Festlegung der Oberflächenbearbeitung zum Erzielen einer bestimmten Griffigkeit ist zu berücksichtigen, dass sich griffige Flächen schwieriger reinigen lassen als Flächen mit einer feineren Oberflächenstruktur. Auch die Entwässerungsfähigkeit der Flächen wird durch die Rauheit der Oberflächenstruktur beeinträchtigt.

Bei bestimmten Anforderungen sind Vorversuche an Probeflächen sinnvoll, um für eine geforderte Griffigkeit das geeignete Bearbeitungsverfahren festzulegen. Zu den verschiedenen Oberflächenbearbeitungen siehe Kapitel 10.3, zur Rutschsicherheit siehe Kapitel 6.4.1.

6.2.3 Verschleißwiderstand

Oberflächen von Betonböden werden je nach Nutzung und Betriebsablauf auf verschiedene Weise mechanisch beansprucht. Diese mechanische Beanspruchung entsteht z.B. durch rollende, schleifende, stoßende oder schlagende Beeinträchtigungen. Häufig wirken diese Beanspruchungen kombiniert. Bei mechanischen Beanspruchungen ist Beton stets einem Verschleiß ausgesetzt.

Harte Stoffe erhöhen den Verschleißwiderstand und die Oberflächenhärte. „Zähe" Stoffe verbessern den Widerstand gegen Rollbeanspruchung.

Bei einer mechanischen Einwirkung ist der Zementstein der Bestandteil des Betons, der an der Oberfläche als erstes beansprucht wird. Im Allgemeinen ist der Verschleißwiderstand des Zementsteins geringer als der Verschleißwiderstand der Gesteinskörnung. Insofern wird es bei starken mechanischen Beanspruchungen stets zu einem Verschleiß kommen. Der Verschleißwiderstand kann jedoch durch bestimmte Maßnahmen erhöht werden.

6.2 Anforderungen an die Oberfläche

In DIN 1045 erfolgt eine Zuordnung mäßiger, starker und sehr starker Verschleißbeanspruchung in die Expositionsklassen XM1, XM2 und XM3. Das bedeutet: Wenn Beton einer erheblichen mechanischen Beanspruchung ausgesetzt wird, muss er einer bestimmten Expositionsklasse zugeordnet werden. Tafel 3.6 zeigt diese Zuordnung mit Beispielen. Tafel 3.7 gibt die Grenzwerte für die Betonzusammensetzung an.

Tafel 3.7 zeigt im Wesentlichen, dass bei Verschleißbeanspruchungen der Wasserzementwert des Betons zu verringern ist. Dies ist verständlich, da der Zementstein der schwächere Teil des Betons ist, der zudem auch an der Oberfläche als erstes beansprucht wird. Wenn der Verschleiß an der Oberfläche so weit geht, dass die Gesteinskörnung freiliegt, kommt es auf die Widerstandsfähigkeit der Gesteinskörnung an.

Die Werte der Tafel 3.8 zeigen, dass der Schleifverschleiß zwischen 5 cm^3 und 40 cm^3 liegen kann, jeweils bezogen auf eine Prüffläche von 50 cm^2. Gesteinsarten mit niedrigen Werten sind bei starker Verschleißbeanspruchung zu bevorzugen.

Der Verschleißwiderstand des Betons kann mit dem Verschleißwiderstand von Zementestrichen verglichen werden. In DIN EN 13813 [N33] sind Verschleißwiderstandsklassen angegeben. Der Verschleißwiderstand nach Böhme wird mit A bezeichnet (für Abrasion = Abrieb). Die Abriebmenge wird angegeben in cm^3 je 50 cm^2. Danach erfolgt eine Zuordnung in Verschleißwiderstandsklassen (Tafel 6.4).

Tafel 6.4: Beispiele für Verschleißwiderstandsklassen bei Betonoberflächen [N33] (Prüfung nach Böhme)

Klasse	A12	A9	A6	A3	A1,5
Abriebmenge in	12 cm^3/50 cm^2	9 cm^3/50 cm^2	6 cm^3/50 cm^2	3 cm^3/50 cm^2	1,5 cm^3/50 cm^2

Die Verschleißwiderstandsklasse A3 und insbesondere A1,5 sind mit Hartstoffen der Hartstoffgruppe A (Naturstein und/oder dicht Schlacke) nicht erreichbar. Hierfür sind Hartstoffe der Hartstoffgruppe M (Metall) oder KS (Korund oder Siliciumcarbid) erforderlich.

Nähere Angaben zu Hartstoffeinstreuungen und Hartstoffschichten enthalten die Kapitel 6.3.1 und 6.3.2. Die Ausführung wird in Kapitel 10.4 beschrieben. Sollte der mit einer Hartstoffschicht erreichbare Verschleißwiderstand nicht ausreichen, sind weitergehende Maßnahmen erforderlich, z.B. das Verlegen von Stahlankerplatten aus 3 mm dickem Stahlblech aus Normalstahl bzw. V2A-Stahl.

6.2.4 Staubfreiheit

Bei starker oder sehr starker Verschleißbeanspruchung ist eine vollständige Staubfreiheit einer Betonbodenplatte nicht erreichbar. Bei Verschleißbeanspruchung wird immer Abrieb an der Oberfläche der Betonbodenplatte entstehen. Dieser Abrieb kann durch Oberflächen mit hohem Verschleißwiderstand begrenzt, aber nicht vollständig ausgeschlossen werden. Maßnahmen zur Begrenzung des Abriebs bzw. zur Erhöhung des Verschleißwiderstandes wurden in den Kapiteln 3.4.1 und 3.4.2 beschrieben.

Mit Versiegelungen kann eine gewisse Reduzierung der Staubbildung erreicht werden (siehe Kapitel 6.3.3). Je nach mechanischer Beanspruchung sind Versiegelungen im Rahmen der Bauunterhaltung zu erneuern.

Zu berücksichtigen ist außerdem, dass auch eine betriebsbedingte Staubentwicklung stattfindet, z.B. durch Reifenabrieb oder Verschleiß an Verpackungsmaterial.

6.2.5 Farbigkeit

Die Oberfläche des gescheibten oder geglätteten Betons ist grau; dies ist die normale Farbe des Betons. Die Grautöne können je nach Zementart variieren, aber diese Farbunterschiede genügen häufig nicht, wenn besondere Farbwirkungen erreicht werden sollen.

Wünsche nach besonderen Farbtönen können die Herstellkosten von Betonböden wesentlich beeinflussen. Folgende Möglichkeiten können in Betracht gezogen werden:

- Auswahl besonderer Zemente
- Einsatz von Pigmenten
- Verwendung besonderer Gesteinskörnungen mit anschließender Oberflächenbearbeitung

Im Allgemeinen wird von farbigen Flächen erwartet, dass nicht die Betonbodenplatte in gesamter Dicke, sondern die Oberfläche einen bestimmten Farbton aufweist. Dies kommt der erreichbaren Qualität entgegen, setzt aber voraus, dass im Anschluss an das Betonieren der tragenden Betonbodenplatte nachträglich eine besondere Schicht aufgebracht wird. Eine ähnliche Verfahrensweise wird bei Hartstoffschichten praktiziert. Dabei sollte die nachträgliche Schicht möglichst frisch-auf-frisch auf den eingebauten Beton aufgebracht werden.

Diese nachträglich aufzubringende Schicht wird mit besonderen Zementen, mit Pigmenten oder mit farbiger Gesteinskörnung hergestellt. Würde der gesamte Beton gefärbt, ergäben sich einerseits höhere Kosten, andererseits bestünde die Gefahr größerer Unregelmäßigkeiten.

Zemente

Die Grautöne können je nach Zementart variieren. Unterschiede im Farbton der Zemente sind durch die verwendeten Rohstoffe und die Produktionsverfahren bestimmt. Besondere Beispiele für Zemente, die durch spezielle Herstellmethoden eine besondere Eigenfarbe erhalten, sind Weißzemente (z.B. Dyckerhoff-Weiß). Mit Portlandschieferzement kann eine bräunliche Betonfarbe erreichen werden (z.B. mit Terrament).

Pigmente

In besonderen Fällen können der oberen Schicht auch Pigmente zugesetzt werden. Diese Pigmente sind Betonzusatzstoffe. Sie müssen zementbeständig, licht-, wetter- und ggf. hitzestabil sein. Daher kommen überwiegend anorganische, synthetisch hergestellte Pigmente zum Einsatz. Dies sind im Allgemeinen Metalloxide, z.B. Eisenoxidrot, Eisenoxidbraun oder Eisenoxidschwarz für Rot-, Braun- oder Schwarzeinfärbungen oder Titandioxidweiß zur Aufhellung von Betonen mit Weißzement. Für Schwarzeinfärbungen werden auch Kohlenstoffpigmente verwendet.

Pigmente sind viel feiner als Zement und haben Teilchengrößen von etwa 0,0005 mm. Sie werden nicht nur pulverförmig, sondern auch als wässrige Pigmente (Slurry) oder Pigmentgranulate geliefert. Pigmente müssen den Anforderungen nach DIN EN 12878 „Pigmente zum Einfärben von zement- und/oder kalkgebundenen Baustoffen - Anforderungen und Prüfung" entsprechen. Für jedes Pigment muss eine Grundprüfung durch eine bauaufsichtlich anerkannte Stelle durchgeführt werden. Dabei wird überprüft, ob das Pigment keine schädlichen Bestandteile enthält, die das Erstarren und die Festigkeitsentwicklung des Betons nachteilig beeinflussen.

Für unbewehrten Beton sind bis zu 5 Gew.-% wasserlösliche Anteile, für bewehrten Beton bis zu 0,5 Gew.-% wasserlösliche Anteile bezogen auf den Zement zulässig (DIN EN 12878). Der Hersteller muss für jedes Pigment die relative Farbstärke nachweisen. Bei einer Zugabe von 5 Gew.-%, bezogen auf die Zementmenge, ist die Sättigung erreicht, weitere Pigmentzugaben verändern die Farbwirkung daher kaum.

Bei dunklen Pigmenten spielt die Farbe des Zements kaum eine Rolle. Bei hellen Pigmenten ist ein heller Zement erforderlich. Reinere und leuchtende Farben können nur mit Weißzement erreicht werden. Bei niedrigen Wasserzementwerten ist der Farbeffekt größer.

Besondere Gesteinskörnungen

Besondere, farbige Gesteinskörnungen kommen nur dann zur Geltung, wenn anschließend eine Oberflächenbearbeitung erfolgt. Dabei muss die obere Zementschicht entfernt werden. Dies kann durch Schleifen, Strahlen oder Auswaschen erfolgen. Es sind auch Kombinationen verschiedener Oberflächenbearbeitungen möglich, z.B. Schleifen und Sandstrahlen, Schleifen und Flammstrahlen. Durch Schleifen entsteht eine dem Terrazzo ähnliche Oberfläche (siehe Kapitel 10.3.4).

Der Zeitpunkt der Oberflächenbearbeitung ist von der Erhärtungsgeschwindigkeit des Betons und von der Art der verwendeten Geräte abhängig. Er ist durch Vorversuche zu ermitteln. Dabei kann festgestellt werden, ob die entstehende Oberflächenart den Vorstellungen des Auftraggebers entspricht.

6.3 Anforderungen an Oberflächensysteme

Die Oberflächen von Betonbodenplatten können unterschiedlich ausgebildet werden. Die Wahl eines Oberflächensystems muss auf die zu erwartende Beanspruchung abgestimmt sein.

Es bestehen mehrere Möglichkeiten zu Ausbildung der Oberfläche:

- monolithische Betonbodenplatte ohne Oberflächensystem (siehe Tafel 3.7),
- Hartstoffeinstreuung (siehe Kapitel 6.3.1),
- Hartstoffschicht (siehe Kapitel 6.3.2),
- Oberflächenvergütung durch Versiegelung (siehe Kapitel 6.3.3),
- Beschichtung (siehe Kapitel 6.3.4).

6.3.1 Hartstoffeinstreuungen

Hartstoffeinstreuungen können den Verschleißwiderstand verbessern. Für den Verschleißwiderstand sind die gleichen Anforderungen anwendbar, die auch für Estrichflächen gelten. Nach DIN 18560-3 „Estriche im Bauwesen" [N52] und DIN EN 13813 „Estrichmörtel und Estrichmassen, Eigenschaften und Anforderungen" [N33] können Verschleißwiderstandsklassen nach Böhme festgelegt werden, z.B. Verschleißwiderstandsklasse A12 oder A9. (A9 = Abrieb 9 cm^3 je 50 cm^2). Anforderungen an den Verschleißwiderstand sind in Kapitel 3.4.1 zusammengestellt (siehe Tafel 3.7).

Bei Festlegung einer Hartstoffeinstreuung ist die aufzubringende Hartstoffmenge vom Planer anzugeben. Hartstoffmengen von 3 bis 5 kg je m^2 sind üblich. Hartstoffmengen über 5 kg/m^2 lassen sich nur schwer in die Oberfläche einarbeiten. Die Hartstoffe sind mit einer geeigneten Vorrichtung gleichmäßig aufzubringen, z.B. mit einem Einstreuwagen.

Als Grundlage für eine Hartstoffeinstreuung sollte stets Beton ohne Luftporenbildner verwendet werden. Durch intensives Glätten können die Luftporen in der obersten Schicht stark verringert werden, wodurch der Frost-Taumittel-Widerstand eingeschränkt wird. Außerdem sind in der Praxis häufiger schollenartige Ablösungen des oberen Hartstoffbereichs festgestellt worden.

Das bedeutet:
Freiflächen, die mit LP-Beton hergestellt werden müssen, sollten möglichst keine Hartstoffeinstreuung erhalten. Hierfür ist zu prüfen, ob alternativ dazu nicht Korngruppen 0/2 und 2/8 aus quarzitischem Gestein und Korngruppen 11/22 aus Hartsteinsplitt eingesetzt werden können. Diese sind besser geeignet (vgl. Beanspruchungsbereich 2 in Tafel 3.7).

Hartstoffe sollen DIN 1100 entsprechen [N13]. Der Verschleißwiderstand der Hartstoffeinstreuung ist in einer Erstprüfung nachzuweisen und durch eine Konformitätsbescheinigung des Herstellers zu belegen.

Anmerkung:
Die Oberflächenverbesserung mit einer Hartstoffeinstreuung ist nicht einer Hartstoffschicht nach DIN 18560-7 [N52] gleichzusetzen.

6.3.2 Hartstoffschichten

Bei starken Verschleißbeanspruchungen bestehen zwei Möglichkeiten:

- entweder besonders harte Gesteinskörnungen für den Beton verwenden, z.B. Korngruppen 0/2 und 2/8 aus quarzitischem Gestein und Korngruppen 11/22 aus Hartsteinsplitt
- oder eine Hartstoffschicht aufbringen.

Diese Möglichkeiten sind bereits in Tafel 3.7 für die Beanspruchungsbereiche 2 und 3 mit Expositionsklasse XM2 bzw. XM3 mit den zugehörigen Abriebmengen dargestellt. Tafel 3.8 gibt den Abrieb durch Schleifen für verschiedene Gesteinsgruppen nach DIN 52100 an, gemessen als Verlust in cm^3 je 50 cm^2 bei der Prüfung nach DIN 52108.

Geringe Abriebmengen von 7 cm^3 je 50 cm^2 und darunter sind nur schwer zu erreichen. Sie erfordern besondere Maßnahmen, die meistens nur durch Hartstoffschichten zu erreichen sind. Die nachstehend angegebenen Werte für den Schleifverschleiß von Hartstoffen sind Mittelwerte nach DIN 1100, geprüft an vom Hersteller vorzugebenden Estrichmörteln [N13]:

- Normale Hartstoffschicht aus Hartstoffen der Hartstoffgruppe A (allgemein, z.B. natürliche Gesteinskörnung): Abriebmenge $\leq$ 5 cm^3 je 50 cm^2
- Hartstoffschicht (als Sonderfall) mit Hartstoffen der Hartstoffgruppe M (Metalle): Abriebmenge $\leq$ 3 cm^3 je 50 cm^2
- Hartstoffschicht (als Ausnahmefall) mit Hartstoffen der Hartstoffgruppe KS (Elektrokorund und Siliziumcarbid): Abriebmenge $\leq$ 1,5 cm^3 je 50 cm^2

Die für Betonbodenplatten infrage kommenden Hartstoffgruppen sind in Tafel 6.5 zusammengestellt.

Für Hartstoffschichten gilt DIN 18560-7. Sie werden entweder auf den frischen Tragbeton „frisch in frisch" eingebaut oder nachträglich auf den erhärteten Tragbeton mit Haftbrücke aufgebracht. Die Hartstoffschichten werden stets im Mörtelverfahren hergestellt. Mit der Herstellart „frisch in frisch" ist ein guter Verbund erreichbar. Geeignet sind sowohl Betone mit Fließmittel als auch Betone mit Vakuumherstellung. Der Tragbeton muss mindestens der Festigkeitsklasse C25/30 entsprechen. Die Dicke der Hartstoffschicht muss auf die Beanspruchung abgestimmt sein. Sie beträgt im Allgemeinen 15 mm bis 20 mm (Tafel 6.5). Die erforderliche Dicke der Hartstoffschicht ist in der Leistungsbeschreibung anzugeben.

Tafel 6.5: Anforderungen an zementgebundene Hartstoffestriche nach DIN 18560-7 [N52] mit Hartstoffen nach DIN 1100 [N13] in Abhängigkeit mechanischer Beanspruchungsgruppen aus Flurförderzeugen

Zementgebundener Hartstoffestrich (Festigkeitsklasse, Hartstoffguppe Biegezugfestigkeit)	Beanspruchungsgruppe	I (schwer)	II (mittel)	III (leicht)
	Material der Bereifung [1])	Stahl, Polyamid	Urethan- Elastomer, Gummi	Elastik, Luftreifen
	Beanspruchungsart (Beispiele)	Schleifen und Kollern von Metall, Absetzen von Gütern mit Metallgabeln	Schleifen und Kollern von Holz, Papierrollen und Kunststoffteilen	Montage auf Tischen
	Fußgängerverkehr	$\geq$ 1000 Personen/Tag	> 100 bis < 1000 Personen/Tag	$\leq$ 100 Personen/Tag
F 9A Gruppe A [2]) Biegezugfestigkeit $\geq$ 9 N/mm²	Nenndicken	$\geq$ 15 mm	$\geq$ 10 mm	$\geq$ 8 mm
	Verschleißwiderstand (Mittelwert)	$\leq$ 7 cm³/50cm²		
F 11M Gruppe M [2]) Biegezugfestigkeit $\geq$ 11 N/mm²	Nenndicken	$\geq$ 8 mm	$\geq$ 6 mm	$\geq$ 6 mm
	Verschleißwiderstand (Mittelwert)	$\leq$ 4 cm³/50cm²		
F 9KS Gruppe KS [2]) Biegezugfestigkeit $\geq$ 9 N/mm²	Nenndicken	$\geq$ 6 mm	$\geq$ 5 mm	$\geq$ 4 mm
	Verschleißwiderstand (Mittelwert)	$\leq$ 2 cm³/50cm²		

[1]) Die Zuordnung gilt für saubere Bereifung. Eingedrückte harte Stoffe und Schmutz auf Reifen erhöhen die Beanspruchung
[2]) Hartstoffe nach DIN 1100 [N13]

Die Festigkeitsbezeichnungen nach DIN 18560-7 (Ausgabe 04/2004) entsprechen den bisher üblichen Bezeichnungen:

– F 9A   (bisher ZE 65A)

– F 11M (bisher ZE 55M)

– F 9KS (bisher ZE 65KS)

Beispiel zur Erläuterung:

Hartstoffestrich DIN 18560 - CT - C60 - F9 - A6 - DIN 1100 - A - V10

6.3 Anforderungen an Oberflächensysteme

Diese Bezeichnung bedeutet:

- Zweischichtiger zementgebundener Hartstoffestrich (CT)
- Druckfestigkeitsklasse C60
- Biegezugfestigkeitsklasse F9
- Verschleißwiderstandsklasse nach Böhme A6
- mit Hartstoffen nach DIN 1100 der Gruppe A
- Verbundestrich (V) mit einer Nenndicke von 10 mm für die Hartstoffschicht

Nach DIN 18560-7 [N52] ist der Verschleißwiderstand für die Hartstoffoberfläche nur bei einer in Sonderfällen erforderlichen Bestätigungsprüfung nach Böhme zu prüfen. Die Prüfungen dürfen frühestens 28 Tage nach Fertigstellung des Estrichs durchgeführt werden. Die Prüfung ist an drei Probekörpern nach DIN 18560-3 vorzunehmen, die aus dem Estrich und gegebenenfalls aus dem Tragbeton auszuschneiden sind. Weitere Einzelheiten hierzu enthält DIN 18560-7 [N52].

6.3.3 Versiegelungen

In der Praxis wird als Versiegelung häufig das verstanden, was in der DAfStb-Richtlinie „Schutz und Instandsetzung von Betonbauteilen" [R26] unter dem Begriff „Hydrophobierung" geregelt ist.

Hydrophobierungen sind entsprechend der DAfStb-Richtlinie die Oberflächenschutzsysteme OS 1 bzw. OS A. Hierbei dringt das Hydrophobierungsmittel in den Beton ein, sodass keine Filmbildung an der Oberfläche entsteht. Als Bindemittelgruppen sind Silane und Siloxane vorgesehen. Eine Verfestigung der Betonoberfläche ist mit einer Hydrophobierung nicht möglich. Es wird jedoch ein bedingter Feuchteschutz bei frei bewitterten Oberflächen erreicht. Dadurch können Betonbodenflächen, die nach ausreichender Erhärtung vor der ersten Frost-Taumittel-Beanspruchung noch nicht austrocknen konnten, gegen Frostabsprengungen geschützt werden (siehe Kapitel 3.6). Durch diese Hydrophobierungen entsteht in der Regel keine Veränderung des optischen Erscheinungsbildes. Entsprechende Abstimmungen hierzu mit dem Hersteller sind sinnvoll.

Versiegelungen waren in der früheren Ausgabe der DAfStb-Richtlinie „Schutz und Instandsetzung von Betonbauteilen" als Oberflächenschutzsystem OS 3 für befahrbare Flächen geregelt. Verwendet werden dünnflüssige Kunstharze, z.B. niedrig viskose Epoxidharze EP-I oder EP-T. Diese Versiegelungen, die vorwiegend in den Beton eindringen, bilden aber auch einen Film an der Oberfläche von 50 μm Mindestdicke. Sie haben sich für Betonbodenplatten praktisch bewährt. Durch Eindringen in das Kapillarporengefüge des Betons verfestigen sie die Oberfläche, was sich bei mechanischen Beanspruchungen günstig auswirkt. Die Staubbildung von mechanisch beanspruchten Betonflächen wird verringert. Durch Glanzbildung an der Betonoberfläche muss mit einer geringen Veränderung des optischen Erscheinungsbildes gerechnet werden. In der Praxis werden diese Versiegelungen auch als Imprägnierungen bezeichnet.

Nach [R26] können die Steigerung des Verschleißwiderstandes und die Verfestigung des Betonuntergrundes nicht reproduzierbar nachgewiesen werden. Die Ergebnisse hängen sehr stark vom Referenzbeton ab. Aus diesem Grund wurde das Oberflächenschutzsystem OS 3 in der Neuausgabe der DAfStb-Richtlinie (10/2001) gestrichen. Trotzdem wird in [R26] angegeben, dass eine Imprägnierung mit dünnflüssigen, füllstofffreien Reaktionsharzsystemen eine sinnvolle Maßnahme zur Verfestigung poröser, mineralischer Untergründe mit ungenügender Festigkeit und zur Verhinderung des Staubens infolge Abrieb ist.

Im Regelfall sind Versiegelungen bei Industrieböden nur für leichte Beanspruchungen geeignet. Aufgrund der geringen Schichtdicke besteht bei mechanischen Beanspruchungen die Gefahr zu schneller Abnutzung.

6.3.4 Beschichtungen

Beschichtungen von Betonbodenplatten sollen - wenn sie erforderlich sind - nach der DAfStb-Richtlinie „Schutz und Instandsetzung von Betonbauteilen" geplant und ausgeführt werden. Bei der Auswahl eines OS-Systems sind genaue Kenntnisse über die Konstruktion der Betonbodenplatte zu berücksichtigen (siehe auch Kapitel 12). Weiterhin ist zu klären, welche Beanspruchungen die Beschichtungen aufnehmen soll oder muss (Tafel 6.6). Zudem ist zu prüfen, ob die Gefahr aufsteigender Feuchtigkeit aus dem Untergrund besteht und dies bei der Festlegung für eine geeignete Beschichtung zu berücksichtigen ist.

Für Betonbodenplatten sind folgende Oberflächenschutzsysteme einsetzbar:

Beschichtung für mechanisch gering beanspruchte Flächen:

– Chemisch widerstandsfähig,

– Systemspezifische Mindestschichtdicke: ≥ 500 µm = 0,5 mm,

– Bindemittelgruppe: Epoxidharz,

– Mindestwerte der Oberflächenzugfestigkeit: Mittelwert $\geq 1,5$ N/mm^2,

– Kleinster Einzelwert $\geq 1,0$ N/mm^2.

Hinweis: In der früheren Ausgabe der DAfStb-Richtlinie „Schutz und Instandsetzung von Betonbauteilen" war diese Beschichtung als Oberflächenschutzsystem OS 6 geregelt.

Beschichtung für befahrbare, mechanisch stark beanspruchte Flächen:

– Chemisch widerstandsfähig,

– Systemspezifische Mindestschichtdicke: ≥ 1 mm,

– Bindemittelgruppe: Epoxidharz,

– Mindestwerte der Oberflächenzugfestigkeit: Mittelwert $\geq 1,5$ N/mm^2,

– Kleinster Einzelwert $\geq 1,0$ N/mm^2.

6.3 Anforderungen an Oberflächensysteme

Hinweis: Diese Beschichtung gilt als Standard-Bodenbeschichtung. In der Berichtigung 2 (12/2005) zur DAfStb-Richtlinie „Schutz und Instandsetzung von Betonbauteilen" [R26] ist diese Beschichtung als Oberflächenschutzsystem OS 8 mit den neuen Entwicklungen angepassten Anforderungen wieder geregelt.

Tafel 6.6: Kriterien für die Auswahl von Beschichtungen bei Betonbodenplatten

Anforderungen für	Art der Beanspruchung
mechanische Beanspruchung	- Art: leicht/mittel/hoch/extrem/rollend/schleifend; Personen-/PKW-Verkehr, Hubwagen/Staplerbetrieb - Bereifung: Luft, Polyamid, Vulkollan, Stahl - Radlasten, Fahrzeuge pro Stunde - dynamische. Belastungen aus Maschinenfundamenten - Transportbehältnisse: Paletten, Container, Fässer, Rollbehälter - Belastungen aus Abrieb, Schlag, Stoß, Scharfkantigkeit
chemische Beanspruchung	- kurzfristig/dauernd - Wasser - Öle, Fette, Treibstoffe - Säuren, Laugen, lösliche Salze, organische Lösemittel - Reinigungsmittel - andere Chemikalien

thermische Beanspruchung	- Hitze:
	  - kurzfristig/langfristig z.B. Heissdampfreinigung
	  - dauerhaft z.B. in speziellen Bereichen
	- Kälte:
	  - kurzfristig z.B. Frost / Kälteschock
	  - dauerhaft z.B. Kühlräume
	- Temperaturwechsel (kurzfristig)

Sicherheit	- elektrostatische Ableitfähigkeit - elektrische Isolierfähigkeit - Kriechstromfestigkeit - Rutschsicherheit: Rutschhemmung R / Verdrängungsraum V - flüssigkeitsdicht - schwerentflammbar - dekontaminierbar - geruchsarm - umweltfreundlich - lösemittelfrei
Oberflächenstruktur	- glatt, griffig, genoppt - glänzend, seidenmatt, matt, farbig - Ebenheitsanforderungen
Pflegeeigenschaften	- manuelle, maschinelle Reinigung - Nassreinigung, Trockenreinigung - Dampfstrahlreinigung
andere Eigenschaften	- UV-Beständigkeit - Lichtechtheit - reparaturfähig - überarbeitbar

Rissüberbrückende Beschichtungen, die in der DAfStb-Richtlinie „Schutz und Instandsetzung von Betonbauteilen" als Oberflächenschutzsysteme OS 11 und OS 13 für befahrbare, mechanisch belastete Flächen angegeben sind, sollten nicht für Betonbodenplatten in Produktions- und Lagerhallen eingesetzt werden. Dafür ist die mechanische Beanspruchung durch Gabelstapler u. Ä. zu groß und eine ausreichende Dauerhaftigkeit kann nicht erreicht werden. Sollten in besonderen Fällen rissüberbrückende Systeme notwendig sein, sind im Einzelfall Abstimmungen mit Herstellerfirmen erforderlich. Hierbei sollten mit den Herstellern entsprechende Vereinbarungen hinsichtlich der Sicherstellung der Dauerhaftigkeit getroffen werden.

Beschichtungen im WHG-Bereich (Geltungsbereich des Wasserhaushaltsgesetzes) müssen spezielle Anforderungen erfüllen. Diese Beschichtungen bedürfen einer allgemeinen bauaufsichtlichen Zulassung als WHG-Beschichtung.

Beschichtungen für verfahrenstechnische Anlagen müssen den Anforderungen der zuständigen Norm entsprechen: DIN 28052 „Chemischer Apparatebau - Oberflächenschutz mit nichtmetallischen Werkstoffen für Bauteile aus Beton in verfahrenstechnischen Anlagen" [N53].

Beschichtungen auf LP-Betonen sind nicht unproblematisch. Praxiserfahrungen zeigen, dass dauerhafte Beschichtungen auf LP-Betonen nur mit erhöhtem Aufwand zielsicher herstellbar sind. Insbesondere ist hierbei die Einhaltung der geforderten Oberflächenzugfestigkeiten zu überprüfen.

Bild 6.1:
Beschichtete Betonbodenplatte [Werkfoto Sika Deutschland GmbH]

6.3 Anforderungen an Oberflächensysteme

Bild 6.2:
Aufbringen einer transparenten Beschichtung [Werkfoto Sika Deutschland GmbH]

Bild 6.3:
Aufbringen einer Beschichtung [Werkfoto Sika Deutschland GmbH]

Wenn eine Beschichtung erforderlich ist, sollte geklärt werden, ob diese Betonflächen auch ohne Luftporenbildner herzustellen sind. Bei flüssigkeitsdichten Beschichtungen sind künstliche Luftporen zur Sicherung des Frost-Taumittel-Widerstandes nicht erforderlich, da Chloride vom Beton ferngehalten werden.

6.4 Anforderungen an die Sicherheit

6.4.1 Rutschsicherheit

Auch bei Betonoberflächen - nicht nur bei Beschichtungen - kann in besonderen Fällen die Gefahr bestehen, dass eine ausreichende Gleitsicherheit nicht gegeben ist. Dies kann dann der Fall sein, wenn sich zwei Einflüsse überlagern:

– intensives Glätten der Betonoberfläche,
– Betriebs- und Nutzungsbedingungen mit Stoffen, die das Gleiten fördern.

Für jeden Betonboden mit oder ohne Belag ist zunächst zu prüfen und zu entscheiden, ob eine rutschhemmende Oberfläche aus sicherheitstechnischen oder gesundheitlichen Gründen erforderlich und betrieblich möglich ist.

Die Unfallvorschriften und die Arbeitsstättenverordnung verlangen vom Arbeitgeber die Herstellung von Fußböden mit ausreichend rutschhemmender Oberfläche für Arbeits-, Maschinen- und Lagerräume sowie für Verkehrswege. Dies ist dann der Fall, wenn es dort nutzungsbedingt zum Kontakt mit gleitfördernden Medien kommt, wenn also ein Risiko des Ausrutschens zu vermuten ist.

Die Rutschsicherheit von Bodenoberflächen ist in diesen Fällen eine technische Eigenschaft, welche einen maximalen Personenschutz vor Arbeitsunfällen beim Begehen und/oder Befahren gewährleisten soll. Anforderungen für die Rutschhemmung stellt der Fachausschuss „Bauliche Einrichtungen" der Berufsgenossenschaftlichen Zentrale für Sicherheit und Gesundheit (BGZ) des Hauptverbandes der gewerblichen Berufsgenossenschaft in den Berufsgenossenschaftlichen Regeln BGR 181 [R34].

Beispiele für wesentliche Einflussgrößen für die Rutschgefahr sind demnach:

– Material und Oberflächenstruktur der Bodenoberfläche,
– Verschmutzungsgrad durch gleitfördernde Stoffe (z.B. Öl, Wachs, Fett, Wasser, Lebensmittel, Speisereste, Staub, Mehl, Pflanzenabfälle),
– Verdrängungsraum (Hohlraum unterhalb der Geh-/Fahrebene),
– Fahrgeschwindigkeit und Art der Verkehrswegführung (z.B. kurvenreich),
– Zustand der Reifen,
– Art und Zustand des getragenen Schuhwerks.

Betreiber streben in der Regel eine glatte und gut zu reinigende Oberfläche an. Diese kann jedoch im Widerspruch zu einem sicheren Begehen und Befahren stehen. Mit zunehmender Rauigkeit der Oberfläche verbessert sich die Rutschhemmung. Gleichzeitig werden die Verschmutzungsneigung und die Reinigungsfähigkeit verschlechtert. Die Rauigkeit der Oberfläche wird durch die Grobrauheit und die Feinrauheit bestimmt. Feinraue Oberflächen zeigen Vorteile für befahrene Flächen mit niedrigen Fahrgeschwindigkeiten und Nässe, da längere Kontaktzeiten des Reifens eine ausreichend schnelle Abführung

6.4 Anforderungen an die Sicherheit

dünner Wasserfilme durch das Reifenprofil ermöglichen. Bei höheren Fahrgeschwindigkeiten ist eine ausreichende Grobrauheit erforderlich. Nach dem Merkblatt M10 der Berufsgenossenschaft für den Einzelhandel [36] sind hinsichtlich der Rutschhemmung in benachbarten Arbeitsräumen bzw. -bereichen mit unterschiedlicher Rutschhemmung jeweils zwei benachbarte Bewertungsgruppen vorzusehen, z. B. R10 und R11 oder R11 und R12. Benachbarte Arbeitsbereiche mit unterschiedlicher Rutschgefahr, in denen Beschäftigte wechselweise tätig sind, sollten einheitlich mit der jeweils höheren R-Gruppe ausgestattet werden.

Prüfverfahren der schiefen Ebene nach DIN 51130

Je nach Schwere und Risiko der Rutschgefahr in Arbeitsräumen und -bereichen werden in den Berufsgenossenschaftlichen Regeln BGR 181 „Fußböden in Arbeitsräumen und Arbeitsbereichen mit Rutschgefahr" [R34] unterschiedliche Bewertungsgruppen für Bodenoberflächen festgelegt. Für die Bewertung der Rutschgefahr werden dabei nachfolgende Kriterien zugrunde gelegt:

– Häufigkeit des Auftretens und Verteilung gleitfördernder Stoffe auf dem Boden

– Art und Eigenschaft der gleitfördernden Stoffe

– Durchschnittlicher Grad, z.B. Stoffmenge, Verunreinigung des Fußbodens

– Sonstige bauliche, verfahrenstechnische und organisatorische Verhältnisse

Das in diesem Merkblatt angegebene Prüfverfahren beruht auf der Begehung der zu prüfenden Oberfläche auf einer schiefen Ebene durch eine Prüfperson und ist in DIN 51130 [N55] genormt. Der aus einer Messwertreihe bestimmte mittlere Neigungswinkel ist für die Einordnung der Oberfläche in eine von fünf Bewertungsgruppen R 9 bis R 13 maßgebend (Bild 6.4).

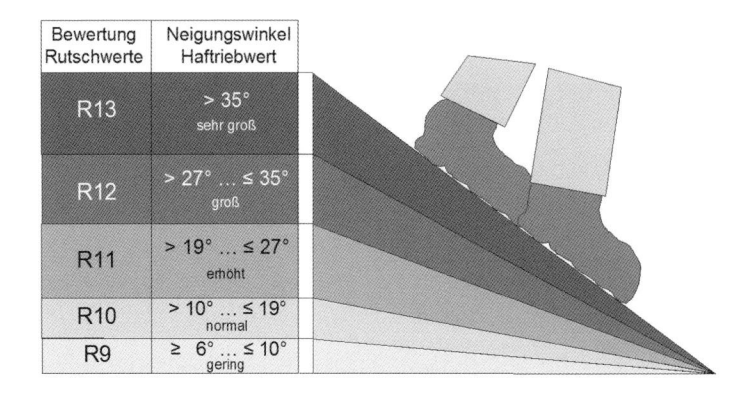

Bewertung Rutschwerte	Neigungswinkel Haftriebwert
R13	> 35° sehr groß
R12	> 27° ... ≤ 35° groß
R11	> 19° ... ≤ 27° erhöht
R10	> 10° ... ≤ 19° normal
R9	≥ 6° ... ≤ 10° gering

Bild 6.4: Prüfverfahren der schiefen Ebene mit Begehung der zu prüfenden Oberfläche durch eine Prüfperson [nach R34, L59]

Oberflächen mit der Bewertungsgruppe R 9 genügen den geringsten Anforderungen, Oberflächen mit der Bewertungsgruppe R 13 den höchsten Anforderungen an die Rutschhemmung. Ergänzend dazu wird der Verdrängungsraum V als Hohlraum unterhalb der Geh-Ebene geprüft. Die V-Zahl gibt an, wie viel Kubikzentimeter auf einer Fläche von

10 cm x 10 cm verdrängt werden. Ein Verdrängungsraum bietet den Vorteil, dass bei Anfall gleitfördernder Stoffe die Rutschhemmung länger erhalten bleibt, da sich diese Stoffe unterhalb der Geh-Ebene in den Hohlräumen ausbreiten und verteilen können. V4 steht für niedrigste, V10 für höchste Anforderungen. V-Werte werden i.d.R. nur dort benötigt, wo größere Mengen an Flüssigkeit und/oder pastösen Stoffen auf dem Boden auftreten. Bild 6.5 zeigt die Zuordnung von Verdrängungsraum und Mindestvolumina.

Bezeichnung des Verdrängungsraumes	Mindestvolumen des Verdrängungsraumes
V4	4 cm³/dm²
V6	6 cm³/dm²
V8	8 cm³/dm²
V10	10 cm³/dm²

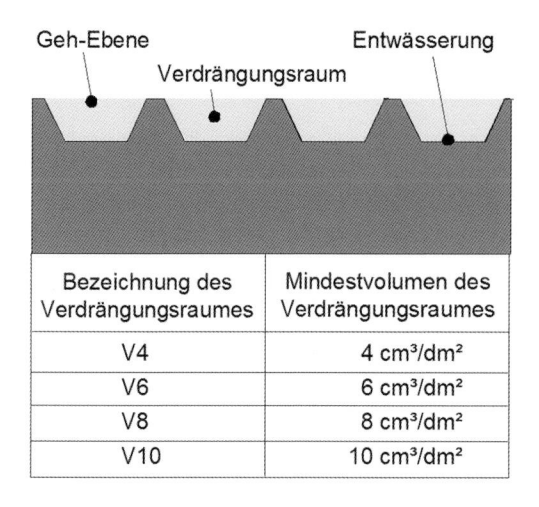

Bild 6.5:
Schematische Darstellung des Verdrängungsraums unterhalb der Geh-Ebene [nach R34, L59]

In Tafel 6.7 sind Beispiele für typische Arbeitsbereiche mit erhöhten Anforderungen an die Rutschsicherheit aufgeführt.

Auch Bearbeitungen der Frischbetonoberfläche wie Glätten, Abscheiben, Abreiben, Aufrauen oder Aufbringen eines Besenstrichs können aufgrund von Erfahrungswerten den Bewertungsgruppen an die Rutschhemmung zugeordnet werden (Tafel 6.8).

Anmerkung:
Bei anderen Forderungen sind darüber hinaus besondere Maßnahmen zu treffen.

Ein Nachteil des Begehungsverfahrens mit der schiefen Ebene ist jedoch, dass dieses Prüfverfahren nur im Labor durchführbar ist. Die Prüfung einer vorhandenen Bodenoberfläche im eingebauten Zustand ist baupraktisch nicht möglich. Beurteilungen durch Messungen vor Ort sind zurzeit noch nicht einheitlich geregelt. Für die Prüfung bedarf es mobiler Prüfgeräte mit entsprechender Zulassung. Hierfür existieren unterschiedliche Messgeräte. Die bisher eingesetzten ortsunabhängigen Messverfahren zur Prüfung der Rutschhemmung sind jedoch nicht standardisiert. Ein direkter Vergleich mit den R-Bewertungsgruppen nach den BG-Regeln 181 [34] in Tafel 6.7 ist daher nicht möglich.

6.4 Anforderungen an die Sicherheit

Tafel 6.7: Beispiel für typische Arbeitsbereiche mit erhöhten Anforderungen an die Rutschsicherheit [nach R34]

Beispiele für Arbeitsräume / -bereiche mit Anforderungen an die Rutschhemmung		Bewertungsgruppe der Rutschgefahr (Richtwerte)	Verdrängungsgruppe mit Kennzahl für das Mindestvolumen
Autowerksstätte (Werkstätten für Instandhaltung)	Waschhallen, Waschplätze	R11	V4
	Arbeits- und Prüfgrube	R12	V4
	Instandsetzung, Wartungsräume	R11	-
Außenbeläge (allgemein) mit Betonplatten		R12	-
		R11/R12	V4
Beizereien		R12	-
Betankungsbereiche überdacht / nicht Überdacht		R11/R12	-
Betonwaschplätze		R11	-
Brauereien, Lagerkeller / Abfüllung		R10/R11	-
Färbereien für Textilien		R11	-
Fettschmelzen		R13	V6
Feuerwehrhäuser		R12	-
Fischbearbeitung / -verarbeitung		R13	V10
Fleischzerlegung		R13	V8
Flugzeughallen		R11	-
Frischmilchverarbeitung einschl. Butterei		R12	-
Galvanisierräume		R12	-
Garagen, Hoch- und Tiefgaragen	ohne Witterungseinfluss	R10	-
	mit Witterungseinfluss	R11	-
		R10	V4
Gemüsekonservenherstellung		R13	V6
Gerbereien		R13	-
Getränkelager / Getränkeabfüllung		R11	-
Großküchen / Kantinen		R12	V4
Härtereien		R12	-
Holzbearbeitung, Maschinenräume		R10	-
Käsefertigung / Käselagerung		R11	-
Kühlräume / Tiefkühlräume	für unverpackte Ware	R12	-
	für verpackte Ware	R11	-

Tafel 6.7: (Fortsetzung)

Beispiele für Arbeitsräume / -bereiche mit Anforderungen an die Rutschhemmung		Bewertungsgruppe der Rutschgefahr (Richtwerte)	Verdrängungsgruppe mit Kennzahl für das Mindestvolumen
Lackierereien mit Nassschleifbereichen		R12	V10
Laderampe, überdacht		R10 oder R11	V4
Laderampen / Schrägrampen, nicht überdacht		R12	V4
Lagerräume für Öle / Fette		R12	V6
Margarineherstellung und -verpackung		R12	-
Metallwerkstätten (Bereiche mit mechanischer Bearbeitung)	Drehereien, Fräserei, Stanzerei, Zieherei (Rohre, Drähte), Presserei	R11	V4
	Bereiche mit erhöhter Öl-/ Schmiermittelbelastung	R11	V4
Milchverarbeitung		R12	-
Parkflächen im Freien		R11	-
		R10	V4
Räuchereien		R12	-
Schlachthäuser		R13	V10
Spülräume		R12	V4
Verkaufsräume allgemein, Kundenräume [2])		R9	-
Warenannahme für Fisch, Fleisch, verpackt / unverpackt		R11/R10	-
Waschplätze bei Werkstätten für Luftfahrzeuge		R11	V4
Wäschereien		R9	-
Werfthallen bei Werkstätten für Luftfahrzeuge		R12	-
Wurstküchen		R13	V8

[1]) In der DAfStb-Instandsetzungs-Richtlinie [R26] werden für Oberflächenschutzsysteme (OS-Systeme) für die Griffigkeit und Verschleißfestigkeit (Teil 2, Tabelle 5.3, Pkt. 26) SRT-Werte für die Rutschhemmung gefordert: für OS 11 (OS-F) SRT $\geq$ 60 SKT, für OS 13 SRT $\geq$ 50 SKT. Empfehlungen für Parkflächen nach W. Treml [L39]: für Freiflächen R12, V6; für überdachte Flächen R12, V4; für Tiefgaragen R11, V4.
[2]) In [R34] werden zusätzlich besondere Verkaufsstellen bzw. -räume genannt, für die teilweise höhere Anforderungen an die Rutschhemmung gestellt werden, z.B. R12, R11 oder R10..

6.4 Anforderungen an die Sicherheit

Tafel 6.8: Erfahrungswerte für Oberflächenbearbeitungen bei Betonböden hinsichtlich Rutschhemmung [nach R30.1]

Oberflächenbearbeitung (Erfahrungswerte)	Bewertungsgruppe der Rutschgefahr
Glätten mit Flügelglätter	R 9, R 10
Abscheiben (maschinell)	R 10, R 11
Abreiben	R 12
Aufbringen eines Besenstrichs	R 13
Aufrauen der Betonoberfläche	R 13

Gleitreibungsmessgerät GMG 100 M und FSC-Prüfgerät

Ein mobiles (instationäres) Messgerät wurde beispielsweise im Berufsgenossenschaftlichen Institut für Arbeitssicherheit (BIA), Sankt Augustin, entwickelt. Dabei wird ein Gleitreibungsmessgerät - kurz GMG 100 M genannt - mit bestimmten Gleitmaterialien und festgelegten Randbedingungen über die zu prüfende Bodenoberfläche gezogen, um einen dynamischen Gleitreibungskoeffizienten μ zur Beurteilung der rutschhemmenden Eigenschaft zu ermitteln.

Ein weiteres Gerät zur Feststellung der Gleitreibung ist das FSC-Prüfgerät, bei dem der Vorschub automatisch gesteuert wird. Durch verschiedene Gleiter als Messfuß können mit beiden Messgeräten trockene und nasse Flächen geprüft werden:

- Ledergleiter für Trockenmessungen (z.B. Betriebsbedingungen ohne vorherige Reinigung)
- Kunststoffgleiter (PU/PVC) und Gummigleiter bei Nassmessungen (z.B. saubere, mit Wasser benetzte Oberflächen).

Bei Nassmessungen wird der schlechtere Messwert der beiden Gleiter zugrunde gelegt. Angelehnt an den Normenentwurf der E DIN 51131 [N56] werden hierfür die Wuppertaler Sicherheitsgrenzwerte als Grenzwerte für die Beurteilung verwendet (Tafel 6.9).

Tafel 6.9: Gleitreibungskoeffizient und Bewertung nach den Wuppertaler Sicherheitsgrenzwerten [N56]

Gleitreibungskoeffizient μ	< 0,21	0,22 ... 0,29	0,30 ... 0,42	0,43 ... 0,63	> 0,64
Bewertung	sehr unsicher	unsicher	bedingt sicher	sicher	sehr sicher

Die Anwendung beider Geräte sollte jedoch auf ebene, unprofilierte Oberflächen (Verdrängungsvolumen $V < 4$ cm^3/dm^2) begrenzt bleiben. Profilierte Oberflächen können in der Regel nicht ausreichend erfasst werden. Gemessen werden hierbei häufig nur die Profilspitzen, die eine objektive, zuverlässige Prüfung und Beurteilung nicht immer möglich machen. Das bedeutet, dass Griffigkeit und Verdrängungsraum mit diesen Geräten nicht erfasst werden können.

In der Fachzeitschrift „Arbeit und Gesundheit" des Hauptverbandes der gewerblichen Berufsgenossenschaften (HVBG) [47] wird empfohlen, die Gleitreibung von Böden vor Ort (im Betriebszustand) mit dem mobilen Messgerät GMG 100 durchzuführen, wobei die Anwendung insbesondere für glatte Oberflächen als geeignet angegeben wird. Weiterhin wird darin ausgesagt, den Einfluss des Verschleißes möglichst als einfachen Vergleich direkt zwischen stark begangenen Bereichen (z.B. Hauptverkehrswege) mit den kaum frequentierten Bereichen in Hallennischen, -ecken oder hinter Maschinen zu bestimmen. Je höher die sich ergebenene Differenz, desto weniger ist von der ursprünglichen Rutschhemmung noch vorhanden.

Ebenfalls zielführend kann die vergleichende Messung von unterschiedlichen Bodenbelägen beziehungsweise Betriebsbedingungen sein, die an Übergängen oder auch innerhalb einer Halle bestehen. Die Differenz zwischen den Messergebnissen sollte nach [47] nicht größer als $\mu = 0{,}15$ sein.

In Fällen, bei denen ein direkter Vergleich dieser Art nicht möglich ist oder keine aussagekräftigen Ergebnisse ergibt, sollte die Bewertung der Messergebnisse mit dem GMG 100 gemäß den Richtwerten des Fachausschusses „Bauliche Einrichtungen" vorgenommen werden (Tafel 6.10).

Eine Checkliste sowie Angaben zur Ausführung von rutschhemmenden Bodenbeschichtungen enthält [L8.2].

Pendelgerät und Ausflussmesser

Nach dem FGSV-Merkblatt 407 über den Rutschwiderstand von Pflaster und Plattenbelägen für den Fußgängerverkehr [R37] lässt sich die Mikrorauheit der Oberfläche mit dem Pendelgerät prüfen. Dabei werden Skalenteile (SKT) bzw. so genannte SRT-Werte (Slid Resistance Tester) ermittelt. In dieser Systemprüfung wird weiterhin die Auslaufzeit in Sekunden über den Auslaufmesser (AM) nach Moore (Auslaufbecher) festgestellt [R37], um die Makrorauheit (Griffigkeit, Textur) zu ermitteln. Bei der Rauheit wird zwischen Mikrorauheit ($\emptyset \leq 0{,}5$ mm) und Makrorauheit ($\emptyset > 0{,}5$ mm) unterschieden. Als positiv werden SRT-Werte $\geq 50 - 55$ SKT mit Auslaufzeiten AM ≤ 40 Sekunden beurteilt.

Für begangene und befahrene Betonböden im Freien ohne bzw. mit Belag kann dieses Messverfahren sinngemäß übertragen werden.

Die Instandsetzungs-Richtlinie des DAfStb [R26] enthält als Prüfgerät leider nur das Pendelgerät, ohne einen Verdrängungsraum anzugeben. Weiterhin werden teilweise SRT-Werte für die Griffigkeit bei Verschleißbeanspruchung genannt, die in der Praxis nicht zielsicher nachgewiesen werden können, z.B. für OS 11 (F) SRT ≥ 60 SKT [L40]. Als einfaches Prüfverfahren für die Rutschhemmung wird für nachzuweisende SRT-Werte ≥ 60 SKT vorsorglich empfohlen, schon während der Ausführung durch den Verarbeiter eine Rauigkeitsbestimmung über das Sandflächenverfahren vorzunehmen. Dabei werden 50 g Feinsand 0,1 bis 0,3 mm aufgebracht und kreisrund verteilt. Dabei ist ein Ausbreitmaß ≤ 35 cm einzuhalten.

6.4 Anforderungen an die Sicherheit

Tafel 6.10: Berufsgenossenschaftliche Richtwerte [1]) für die Rutschhemmung von Fußböden im Betriebszustand [2]) [L47]

μ - Wert [3])	Bewertung	Bemerkungen
> 0,45	Rutschhemmung gegeben	Der Bodenbelag verfügt über ein ausreichendes Rutschhemmungspotential, sodass auch bei unterschiedlichen Betriebsbedingungen (z.B. Nässe, Reinigung, usw.) die Rutschgefahr gering ist. Bei höheren μ-Werten (z.B. $\mu > 0{,}8$) ist mit einer größeren Stolpergefahr und stärkerer Belastung des Körperbaus (Gelenkverschleiß) zu rechnen.
0,30 ... 0,45	Rutschhemmung gegeben, wenn betriebliche Maßnahmen zur Verbesserung der Rutschhemmung und Kontrollmessungen durchgeführt werden.	Das Rutschhemmungspotential ist nur für bestimmte Betriebsbedingungen ausreichend. Stellen veränderte Betriebsbedingungen höhere Anforderungen, so besteht Rutschgefahr. Regelmäßige Kontrollmessungen sind erforderlich, um das Ausmaß der Veränderungen festzustellen und die Wirksamkeit von Maßnahmen zur Verbesserung der Rutschhemmung zu überprüfen.
< 0,30	Rutschhemmung unzureichend	Auch unter idealen Betriebsbedingungen besteht akute Rutschgefahr. Das Rutschhemmungspotential des Bodenbelags ist nicht ausreichend.

[1]) In Anlehnung an die „Wuppertaler Grenzwerte für Sicheres Gehen" nach Skibba.
[2]) Die Prüfung im Betriebszustand bezieht sich auf den in Benutzung befindlichen Boden. Sie stellt keine Baumusterprüfung nach BGR 181 dar.
[3]) Bestimmung des Gleitreibungskoeffizienten μ gemäß E DIN 51131 [N56]

Bei frei bewitterten Bodenflächen können Anforderungen an eine ausreichende Rutschsicherheit nur erfüllt werden, wenn anfallendes Niederschlagswasser durch ausreichendes Gefälle mit $\geq 2\%$ abgeführt wird (siehe Kapitel 6.6.1).

Vergleichsmuster

Eine sinnvolle und gute Ergänzung zu den Prüfverfahren für die Rutschhemmung bei zusätzlichen Belägen auf der Betonbodenoberfläche sind Vergleichsmuster, mit denen die örtlichen Gegebenheiten verglichen werden können. Solche Vergleichsmuster sollten von den Stoffherstellern bei Beschichtungen von Betonoberflächen stets angefordert werden.

Herstellung rutschhemmender Oberflächen

Für Betonoberflächen mit Anforderungen an die Rutschhemmung ist zunächst vom Planer gemeinsam mit dem Bauherrn zu prüfen, ob hierfür ein zusätzlicher Belag notwendig ist oder die Rutschhemmung durch betontechnologische Maßnahmen (Glätten, Abscheiben, Aufrauen, Besenstrich) hergestellt werden kann (siehe Tafel 6.8).

Die Herstellung rutschhemmender Beschichtungen erfolgt über so genannte Einstreuböden und beginnt mit der vollflächigen Abstreuung der zuletzt aufgebrachten Nutzschicht.

Die Rutschsicherheit wird dabei im Wesentlichen durch die Kornzusammensetzung (Kornform, Korngröße) des Einstreumaterials bestimmt. Runde Gesteinskörnungen (Sandkörner) verringern die Rutschsicherheit, scharfkantige, gebrochene Gesteinskörnungen (Siliciumcarbid, feuergetrockneter Quarzsand, Korund) erhöhen diese Eigenschaft. Für ausreichend rutschfeste Beschichtungsoberflächen ist Abstreukorn mit Durchmessern von $\emptyset$ 1,2 mm bis $\emptyset$ 1,5 mm zu empfehlen [R37]. Nach der Erhärtung der Nutzschicht wird das überschüssige Einstreumaterial entfernt. Anschließend wird eine Kopfversiegelung aufgebracht. Diese erhöht die mechanische und chemische Widerstandsfähigkeit und verbessert die Reinigungsfähigkeit der Oberfläche (siehe Kapitel 6.7). Eine nur mit Feinsand abgestreute Nutzschicht führt nach dem Aufbringen der Kopfversiegelung zu einer fein rauen Oberfläche ohne Verdrängungsraum. Einstreuböden können starr oder elastisch mit rissüberbrückender Eigenschaft hergestellt werden.

Bei der Rutschhemmung im Betriebszustand ist auch die Wahl und Festlegung einer geeigneten funktionstauglichen Reinigung und Pflege zu berücksichtigen. Diese darf die Nutzungs- und Gebrauchstauglichkeit der Bodenoberfläche nicht beeinträchtigen.

6.4.2 Elektrostatische Ableitfähigkeit

Elektrostatische Ladung

Durch Reibung und anschließende Trennung zweier Materialien kann eine elektrische Ladung entstehen. Die Menge an statischer Elektrizität bzw. eines elektrischen Feldes hängt von mehreren Einflüssen ab, z.B. von:

den Materialien, die einer Reibung und Trennung unterworfen sind,

der Intensität der Reibung zwischen den Materialien und

der relativen Luftfeuchte.

Bei den Materialien wird unterschieden zwischen elektrischen Leitern und Isolatoren. Z.B. wirkt trockener Kunststoff als Isolator, feuchter Beton hat eine relativ gute Leitfähigkeit. Bei niedriger relativer Luftfeuchte ist die elektrostatische Ladung größer als bei hoher relativer Luftfeuchte.

Bei der Entladung eines elektrostatischen Feldes kann es zur Funkenbildung kommen; darin liegt ein Gefährdungspotential. Dieses Gefährdungspotential muss beim Einsatz brennbarer Flüssigkeiten, explosionsgefährdeten Stoffen, brennbaren Stäuben oder elektrostatisch empfindlichen Elektronikeinrichtungen und -bauteilen vermieden werden. Explosionsgefahr besteht nicht nur in lösemittelhaltiger Luft, sondern auch in staubhaltiger Atmosphäre, z.B. in Getreidesilos oder Düngemittellagern.

Die elektrostatische Ladung wirkt anziehend auf kleine Partikel. Diese Staubanziehung kann in Reinräumen zu großen Problemen führen, z.B. bei der Chipherstellung oder im Operationssaal. Typisch für die Entladung des elektrostatischen Feldes ist auch der „elektrische Schlag", z.B. beim Aussteigen aus dem Auto oder beim Anfassen des Türgriffs.

6.4 Anforderungen an die Sicherheit

Elektrostatischer Leitwiderstand

Die elektrostatische Entladung wird als ESD bezeichnet (ESD = electrostatical discharge). Daher wird auch von ESD-Schutzzonen gesprochen. Dies sind komplexe Einrichtungen mit elektrostatisch leitfähigen Fußböden. Dazu gehören außerdem erdungsfähige Oberflächen und Geräte sowie ESD-Schuhwerk und ESD-Kleidung.

Fußbodenflächen gelten als elektrostatisch leitfähig, wenn der elektrostatische Leitwiderstand $R_E \leq 1 \cdot 10^6$ Ohm nicht überschreitet.

Elektrostatischer Leitwiderstand:

$R_E = 0{,}05 \; r \cdot d$ in Ω (Ohm) \hfill (Gl. 6.1)

Hierbei sind:

r   spezifischer Widerstand eines Werkstoffes in Ω / cm (Ohm je cm Werkstoffdicke)

d   Dicke des Werkstoffes in Richtung des Stromflusses in cm

Die Bestimmung des elektrischen Widerstandes erfolgt nach DIN EN 1081.

Anforderungen an den Ableitwiderstand

An den Erdableitwiderstand werden verschiedene Anforderungen gestellt, je nach Lagerung bzw. Umgang mit entzündlichen oder explosionsgefährdeten Stoffen:

- Brennbare Flüssigkeiten:	Erdableitwiderstand	$1 \cdot 10^8 \; \Omega$
	Oberflächenwiderstand	$1 \cdot 10^9 \; \Omega$
- Gase, Dämpfe, Nebel:	Erdableitwiderstand	$1 \cdot 10^8 \; \Omega$
- Brennbare Stäube:	Erdableitwiderstand	$1 \cdot 10^8 \; \Omega$
- Explosionsgefährliche Stoffe:	Erdableitwiderstand	$1 \cdot 10^6 \; \Omega$

Arten der ableitfähigen Fußböden

Allgemein werden folgende Fußböden unterschieden:

– Elektrostatisch leitender Fußboden (EFC) mit einem Widerstand von $R < 1 \cdot 10^6 \; \Omega$

– Ableitfähiger Fußboden (DIF) mit Widerständen von $R = 1 \cdot 10^6$ bis $R = 1 \cdot 10^8 \; \Omega$

– Astatischer Fußboden (ASF), der das Entstehen von Ladung bei Kontakttrennung oder Reibung mit einem anderen Werkstoff herabsetzt, z.B. bei Schuhsohlen oder Rädern.

Ein astatischer Fußboden schützt gegen den Einfluss elektrostatischer Ladung. Er muss nicht unbedingt elektrisch leitend oder ableitfähig sein.

Anmerkung:
Die Bezeichnung „antistatisch" sollte wegen der mehrfachen Bedeutung vermieden werden. Stattdessen wird von „astatisch" gesprochen.

Für LAU-Anlagen bei Lagerung und Umgang mit Wasser gefährdenden und brennbaren Flüssigkeiten sind in den Zulassungsgrundsätzen des DIBt für Beschichtungssysteme folgende Werte festgelegt:

- bis 50 %   relative Luftfeuchte $R = 1 \cdot 10^8 \, \Omega$
- 50 bis 70 %   relative Luftfeuchte $R = 1 \cdot 10^7 \, \Omega$
- über 70 %   relative Luftfeuchte $R = 1 \cdot 10^6 \, \Omega$

Ableitwiderstand von Beton

Für den spezifischen Widerstand von Beton mit 375 kg Zement CEM I 32,5 R hat das Institut für Technische Physik Stuttgart folgende Werte angegeben:

- relative Luftfeuchte 30 %   spezifischer Widerstand $R_E \approx 6 \cdot 10^5 \, \Omega \, / \, cm$
- relative Luftfeuchte 60 %   spezifischer Widerstand $R_E \approx 1 \cdot 10^5 \, \Omega \, / \, cm$
- relative Luftfeuchte 80 %   spezifischer Widerstand $R_E \approx 5 \cdot 10^4 \, \Omega \, / \, cm$

Der zunächst geringe Ableitwiderstand des Betons nimmt im Laufe der Zeit durch weitere Austrocknung zu, sodass ein Ableitwiderstand von $R_E \leq 1 \cdot 10^6 \, \Omega$ auf Dauer nicht zu halten ist. Beton mit 3 % Ruß-Zusatz hat wesentlich geringere Werte, sie liegen unter $R_E \leq 4 \cdot 10^4 \, \Omega \, / \, cm$.

Fußböden in Räumen, in denen eine Oberfläche aus Beton oder Zementestrich nicht geeignet ist, werden im Allgemeinen beschichtet. Die Ableitwiderstände üblicher Beschichtungen sind jedoch recht hoch, sie betragen $R_E \approx 1 \cdot 10^{10}$ bis $1 \cdot 10^{14} \, \Omega$. Daher sind ableitfähige Beschichtungen erforderlich. Dies ist z.B. in Reinräumen der Fall.

Elektrostatisch ableitfähige Beschichtungen

Von der Beschichtungsindustrie wurden geeignete Beschichtungssysteme entwickelt. Ableitfähige Beschichtungen bestehen im Wesentlichen aus einem Schichtenaufbau aus Grundierung, Leitschicht und Deckschicht. Die Leitschicht enthält leitfähige Füllstoffe kugeliger oder faseriger Form. Dies sind z.B. Grafit, Kohlenstofffasern oder Metalle. Die Leitschicht wird über Kupferbänder o. Ä. geerdet. Der Hersteller muss angeben, wie weit die Entfernung bis zu den Anschlusspunkten sein darf. Die Kupferbänder sollen nicht im Bereich der Fahrstraßen von Gabelstaplern angeordnet werden, da hierdurch leicht Beschädigungen entstehen können.

Die Beschichtungen müssen eine der Nutzung entsprechende Leitfähigkeit besitzen. Ableitfähige Beschichtungen können geringe Ableitwiderstände $R_E \leq 1 \cdot 10^4$ bis $1 \cdot 10^3 \, \Omega/cm$ erreichen.

In jedem Fall ist der Hersteller des Beschichtungsmaterials hinzuzuziehen. Die Angaben in den Technischen Merkblätter und die Verarbeitungsrichtlinien sind einzuhalten [L8.1].

6.4.3 Flüssigkeitsdichtheit

Anlagen zum Herstellen, Behandeln und Verwenden wassergefährdender Flüssigkeiten (HBV-Anlagen) sowie zum Lagern, Abfüllen und Umschlagen (LAU-Anlagen) unterliegen bei Planung, Bau, Betrieb, Abbruch und Entsorgung gesetzlichen Regelungen und behördlichen Auflagen [R18] bis [R22]. Beispiele sind Produktionshallen, Fasslagerflächen, Tanktassen, Umfüllstationen.

Neben dem Baurecht sind u.a. auch das Wasserhaushaltsgesetz WHG, das Immissionsschutzgesetz, das Gewerberecht, Chemikalienrecht sowie das Abfallrecht zu berücksichtigen. Grundlage für die technischen Anforderungen ist der Besorgnisgrundsatz im Wasserrecht, festgelegt im §19g des Wasserhaushaltsgesetzes [R18]. Der Besorgnisgrundsatz verlangt:

„Anlagen zum Lagern, Abfüllen, Herstellen und Behandeln wassergefährdender Flüssigkeiten sowie Anlagen zum Verwenden wassergefährdender Flüssigkeiten im Bereich der gewerblichen Wirtschaft und im Bereich öffentlicher Einrichtungen müssen so beschaffen sein und so eingebaut, aufgestellt, unterhalten und betrieben werden, dass eine Verunreinigung der Gewässer oder sonstige nachteilige Veränderung ihrer Eigenschaften nicht zu besorgen ist (d.h. auszuschließen ist)."

Diese Forderung wird umgesetzt in der Anlagenverordnung über wassergefährdende Stoffe und die Zulassung von Fachbetrieben, die so genannten VAwS [R19] der jeweiligen Bundesländer. Verlangt werden der Nachweis der Dichtheit und der Beständigkeit gegenüber den eindringenden Flüssigkeiten im Beaufschlagungszeitraum sowie besondere konstruktive Maßnahmen bei Planung und Ausführung.

Da bei wassergefährdenden Flüssigkeiten im Schadensfall unter Umständen Leib und Leben gefährdet sein können, ist die Anforderung an die Dichtheit gleichrangig mit dem Standsicherheitsnachweis einzustufen.

Bei hohem Beanspruchungspotenzial aus Einwirkungen wassergefährdender Flüssigkeiten sowie aus mechanischen, thermischen und chemischen Beanspruchungen ist die DAfStb-Richtlinie „Betonbau beim Umgang mit wassergefährdenden Stoffen" maßgebend [R22]. Diese Richtlinie regelt die baulichen Voraussetzungen, die für unbeschichtete Betonbauten beim Umgang mit wassergefährdenden Flüssigkeiten zu erfüllen sind.

Für Flächenabdichtungen nach der Anlagenverordnung (VAwS) ist zusätzlich die TRwS DWA-A 786 „Technische Regel wassergefährdender Stoffe - Ausführung von Dichtflächen" von der Deutschen Vereinigung für Wasserwirtschaft, Abwasser und Abfall (DWA) [R20] zu beachten. Die unter Berücksichtigung der DAfStb-Richtlinie „Betonbau beim Umgang mit wassergefährdenden Stoffen" [R22] erarbeitete TRwS 786 ersetzt die bisherige TRwS 132 „Ausführung von Dichtflächen".

Gemäß Bauregelliste A Teil 1 lfd. Nr. 15.32 gelten Dichtkonstruktionen aus Beton als geregeltes Bauprodukt, wenn sie nach der DAfStb-Richtlinie „Betonbau beim Umgang mit wassergefährdenden Stoffen" Teil 2 [R22] ausgeführt werden. Die Übereinstimmung des Bauprodukts mit dieser DAfStb-Richtlinie ist mit einem Übereinstimmungszertifikat zu belegen. Dichtkonstruktionen aus Betonfertigteilen, z.B. Ableitflächen, Gleistragwannen, sind in Bauregelliste A Teil 1 nicht geregelt und bedürfen allgemeiner bauaufsichtlicher Zulassungen. Zurzeit gibt es mehrere Zulassungen für Dichtflächen aus Ortbeton, die von der Bauregelliste A Teil 1 lfd. Nr. 15.32 abweichen. Für Ableitflächensysteme und Rinnensysteme sowie Gleis- und Fahrzeugtragwannen in Fertigteilbauweise liegen Zulassungen auf der Grundlage spezieller Prüfprogramme vor.

Nachfolgend sind einige der technischen Regelungen der DAfStb-Richtlinie „Betonbau beim Umgang mit wassergefährdenden Stoffen" dargestellt.

Konstruktion und Ausführung

Die Betonbodenflächen von Produktionshallen der chemischen Industrie und Fasslagerflächen gehören vorrangig zu jenen Betonflächen, die in diesen Beanspruchungsbereich gehören.

Ein wichtiger Grundsatz für den Entwurf von Betonbauteilen beim Umgang mit wassergefährdenden Flüssigkeiten ist die Ausbildung einer möglichst zwangfreien Konstruktion. Zwangbeanspruchungen durch Einwirkungen aus Hydratationswärme, witterungs- und betrieblich bedingter Temperaturen, Schwinden oder Reibung sind durch betontechnologische, konstruktive und ausführungstechnische Maßnahmen gering zu halten. Hierzu gehören unter anderem [R22]:

– Herstellen von Dichtflächen in einem Arbeitsgang;

– Aufkantungen am Rand der Flächen oder Gefälle anordnen;

– Auffangrinnen mit Sammelschächten vorsehen (ausgerüstet für Schwerverkehr);

– Geometrische Formen vermeiden, die Zug erzeugen, z.B. Aussparungen;

– Querschnittsänderungen, einspringende Ecken;

– Bei unvermeidbaren zugerzeugenden Formen sind zusätzliche konstruktive Maßnahmen vorzusehen, z.B. Ausrundungen und/oder erhöhte Bewehrungen;

– Zwangerzeugende Verzahnungen mit dem Unterbau sind zu vermeiden;

– Ebene Unterseite der Dichtfläche;

– Unebenheit $\leq$ 12 mm bei 4 m Messstrecke, bei Sandschichten z.B. auf Betontragschicht $\geq$ 20 mm, auf hydraulisch gebundener Tragschicht $\geq$ 50 mm;

– Verformungsbehinderungen zwischen Betonbodenplatte und Unterbau durch Gleitschichten begrenzen, z.B.: zwei Lagen PE-Folie je 0,3 mm oder viskose Gleitschichten $d \geq 5$ mm;

– möglichst ebene, porenarme Oberfläche in der Kontaktzone Baugrund/Betonplatte;

– Reibungsbeiwerte nach Tafel 7.5 berücksichtigen.

Fugen sind stets Schwachstellen, für eine Dichtkonstruktion gilt dies in besonderem Maße. Daher sind Fugen möglichst zu vermeiden. Unvermeidbare Fugen und auch Betonierfugen müssen sorgfältig im Detail geplant werden. Aufwendige Fugenkonstruktionen können z.B. durch Vorspannung entfallen (siehe Kpitel 4.6.3).

Beton beim Umgang mit wassergefährdenden Stoffen

Nach der DAfStb-Richtlinie [R22] sind für Flächen, die wassergefährdenden Flüssigkeiten ausgesetzt sein können, zwei Betone zu unterscheiden:

– Flüssigkeitsdichter Beton: FD-Beton

– Flüssigkeitsdichter Beton mit Eignungsprüfung: FDE-Beton

Die Anforderungen an diese Betone sind in folgender Tafel 6.11 zusammengestellt.

Tafel 6.11a: Beton beim Umgang mit wassergefährdenden Stoffen [R22]

Flüssigkeitsdichter Beton (FD-Beton)
Eigenschaften/Anforderungen: - Beton nach DIN EN 206-1 und DIN 1045-2 mit Begrenzung der Eindringtiefe   - Mittlere Eindringtiefe nach 72 Stunden für Stoffe mit unbekannten physikalischen Eigenschaften: $e_{72m} \leq 40$ mm   - Mittlere Schädigungstiefe bei ruhenden oder leicht bewegten Säuren nach 72 Stunden: $s_{72m} = 5$ mm
Betonzusammensetzung: - Mindestbetondruckfestigkeitsklasse C30/37   - Bestimmte Zemente nach der Normenreihe DIN EN 197 sowie DIN 1164 zulässig   - Gesteinskörnung nach DIN EN 12620 in Verbindung mit DIN V 20000-103   - Sieblinienbereich A/B   - Größtkorn: 16 mm bis einschl. 32 mm   - Unlösliche Gesteinskörnung bei Beaufschlagung mit starken Säuren   - Verwendung von Flugasche nach DIN EN 450 und Silikastaub nach allgemeiner bauaufsichtlicher Zulassung gemäß DIN EN 206-1 und DIN 1045-2; 5.2.5 mit $(w/z)_{eq} \leq 0{,}50$ - Verwendung von Kunststoffzusätzen (Polymerdispersionen) möglich, soweit nach DIN EN 206-1 und DIN 1045-2   - Zugelassen unter Einhaltung in der Richtlinie genannter Zusatzforderungen Verwendung von Restwasser nach DIN EN 1008 zulässig bei Einhaltung des Mehlkorngehaltes, der Konsistenz des Ausgangsbetons und des w/z-Werts   - Wasserzementwert $w/z \leq 0{,}50$ - Leimgehalt $zl \leq 290$ l/m^3 einschl. auf den w/z-Wert angerechneter Zusatzstoffmenge   - Herstellung als LP-Beton mit Luftporenbildner zulässig   - Möglichst weiche Konsistenz F3
Betonverarbeitung: - Überwachungsklasse 2 für Beton nach DIN 1045-3   - Keine Neigung des Betons zum Bluten oder Entmischen   - Nachbehandlung mindestens bis 70 % der 28-Tage-Druckfestigkeit, jedoch nicht weniger als 7 Tage

Tafel 6.11b: Beton beim Umgang mit wassergefährdenden Stoffen [R22]

Flüssigkeitsdichter Beton nach Eindringprüfung (FDE-Beton)
Eigenschaften/Anforderungen: - Beton nach DIN EN 206-1 und DIN 1045-2 mit Nachweis des Eindringverhaltens durch Erstprüfungen - Mittlere Eindringtiefe nach 72 Stunden: kleiner oder gleich wie beim FD-Beton - Mittlere Schädigungstiefe bei ruhenden oder leicht bewegten Säuren nach 72 Stunden: wie FD-Beton bei unlöslicher Gesteinskörnung und Massenverhältnis von Zement / Gesteinskörnung $\leq$ 0,20
Betonzusammensetzung: - Betonzusammensetzung muss nicht in allen Punkten den Anforderungen an FD-Betone entsprechen - Mindestbetondruckfestigkeitsklasse C30/37 - Größtkorn $\leq$ 32 mm - Verwendung zementgebundener Betone, Größtkorn $<$ 8 mm mit organischen und anorganischen Zusatzstoffen oder Fasern, die nicht DIN EN 206-1 und DIN 1045-2 entsprechen, als mittragend ansetzbar nur bei entsprechender Zulassung für eine Verwendung in Bauwerken nach DIN 1045 Verwendung von Fasern für Konstruktionen mit Rissen nur bei Nachweis der mechanischen und ggf. chemischen Beständigkeit von Fasern im Riss (Widerstandsgrad $\xi \geq 0{,}80$) - Wasserzementwert w/z $\leq$ 0,50
Betonzusammensetzung: - Überwachungsklasse 2 für Beton nach DIN 1045-3

Überwachung, Konzept bei Beaufschlagung

Jeder Betreiber ist verpflichtet, ein Konzept für den Beaufschlagungsfall zu erstellen. Darin sind folgende Punkte festzulegen:

– Erkennung und Bewältigung einer Leckage regeln: Benennung von Verantwortlichen, Kontrollperioden und -methoden, Kommunikationswege, verfügbare Entsorgungsdienste.

– Angabe der höchstzulässigen Zeitdauer zwischen Eintritt des Beaufschlagungsfalls und Beseitigung des Wasser gefährdenden Stoffes.

– Nach Eintritt und zur Bewältigung eines Beaufschlagungsfalles die Maßnahmen bezüglich der Betonkonstruktion im Einzelfall klären und festlegen.

Die baulichen Anlagen beim Umgang mit wassergefährdenden Flüssigkeiten müssen durch einen Sachverständigen in regelmäßigen Abständen geprüft werden. Die Prüfung ist zu dokumentieren. Abweichungen vom festgelegten Sollzustand sind zu beheben. Häufigkeit und Umfang der Prüfungen sind im Einzelfall näher in der DAfStb-Richtlinie beschrieben [R22].

Maßnahmen nach der Beaufschlagung

Nach einer Beaufschlagung ist anhand des festzulegenden Konzepts für den Beaufschlagungsfall zu prüfen, ob eine Befreiung von Schadstoffen (Dekontamination) des Betons notwendig ist oder welche Instandsetzungsmaßnahme durchzuführen ist, z.B. die Herstellung einer neuen Dichtfläche oder Dichtflächenergänzung, neue Beschichtung oder Betonersatz oder Abdichten von Rissen. Die Möglichkeit einer Selbstreinigung eingedrungener Flüssigkeiten durch Verdampfen ist zu prüfen. Sie kann unterstützt und beschleunigt werden, z.B. durch hohen Luftwechsel, Anlegen eines Unterdrucks, Wärmebehandlung der Betonoberfläche. Bei Eindringtiefen bis zu einem Viertel der Bauteildicke darf von einer ausschließlichen Verdampfung entgegen der Beaufschlagungsrichtung ausgegangen werden, d.h., es findet keine Durchfeuchtung des Bauteils statt [R22].

6.4.4 Schwerentflammbarkeit

Der vorbeugende Brandschutz ist ein ernst zu nehmendes Thema. Dieses gilt insbesondere im Zusammenhang mit Fluchtwegen oder mit der Lagerung brand- bzw. explosionsgefährdeter Stoffe.

In der Brandschutznorm DIN 4102-1 [N19] werden Baustoffe hinsichtlich ihres Brandverhaltens klassifiziert (Tafel 6.12). Unterschieden werden nicht brennbare (Klasse A) und brennbare Baustoffe (Klasse B). Alle Baustoffe im Hochbau müssen mindestens der Klasse B2 „normalentflammbar" entsprechen. Für kritische Bereiche bei Industrieböden, z.B. Fluchtwege oder Lagerflächen für explosionsgefährdete Stoffe, wird mindestens die Baustoffklasse B1 „schwerentflammbar" gefordert.

Tafel 6.12: Einteilung der Baustoffklassen nach DIN 4102 [N19]

Baustoffklasse	Bauaufsichtliche Benennung
A A1 A2	nicht brennbare Baustoffe (z.B. Beton, Mörtel, Stahl) (z.B. Gipskartonplatten)
B B1 B2 B3	brennbare Baustoffe schwerentflammbare Baustoffe normalentflammbare Baustoffe leichtentflammbare Baustoffe

Beton, hergestellt nach DIN 1045, ist im Sinne des Brandschutzes ein echt nichtbrennbarer Baustoff und wird im Sinne der zurzeit noch gültigen Brandschutznorm DIN 4102 „Brandverhalten von Baustoffen und Bauteilen" über die Kurzbezeichnung A1 beschrieben. Beton bleibt bei den im Brandfall eintretenden Temperaturen weitgehend fest, trägt nicht zur Brandlast bei, leitet den Brand nicht weiter, setzt keine toxischen Gase frei und bildet keinen Rauch.

Beschichtungen gehören zu den brennbaren Baustoffen B. Beschichtungen für Betonbodenplatten werden über ein gesondertes Prüfverfahren geprüft, da hierbei deutliche Unterschiede im Brandverhalten und Brandrisiko gegenüber Decken- und Wandbeschichtungen bestehen. DIN 4102-14 regelt den Nachweis der Schwerentflammbarkeit (Klasse B1). Beurteilt wird dabei die Flammausbreitung bzw. die Rauchentwicklung von Beschichtungen. Geprüfte schwerentflammbare Baustoffe (Klasse B1) erhalten ein Prüfzeichen des Deutschen Instituts für Bautechnik Berlin (DIBt).

In DIN 4102-4 werden im Allgemeinen Gesamtkonstruktionen aus Baustoffen und Bauteilen hinsichtlich ihres Brandverhaltens unterschieden. Flächenfertige Betonplatten mit üblichen Bauteildicken ($\geq$ 15 cm) entsprechen danach der Feuerwiderstandsklasse F-180-A. Das bedeutet, dass Beton während einer Zeitspanne von mehr als 180 Minuten den Temperatur- und Festigkeitsbeanspruchungen des Brandversuches widersteht. Dazu gehören auch Betonbodenplatten auf einer Dämmschicht. Sie können wie folgt klassifiziert werden als ein auf einer zwischenliegenden Trenn- oder Dämmschicht hergestelltes Teil, unmittelbar nutzfähig oder versehen mit einem Belag.

Betonplatten, die im Lager- oder Produktionsbereich genutzt und als Tragwerke im Sinne der DIN 1045 konstruiert und bemessen sind, müssen hinsichtlich des Brandschutzes wesentlich höher bewertet werden als Betonbodenplatten, die auf einer Tragschicht hergestellt sind mit oder ohne Beschichtung.

6.5 Anforderungen an die Ebenheit

6.5.1 Toleranzen nach DIN 18202

Ebenheitsabweichungen für Betonbodenplatten in Produktions- und Lagerhallen sowie für Freiflächen werden in DIN 18202 geregelt [N45]. Nach dem DBV-Merkblatt [R30.1] gilt als Anforderung an die Ebenheit der Oberfläche der Betonbodenplatte von höchstens 8 mm auf 1 m Abstand der Messpunkte bzw. von höchstens 12 mm bei 4 m Abstand (nach DIN 18202, Zeile 2 [N45]). Andere Ebenheiten sind zu vereinbaren. Die Autoren empfehlen, für oberflächenfertige Betonbodenplatten ein Stichmaß von höchstens 4 mm auf 1 m Abstand der Messpunkte bzw. von höchstens 10 mm bei 4 m Abstand zu vereinbaren (nach DIN 18202, Zeile 3 [N45]).

Wird die eigentliche Nutzfläche über einen zusätzlich auf die Betonbodenplatte aufzubringenden Estrich oder eine Hartstoffschicht hergestellt, fordert das DBV-Merkblatt [R30.1] Anforderungen an die Ebenheit gemäß DIN 18202, Zeile 3.

Weitergehende Anforderungen mit zulässigen Stichmaßen von 3 mm auf 1 m Abstand bzw. von 9 mm auf 4 m Abstand sind besonders zu vereinbaren. Diese Oberflächenausbildungen können nur mit größerem technischem Aufwand hergestellt werden, beispielsweise über Beschichtungen aus selbstnivellierenden Spachtelmassen. Selbstnivellierende Verteiler- und Rüttelbohlen mit Teleskoparm und Laser-Empfänger für die Profilvorgaben sind heute dabei wertvolle Einbaugeräte. Entsprechende Angaben sind in der Leistungsbeschreibung festzulegen, damit eine objektbezogene Kalkulation erfolgen kann.

Tafel 6.13 zeigt die Anforderungen gemäß DIN 18202 [N45]. Die Messung der Ebenheitsabweichungen erfolgt hierbei durch Stichproben über Messlatte und Messkeil bzw. durch ein Flächennivellement über ein festgelegtes Raster.

6.5 Anforderungen an die Ebenheit

Tafel 6.13: Ebenheitsabweichungen mit zulässigen Stichmaßen als Grenzwerte für unterschiedliche Messpunktabstände [N45]

Zeile	Bauteile / Funktion	Stichmaße als Grenzwerte in mm bei Messpunktabständen bis				
		0,1 m	1 m [1]	4 m [1]	10 m [1]	15 m [1][2]
1	Nichtflächenfertige Oberseiten von Decken, Unterbeton und Unterböden	10	15	20	25	30
2	Nichtflächenfertige Oberseiten von Decken, Unterbeton und Unterböden mit erhöhten Anforderungen z.B. zur Aufnahme von schwimmenden Estrichen, Industrieböden, Fliesen- und Plattenbelägen, Verbundestrichen Fertige Oberflächen für untergeordnete Zwecke, z.B. in Lagerräumen, Kellern	5	8	12	15	20
3	Flächenfertige Böden, z.B. Estriche als Nutzestriche, Estriche zur Aufnahme von Bodenbelägen Bodenbeläge, Fliesenbeläge, gespachtelte und geklebte Beläge.	2	4	10	12	15
4	Wie Zeile 3, jedoch flächenfertige Böden mit erhöhten Anforderungen, z.B. mit selbstverlaufenden Spachtelmassen	1	3	9	12	15

[1]) Zwischenwerte sind auf ganze mm zu runden
[2]) Die Ebenheitsabweichungen der letzten Spalte gelten auch für Messpunktabstände über 15 m

Bild 6.6: Präzisionsgerät zur digitalen Messung der Oberflächen-Ebenheit bei einem Betonboden [Werkfoto GORLO Industrieboden GmbH & Co. KG]

Bild 6.7:
Präzisionsgerät zur digitalen Messung der Oberflächenebenheit bei einem Betonboden
[Werkfoto Rinol Deutschland GmbH]

6.5.2 Toleranzen nach DIN 15185

Abweichend von den Anforderungen nach DIN 18202 werden für Hochregallager häufig wesentlich höhere Anforderungen an die Ebenheit einer Betonbodenoberfläche gestellt, wenn diese mit leitlinigengeführten Flurförderzeugen befahren werden. Diese Lagersysteme sind gekennzeichnet durch geringe Grundflächen mit großen Regalhöhen und engen Fahrgassen. Bei Hochregallagern bis ungefähr 14 m Höhe erfolgen Stapelvorgänge mit flurgebundenen Staplerfahrzeugen - so genannten Hochregalstaplern. Die Hochregalstapler bewegen sich zwangsgeführt mit Rädern auf der Bodenoberfläche (Flur) in Schmalgängen ab 1,80 m Breite. Bei Lagersystemen mit größeren Höhen über 14 m bis zu 45 m werden meistens Regalbediengeräte eingesetzt, die an Schienen gebunden sind und sowohl unten als auch oben geführt werden.

Die im Bauwesen übliche Begrenzung der Maßtoleranzen nach DIN 18202 [N45] genügt Staplerherstellern und Lagerbetreibern häufig nicht. Sie fordern für Hochregalsysteme, bei denen Hochregalstapler eingesetzt werden, wesentlich geringere Toleranzgrenzen in den Schmalgängen zwischen den Hochregalen. Über die Ebenheit des Bodens soll die Palettenentnahme durch die Hochregalstapler auch in den oberen Regalfächern sichergestellt werden. Häufig verbleibt zwischen Auflagerbalken des Regals und Palette nur 25 mm Toleranz für das Einfahren des Greifarmes. Mit steigender Hubhöhe des Staplers soll die Gabel des Staplers trotz des begrenzten Raumes in den Fahrgassen die Paletten entnehmen können. Aus diesem Grund werden an die Ebenflächigkeit solcher Böden wesentlich höhere Anforderungen gestellt. Die zulässigen Toleranzen sind in der Maschinenbaunorm DIN 15185 geregelt [N38].

Ähnlich hohe Anforderungen werden auch für Betriebe mit fahrerlosen Transportsystemen (FTS-Betriebe) verlangt, z.B. Betriebe mit Luftkissenfahrzeugen oder auch für Fernsehstudios wegen der Kameraführung.

Tafel 6.14 zeigt die zulässigen Ebenheitsabweichungen längs zu den Fahrspuren sowie die maximalen Höhenunterschiede quer zur Fahrspur.

6.5 Anforderungen an die Ebenheit

Tafel 6.14: Ebenheitsabweichungen nach DIN 15185 [N38]

Zulässige Höhenunterschiede h in mm quer zur Fahrspur				
	zulässiger Höhenunterschied h in mm als Grenzwert zwischen den äußeren Fahrspuren S_p bei Fahrspurweiten S in m			
	bis 1,0 m	über 1,0 m bis 1,5 m	über 1,5 m bis 2,0 m	über 2,0 m bis 2,5 m
Flurförderzeug-Hubhöhe $\leq$ 6,00 m	2,0	2,5	3,0	3,5
Flurförderzeug-Hubhöhe > 6,00 m und Automatikbetrieb	1,5	2,0	2,5	3,0
Ebenheitsabweichungen in mm längs zu den Fahrspuren				
	Stichmaß s in mm als Grenzwert zwischen der äußeren Fahrspuren S_p bei Messpunktabständen in m			
	1,0	2,0	3,0	4,0
für alle Einsatzarten	2,0	3,0	4,0	5,0
Die Prüfung der Ebenheit erfolgt nach DIN 18202 [N45]				

Die Messung der Ebenheitsabweichungen erfolgt nach DIN 18202 [N45] über Messlatte und Messkeil bzw. durch ein Raster-Flächennivellement. Sinnvoll können weitergehende Maßnahmen sein, z.B. die digitale Erfassung des Fluroberflächenprofils und die dynamische Schwankungsmessung.

Die extremen Anforderungen an die Ebenflächigkeit nach DIN 15185 sind über übliche betontechnologische Einbauverfahren in der Regel nicht zielsicher herstellbar. Die Herstellung kann nur mit erheblichem Aufwand über eine zusätzlich einzubauende Schicht gelingen, z.B. Kunstharzestrich, aber auch Zementestrich oder Hartstoffschicht. Hierfür werden besondere Nivelliergeräte in Kombination mit Laserstrahltechnik benötigt, die über besondere Vereinbarungen im Leistungsverzeichnis bzw. in der Baubeschreibung geregelt sein müssen.

Um den aufzubringenden Belag mengenmäßig erfassen zu können, muss zunächst die vorhandene Oberfläche genau vermessen werden. Anzustreben ist ein einschichtiger Einbau. Die höhengenaue Oberfläche in Längs- und Querrichtung der Fahrgassen erfordert weiterhin zusätzliche Hilfskonstruktionen in Form höhenverstellbarer Abziehschienen als Führungsleisten. Bei bereits aufgestellten Regalen können hierfür beispielsweise die seitlichen Lenkungsschienen genutzt werden, wenn diese noch höhenverstellbar und nicht an die Regale angeschweißt sind. Bereits während des Belageinbaus ist die Ebenheit kontinuierlich über Messungen zu kontrollieren.

Kritisch ist anzumerken, dass die Extremforderungen der Maschinenbaunorm DIN 15185 leider nur davon ausgehen, dass die Funktionstüchtigkeit ausschließlich über die Oberflächenebenheit des Bodens zu gewährleisten ist. Andere ggf. störende Einflussgrößen aus der Konstruktion oder des Betriebs der Hochregalstapler werden nicht berücksichtigt. Mögliche Einflussgrößen sind:

– sehr große Schlankheit bis zu 14 m Lasthöhe bei geringer Spurweite von 1,30 m der Lasträder, Gelenk- und Lagerspiele,
– Instabilitäten aufgrund der Elastizität der Bauteile,
– Kopflastigkeit bei gehobener Last infolge von Außenmittigkeiten beim Betrieb der Schwenkgabel durch Brems- und Beschleunigungsvorgänge des Staplers,
– Laufunruhen aus Verunreinigungen auf dem Boden,
– Laufunruhen aus Unrundheiten der Staplerräder.

Untersuchungen [L16] haben gezeigt, dass selbst bei einer großen Überschreitungshäufigkeit der Ebenheitsanforderungen nach DIN 15185 die Funktion des Staplerbetriebes gewährleistet sein kann. Die Toleranzen nach DIN 18202 Zeile 4 waren in vielen Fällen ausreichend, wenn der Spielraum des Hubgerüstes genügend kleiner war als der Freiraum zwischen Außenkante des Fördergerätes und den im Hochregal meist überstehenden Paletten. Beurteilungen von Mastauslenkungen nach Häufigkeit und Amplitude stellen ein wesentliches Kriterium für die Laufruhe des Staplers dar.

Bild 6.8:
Einbau eines speziellen Kunstharzestrichs für ein Hochregallager [Werkfoto GORLO Industrieboden GmbH & Co. KG]

6.6 Anforderungen an die Entwässerung

6.6.1 Gefälle

Betonböden in Produktions- und Lagerhallen werden in der Regel ohne Gefälle hergestellt.

Besondere Bereiche können jedoch eine Gefälleausbildung erfordern. Dies gilt allgemein bei flüssigkeitsbelasteten Flächen, insbesondere bei Ableitflächen für wassergefährdende Flüssigkeiten.

Ableitflächen für wassergefährdende Flüssigkeiten sind mit einem Gefälle von mindestens 2 % herzustellen und sollten mit einer Ebenheitsabweichung nach DIN 18202, Tabelle 3, Zeile 3, ausgeführt werden. Falls aus besonderen Gründen von diesem Gefälle abgewichen wird, ist bei nicht ausreichender Ebenheit mit Pfützenbildung zu rechnen. Pfützenbildungen sind nicht mit Sicherheit auszuschließen, wenn bei geringem Gefälle und größeren Ebenheitstoleranzen ein Gegengefälle entsteht. Dies ist auch bei rauen Oberflächenstrukturen zu berücksichtigen, z.B. bei Oberflächen mit Besenstrich.

Rückhalteflächen für wassergefährdende Flüssigkeiten dürfen ohne Gefälle ausgebildet werden.

Gefälle sollen durch die geneigte Lage der Betonbodenplatte und nicht durch Ausgleichs- oder Gefälleestrich geschaffen werden. Wegen der Bearbeitung der Oberfläche, z.B. mit Glättmaschinen, kann eine gleichmäßige Gefälleführung nur schwer erreicht werden, insbesondere bei Scheitel- bzw. Gratlinien. Daher sind sternförmige Gefälleausbildungen, die zu punktförmigen Entwässerungen führen, zu vermeiden. Sicherer, aber auch schwierig, ist die Ausführung mit Verwindungen im Gefälle, also von „windschiefen" Oberflächen. Bei der Planung sind die Höhepunkte so anzugeben, dass ein Verdichten des Betons beim Abgleichen der Oberfläche möglich ist.

Größere Gefälle sind schwierig herzustellen. Beim Betonieren von Neigungen über 5 % sind sowohl die Zusammensetzung des Betons als auch die Konsistenz und das Einbaugerät darauf abzustellen.

Fugen sollten möglichst nicht überströmt werden und damit möglichst nicht im Tiefbereich des Gefälles liegen. Die Fugen würden durch dauernde Feuchtigkeit unnötig beansprucht. Außerdem besteht die Gefahr, dass die Fugenabdichtung bei mangelnder Wartung versagt, was bei kritischen Flüssigkeiten zu Beeinträchtigungen des Untergrundes führen könnte. Das Gefälle sollte daher stets von Fugen wegführen. Im Anschluss an Entwässerungsrinnen sind Fugen nicht zu vermeiden. Diese Fugen bedürfen besonderer Wartung.

6.6.2 Entwässerungsrinnen

Für die Entwässerung von Flächen ist eine Gefälleführung erforderlich, die zu den Entwässerungselementen hinführt. Entwässerungselemente können Punktentwässerungen (Gullys) oder Linienentwässerungen (Rinnen) sein. Bei Art und Ausbildung der Entwässerungen sind Forderungen des Arbeitsschutzes oder der Befahrbarkeit zu berücksichtigen. Bei stark befahrenden Flächen sind Rinnenausbildungen zu bevorzugen.

Muldenrinnen können bei geringen abzuleitenden Flüssigkeitsmengen ausgeführt werden. Sie sind bei stark wassergefährdenden Flüssigkeiten zu bevorzugen, da hierbei die Dichtigkeit der Fläche wegen fehlender Fugen nicht beeinträchtigt wird. Günstigstenfalls erfolgt die Muldenausbildung durch gegeneinander laufende Quergefälle. Hierbei entsteht die „Muldenrinne", die ein Längsgefälle aufweisen muss. Dieses Längsgefälle sollte dann in eine Punktentwässerung münden, die in einem Bereich liegt, in dem der Fahrverkehr nicht beeinträchtigt wird.

Kastenrinnen aus Ortbeton sollten mit den angrenzenden Betonbodenflächen gemeinsam betoniert werden, damit beim Rinnenanschluss keine Fugen entstehen. Die erforderliche Vertiefung der Betonbodenplatte im Rinnenbereich kann voutenförmig ausgebildet werden. Eine Voutenseite sollte mit weichen Dämmmatten abgepolstert werden, sodass eine ausreichende Verformbarkeit in horizontaler Richtung quer zu Rinne stattfinden kann. Dadurch werden mögliche Zwangbeanspruchungen vermindert (Bild 6.9).

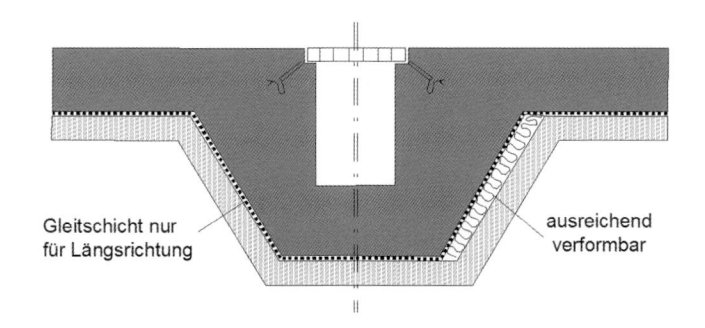

Bild 6.9: Kastenrinne aus Ortbeton, die mit der Betonbodenplatte in einem Zuge betoniert wird, sodass keine Arbeitsfugen entstehen [R22]

Kastenrinnen aus Stahlbeton-Fertigteilen sind trotz der höheren Materialkosten meistens wirtschaftlicher herzustellen als in Ortbeton auszuführen. Die Einbaukosten sind niedriger. Bei wassergefährdenden Flüssigkeiten sind jedoch Rinnen aus Stahlbeton-Fertigteilen wegen der Vielzahl an Fugen nur mit Sondermaßnahmen zulässig. Auf diese Sondermaßnahmen, z.B. Auskleidungen oder Beschichtungen, kann verzichtet werden, wenn für das Fugenabdichtungssystem die Eignung nachgewiesen wird (Bild 6.10)

Kastenrinnen aus Polymerbeton können nachträglich in Aussparungen gesetzt werden. Hierfür ist vorher unter der Rinne ein Streifen aus Beton $\geq$ C25/30 in Dicke der Tragschicht einzubringen, auf dem die Rinne in Mörtel verlegt wird, bei stark beanspruchten Flächen in hochfesten Vergussmörtel, z.B. Epoxidharzmörtel (Bild 6.11).

Besser ist es, die Rinnen vorher auf einen Streifen aus Beton $\geq$ C25/30 als Fundament zu verlegen und beim Betonieren der Betonbodenplatte direkt einzubetonieren. Dadurch wird ein genauerer Anschluss Rinne/Betonbodenplatte sichergestellt.

6.6 Anforderungen an die Entwässerung

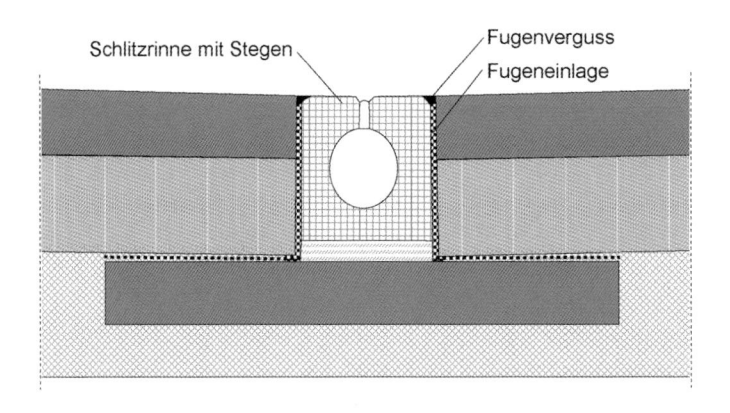

Bild 6.10:
Schlitzrinnen aus Stahlbeton-Fertigteilen für schwer belastete Verkehrsflächen

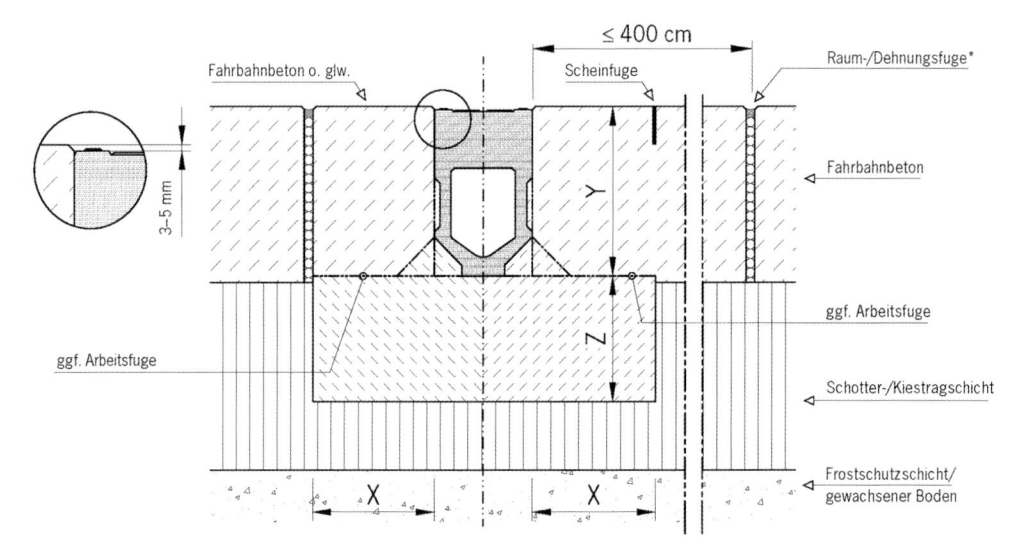

Bild 6.11:
Kastenrinne aus Polymerbeton für Belastungsklassen D400 bis F900 (System ACO Drain nach [L1])

Rinnenelemente aus Polymerbeton sind gegen chemisch angreifende Stoffe widerstandsfähig. Der Rinnenkörper ist mit dem Rostrahmen aus nicht korrodierendem Material fest verbunden (Bild 6.12).

Bei der Ausschreibung von Entwässerungsrinnen sind die Anforderungen nach DIN EN 1433/DIN V 19580 zu berücksichtigen.

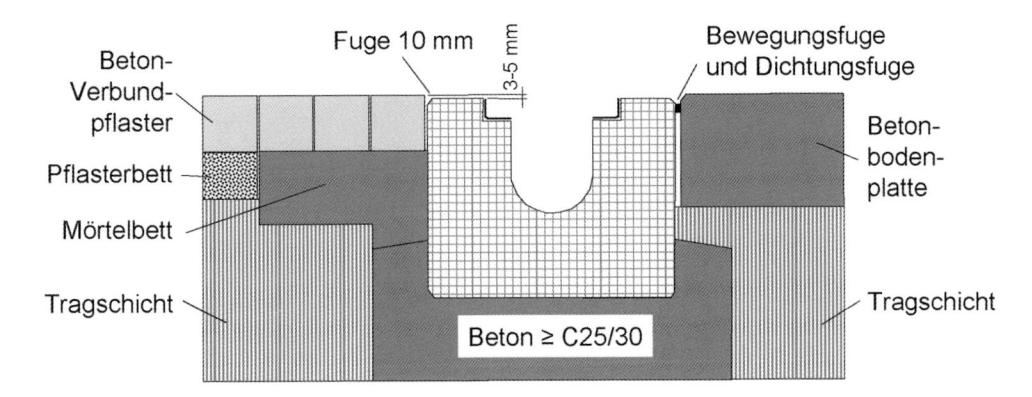

Bild 6.12:
Einbau einer Entwässerungsrinne für Belastungsklassen E 600 und F 900 mit NW 150 - 200 im Übergangsbereich zwischen Freifläche und Halle (System: Birco) [nach L5]

Belastungsklassen für Rinnen sind in DIN EN 1433 „Entwässerungsrinnen für Verkehrsflächen - Klassifizierung, Bau- und Prüfgrundsätze, Kennzeichnung und Beurteilung der Konformität" 2005-09 festgelegt, z.B.:

A 15   für Verkehrsflächen, die ausschließlich von Fußgängern und Radfahrern benutzt werden
B 125   für Verkehrsflächen mit normalen Pkw-Verkehr
C 250   für Randbereiche von Verkehrsflächen, die von leichten Fahrzeugen befahren werden
D 400   für Verkehrsflächen mit Lkw-Verkehr
E 600   für Flächen mit besonders hohen Radlasten, z.B. Gabelstapler-Betrieb
F 900   für besondere Flächen, z.B. Flugzeugwartungshallen und Flugbetriebsflächen

Die Zahlen 15 bis 900 geben die Prüflast für die entsprechende Belastungsklasse an, z.B. 15 kN für A 15 (1,5 t) oder 600 kN für E 600 (60 t).

Linien- oder Punktentwässerungen, z.B. aus Polymerbeton, sind als Fertigteile für alle Belastungsklassen einsetzbar.

Weiterhin regelt DIN EN 1433 die Anforderungen an die Wasserdichtheit bei Betonrinnen. Die Kennzeichnung W bezeichnet eine Wasseraufnahme von weniger als 7% für Einzelwerte und weniger als 6,5% für den Mittelwert. Entwässerungsrinnen, die häufig stehendem, tausalzhaltigem Wasser unter Frostbedingungen ausgesetzt sind, müssen zusätzlich als „+R" (frost-/tausalzbeständig) gekennzeichnet sein.

6.7 Anforderungen an die Reinigungs- und Pflegeeigenschaften

Betonoberflächen können rau und griffig oder aber auch glatt hergestellt werden. Dementsprechend ist die Oberflächenbearbeitung auszuführen. Entscheidend für die Oberflächenausbildung sind die Betriebsbedingungen und die Nutzungsanforderungen. Rau und griffige Oberflächen bieten eine hohe Verkehrssicherheit, verschmutzen aber leichter und lassen sich schwerer reinigen. Glatte Oberflächen verschmutzen nicht so schnell und lassen sich leichter reinigen, können aber so glatt sein, dass eine Rutschsicherheit nicht gegeben ist (siehe Kapitel 6.4.1).

Der Planer hat die Aufgabe, diesen Sachverhalt dem Bauherrn einer Halle bzw. Nutzer der Hallenflächen zu verdeutlichen, woraufhin von der Auftraggeberseite eine Entscheidung hinsichtlich der Oberflächenausbildung zu treffen ist.

Betonoberflächen bedürfen keiner speziellen Pflege, eine artgerechte Nutzung vorausgesetzt. Unter einer artgerechten Nutzung ist zu verstehen, dass die chemischen, mechanischen und temperaturbedingten Beanspruchungen infolge der Betriebsbedingungen im Rahmen jener Beanspruchungen liegen, für die eine Betonbodenplatte bei Planung und Herstellung ausgerüstet wurde. Gelegentlich stellt sich jedoch die Frage, ob die Reinigung und Pflege von Betonoberflächen artgerecht erfolgt. Es gibt Reinigungsmittel und -verfahren, die den Beton chemisch angreifen oder auch die mechanischen Eigenschaften ungünstig beeinflussen können.

Die Reinigungsindustrie bietet die unterschiedlichsten Reinigungs- und Pflegemittel an, unter anderem z.B.:

– Universalreiniger

– Industriereiniger

– Öl- und Fettentferner

– Kalklöser

– Rostentferner

– Wischwachs

Viele Reinigungsmittel sind Hochkonzentrate. Das ist zwar platzsparend und hinsichtlich des Verpackungsmaterials auch umweltschonend, aber wichtig ist die richtige Verdünnung vor dem Gebrauch. Manche Hochkonzentrate müssen zunächst vorverdünnt (z.B. 1:5) und dann je nach Verschmutzungsgrad nochmals nachverdünnt werden (z.B. 1:50).

Universalreiniger sind Mehrbereichsreiniger, die auch Allzweckreiniger genannt werden. Sie sind meistens alkalisch, der pH-Wert kann im stark alkalischen Bereich bei pH $\approx$ 13 liegen. Manche Universalreiniger sind hautfreundlich und bewirken zusätzlich eine Rückfettung. Andere Universalreiniger sind in starker Konzentration hautaggressiv und werden als reizend oder ätzend eingestuft. Die Wirkung kann gefährlicher sein als eine analoge Säureverätzung.

Im zugehörigen Sicherheitsdatenblatt ist die Wassergefährdungsklasse angegeben, meistens WGK 1, also schwach wassergefährdend. Sie sind im Sinne der Transportvorschriften kein Gefahrgut, aber dennoch sind die Reiniger von Gewässern und Erdreich fernzuhalten. Sie sind weitgehend biologisch abbaubar.

Universalreiniger greifen den Beton nicht an, können aber in starker Konzentration die Rutschgefahr erhöhen.

Industriereiniger sind zur Reinigung starker bis sehr starker Verschmutzungen im Industriebereich einsetzbar, z.B. bei Ölen und Fetten. Sie können als Ersatz für Lösemittelreiniger zur Entfettung angewendet werden. Auch diese Reiniger sind universell einsetzbar und enthalten Rostschutzkomponenten. Industriereiniger sind stark basisch, der pH-Wert liegt bei 11.

Die Angaben im zugehörigen Sicherheitsdatenblatt sind zu beachten. Industriereiniger greifen den Beton nicht an.

Öl- und Fettentferner entfernen Öl- und Fettverschmutzungen, sie lösen Ruß, Harze und Wachse. Öl- und Fettentferner sind in starker Konzentration hautaggressiv und werden als ätzend eingestuft. Die Wirkung kann gefährlicher sein als eine analoge Säureverätzung.

Im zugehörigen Sicherheitsdatenblatt ist die Wassergefährdungsklasse angegeben, meistens WGK 1, also schwach wassergefährdend. Sie sind im Sinne der Transportvorschriften kein Gefahrgut. Öl- und Fettlöser sind von Erdreich und Gewässern fernzuhalten, sie haben eine Giftwirkung auf Fische und Plankton. Hohe Konzentrationen können schädliche Auswirkungen auf Abwasserbehandlungsanlagen haben. Öl- und Fettlöser enthalten meistens Kalilauge. Sie sind nicht betonangreifend.

Kalklöser dienen der Entfernung von Kalkstein. Kalklöser enthalten Säuren, meistens Phosphorsäure oder Salzsäure. Sie haben einen pH-Wert bei 1 bis 2 und sind ätzend. Ein Kontakt mit dem Kalklöser verursacht Verätzungen der Haut und insbesondere der Augen. Kalklöser entwickeln ätzende Gase und Dämpfe. Beim Verdünnen ist stets der Kalklöser ins Wasser zu geben, nie umgekehrt. Das Sicherheitsdatenblatt ist zu beachten. Kalklöser gehören in die Wassergefährdungsklasse 1 als schwach wassergefährdend. Sie sind von Gewässern und Erdreich fernzuhalten und dürfen nicht unverdünnt oder in größeren Mengen in die Kanalisation gelangen.

Kalklöser sind stark Beton angreifend. Sie werden deshalb auch nicht für die Reinigung von Betonflächen eingesetzt, können aber bei der Reinigung anderer Flächen auf den Beton gelangen. In einem derartigen Fall ist der Kalklöser unverzüglich zu entfernen und die Fläche ist mehrfach nachzuspülen. Schutzhandschuhe und Schutzbrille mit Seitenschutz tragen.

Rostentferner enthalten anorganische Säuren. Im Wesentlichen gilt hierfür das Gleiche wie bei Kalklösern. Auch Rostentferner greifen aufgrund des Säuregehalts den Beton stark an.

6.8 Weitere Anforderungen

Wischwachs reinigt Fußbodenflächen, bildet einen elastischen Wachsfilm und wirkt schmutzabweisend. Wischwachse sind chemisch neutral und haben einen pH-Wert ≈ 7. Es sind meist umweltfreundliche Produkte, die biologisch abgebaut werden. Sie sind dennoch von Gewässern und Erdreich fernzuhalten. Wischwachse greifen den Beton nicht an, sie können aber die Rutschgefahr erhöhen. In diesem Fall ist ein Entfernen der Wachsschicht erforderlich, geeignet sind hierfür Industriereiniger.

Bild 6.13:
Nassreinigung einer Betonbodenplatte [Foto ISVP Lohmeyer + Ebeling]

6.8 Weitere Anforderungen

Weitere Anforderungen an Betonbodenplatten können darin bestehen, dass eine spätere Überarbeitung der Oberfläche in Aussicht genommen wird oder dass anfallende Instandsetzungen durchgeführt werden sollen.

6.8.1 Überarbeitbarkeit

Fehlende Rutschsicherheit kann besonders in Betrieben von Bedeutung sein, in denen mit Flüssigkeiten gearbeitet wird und wo die Oberfläche keine genügende Rauigkeit aufweist. In Kapitel 6.4.1 sind hierzu nähere Ausführungen zu finden.

Mangelnde Reinigungsfähigkeit
entsteht bei rauen Oberflächen. Je nach Nutzung der Halle und Beanspruchung der Bodenoberfläche ist eine bestimmte Rauigkeit erforderlich. Es ist daher abzuwägen, welche Anforderungen Vorrang haben: Rutschsicherheit mit Rauigkeit der Oberfläche oder hygienische Anforderungen mit Reinigungsfähigkeit. In bestimmten Produktionsbetrieben kann es daher erforderlich sein, die Betonbodenplatte mit einem zusätzlichen Belag zu versehen, der beide Anforderungen erfüllt: trittsicher und gut reinigungsfähig. Dies sind z.B. keramische Beläge, wie sie beispielsweise in Molkereien oder Schlachtereien erforderlich werden.

Staubende Betonflächen
können beispielsweise insbesondere dann entstehen, wenn die Betonoberfläche nicht geglättet, sondern gerieben wurde und bei der Herstellung keine geschlossene Oberfläche entstanden ist und keine ausreichende Nachbehandlung durchgeführt wurde. Aber auch geglättete Betonflächen führen zur Staubentwicklung, wenn durch mechanische Bean-

spruchungen ein Abrieb entsteht. Häufig kommt zum Abrieb der Betonoberfläche noch weiterer Abrieb durch den Fahrbetrieb (Reifenabrieb) und durch den Umschlag von Gütern (Abrieb von Kartons oder Paletten) hinzu. Selbst bei einer Beton- oder Hartstoffoberfläche mit hohem Verschleißwiderstand wird mit einem begrenzten Abrieb gerechnet. Dieser ist in den Kapiteln 3.4.1 und 6.2.3 dargestellt. Eine sinnvolle Maßnahme ist in derartigen Fällen z.B. die Versiegelung der Oberfläche. Eine Versiegelung mit Kunstharz verfestigt die Oberfläche und bringt einen geschlossenen Oberflächenfilm von 0,1 bis 0,3 mm auf die Oberfläche (siehe Kapitel 12.1).

Fehlender Verschleißwiderstand
führt zur Staubentwicklung in der Halle und schließlich zum „Wundlaufen" der Oberfläche. Der Verschleiß zeigt sich als erstes bei Flächen mit starker mechanischer Beanspruchung der Oberfläche und in stark befahrenen oder begangenen Bereichen. Dies ist dann der Fall, wenn der entstandene Verschleißwiderstand der Betonoberfläche nicht den tatsächlich auftretenden Beanspruchungen genügt (siehe Kapitel 3.4.1 und 6.2.3). Ursachen können falsche Festlegung des Verschleißwiderstandes oder Ausführungsmängel sein, z.B. frühes Austrocknen der Oberfläche durch fehlenden oder zu spät einsetzenden Schutz der Oberfläche bzw. ungeeignete oder unzureichende Nachbehandlung.

Im Einzelfall ist zu klären, ob ein Abschleifen der oberen Schicht mit zu geringem Verschleißwiderstand sinnvoll und zielführend ist oder eine Versiegelung der Oberfläche. Bei stark fortgeschrittenem Verschleiß kann ggf. eine Beschichtung erforderlich werden.

Unebenheiten der Betonoberfläche
bedürfen zunächst der Klärung, ob die zulässigen Ebenheitsabweichungen nach DIN 18202 eingehalten sind. Bei unzulässigen Unebenheiten oder bei Unebenheiten, die den Betriebsablauf stören, kann ein bereichsweises Abschleifen der Hochbereiche Abhilfe schaffen. Hierbei ist jedoch zunächst zu klären, ob diese Maßnahme überhaupt zielführend ist. Die Ausführung muss von erfahrenen Fachleuten vorgenommen werden, da sonst weitere Unebenheiten entstehen können. Der Auftraggeber ist darauf hinzuweisen, dass die Oberflächenstruktur und der optische Eindruck der geschliffenen Bereiche anders sind als bei den ungeschliffenen Bereichen. Es werden umso mehr Gesteinskörner zu erkennen sein, je tiefer geschliffen werden muss.

Nachträgliche Versiegelungen, Beschichtungen oder Beläge
können auf die Betonoberfläche aufgebracht werden. Erforderlich ist hierfür eine Vorbereitung der Betonoberfläche. Sie muss stets frei sein von Bestandteilen, die den Verbund beeinträchtigen können, z.B. Schmutz, Gummiabrieb, Fett, Öl, usw. Die Vorbereitung der Betonoberfläche ist auf die aufzubringende Schicht abzustimmen. Derartige Arbeiten sind stets von Fachfirmen mit entsprechender Erfahrung unter Beachtung der geltenden Merkblätter und Richtlinien sowie der Verarbeitungsrichtlinien des Herstellers auszuführen.

7 Bemessungsgrundlagen für Betonböden

7.1 Allgemeines zur Bemessung

Für die tragenden Bauteile von Bauwerken müssen Berechnungen aufgestellt und Bemessungen durchgeführt werden. Eine statische Berechnung der entsprechenden Tragwerke gehört zu den erforderlichen Unterlagen, um eine Baugenehmigung beantragen zu können.

Bei Betonbodenplatten ist der Sachverhalt anders, wenn Betonbodenplatten kein Tragwerk im Sinne der DIN 1045 sind. Beim Versagen eines Betonbodens stürzt nichts ein, die Standsicherheit des Bauwerks ist nicht gefährdet. Für Betonbodenplatten muss in der Regel keine statische Berechnung für den *Nachweis der Tragfähigkeit* aufgestellt werden.

Eine Bemessung von Betonbodenplatten kann jedoch aus anderer Hinsicht erforderlich sein: Für den Nutzer einer Halle können die sich durch das Versagen eines Betonbodens ergebenden Probleme größer sein, als z.B. ein Mangel am Dach oder an Wänden. Durch Versagen eines Betonbodens kann der gesamte Betriebsablauf gestört werden. Daher ist ein *Nachweis der Gebrauchstauglichkeit* für Betonbodenplatten von besonderer Bedeutung.

Hochregallager mit Lagerhöhen von mehr als 7,5 m über Oberkante Betonbodenplatte bilden eine weitere Ausnahme (Musterbauordnung). Für Hochregallager ist stets ein Tragfähigkeitsnachweis zu erbringen. Dies betrifft einerseits die Standsicherheit der Regale durch große vertikale Lasten und horizontale Lasten infolge Anprall, sowie andererseits die Lastübertragung durch die Betonbodenplatte in den Unterbau.

Zur Konstruktionsart und zum Aufbau von Betonböden wurde bereits in Kapitel 4 im Rahmen der Planung deutlich gemacht, dass ein Betonboden im Wesentlichen aus den mehreren Teilen besteht (Bild 4.1):

- Untergrund: gut verdichtet und gleichmäßig tragfähig, sonst Bodenaustausch erforderlich
- Tragschicht: aus Kies, Schotter oder Verfestigung mit hydraulischen Bindemitteln für ausreichende Tragfähigkeit
- Betonbodenplatte: in ausreichender Dicke mit genügend hoher Betonfestigkeit für Tragfähigkeit und Dauerhaftigkeit
- ggf. Oberflächenbelag: für besondere Anforderungen bzw. Nutzungswünsche, z.B. Hartstoffschicht, Oberflächenschutzsystem

Das Zusammenwirken dieser Schichten ist für die Funktionsfähigkeit eines Betonsbodens erforderlich. Daher muss jedes dieser Teile bestimmte Anforderungen erfüllen, die bei der Bemessung festzulegen oder wofür Nachweise zu erbringen sind.

Die Konstruktionselemente Untergrund, Tragschicht und Betonbodenplatte müssen so bemessen werden, dass sie die Beanspruchungen aufnehmen und nach unten übertragen können. Für übliche Belastungen mit Einzellasten bis 140 kN und mit Kontaktpressungen bis 2,0 N/mm² können die erforderlichen Tragwerte der drei Konstruktionsteile tabellarisch abgelesen werden (z.B. Tafeln 4.2, 4.6 bzw. 4.8, 4.9, 4.10 und Bild 4.4). Das Ablaufschema für Planung und Bemessung zeigt, wie eine Wahl der Konstruktionsteile nach entsprechenden Tafeln erfolgen kann und/oder wann eine genauere Bemessung erforderlich wird (Kapitel 15).

7.2 Einwirkungen für Bemessung und Nachweise

Die Beanspruchungen von Betonbodenplatten entstehen sowohl durch Lasteinwirkungen als auch Beanspruchungen durch Zwang. Die Bestimmung der Schnittgrößen für die Zwangbeanspruchung erfolgt gesondert in Kapitel 7.5.

Die Einwirkungen aus Lasten Q_d, für die ein Betonboden auszulegen ist, ergeben sich aus der charakteristischen Lasten G_k bzw. Q_k multipliziert mit dem zugehörigen Sicherheitsbeiwert γ_G bzw. γ_Q. (Gl. 7.1 und Gl. 7.2). Bei Radlasten sollte statt des Sicherheitsbeiwerts γ_Q das Produkt aus Sicherheitsbeiwert γ_Q und Lastwechselzahl φ_n berücksichtigt werden (Gl. 7.3):

Für ständige und langfristig wirkende Lasten G_k (z.B. bei Eigenlasten und Regallasten)

$$G_d = \gamma_G \cdot G_k \qquad (Gl.\ 7.1)$$

Für ständige Lasten und veränderliche Lasten Q_k (z.B. bei wechselnden Stapelgütern)

$$Q_d = \gamma_G \cdot G_k + \gamma_Q \cdot Q_k \qquad (Gl.\ 7.2)$$

für ständige Lasten und Radlasten Q_k (z.B. bei häufig wechselnden Verkehrslasten)

$$Q_d = \gamma_G \cdot G_k + \gamma_Q \cdot \varphi_n \cdot Q_k \qquad (Gl.\ 7.3)$$

7.2.1 Sicherheitsbeiwerte für Einwirkungen

Bevor eine Bemessung durchgeführt wird, muss Klarheit über die Beanspruchung des Betonbodens und die vorgesehene Nutzung der Fläche bestehen. Hiervon sind die Bemessungsgrößen abhängig.

Angaben zu wirkenden Lasten befinden sich in Kapitel 3.3 „Lastbeanspruchungen". Dort sind auch Beispiele für die Zuordnung von Betonböden in drei Beanspruchungsbereiche aufgeführt (siehe Tafel 3.6). Die in den Tafeln in Kapitel 3.3 genannten Lasten sind charakteristische Lasten Q_k. (siehe Tafeln 3.2 bis 3.5). Maßgebend sind jedoch die sogenannten Bemessungslasten Q_d.

Um diese Bemessungslasten Q_d zu erhalten, müssen die charakteristischen Lasten Q_k mit entsprechenden Sicherheitsbeiwerten versehen werden. Bei diesen Sicherheitsbeiwerten wird unterschieden nach ständigen Lasten (Index G) und veränderlichen Lasten (Index Q). Bei Radlasten ist außerdem eine Lastwechselzahl φ_n zu berücksichtigen. Diese Lastwechselzahl sollte abhängig von der Häufigkeit der Lastwechsel n festgelegt werden. Zusätzlich zu dieser Lastwechselzahl sind keine Schwingbeiwerte zu berücksichtigen, da vollflächig aufliegende Betonbodenplatten nicht „schwingen". Empfehlungen für die Annahme der Lastwechselzahl enthält folgende Tafel 7.1.

Mit dem Vorschlag für Teilsicherheitsbeiwerte und Lastwechselzahlen gemäß Tafel 7.1 können die Bemessungslasten mit den Gleichungen 7.1 bis 7.3 ermittelt werden. Diese Bemessungslasten sind Grundlage für die Bemessung von Untergrund, Tragschicht und Betonbodenplatte.

Tafel 7.1: Sicherheitsbeiwerte und Lastwechselzahlen für Betonbodenplatten, die keine Tragwerke nach DIN 1045-1 sind [Vorschlag Lohmeyer]

1	Teilsicherheitsbeiwerte γ_G und γ_Q für ständige und veränderliche Lasteinwirkungen		
	- bei ständigen Lasteinwirkungen G_k	$\gamma_G = 1{,}20$	
	- bei veränderlichen Lasteinwirkungen Q_k	$\gamma_Q = 1{,}35$	
2	Teilsicherheitsbeiwert γ_Q mit Lastwechselzahl φ_n für Radlasten Q_k		
	bei Anzahl der Lastwechsel n	$n \leq 1 \cdot 10^3$	$\gamma_Q \cdot \varphi_n = 1{,}45$
		$n \leq 5 \cdot 10^3$	$\gamma_Q \cdot \varphi_n = 1{,}50$
		$n \leq 1 \cdot 10^4$	$\gamma_Q \cdot \varphi_n = 1{,}55$
		$n \leq 5 \cdot 10^4$	$\gamma_Q \cdot \varphi_n = 1{,}60$
		$n \leq 1 \cdot 10^5$	$\gamma_Q \cdot \varphi_n = 1{,}65$
		$n \leq 1 \cdot 10^6$	$\gamma_Q \cdot \varphi_n = 1{,}70$
		$n > 1 \cdot 10^6$	$\gamma_Q \cdot \varphi_n = 1{,}75$

7.2.2 Sicherheitsbeiwerte für Nutzungsbereiche

Betonbodenplatten müssen nicht für den Grenzzustand der Tragfähigkeit, sollten aber im Hinblick auf die Gebrauchstauglichkeit nachgewiesen werden.

Für Betonbodenplatten mit geringem Gefährdungspotential, d.h., ohne baurechtliche und ohne wasserrechtliche Anforderungen, können für unterschiedliche Nutzungsbereiche entsprechende Teilsicherheitsbeiwerte vorgesehen werden (Tafel 7.2).

Dieser Vorschlag wurde bereits mit Tafel 3.1 in Kapitel 3 vorgelegt. Hierbei werden für den Nutzungsbereich A geringere Anforderungen und für den Nutzungsbereich C höhere Anforderungen an das Vermeiden von Rissen gestellt als gegenüber dem allgemeinen Nutzungsbereich B.

7.2 Einwirkungen für Bemessung und Nachweise

Tafel 7.2: Teilsicherheitsbeiwerte für Beton bei Zug- und Biegezugbeanspruchung und Nutzungsbereiche für Betonböden mit geringem Gefährdungspotential (ohne baurechtliche und ohne wasserrechtliche Anforderungen) [Vorschlag Lohmeyer in Anlehnung an R30.1]

Nutzungsbereich	Anforderungen an die Rissvermeidung	Teilsicherheitsbeiwert	Beispiele
A	gering	$\gamma_{ct,Q} = 1{,}10$	Lagerhallen für unempfindliche Schüttgüter, grobe Metall- und Holzverarbeitung, Stahlbaubetriebe, landwirtschaftliche Gerätehallen
B	mittel	$\gamma_{ct,Q} = 1{,}35$	feine Metall- und Holzverarbeitung, Kunststoff- und Gummiindustrie, Lagerhallen, Logistikzentren, Kfz-Reparaturbetriebe
C	hoch	$\gamma_{ct,Q} = 1{,}60$	Ausstellungs- und Verkaufsräume, Papier- und Textilverarbeitung, feinmechanische Betriebe, Lebensmittelbereiche, Hochregallager

7.2.3 Sicherheitsbeiwerte für den Nachweis der Gebrauchstauglichkeit

Die Teilsicherheitsbeiwerte für den Beton sollten in Abhängigkeit von der Ausführungsart unterschiedlich angesetzt werden:

Ausführungsart N (normal)

– Gute Betonzusammensetzung

– Übliche Temperatureinwirkung beim Einbau der Betonbodenplatte in offenen Hallen, jedoch unter Dach z.B: $T \geq 10°C$ und $T \leq 25°C$

– Beginn der Nachbehandlung sofort nach Abschluss der Oberflächenbearbeitung entsprechend DIN 1045-3 Tabelle 2 für Expositionsklasse XM, und zwar so lange, bis 70 % der charakteristischen Betondruckfestigkeit f_{ck} erreicht ist

– Nachbehandlungsdauer entsprechend DIN 1045-3 Tabelle 2

Ausführungsart S (speziell):

– Spezielle Betonzusammensetzung (z.B. $w \leq 165$ kg/m^3, $zl \leq 290$ l/m^3)

– Besonderer Schutz des Betons beim Einbau in geschlossenen Hallen mit Vermeidung schneller Oberflächenerwärmung und -austrocknung schon während des Einbaues

– Verhinderung direkter Sonneneinstrahlung sowie schnellen Abkühlens infolge Zugluft schon während des Einbaues

- Sofort einsetzende Nachbehandlung, z.B. durch Aufsprühen eines Nachbehandlungsfilms und Abdeckung des Betons
- Doppelt lange Nachbehandlungsdauer gegenüber DIN 1045-3 Tabelle 2

Die Teilsicherheitsbeiwerte für den Nachweis der Gebrauchstauglichkeit von Betonbodenplatten in Hallen sind in Tafel 7.3 zusammengestellt.

Bei allen Betonbodenplatten sollten die Auswirkungen beim Abfließen der Hydratationswärme abgeklärt werden. Sofern ein rechnerischer Nachweis geführt wird, gilt hierfür der Sicherheitsbeiwert $\gamma_{ct,H}$ nach Tafel 7.3:

$\gamma_{ct,H} = 1{,}30$

Tafel 7.3: Teilsicherheitsbeiwerte für den Nachweis der Gebrauchstauglichkeit von Betonbodenplatten [Vorschlag Lohmeyer]

Teilsicherheitsbeiwerte	Nutzungsbereich A		Nutzungsbereich B		Nutzungsbereich C	
	Ausführung		Ausführung		Ausführung	
	N	S	N	S	N	S
Beton bei Zug und Biegezug $\gamma_{ct,Q}$ (wie in Tafel 7.2)	1,10		1,35		1,60	
Abfließen der Hydratationswärme $\gamma_{ct,H}$	1,30					
Schwinden des Betons $\gamma_{ct,S}$	1,15	1,10	1,20	1,15	1,30	1,20
Temperatureinflüsse auf Beton $\gamma_{ct,T}$	1,20	1,10	1,30	1,15	1,40	1,20

Bei Flächen in Hallen ist das Schwinden des Betons zu berücksichtigen, bei Flächen im Freien kann das Schwinden im Allgemeinen vernachlässigt werden.

Bei Flächen im Freien sind Temperatureinflüsse von Bedeutung. Daraus ergibt sich der Gesamt-Sicherheitsbeiwert $\gamma_{ct,ges}$:

Für Betonbodenplatten in Hallen

$\gamma_{ct,ges} = \gamma_{ct,Q} \cdot \gamma_{ct,S}$ (Gl. 7.4)

Für Betonbodenplatten im Freien

$\gamma_{ct,ges} = \gamma_{ct,Q} \cdot \gamma_{ct,T}$ (Gl. 7.5)

Für baurechtliche relevante (tragende) Betonbauteile gilt für die ständige und vorübergehende Bemessungssituation nach DIN 1045-1, 5.3.3 (8) im Grenzzustand der Tragfähigkeit der Sicherheitsbeiwert: für Beton auf Zug bei tragenden Bauteilen

$\gamma_{ct,Q} = 1{,}80$ (Gl. 7.6)

Dieser Wert sollte auch bei wasserrechtlich relevanten Betonbodenplatten angesetzt werden, z.B. bei Bauteilen nach der DAfStb-Richtlinie „Betonbau beim Umgang mit wassergefährdenden Stoffen" [R22].

7.3 Nachweise für Untergrund und Tragschicht

Bei Betonböden für Lager- und Produktionshallen wird vielfach zu wenig auf eine ausreichende Tragfähigkeit des Unterbaues geachtet, oder es wird eine Tragschicht überhaupt nicht eingebaut. Mängel an Betonböden sind auch auf nicht genügende Tragfähigkeit der Unterkonstruktion zurückzuführen.

Bei der Bemessung einer Betonbodenplatte wird üblicherweise davon ausgegangen, dass zunächst ein tragfähiger Untergrund vorhanden ist, auf dem eine Tragschicht aufgebracht wird. Auf der Tragschicht liegt die Betonplatte, die durch die Nutzungsbedingungen direkt beansprucht wird und die die Einwirkungen aus Lasten nach unten auf die Tragschicht und in den Untergrund überträgt.

Die Gesamtkonstruktion eines Betonbodens besteht mindestens aus folgenden drei Konstruktionsteilen (Bild 4.1):

– Untergrund (siehe Kapitel 4.2.1)

– Tragschicht (siehe Kapitel 4.2.3)

– Betonbodenplatte (siehe Kapitel 4.3)

Jedes der drei Konstruktionsteile muss so ausgelegt sein, dass es die Beanspruchungen aufnehmen und nach unten übertragen kann. Für übliche Belastungen und Einzellasten bis 140 kN sowie mit Kontaktpressungen bis 2,0 N/mm^2 können die erforderlichen Tragwerte der drei Konstruktionsteile vereinfacht tabellarisch abgelesen werden. Das Ablaufschema (siehe Kapitel 15) zeigt, wie eine Wahl der Konstruktionsteile nach entsprechenden Tafeln erfolgen kann und/oder wann eine genauere Bemessung erforderlich wird.

Für die Wahl von Tragschichtart und -dicke ist die Gesamtbeanspruchung entscheidend. Die wesentlichste Beanspruchung entsteht jedoch durch Einzellasten. Dieses können sowohl bewegliche Lasten aus den Fahrzeugen und Gabelstaplern sowie auch längerfristig wirkende Lasten aus Regalen oder Containern sein.

7.3.1 Verformungsmodul des Unterbaues

Die vorstehenden Ausführungen bedeuten, dass ein Nachweis der dichten Lagerung von Untergrund und Tragschicht zu führen ist. Geeignet hierfür ist der Plattendruckversuch nach DIN 18134 [N42], der auch als Lastplattenversuch bezeichnet wird. Bei diesem Versuch wird das Einsinken einer belasteten Platte festgestellt. Daraus errechnet sich der Verformungsmodul. Der Verformungsmodul nach der ersten Belastung wird als E_{V1}-Wert angegeben, nach der zweiten Belastung als E_{V2}-Wert, jeweils in MN/m^2. Das Prüfverfahren ist in Kapitel 13 beschrieben.

Das bedeutet: Entweder werden vor Beginn einer Bemessung die vorhandenen Verformungsmoduln von Untergrund und Tragschicht geprüft oder - umgekehrt - es werden bei der Bemessung von Betonböden die erforderlichen Verformungsmodul E_{V2} für Untergrund und Tragschicht vorgegeben und das Verhältnis von E_{V2} / E_{V1} festgelegt. Diese Werte sind dann durch Prüfungen auf der Baustelle nachzuweisen.

Durch Einhalten der erforderlichen Verformungsmoduln E_{V2} für Untergrund (Index U) und Tragschicht (Index T) und ein günstiges Verhältnis von E_{V2} / E_{V1} entsprechend Tafel 7.4 ist der Nachweis ausreichender Tragfähigkeit erbracht.

Tafel 7.4: Erforderlicher Verformungsmodul E_{V2} des Untergrunds und der Tragschicht unter Betonbodenplatten [1]) [Vorschlag Lohmeyer] [L20]

max. Belastung Einzellast Q_d in kN	Verformungsmodul E_{V2} in N/mm² bzw. MN/m²	
	des Untergrundes $E_{V2,U}$	der Tragschicht $E_{V2,T}$
$\leq$ 30	$\geq$ 35	$\geq$ 80
$\leq$ 60	$\geq$ 45	$\geq$ 100
$\leq$ 100	$\geq$ 60	$\geq$ 120
$\leq$ 140	$\geq$ 80	$\geq$ 150

[1]) Bedingungen:
Untergrund $E_{V2,U} / E_{V1,U} = 2{,}5$
Tragschicht $E_{V2,T} / E_{V1,T} = 2{,}2$

Für spezielle Fälle, die in diese Tabelle nicht einzuordnen sind, oder bei höheren Belastungen sind die erforderlichen Werte im Zusammenwirken mit einem Institut für Baugrundfragen (Geotechnik) festzulegen.

7.3.2 Bettungsmodul des Unterbaues

Die in Kapitel 8 dargestellten Bemessungen von Betonbodenplatten beruhen auf dem Rechenverfahren von Westergaard [L13] und Eisenmann [L14] [L45]. Diesem Verfahren liegt die Bettungsmodul-Theorie zugrunde. Daher wird zunächst der Bettungsmodul dargestellt.

Eine Betonplatte wird bei gleicher Belastung umso mehr auf Biegung beansprucht, je nachgiebiger die Unterkonstruktion ist. Es wird angenommen, dass Betonbodenplatten elastisch gelagert sind, also auf elastischer Bettung liegen. Die Steifigkeit dieser Bettung kann durch den Bettungsmodul k_s rechnerisch erfasst werden. Der Bettungsmodul ist eine Kenngröße zur Beschreibung der Nachgiebigkeit der Oberfläche des Baugrunds und der Tragschicht unter Lasteinwirkung. Für ungebundene Tragschichten ergibt sich k_s aus der Druckspannung σ_0, die unter einer Lastplatte herrscht, im Verhältnis zur dabei stattfindenden Setzung s:

Bettungsmodul $k_s = \dfrac{\sigma_0}{s}$ in kN/m³ \hfill (Gl. 7.7)

7.3 Nachweise für Untergrund und Tragschicht

Mit dem Elastizitätsmodul der Tragschicht E_T, dem Elastizitätsmodul des Betons E_{c0m} und der Dicke der Betonbodenplatte h erhält man den Bettungsmodul k_s auf folgende Weise:

$$\text{Bettungsmodul } k_s = \frac{E_T}{0,83 \cdot h \cdot \sqrt[3]{E_{c0m}/E_T}} \text{ in kN/m}^3 \text{ oder MN/m}^3 \qquad \text{(Gl. 7.8)}$$

Da der Elastizitätsmodul der Tragschicht E_T schwierig festzustellen ist, kann ersatzweise vereinfacht mit dem Verformungsmodul E_{V2} gerechnet werden, der beim Plattendruckversuch nach DIN 18134 mit der Lastplatte von 300 mm festgestellt wird. Es ist der gleiche Versuch, der auch zur Überprüfung einer einwandfreien Verdichtung von Tragschichten durchgeführt werden kann, wobei die Verformungsmoduln E_{V1} und E_{V2} bestimmt werden (siehe Kapitel 13.1.3).

Sofern eine einwandfreie Verdichtung der Tragschicht gegeben ist und der nach Tafel 7.4 erforderliche Verformungsmodul E_{V2} erreicht wurde, kann bei der Bemessung entsprechend den Angaben des Erd- und Grundbauinstituts mit einem Bettungsmodul in der Größenordnung von k_s = 15 bis 80 MN/m³ gerechnet werden. Dieser Bettungsmodul wird auch als Bettungszahl bezeichnet.

Beispiel zur Erläuterung

Dicke der Betonbodenplatte h = 22 cm
Elastizitätsmodul des Betons C 30/37 (Tafel 1.1) E_{c0m} = 31900 N/mm²
Elastizitätsmodul bzw. Verformungsmodul der Tragschicht $E_T \approx E_{V2} \approx$ 100 MN/m²
 = 100 N/mm²

$$k_s = \frac{E_T}{0,83 \cdot h \cdot \sqrt[3]{E_{c0m}/E_T}}$$

$$k_s = \frac{100}{0,83 \cdot 220 \cdot \sqrt[3]{31900/100}} = 0,080 \, \text{N/mm}^3 = 80 \, \text{MN/m}^3$$

Für Einzellasten bis 140 kN und bei klaren Untergrundverhältnissen sowie gut verdichteter Tragschicht kann auf der sicheren Seite liegend allgemein mit folgendem Bettungsmodul k_s gerechnet werden:

Bettungsmodul $k_s \approx$ 0,050 N/mm³ = 50 MN/m³ \qquad (Gl. 7.9)

Bei einem größeren Bettungsmodul für höher belastbare Tragschichten ändert sich die Biegebeanspruchung der Betonbodenplatte kaum.
Bei kleinerem Bettungsmodul für geringer belastbare Tragschichten nimmt die Biegebeanspruchung der Betonbodenplatte zu. Hier können bei Überschreitung der Biegezugspannungen in der Betonbodenplatte Risse entstehen.

Kleinere Bettungsmoduln und somit größere Beanspruchungen der Betonbodenplatte entstehen bei schlecht verdichtetem Untergrund oder beim Einbau von Wärmedämmschichten.

7.3.3 Reibungsbeiwerte auf dem Unterbau

Eine Betonbodenplatte, die sich infolge Abkühlung oder Schwinden des Betons verkürzen möchte, wird mehr oder weniger durch die Größe der Reibung auf dem Unterbau an ihrem Verkürzungsbestreben behindert. Als Folge dieser Zwangbeanspruchung entsteht in der Betonbodenplatte eine Zugkraft. Für die Größe der Zwangbeanspruchung in Betonbodenplatten ist die Art der Lagerung auf dem Unterbau maßgebend. Tafel 7.5 enthält Reibungsbeiwerte μ zur Bestimmung der rechnerischen Zugkraft, die in einer Betonbodenplatte entstehen kann. Dies setzt allerdings voraus, dass sich die Betonbodenplatte auf dem Untergrund bewegen kann. Sie muss daher eine ebene Unterseite haben und darf nicht mit anderen Bauteilen verbunden sein.

Tafel 7.5: Rechengrößen für Reibungsbeiwerte μ [nach R22]

Unterbau [1]	Gleitschicht [2]	Reibungsbeiwert μ für 1. Verschiebung	Reibungsbeiwert μ für wiederholte Verschiebungen
Kiestragschicht ohne Sandbett	keine	1,4 ... 2,1	1,3 ... 1,5
Sandbett auf Tragschicht	keine	0,9 ... 1,1	0,6 ... 0,8
	1 Lage PE-Folie	0,5 ... 0,7	
gebundene Tragschicht (flügelgeglättet)	1 Lage PE-Folie	0,8 ... 1,4	
	2 Lagen PE-Folie	0,6 ... 1,0	0,3 ... 0,75
	PTFE-beschichtete Folie	0,2 ... 0,5	0,2 ... 0,3
gebundene Tragschicht	Bitumenschweißbahn [3]	0,35 ... 0,7	
	Dickbitumen [3]	0,03 ... 0,2	

[1] Für den Unterbau sind erhöhte Anforderungen an die Ebenheit nach DIN 18202 einzuhalten.
[2] PE = Polyethylen, PTFE = Polytetraflour-Ethylen
[3] Die Wirksamkeit bituminhaltiger Gleitschichten ist nur bei ausreichender Schichtdicke und Temperaturen > 10 °C in der Gleitschicht gegeben.

7.4 Nachweis zur Vermeidung von Rissen in Betonbodenplatten

7.4.1 Allgemeines zur Rissvermeidung

Für den Nachweis der Gebrauchstauglichkeit sollte geklärt werden, ob die Betonbodenplatte möglichst ungerissen bzw. rissarm bleiben soll oder ob Risse infolge Biegebeanspruchung und Zwang hingenommen werden können.

Eine Bemessung von Betonböden ist in exakter Weise kaum durchführbar. Die unterschiedlichen Beanspruchungsarten sind rechnerisch nur schwer zu erfassen. Die Lagerungsbedingungen der Betonbodenplatten auf dem Untergrund oder auf der Tragschicht sind von vielen Einflüssen abhängig, die sich einer genaueren rechnerischen Berechnung entziehen.

Betonbodenplatten, bei denen aufgrund der vorgesehenen Nutzung Risse möglichst vermieden werden sollen, sind so auszubilden, dass der Beton selbst die entstehenden Biegebeanspruchungen ohne Rissbildung aufnehmen kann. Dies bedeutet, dass diese Platten keine Bewehrung erfordern, dass jedoch die infolge der Biegebeanspruchung entstehenden Dehnungen des Betons unterhalb der zulässigen Dehnfähigkeit des Betons bleiben müssen. Stahleinlagen sind überflüssig, da die Tragwirkung des Stahls erst bei größerer Dehnung einsetzt, wenn die Dehnfähigkeit des Betons überschritten ist. Es ist daher eine sinnvolle Vorgehensweise, bei der Bemessung von Betonbauteilen, nicht die entstehende Biegezugspannung nachzuweisen, sondern die bei Zug- oder Biegezugbeanspruchungen maximal entstehende Betondehnung einer vom Beton alleine aufnehmbaren, zulässigen Betondehnung gegenüberzustellen. Alternativ zu den nachfolgenden Vorschlägen enthält das DBV-Merkblatt „Industrieböden aus Beton für Frei- und Hallenböden" [R30.1] einen Bemessungsvorschlag über den Nachweis der entstehenden Biegezugspannungen, bei dem sich größere Plattendicken ergeben. Jeder Planer und Ausführende hat für sein Bauprojekt zu entscheiden, welches Nachweisverfahren für den jeweils vorliegenden Fall angewendet werden soll.

Eine Bemessung über die Betondehnung ist sinnvoll, da sich hierbei eine bessere Übereinstimmung der tatsächlichen Verhältnisse mit den Rechenwerten ergibt, als wenn zulässige Biegezugspannungen angesetzt werden, die zu sehr auf der sicheren Seite liegen. Über zulässige Biegezugspannungen, die aus der Zugfestigkeit der DIN 1045 abgeleitet werden, ergeben sich unrealistisch dicke Betonplatten, die nicht erforderlich sind. Der Betonstraßenbau zeigt dies deutlich.

Zum Vermeiden von Rissen müssen mögliche Zwangbeanspruchungen, die zusätzlich zu Lastbeanspruchungen entstehen können, gering gehalten werden. Dies geschieht durch die Anordnung von Fugen. Da Betonbodenplatten im Fugenbereich jedoch größeren Beanspruchungen ausgesetzt sind, müssen die erforderlichen Fugen sorgfältig geplant und fachgerecht ausgeführt werden (siehe Kapitel 4.4).

7.4.2 Betondehnung

Für die Ermittlung der Betondehnung gelten die allgemein gültigen Beziehungen:

$\varepsilon = \sigma / E$ $\qquad \sigma = F / A \qquad \sigma = M / W$ (Gl. 7.10)

Vorhandene Betondehnung
Die Betondehnung $\varepsilon_{ct,Zwang}$, die infolge einer Zwangbeanspruchung als Längszugspannung entsteht und über den gesamten Querschnitt wirkt, ergibt sich aus der Zwangspannung $\sigma_{ct,Zwang}$:

$\varepsilon_{ct,Zwang} = \sigma_{ct,Zwang} / E_{c0m}$ (Gl. 7.11)

Die Dehnung $\varepsilon_{ct,Q}$ an der Unterseite bzw. Oberseite der Betonplatte infolge einer Lasteinwirkung Q kann aus der Biegezugspannung aus Belastung errechnet werden:

$\varepsilon_{ct,Q} = \sigma_Q / E_{c0m}$ (Gl. 7.12)

Durch die bei der Erwärmung der Oberfläche entstehende Verformung wird die Betonplatte gedehnt. Die Wölbdehnung $\varepsilon_{ct,w}$ kann aus der Wölbspannung σ_w und dem Elastizitätsmodul E_{c0m} des Betons ermittelt werden:

$\varepsilon_{ct,w} = \sigma_w / E_{c0m}$ (Gl. 7.13)

Hinweise: Die Bestimmung der Rissschnittgrößen zeigt Kapitel 7.5.2. Gleichungen zur Berechnung der Biegespannungen enthält Kapitel 7.6. Gleichungen zur Berechnung der Wölbspannung siehe Tafel 7.7 in Kapitel 7.8.5. Für den Nachweis zur Vermeidung von Rissen werden diese Dehnungen den zulässigen Dehnungen nach Gleichung 7.17 bis 7.19 gegenübergestellt.

Zulässige Betondehnung
Die Verformbarkeit des Betons, der zunächst im frischen Zustand noch plastisch ist, nimmt mit zunehmender Erhärtung ab. Sie hat für Zugbeanspruchungen nach einer Erhärtungszeit von 4 bis 12 Stunden ein Minimum. Nach drei Tagen ist die Bruchdehnung fast doppel so groß und nimmt dann nur noch wenig zu (Bild 7.1).

Die Bruchdehnung $\varepsilon_{ct,U,H}$ des erhärtenden Betons während des Abfließens der Hydratationswärme ist gering. Sie kann für die Zeit um 24 Stunden nach dem Einbau angenommen werden mit:

$\varepsilon_{ct,U,H} = 0{,}065 \cdot 10^{-3} = 0{,}065$ mm/m (Gl. 7.14a)

Die Bruchdehnung $\varepsilon_{ct,U}$ des erhärteten Betons kann bei langsam steigernder Zugbeanspruchung [L43], z.B. infolge Zwangbeanspruchung durch Schwinden und Temperaturdiffenenzen, angenommen werden mit:

$\varepsilon_{ct,U,Zwang} = 0{,}14 \cdot 10^{-3} = 0{,}14$ mm/m (Gl. 7.14b)

7.4 Nachweis zur Vermeidung von Rissen in Betonbodenplatten

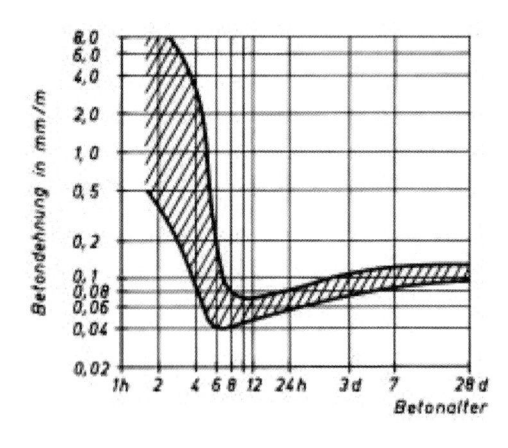

Bild 7.1:
Bruchdehnung von jungem Beton bei schnell einsetzender Zugbeanspruchung [L43]

Die Bruchdehnung $\varepsilon_{ct,U}$ des erhärteten Betons ist für schnell einsetzende Zugbeanspruchungen [L43], z.B. bei Lastwechseln, geringer. Sie kann angesetzt werden mit:

$$\varepsilon_{ct,U,Last} = 0{,}10 \cdot 10^{-3} = 0{,}10 \text{ mm/m} \tag{Gl. 7.15}$$

Aus der Bruchdehnung $\varepsilon_{ct,U,Last}$ für Lastbeanspruchungen und $\varepsilon_{ct,Zwang}$ für Zwangbeanspruchungen kann mit Hilfe des für den jeweiligen Fall zutreffenden Gesamt-Sicherheitsbeiwerts $\gamma_{ct,ges}$ die zulässige Dehnfähigkeit $\varepsilon_{ct,zul}$ des Betons zur Bemessung oder zum Nachweis ermittelt werden. Hierbei gelten folgende Sicherheitsbeiwerte für den jeweiligen Nutzungsbereich entsprechend Tafel 7.3:

$\gamma_{ct,H}$ = 1,30 für Beanspruchungen beim Abfließen der Hydratationswärme
$\gamma_{ct,Q}$ für Lastbeanspruchungen
$\gamma_{ct,S}$ für Schwindbeanspruchung
$\gamma_{ct,T}$ für Temperatureinflüsse

Die zulässige Dehnung ergibt sich aus:

$$\varepsilon_{ct,zul} = \varepsilon_{ct,U} / \gamma_{ct,ges} \quad \text{mit } \gamma_{ct,ges} = \gamma_{ct,Q} \cdot \gamma_{ct,S} \cdot \gamma_{ct,T} \tag{Gl. 7.16}$$

7.4.3 Nachweis über die zulässige Betondehnung

Für den Nachweis zur Rissvermeidung ist die rechnerisch zu ermittelnde vorhandene Betondehnung $\varepsilon_{ct,vorh}$ der zulässigen Betondehnung $\varepsilon_{ct,zul}$ gegenüber zu stellen. Hierbei ist es sinnvoll, den Nachweis für Lastbeanspruchungen und Zwangbeanspruchungen getrennt zu untersuchen. Eine Überlagerung ist nur dann erforderlich, wenn die Einwirkungen aus Last und aus Zwang sehr schnell einsetzen. Lasteinwirkungen können sowohl schnell einsetzen (z.B. durch Fahrverkehr), als auch langfristig wirken (z.B. bei Regallasten). Zwangbeanspruchungen können sehr früh wirksam werden (z.B. beim Abfließen der Hydratationswärme), sie werden aber meistens nur langsam gesteigert (z.B. durch Schwinden des Betons oder Temperatureinwirkungen). Daraus folgern folgende Nachweise:

$\varepsilon_{ct,H,vorh} \leq \varepsilon_{ct,H,zul}$
$\varepsilon_{ct,Q,vorh} \leq \varepsilon_{ct,Q,zul}$ (Gl. 7.17a)
$\varepsilon_{ct,S+T,vorh} \leq \varepsilon_{ct,S+T,zul}$

Für Lastbeanspruchungen im allgemeinen Nutzungsbereich *B* und der Ausführung N ergibt sich hieraus folgende zulässige Betondehnung $\varepsilon_{ct,Q,zul}$:

$\varepsilon_{ct,Q,zul} = \varepsilon_{ct,Q,U} / \gamma_{ct,Q}$
$\phantom{\varepsilon_{ct,Q,zul}} = 0{,}10 \cdot 10^{-3} / 1{,}35$ (Gl. 7.17b)
$\varepsilon_{ct,Q,zul} = 0{,}074 \cdot 10^{-3} = 0{,}074$ mm/m

Für das Abfließen der Hydratationswärme beträgt die zulässige Betondehnung $\varepsilon_{ct,H,zul}$:

$\varepsilon_{ct,H,zul} = \varepsilon_{ct,H,U} / \gamma_{ct,H}$
$\phantom{\varepsilon_{ct,H,zul}} = 0{,}06 \cdot 10^{-3} / 1{,}30$ (Gl. 7.17c)
$\varepsilon_{ct,H,zul} = 0{,}046 \cdot 10^{-3} = 0{,}046$ mm/m

Der Nachweis der Gebrauchstauglichkeit und der Rissvermeidung über das Dehnverhalten des Betons ist zuverlässiger als über übliche Spannungsnachweise.

7.5 Nachweis der Rissbreite bei Betonbodenplatten

7.5.1 Allgemeines zu Rissen

Betonbodenplatten werden stets dann reißen, wenn die Dehnfähigkeit des Betons überschritten wird. Dies ist in der Regel bei bewehrten Platten der Fall, weil die mögliche Stahldehnung höher angesetzt bzw. voll ausgenutzt wird, als es die sehr geringe Dehnfähigkeit des Betons zulässt. Wegen des Verbundes zwischen Beton und Stahl müsste die Dehnung des Stahls auf die Dehnfähigkeit des Betons begrenzt werden. Das ist jedoch nicht praktikabel und wäre völlig unwirtschaftlich. Wegen der geringen Dehnfähigkeit des Betons muss eine Bewehrung zum Vermeiden von Rissen wesentlich umfangreicher sein muss als eine Bewehrung zur Begrenzung der Rissbreite entstehender Risse. Aber schon eine Bewehrung zur Begrenzung der Rissbreite entsprechend DIN 1045-1 ist sehr umfangreich.

Das bedeutet, dass üblich bewehrte Betonbodenplatten bei voller Ausnutzung des Stahlbetonquerschnitts stets Risse aufweisen werden. Zwar kann versucht werden, diese Risse mit entsprechend hohem Aufwand klein zu halten, aber dennoch ist dem Auftraggeber schon bei der Planung klarzumachen, dass die Betonbodenplatte später Risse bekommen wird. Diese Risse beeinträchtigen nicht die Tragfähigkeit und kaum die Dauerhaftigkeit, sie können jedoch je nach Nutzung der Halle die Gebrauchstauglichkeit beeinflussen. Weitere Ausführungen hierzu enthält bereits Kapitel 4.4.1.

7.5 Nachweis der Rissbreite bei Betonbodenplatten

7.5.2 Bestimmung der Rissschnittgrößen

Die ersten Längszugspannungen in den Betonbodenplatten entstehen beim Abkühlen des Betons während des Abfließens der Hydratationswärme. Durch Abkühlen des beim Erhärten erwärmten Betons entstehen Zwangspannungen. Dieser „Lastfall" tritt in den ersten Stunden oder Tagen nach der Herstellung ein und kann vielleicht schon in der ersten Nacht durch Temperaturabfall maßgebend sein.

Bei Abkühlung möchte sich die Betonbodenplatte verkürzen, beim Erwärmen ausdehnen (Bild 7.2). Auch beim späteren Schwinden des Betons will sich die Betonbodenplatte verkürzen. Das Verkürzen der Betonbodenplatte wird durch Reibung auf dem Unterbau behindert, dabei entsteht in der Betonbodenplatte eine Zwangbeanspruchung in Form von Zugspannungen in Längsrichtung. Diese Längszugspannung ist eine zentrische Zugspannung. Für die Größe der entstehenden Zwangspannungen sind maßgebend:

– Eigenlast g der Betonbodenplatte (ggf. zusätzliche Auflast q),

– Reibungsbeiwert μ zwischen Betonunterseite und Unterbau,

– halbe Plattenlänge L_F zwischen den Fugen.

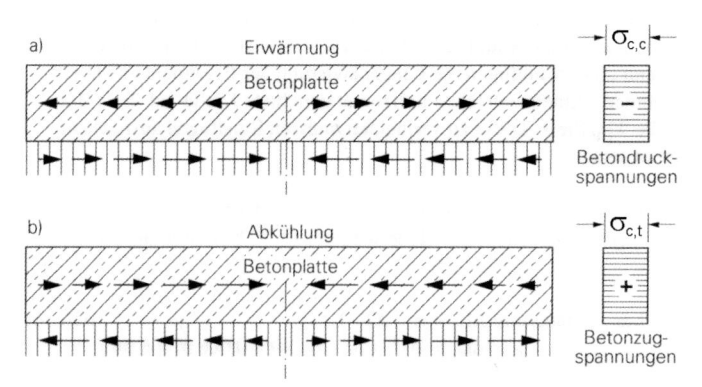

Bild 7.2: Bewegung der Betonbodenplatte bei Temperaturänderungen mit gleichmäßiger Verteilung über die Dicke der Betonbodenplatte
a) Erwärmung: Bei Behinderung der Ausdehnung der Betonbodenplatte entstehen Betondruckspannungen (z.B. beim Fehlen von Randfugen)
b) Abkühlung: Wenn das Verkürzen der Betonbodenplatte behindert wird, entstehen Betonzugspannungen (z.B. durch Reibung auf der Tragschicht)

Die Größe der Zugkraft in der Betonbodenplatte, die durch Reibung auf dem Unterbau entsteht, ist außer vom Reibungsbeiwert μ abhängig von der Pressung σ_0 unter der Betonbodenplatte und von der Länge L_F der sich verschiebenden Betonbodenplatte zwischen den Fugen. Diese Zugkraft ist gleichzeitig der Bemessungswert der Zugkraft $F_{ct,d}$:

$$F_{ct,d} = \gamma_{ct,ges} \cdot \mu \cdot \sigma_0 \cdot L_F / 2 \qquad \text{(Gl. 7.18)}$$

Hierbei sind:

$F_{ct,d}$ Bemessungsschnittgröße zur Bestimmung der Zugbeanspruchung in der Betonbodenplatte in MN

$\gamma_{ct,ges}$ Gesamt-Sicherheitsbeiwert im Grenzzustand der Gebrauchstauglichkeit (Gl. 7.4 bzw. 7.5)

$\gamma_{ct,ges} = \gamma_{ct,Q} \cdot \gamma_{ct,S}$ für Betonbodenplatten in Hallen (siehe Tafel 7.3)
$\gamma_{ct,ges} = \gamma_{ct,Q} \cdot \gamma_{ct,T}$ für Betonbodenplatten im Freien

μ Reibungsbeiwert μ (siehe Tafel 7.5)

σ_0 Pressung unter der Betonbodenplatte aus Eigenlast und ggf. langwirkender Nutzlast in MN/m²

$L_F/2$ Verschiebungslänge der Betonbodenplatte auf dem Unterbau; im Allgemeinen die halbe Plattenlänge zwischen den Fugen unter der Annahme eines Festpunkts in der Mitte der Plattenlänge in m

Daraus ergibt sich die Betonzugspannung $\sigma_{ct,d}$, für die der Betonquerschnitt nachzuweisen ist:

$$\sigma_{ct,d} = F_{ct,d} / A_{ct} = F_{ct,d} / (h \cdot b) \qquad \text{(Gl. 7.19)}$$

Hierbei sind:

$\sigma_{ct,d}$ vorhandene Betonzugspannung, die beim Verkürzen der Betonbodenplatte infolge Reibung auf dem Unterbau entsteht, z.B. beim Abfließen der Hydratationswärme oder beim Schwinden des Betons, in MN/m²

A_{ct} Querschnitt der Betonbodenplatte, der unter mittig wirkender Zugbeanspruchung steht, zu berechnen aus Plattendicke h in m und Breite b = 1 m

Die vom Beton aufnehmbare (effektive) Zugkraft $F_{ct,eff}$ wird als Längskraft ermittelt, die der Betonquerschnitt im ungerissenen Zustand rechnerisch aufnehmen kann.

$$F_{ct,eff} = k_c \cdot k \cdot f_{ct,eff} \cdot A_{ct} \qquad \text{(Gl. 7.20)}$$

Hierbei sind:

$F_{ct,eff}$ wirksame Betonzugkraft, die vom ungerissenen Beton kurz vor der Erstrissbildung rechnerisch aufgenommen werden kann, in MN

k_c Beiwert zur Berücksichtigung des Einflusses der Spannungsverteilung innerhalb des Zugquerschnitts vor der Erstrissbildung, sowie zur Änderungen des inneren Hebelarms beim Übergang in den Zustand II (gerissener Querschnitt)
$k_c = 1,0$ bei Zugbeanspruchung über den gesamten Querschnitt, z.B. infolge Abfließens der Hydratationswärme oder Schwinden des Betons

k Beiwert zur Berücksichtigung von nicht linear verteilten Betonzugspannungen
$k = 0,8$ für Bauteildicke $h \leq 0,30$ m
$k = 0,5$ für Bauteildicke $h \geq 0,80$ m (Zwischenwerte dürfen linear interpoliert werden)

$f_{ct,eff}$ wirksame Zugfestigkeit des Betons zum betrachteten Zeitpunkt
$f_{ct,eff} = f_{ctm} \geq 3{,}0$ N/mm² bei spätem Zwang
$f_{ct,eff} = 0{,}5 \cdot f_{ctm}$ bei Zwang während des Abfließens der Hydratationswärme
f_{ctm} mittlere Zugfestigkeit des Betons in Abhängigkeit von der Festigkeitsklasse, nach Tafel 1.1 (DIN 1045-1; Tab. 9)
A_{ct} Betonquerschnitt der Betonbodenplatte, der unter mittig wirkender Zugbeanspruchung steht, zu berechnen aus Plattendicke h in m und Breite b = 1 m

Der Nachweis der Rissvermeidung kann durch die Gegenüberstellung der Bemessungsschnittkraft $F_{ct,d}$ mit der wirksamen Betonzugkraft $F_{ct,eff}$ abgeschlossen werden, wenn die Bemessungsschnittkraft $F_{ct,d}$ nicht größer ist als die rechnerisch aufnehmbare Zugkraft $F_{ct,eff}$:

$$F_{ct,d} \leq F_{ct,eff}$$

Eine andere Möglichkeit des Nachweises über die zulässige Betondehnung $\varepsilon_{ct,zul}$ wird in Kapitel 8.1 dargestellt.

7.5.3 Nachweis für den Risszustand

Bei Durchführung der Biegebemessung infolge Lastbeanspruchung kann festgestellt werden, dass Betonbodenplatten nur gering bewehrt werden müssten. Bemessungsbeispiele verdeutlichen die Situation. Bei der üblichen Biegebemessung, wie sie im Stahlbetonbau bei tragenden Bauteilen im Allgemeinen zur Anwendung kommt, wird von der Ausnutzung der Stahlspannung ausgegangen. Bis zum Erreichen der Bruchdehnung des Betons wird jedoch der Stahl nur sehr gering gedehnt. Am Tragwiderstand der Betonplatte kann der Stahl bis zum Bruch des Betons überhaupt nicht wirksam werden. Das bedeutet: Dem Beton allein bleibt die Aufnahme der wirkenden Schnittgrößen vorbehalten, und zwar bis zu dem Zeitpunkt, bei dem seine Bruchdehnung erreicht wird und Risse entstehen.

Das Bewehren üblich beanspruchter Betonbodenplatten kann nur dann einen Sinn haben, wenn bei der Bemessung vom Risszustand ausgegangen wird. Zur Begrenzung der Rissbreite sollte die Stahldehnung gering gehalten werden.

Ergebnis:
Bei bewehrten Platten kann das Entstehen von Rissen nicht verhindert werden, es lässt sich durch Bewehrung nur noch die Rissbreite begrenzen.

Andererseits bedeutet dies, dass bei ausreichend bewehrten Betonbodenplatten mit etwas größeren Fugenabständen gearbeitet werden kann. Diese Möglichkeit kann bei bewehrten Betonbodenplatten genutzt werden, da jede erforderliche Fuge auch eine Schwachstelle darstellt, die gegebenenfalls bei intensiver Nutzung der Fläche eher zu Problemen führen kann als Risse bei fugenlosen Flächen. Größere Fugenabstände bedeuten aber auch, dass Zwangbeanspruchungen entstehen können, die unbedingt berücksichtigt werden müssen.

Beim Nachweis der Zwangbeanspruchung sollten nach Möglichkeit die häufig auftretenden Überfestigkeiten des Betons berücksichtigt werden. Bei Überfestigkeiten fällt auch die Zugfestigkeit des Betons größer aus, wodurch mehr Bewehrung zur Begrenzung der Rissbreite benötigt wird. Es ist daher empfehlenswert, mit dem 95%-Quantilwert anstelle mit der mittleren Zugfestigkeit f_{ctm} zu rechnen. Andererseits kann bei langsamer Steigerung der Einwirkungen - wie dies bei Zwangbeanspruchung im Allgemeinen der Fall ist - von einem Abbau der Zugspannungen durch Kriechen und Relaxation gerechnet werden. Zur Vereinfachung wird vorgeschlagen, die Beiwerte für Kriechen φ_K und Relaxation ψ_R zu einer gemeinsamen Beiwertkombination $\varphi_K + \psi_R = 0{,}70$ zusammenzufassen. Mit dieser Beiwertkombination für den Abbau des Zwangs durch Kriechen und Relaxation können die entstehenden Spannungen im Betonquerschnitt und im Stahlquerschnitt vermindert werden.

$$\varphi_K + \psi_R = 0{,}70 \hspace{4cm} (Gl.\ 7.21)$$

7.5.4 Bewehrung zur Begrenzung der Rissbreite

Zugbeanspruchungen in Betonbodenplatten sollten nach Möglichkeit vermieden, mindestens aber gering gehalten werden. Wenn jedoch Betonbodenplatten einer Zugbeanspruchung durch Lasteinwirkungen oder Zwang ausgesetzt werden, ist eine geeignete Bewehrung zur Begrenzung der Rissbreite nachzuweisen.

7.5.4.1 Vereinfachter Nachweis des zulässigen Stabdurchmessers

Dieser Nachweis kann dadurch erbracht werden, dass der Stabdurchmesser d_s der Bewehrung den Grenzdurchmesser d_s^* nach Tafel 7.6 für die auftretende Stahlspannung σ_s nicht überschreitet. Hierfür ist zunächst die Stahlspannung σ_s zu ermitteln.

$$\sigma_s = f_{ct,eff} \cdot a_{ct} / a_s \hspace{4cm} (Gl.\ 7.22)$$

Hierbei sind:

σ_s Spannung in der Betonstahlbewehrung zur Begrenzung der Rissbreite nach Tafel 7.6 (DIN 1045-1 Tabelle 20) [L2]

$f_{ct,eff}$ wirksame Zugfestigkeit des Betons zum betrachteten Zeitpunkt
- $f_{ct,eff} = 0{,}5 \cdot f_{ctm}$ bei Zwang während des Abfließens der Hydratationswärme
- $f_{ct,eff} = f_{ctm} \geq 3{,}0\ \text{N/mm}^2$ bei spätem Zwang, erforderlichenfalls: $f_{ct,eff} = f_{ctk;0{,}95} = 1{,}3\ f_{ctm}$ nach Tafel 1.1

f_{ctm} mittlere Zugfestigkeit des Betons in Abhängigkeit von der Festigkeitsklasse nach Tafel 1.1 (DIN 1045-1 Tabelle 9)

a_{ct} Querschnittsfläche der zugbeanspruchten Betonbodenplatte

a_s Querschnittsfläche der Bewehrung in Wirkrichtung der Zugbeanspruchung

7.5 Nachweis der Rissbreite bei Betonbodenplatten

Der Grenzdurchmesser d_s^* der Bewehrungsstäbe nach Tafel 7.6 muss in Abhängigkeit von der wirksamen Betonzugfestigkeit $f_{ct,eff}$ nach Gl. 7.25 auf den zulässigen Durchmesser $d_{s,zul}$ modifiziert werden:

$$d_{s,zul} = d_s^* \cdot \frac{f_{ct,eff}}{f_{ct,0}} \leq d_{s,vorh} \qquad \text{(Gl. 7.23)}$$

Hierbei sind:

$d_{s,zul}$ zulässiger, modifizierter Stabdurchmesser
d_s^* Grenzdurchmesser der Bewehrung nach Tafel 7.6
$d_{s,vorh}$ Stabdurchmesser der vorhandenen Bewehrung
$f_{ct,eff}$ wirksame Zugfestigkeit des Betons zum betrachteten Zeitpunkt
$f_{ct,0}$ Zugfestigkeit des Betons, auf die die Werte der Tafel 7.6 bezogen sind
$f_{ct,0} = 3{,}0$ N/mm²

Für die Größe der Zwangbeanspruchung in Betonbodenplatten ist die Lagerung auf dem Unterbau maßgebend. Kapitel 7.3.3 enthält Reibungsbeiwerte μ zur Bestimmung der rechnerischen Zugkraft, die in einer Betonbodenplatte entstehen kann (siehe Tafel 7.5). Dies setzt allerdings voraus, dass sich die Betonbodenplatte auf dem Untergrund bewegen kann. Sie muss daher eine ebene Unterseite haben und darf nicht mit anderen Bauteilen verbunden sein bzw. nicht durch diese in ihrem Bewegungsbestreben behindert werden.

7.5.4.2 Mindestbewehrung bei vermindertem Zwang

Bei der Bauweise zur Vermeidung von Trennrissen ist anzustreben, dass die entstehende Zwangbeanspruchung kleiner bleibt als die vom Betonquerschnitt aufnehmbare Zugbeanspruchung. Für diesen Fall darf die Mindestbewehrung durch eine Bemessung des Querschnitts für die nachgewiesene Zwangbeanspruchung ermittelt werden.

Das Vermindern der Zwangbeanspruchung ist möglich, wenn sich eine Betonbodenplatte auf der Unterlage bewegen kann und nur die Reibung zur Unterlage zu überwinden hat. Außerdem sollten besondere betontechnologische Maßnahmen zum Geringhalten der Hydratationswärme sowie ausführungstechnische Maßnahmen (frühzeitige und ausreichend lange Nachbehandlung der Betonbodenplatte) wirksam werden.

7.5.4.3 Abschätzung der erforderlichen Bewehrung

Das Abschätzen der erforderlichen Bewehrung für die Begrenzung der Rissbreite kann immer noch mit den Diagrammen von G. Meyer erfolgen [L28]. Bild 7.3 gibt eines der Diagramme für zentrischen Zwang wieder (erforderliche Bewehrung auf einer Querschnittsseite beim Abfließen der Hydratationswärme bei Beton C30/37 für eine Rissbreite von $w_k = 0{,}15$ mm und eine Betondeckung von $c = 30$ mm).

7 Bemessungsgrundlagen für Betonböden

Tafel 7.6: Grenzdurchmesser d_s^* bzw. Höchstwerte der Stabdurchmesser $d_{s,max}$ von Betonstählen zur Begrenzung der Rissbreiten bei Zwang- und/oder Lastbeanspruchung (nach [N1] DIN 1045-1, Tab. 20, erweitert nach [L2] Beton-Kalender 2005, Teil 2)

Stahlspannung σ_s [N/mm²]	Grenzdurchmesser der Bewehrungsstäbe d_s^* [mm] [1] in Abhängigkeit vom Rechenwert der Rissbreite w_k				
	$w_k = 0{,}40$ [mm]	$w_k = 0{,}30$ [mm]	$w_k = 0{,}20$ [mm]	$w_k = 0{,}15$ [mm]	$w_k = 0{,}10$ [mm]
160	56	42	28	21	14
180	44	33	22	17	11
200	36	27	18	14	9
220	30	22	15	11	7,5
240	25	19	13	9	6
260	21	16	11	8	5
280	18	14	9	7	5
300	16	12	8	6	4
320	14	11	7	5	4
340	13	9	6	5	-
360	11	8	6	4	-
380	10	7,5	5	4	-
400	9	7	5	3	-
420	8	6	4	-	-
450	7	5	4	-	-

[1] Die Tafelwerte gelten für eine Betonzugfestigkeit von $f_{ct,0} = 3{,}0$ N/mm². Bei höheren Betonzugfestigkeiten $f_{ct,eff}$ liegen die Tafelwerte auf der sicheren Seite. Bei niedrigeren Betonzugfestigkeiten sind geringere Stabdurchmesser erforderlich entsprechend Gleichung 7.24.

Für andere Verhältnisse kann eine Umrechnung der abgelesenen Bewehrungsquerschnitte nach Gl. 7.24 erfolgen:

$$a_{s1,erf} = a_{s1,Bild} \cdot \sqrt{\frac{k_{zt,vorh} \cdot d_{1,vorh} \cdot w_{k,Bild}}{k_{zt,Bild} \cdot (c_{Bild} + 10) \cdot w_{k,zul}}} \qquad \text{(Gl. 7.24)}$$

Hierbei sind:
a_{s1} Bewehrung auf einer Querschnittsseite

$a_{so,erf} = a_{su,erf}$: erforderliche Bewehrung oben bzw. unten in der Betonbodenplatte

$a_{s1,Bild}$ Bewehrung aus dem Diagramm Bild 7.3, abgelesen für Plattendicke h und Stabdurchmesser $d_s = \varnothing$

k_{zt}	Zeitbeiwert, ermittelt aus dem Verhältnis der zum Zeitpunkt der Rissentstehung vorhandenen Betonspannung zur Betonzugfestigkeit der entsprechenden Festigkeitsklasse:
k_{zt}	$= \sigma_{ct,vorh} / f_{ctm}$ (Gl. 7.25)
	$k_{zt,vorh}$ = Zeitbeiwert entsprechend den vorhandenen Verhältnissen
	$k_{zt,Bild}$ = 0,50, Zeitbeiwert entsprechend Diagramm Bild 7.3
$d_{1,vorh}$	Abstand von Außenkante Betonquerschnitt bis Mitte des Stahlquerschnitts
c_{Bild}	= 30 mm, im Diagramm Bild 7.3 angegebene Betondeckung der Bewehrung
	c_{Bild} + 10 entspricht d_1
w_k	rechnerische Rissbreite
	$w_{k,zul}$ = zulässige rechnerische Rissbreite
	$w_{k,Bild}$ = 0,15 mm, im Diagramm Bild 7.3 angegebene Rissbreite

Anmerkung:
Zur Berücksichtigung von Überfestigkeiten beim Abfließen der Hydratationswärme wird vorgeschlagen, statt mit einem Zeitbeiwert von $k_{zt} = 0{,}50$ mit einem um den Sicherheitsbeiwert $\gamma_{ct,H} = 1{,}30$ vergrößerten k_{zt}-Wert zu rechnen:

$$k_{zt} = \gamma_{ct,H} \cdot 0{,}50 = 0{,}65 \qquad (Gl.\ 7.26)$$

Hinweis:
Die an den Linien des Diagramms angegebenen Zahlenwerte zeigen die vorhandene Stahlspannung σ_s.
Das Bild 7.3 entspricht dem Diagramm 1.1.1-10 aus dem Buch „Rissbreitenbeschränkung nach DIN 1045, Diagramme zur direkten Bemessung" von Günter Meyer, Verlag Bau+Technik, Düsseldorf 1994 [L28].

7.6 Nachweis von Biegespannungen (Verfahren Westergaard/Eisenmann)

Bei der Ermittlung der Schnittgrößen für Betonbodenplatten kann von einer elastischen Bettung der Betonbodenplatte ausgegangen werden. Die Steifigkeit dieser Bettung kann durch die Bettungsmodulstheorie rechnerisch erfasst werden. Hierbei wird die Nachgiebigkeit der Tragschicht und des Untergrundes unter einer der Einwirkung von Lasten erfasst.

Diese Bettungsmodultheorie liegt dem Rechenverfahren nach Westergaard [L45] und Eisenmann [L13][L14] zugrunde. Der Bettungsmodul für den Unterbau wurde bereits in Kapitel 7.3.2 dargestellt.

7.6.1 Elastische Länge

Für die Lastabtragung bei elastisch gebetteten Platten ist die so genannte elastische Länge l_e eine Bemessungsgröße. Die elastische Länge l_e des Systems kann auch als elastischer Radius bezeichnet werden.

7 Bemessungsgrundlagen für Betonböden

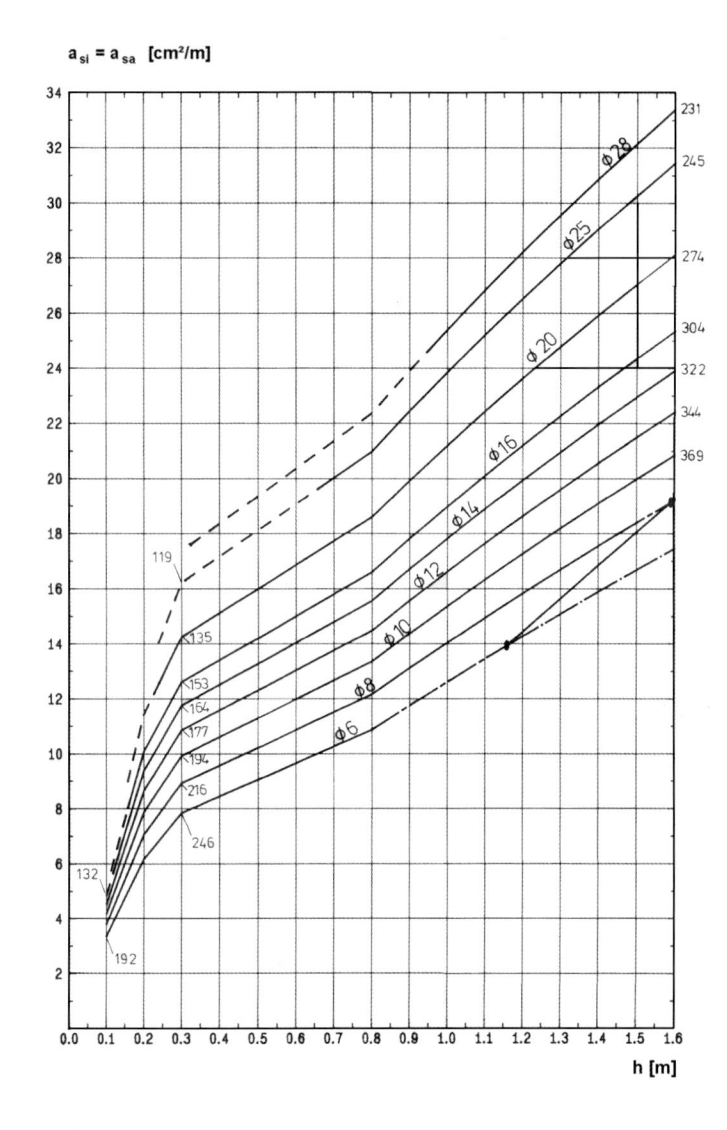

Bild 7.3:
Diagramm zum Abschätzen der Bewehrung für die Begrenzung der Rissbreite bei Beton C30/37 mit zentrischem Zwang [L28]
Ausgangswerte der Darstellung:
$k_{zt,Bild} = 0{,}50$;
$c_{Bild} = 30$ mm;
$w_{k,Bild} = 0{,}15$ mm

Die Berechnung von l_e erfolgt mit Gl. 7.27:

$$l_e = \sqrt[4]{\frac{E_{c0m} \cdot h^3}{12 \cdot (1 - \mu_c^2) \cdot k_s}} \quad \text{in mm} \qquad \text{(Gl. 7.27)}$$

211

7.6 Nachweis von Biegespannungen (Verfahren Westergaard/Eisenmann)

Hierbei sind:

E_{c0m} Elastizitätsmodul des Betons in N/mm² (Tafel 1.1)
h Dicke der Betonbodenplatte in mm
μ_c Querdehnzahl des Betons; $\mu_c \approx 0{,}20$
k_s Bettungsmodul in N/mm³; $k_s = 0{,}05 \ldots 0{,}08$ N/mm³

7.6.2 Kontaktdruck bei Einzellasten

Bei Einzellasten ist der Kontaktdruck zwischen Aufstandsfläche und Betonbodenplatte von Bedeutung. Der Kontaktdruck q berechnet sich aus der Einzellast Q_d, bezogen auf die Aufstandsfläche r · s:

$$q = \sqrt{\frac{Q_d}{r \cdot s}} \text{ in N/mm}^2 \qquad \text{(Gl. 7.28)}$$

7.6.3 Belastungskreisradius und Ersatzradius

Für die weitere Berechnung ist der Belastungskreisradius a erforderlich. Er berechnet sich wie folgt:

$$a = \sqrt{\frac{Q_d}{\pi \cdot q}} \text{ in mm} \qquad \text{(Gl. 7.29)}$$

Der Ersatzradius b ist abhängig von der Bauteildicke h und dem Belastungskreisradius a:

$$b = \sqrt{(1{,}6 \cdot a^2 + h^2)} - 0{,}675 \cdot h \quad \text{für } a < 1{,}724 \cdot h \quad \text{in mm} \qquad \text{(Gl. 7.30)}$$

$$b = a \quad \text{für } a > 1{,}724 \cdot h \quad \text{in mm} \qquad \text{(Gl. 7.31)}$$

7.6.4 Bemessungsgleichungen für drei verschiedene Lastfälle

Die drei zu untersuchenden Lastfälle sind in Bild 7.4 dargestellt für Belastung in Plattenmitte, Belastung am Plattenrand und Belastung an der Plattenecke.

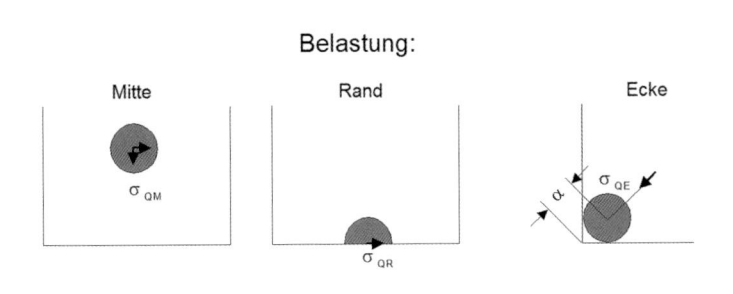

Bild 7.4:
Drei Lastfälle zur Bemessung von Betonbodenplatten nach dem Verfahren Westergaard/Eisenmann [L45][L14]

a) Lastfall „Einzellast in Plattenmitte"

Biegezugspannung $\sigma_{Q,m}$ an der Unterseite der Betonbodenplatte

Für den Lastfall Plattenmitte erfolgt die Berechnung der Biegezugspannung $\sigma_{Q,m}$ an der Plattenunterseite nach Gleichung 7.32 von Westergaard/Eisenmann [L44][L14]:

$$\sigma_{Q,m} = \frac{0{,}275 \cdot Q_d}{h^2} \cdot (1 + \mu_c) \cdot \left[\lg \left(\frac{E_{cOm} \cdot h^3}{k_s \cdot b^4} \right) - 0{,}436 \right] \text{ in N/mm}^2 \qquad \text{(Gl. 7.32)}$$

Einsenkung y_m der Betonbodenplatte:
Die Einsenkung in Plattenmitte ist meistens nicht die größte Einsenkung der Betonbodenplatte. Diese findet im Allgemeinen an der Ecke von Betonbodenplatten statt.

Empfehlung:
Die Einsenkung von stark beanspruchten Betonbodenplatten sollte die Bedingung $y \leq 0{,}3$ mm einhalten, damit der Unterbau bei sehr häufigen Lastwechseln nicht zu starker Erosion ausgesetzt wird.

Zunächst wird die Gleichung für die Berechnung der Einsenkung y_{0M} bei punktförmig einwirkenden Lasten in Plattenmitte dargestellt, danach die Gleichung für die Berechnung der Einsenkung y_M bei Belastungen über den Belastungskreisradius für Rad- oder Regallasten. Vereinfacht kann mit Gl. 7.33 gerechnet werden.

7.6 Nachweis von Biegespannungen (Verfahren Westergaard/Eisenmann)

Einsenkung y_{0M} der Betonbodenplatte bei punktförmig einwirkenden Lasten in Plattenmitte:

$$y_{0,m} = \frac{Q_d}{8 \cdot k_s \cdot l^2} \text{ in mm} \tag{Gl. 7.33}$$

$$y_m = y_{0,m} \cdot \{1 + [0{,}3665 \cdot \lg(a/l_e) - 0{,}2174] \cdot (a/l_e)^2\} \text{ in mm} \tag{Gl. 7.34}$$

b) Lastfall "Einzellast am Plattenrand"

Biegezugspannung $\sigma_{Q,r}$ an der Unterseite der Betonbodenplatte:

Für den Lastfall Plattenrand wird die Biegezugspannung $\sigma_{Q,r}$ an der Plattenunterseite nach Gleichung 7.35 von Westergaard/Eisenmann [L45][L14] in N/mm² berechnet:

$$\sigma_{Q,r} = \frac{0{,}529 \cdot Q_d}{h^2} \cdot (1 + 0{,}54 \cdot \mu_c) \tag{Gl. 7.35}$$

$$\cdot \left[\lg \left(\frac{E_{c0m} \cdot h^3}{k_s \cdot b^4} \right) + \lg \left(\frac{b}{1 - \mu_c^2} \right) - 2{,}48 \right] \text{ in N/mm}^2$$

Einsenkung y_r der Betonbodenplatte:

Die Berechnung der Einsenkung y_r des Plattenrandes erfolgt für die Laststellung einer Einzellast am Plattenrand nach Gl. 7.36 oder Gl. 7.37.

Einsenkung y_r der Betonbodenplatte für die Laststellung einer Einzellast am Plattenrand:

$$y_r = \frac{1}{\sqrt{6}} \cdot (1 + 0{,}4 \cdot \mu_c) \cdot \frac{Q_d}{k_s \cdot l_e^2} \text{ in mm} \tag{Gl. 7.36}$$

$$y_r = 3{,}46 \cdot y_{0,m} \text{ in mm} \tag{Gl. 7.37}$$

c) Lastfall „Einzellast auf der Plattenecke":

Biegezugspannung $\sigma_{Q,e}$ an der Plattenoberseite in diagonaler Richtung:

Für den Lastfall Plattenecke erfolgt die Berechnung der Biegezuspannung $\sigma_{Q,e}$ an der Plattenoberseite nach Gleichung 7.38 von Westergaard/Eisenmann [L45][L14]:

$$\sigma_{Q,e} = \frac{3 \cdot Q_d}{h^2} \cdot \left[1 - \left(\frac{12 \cdot (1 - \mu_c^3) \cdot k_s}{E_{c0m} \cdot h^3} \right)^{0,3} \cdot \left(a \cdot \sqrt{2} \right)^{1,2} \right] \text{ in N/mm}^2 \qquad \text{(Gl. 7.38)}$$

Einsenkung y_e der Betonbodenplatte beim Lastfall „Last auf der Plattenecke":

Die Berechnung der Einsenkung y_e der Plattenecke für eine auf der Ecke stehende Einzellast kann nach Gleichung 7.39 erfolgen:

$$y_e = (1{,}1 - 0{,}88 \cdot \alpha/l_e) \cdot \frac{Q_d}{k_s \cdot l_e^2} \text{ in mm}$$

In den vorstehenden Gleichungen sind:

Q_d	Bemessungslast als Einzellast (Radlast) in N
E_{c0m}	Elastizitätsmodul des Betons in N/mm²
k_s	Bettungsmodul in N/mm³
μ_c	≈ 0,15 Querdehnzahl des Betons
h	Plattendicke in mm
l_e	elastische Länge in mm
a	Belastungskreisradius in mm
b	Ersatzradius in mm
α	Abstand der Last von der Ecke in mm

7.6.5 Einfluss aus zweiter Einzellast in Plattenmitte

Meistens wirkt nicht nur eine Last, sondern es wirken mindestens zwei Lasten, z.B. über eine Achse eines Gabelstaplers. Es kann eine dritte Einzellast in der Nähe stehen, z.B. eine Regallast. Dabei entstehen veränderte Beanspruchungen. Diese sind zu berücksichtigen. Maßgebend für die Biegespannungen ist das Verhältnis x/l_e mit dem Abstand x der Lasten bezogen auf die elastische Länge l_e.

Belastungen mit zwei Radlasten haben einen Einfluss auf die Zugspannungen aus der ersten Radlast. Dieser Einfluss vergrößert die Biegebeanspruchung, wie dies z.B. bei Gabelstaplern mit der Vorderachse der Fall ist. Diese Beanspruchung kann für den Lastfall

7.6 Nachweis von Biegespannungen (Verfahren Westergaard/Eisenmann)

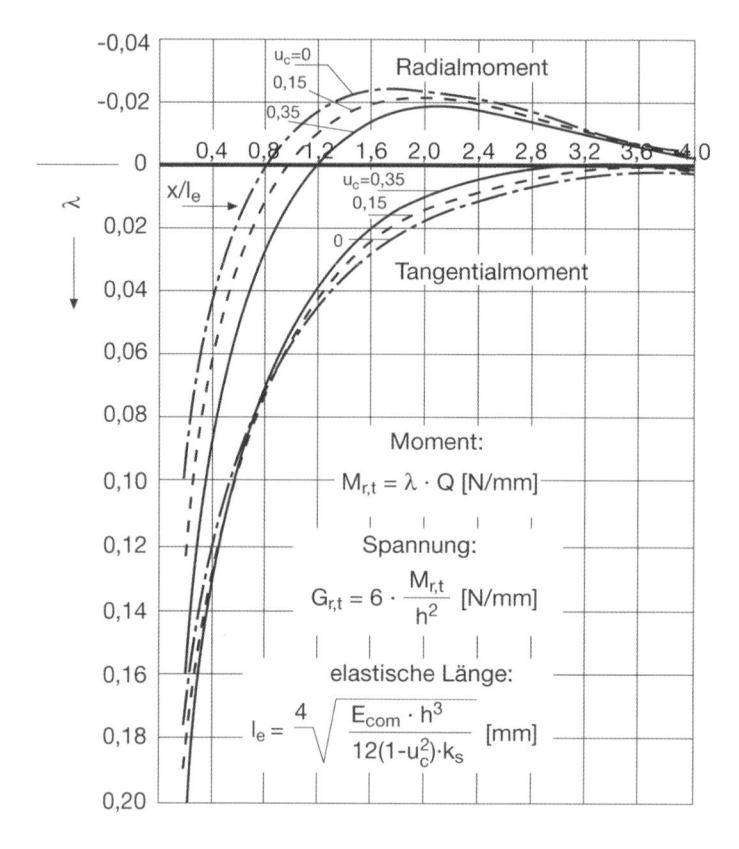

Bild 7.5:
Einflusslinien für den Lastfall Plattenmitte zur Berechnung der Biegemomente in Radial- und Tangentialrichtung außerhalb der Lastachse [L45] [L14]

Moment: $M_{r,t} = \lambda \cdot Q$ [N/mm]

Spannung: $\sigma_{r,t} = 6 \cdot \dfrac{M_{r,t}}{h^2}$ [N/mm]

elastische Länge: $l_e = \sqrt[4]{\dfrac{E_{com} \cdot h^3}{12(1-u_c^2) \cdot k_s}}$ [mm]

Plattenmitte durch die Einflusslinien von Westergaard [L45] berücksichtigt werden (Bild 7.5).

Zwillingsreifen, bei denen eine Last auf zwei Räder verteilt wird, bewirken geringere Biegespannungen. Auch diese Verringerung der Biegespannungen kann beim Lastfall Plattenmitte mit den Einflusslinien von Bild 7.5 erfasst werden.

Tandemachsen können eine Vergrößerung die Biegebeanspruchung bewirken. Die hierbei entstehenden Radialspannungen und Tangentialspannungen bei Lastfall Plattenmitte können mit dem gleichen Diagramm Bild 7.5 ermittelt werden.

Durch eine zweite Last ist die Vergrößerung der Radialspannung $\sigma_{m,2,radial}$ gleich Null. Die Vergrößerung der Tangentialspannung um den Betrag $\Delta\sigma_{m,2,tangential}$ ergibt sich mit dem Wert $\lambda_{tangential}$ aus Bild 7.5 über Gleichung 7.40.

$$\Delta\sigma_{m,2,\text{tan gential}} = \frac{6 \cdot Q_{d,2} \cdot \lambda_{\text{tan gential}}}{h^2} \quad \text{in N/mm}^2 \qquad (\text{Gl. 7.40})$$

Sinngemäß gilt das Gleiche für eine dritte Last:

$$\Delta\sigma_{m,3,\text{tan gential}} = \frac{6 \cdot Q_{d,3} \cdot \lambda_{\text{tan gential}}}{h^2} \quad \text{in N/mm}^2 \qquad (\text{Gl. 7.40a})$$

7.6.6 Gesamt-Beanspruchung aus mehreren Lasten

Bei Einwirkung mehrerer Einzellasten kann die Gesamtbeanspruchung aus der Summe der Beanspruchungen der Einzellasten ermittelt werden. Dies ist z.B. dann erforderlich, wenn die beiden Radlasten eines Gabelstaplers neben einer Regallast berücksichtigt werden sollen:

$$\Sigma\sigma_{m,i} = \sigma_{m,1} + \Delta\sigma_{m,2} + \Delta\sigma_{m,3} + \ldots \qquad (\text{Gl. 7.41})$$

7.6.7 Einfluss aus zweiter Einzellast am Plattenrand

In ähnlicher Weise kann beim Lastfall Plattenrand der Einfluss einer zweiten Last auf die Zugspannungen aus der ersten Last ermittelt werden. Hierfür können die Einflusslinien von Gnad verwendet werden (Bilder 7.6 und 7.7).

Die Werte λ können aus den Bilder 7.6 und 7.7 für den jeweiligen Verhältniswert x/l_e bzw. y/l_e entnommen werden. Dies gilt sowohl für die Stellung beider Lasten am Plattenrand im Abstand x (Bild 7.6) als auch für eine Last am Plattenrand, die zweite Last senkrecht zum Plattenrand im Abstand y (Bild 7.7).

Die Vergrößerung der Biegespannungen durch die zweite Last bei Belastungen am Plattenrand oder senkrecht zum Plattenrand kann ebenfalls mit Gleichung 7.40 berechnet werden.

7.7 Nachweis von Biegemomenten (Verfahren Niemann/Bercea)

Anstelle des Nachweises von Biegespannungen mit dem Verfahren Westergaard/Eisenmann kann die Ermittlung von Biegemomenten auf der Grundlage plastischer Verfahren erfolgen, z.B. mit der Bruchlinientheorie. Auf dieses Verfahren wird hier nicht näher eingegangen, es wird in der DBV-Beispielsammlung „Stahlfaserbeton" [L10] dargestellt.

Stattdessen wird nachfolgend ein von Niemann vorgeschlagenes Berechnungsverfahren [L31] vorgestellt, das auf den Verfahren Bercea und Stiglat/Wippel [L36] aufbaut und diese Verfahren weiterentwickelt.

7.7 Nachweis von Biegemomenten (Verfahren Niemann/Bercea)

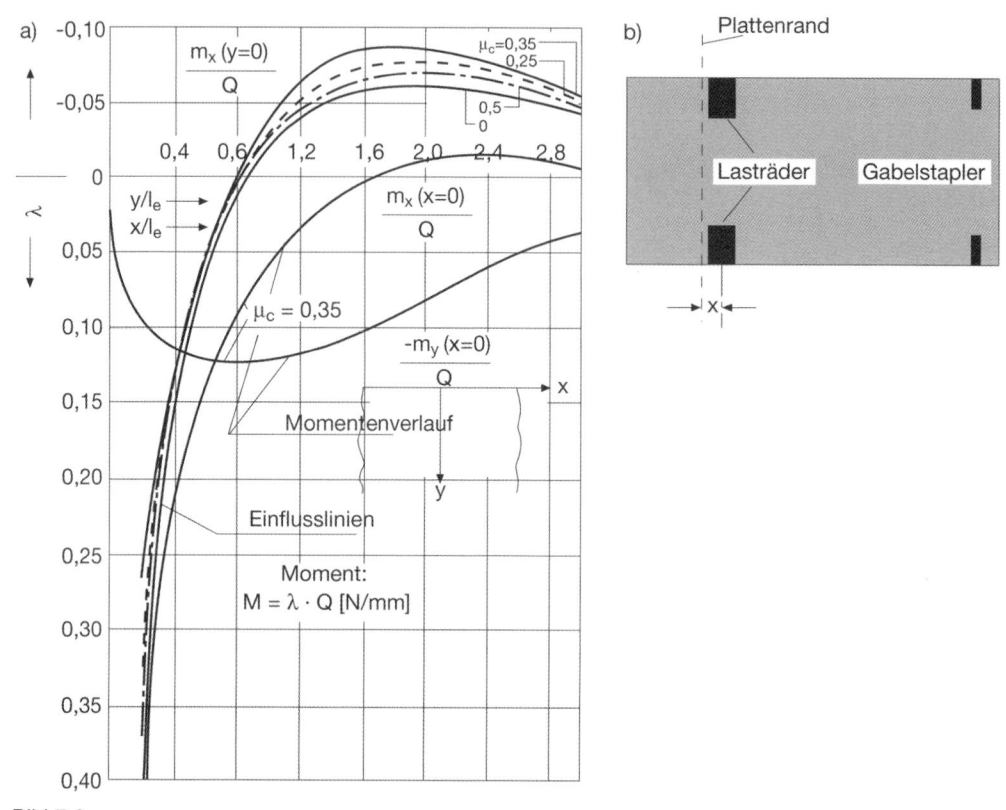

Bild 7.6:
Einflusslinien zur Berechnung der Biegemomente am Plattenrand bei zwei Einzellasten am Plattenrand [nach Gnad] [L58] [L14]
a) Einflusslinien für das Biegemoment am Plattenrand
b) Laststellung am Plattenrand

So wie dem Rechenverfahren nach Westergaard/Eisenmann [L45][L14] die Bettungsmodul-Theorie zugrunde liegt, kann auch hierbei die Berechnung der Betonbodenplatte als elastisch gebettete Platte erfolgen. Die elastischen Eigenschaften des Unterbaues können mit der Steife- bzw. Bettungsmodul-Theorie erfasst werden. Das Bettungsmodul-Verfahren liefert relativ einfache Lösungsansätze mit genügend zutreffenden Ergebnissen [L31]. Für die Betonbodenplatte gilt die Elastizitätstheorie.

7.7.1 Bettungsmodul, elastische Länge und Belastungsradius

Das Biegemoment für die Biegezugspannung an der Plattenunterseite in mittleren Feldbereich lässt sich mit dem Bettungsmodulverfahren bestimmen. Hierbei werden die Formänderungsbeziehungen zwischen Betonbodenplatte und Unterbau verknüpft durch die Bedingung, dass die Setzung s des Unterbaues direkt proportional der an der jeweiligen Stelle einwirkenden Bodenspannung σ_0 ist.

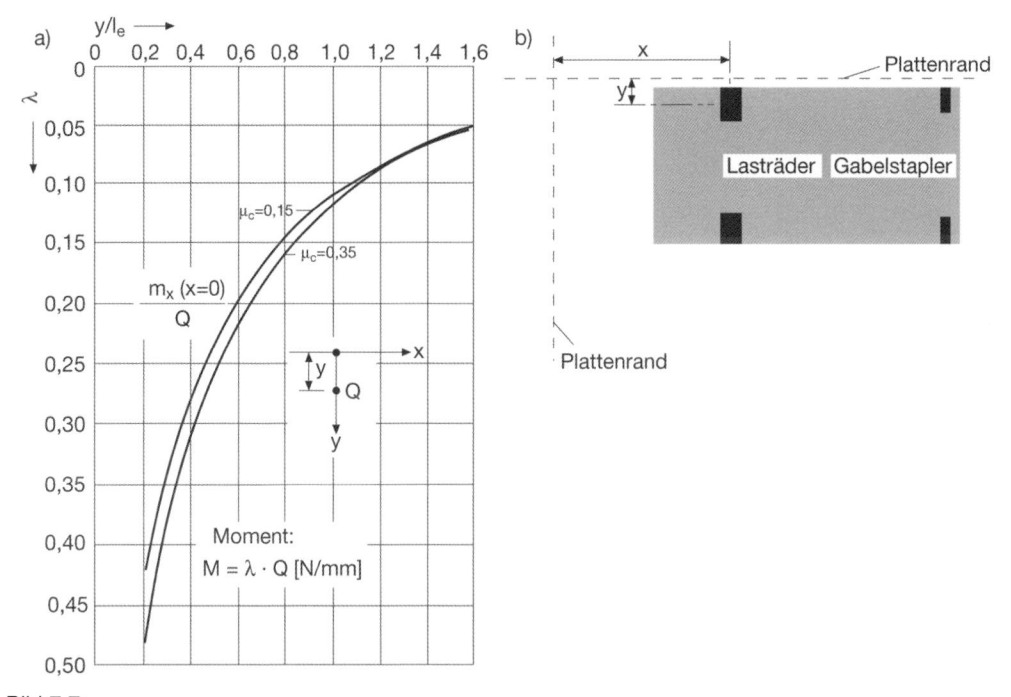

Bild 7.7:
Einflusslinien zur Berechnung der Biegemomente am Plattenrand bei zwei Einzellasten senkrecht zum Plattenrand [nach Gnad] [L58] [L14]
a) Einflusslinien für das Biegemoment am Plattenrand
b) Laststellung senkrecht zum Plattenrand

Aus dieser Bedingung ergibt sich Gleichung 7.42:

Bettungsmodul $k_s = \dfrac{\sigma_0}{s}$ in N/mm³ (Gl. 7.42)

Für die Lastabtragung bei elastisch gebetteten Platten ist die so genannte elastische Länge l_e eine Bemessungsgröße. Die elastische Länge l_e des Systems errechnet sich wie folgt:

$$l_e = \sqrt[4]{\dfrac{E_{c0m} \cdot h^3}{12 \cdot k_s}} \text{ in mm} \qquad \text{(Gl. 7.43)}$$

Gegenüber Gleichung 7.27 kann bei diesem Rechenverfahren die Querdehnzahl μ_c vernachlässigt werden.

7.7 Nachweis von Biegemomenten (Verfahren Niemann/Bercea)

Der Belastungsradius a für die Lastausbreitung bis zur Mittelebene der Platte ergibt sich zu:

$$a = \frac{h + \sqrt{b \cdot c}}{2} \quad \text{in mm, bei rechteckiger Aufstandsfläche } b \cdot c \qquad \text{(Gl. 7.44)}$$

Beiwert α :

$\alpha = a / l_e$ Bedingung: $\alpha \geq 0{,}01$ und $\alpha < 1{,}0$ (Gl. 7.45)

7.7.2 Bemessungsgleichung für drei verschiedene Lastfälle

Für die Ermittlung der Biegemomente in Betonbodenplatten auf elastischer Bettung sind die Beiwerte η_m für eine Einzellast in Plattenmitte mit dem Bettungsmodul-Verfahren abgeleitet worden. Hiermit kann auf vereinfachte Weise die Bestimmung der Biegemomente erfolgen.

a) Lastfall „Einzellasten in Plattenmitte"

Mit dem Beiwert α kann der Momentenbeiwert η_m für die Ermittlung des Biegemoments $m_{Q,m}$ beim Lastfall „Einzellast in Plattenmitte" errechnet werden.

Momentenbeiwert:

$$\eta_m = 0{,}180 \cdot [\log (1/\alpha) + 0{,}295] \qquad \text{(Gl. 7.46)}$$

Biegemoment:

$$m_{Q,m} = \eta_m \cdot Q_d \cdot (1 + \mu_c) \qquad \text{(Gl. 7.47)}$$

Hierbei sind:
$m_{Q,m}$ Biegemoment beim Lastfall „Einzellast in Plattenmitte"
η_m Momentenbeiwert nach Gleichung 7.46
Q_d Bemessungswert der Einzellast in Plattenmitte
μ_c Querdehnzahl des Beton $\mu_c = 0{,}20$

Die Vergrößerung des Biegemoments durch weitere Lasten, z.B. durch eine zweite Radlast $Q_{d,2}$ im Abstand x_2 und durch eine Regallast $Q_{d,3}$ im Abstand x_3, kann mit dem Beiwert $\lambda_{tangential}$ aus Bild 7.5 erfolgen:

$x_2 / l_e \rightarrow \lambda_{2,tangential}$ bzw. $x_3 / l_e \rightarrow \lambda_{3,tangential}$

$\Delta m_{2,tangential} = Q_{d,2} \cdot \lambda_{2,tangential}$ bzw. $\Delta m_{3,tangential} = Q_{d,3} \cdot \lambda_{3,tangential}$ (Gl. 7.48)

Das Bemessungs-Biegemoment errechnet sich aus:

$$m_d = m_{Q,m} + \Delta m_{2,tangential} + \Delta m_{3,tangential} \qquad \text{(Gl. 7.49)}$$

b) Lastfall "Einzellasten am Plattenrand":

Das Biegemoment $m_{Q,r}$ für Biegezugspannung an der Unterseite der Betonbodenplatte am Plattenrand bzw. an der Fuge zwischen zwei benachbarten Platten kann vereinfachend ermittelt werden. Hierbei wird angenommen, dass dieses Biegemoment etwas mehr als doppelt so groß ist wie das Biegemoment in Plattenmitte:

$$m_{Q,r} = 2{,}1 \cdot \eta_m \cdot Q_d \qquad \text{(Gl. 7.50)}$$

Die Vergrößerung des Biegemoments $m_{Q,r}$ durch eine zweite Last (z.B. Radlast $Q_{d,2}$ im Abstand x_2) errechnet sich mit dem Beiwert $\lambda_{tangential}$ aus Bild 7.6:

$$x_2 / l_e \rightarrow \lambda_{2,tangential}$$

$$\Delta m_{2,tangential} = Q_{d,2} \cdot \lambda_{2,tangential} \qquad \text{(Gl. 7.51)}$$

Das Bemessungs-Biegemoment errechnet sich aus:

$$m_d = m_{Q,r} + \Delta m_{2,tangential} \qquad \text{(Gl. 7.52)}$$

c) Lastfall „Einzellast auf der Plattenecke":

Das Biegemoment $m_{Q,e}$ für die Biegezugspannung an der Plattenoberseite in diagonaler Richtung ergibt sich in gleicher Weise wie das Biegemoment am Plattenrand. Hierbei wird angenommen, dass das Biegemoment etwas weniger als doppelt so groß ist wie das Biegemoment in Plattenmitte:

$$m_{Q,e} = 1{,}8 \cdot \eta_m \cdot Q_d \qquad \text{(Gl. 7.53)}$$

Die Vergrößerung des Biegemoments $m_{Q,r}$ durch eine zweite Last (z.B. Radlast $Q_{d,2}$ im Abstand x_2) errechnet sich mit dem Beiwert $\lambda_{tangential}$ aus Bild 7.6 und Bild 7.7:

$$x_2 / l_e \rightarrow \lambda_{2,tangential}$$

$$\Delta m_{2,tangential} = Q_{d,2} \cdot \lambda_{2,tangential} \qquad \text{(Gl. 7.54)}$$

Das Bemessungs-Biegemoment errechnet sich aus:

$$m_d = m_{Q,e} + \Delta m_{2,tangential} \qquad \text{(Gl. 7.55)}$$

d) Verringerung der Biegemomente durch Querkraftübertragung an Fugen

Die Verringerung der Biegemomente durch Querkraftübertragung an Fugen ist in ihrer Wirkung von der Ausbildung der Fuge abhängig. Die Biegemomente am Plattenrand und an der Plattenecke können je nach Fugenart durch die Multiplikation mit den entsprechenden Lastfaktoren κ_Q verringert werden. Die Lastfaktoren κ_Q sind in Tafel 7.9 zusammengestellt.

7.8 Berücksichtigung von Temperatureinwirkungen

Die Temperaturverhältnisse bei der Herstellung von Betonbodenplatten haben einen wesentlichen Einfluss auf die Größe von Zugspannungen, die schon während der Erhärtung des Betons entstehen. Daher ist der Zeitpunkt der Herstellung mit den dabei herrschenden Umgebungsbedingungen von wesentlicher Bedeutung für das Entstehen von Zugspannungen und somit für die Rissgefahr.

Kritischer als gleichmäßige Erwärmungen und Abkühlungen mit Längszugspannungen (z.B. beim Abfließen der Hydratationswärme) können sich Temperaturdifferenzen auswirken, die sich ungleichmäßig über die Dicke der Betonbodenplatten verteilen. Hierbei kann es zu Verwölbungen der Betonbodenplatten kommen. Diese Verwölbungen bewirken zusätzliche Biegebeanspruchungen in den Betonbodenplatten.

Witterungsbedingte Beanspruchungen führen zu Verformungen der Betonbodenplatten. Bei einer Erwärmung der Oberseite entstehen Aufwölbungen, der mittlere Bereich der Plattenlänge hebt sich hoch, die Betonbodenplatte buckelt auf. Bei einer Abkühlung der Oberseite entstehen Aufschüsselungen, ebenso bei Austrocknung der Plattenoberseite. Die Ecken und Ränder der Betonbodenplatten heben sich ab.

Dem Aufwölben und Aufschüsseln wirkt das Eigengewicht der Betonbodenplatten entgegen. Dadurch entstehen die größten Biegezugspannungen im Bereich der mittleren Plattenlänge: bei Aufwölbungen an der Plattenunterseite, bei Aufschüsselungen hingegen an der Plattenoberseite. Aufgrund des unterschiedlichen Temperaturgradienten sind bei Aufwölbungen die Biegezugspannungen an der Plattenoberseite größer als die Biegezugspannungen an der Plattenunterseite bei Aufschüsselungen. In Eck- und Randbereichen von Betonbodenplatten sind witterungsbedingte Biegezugspannungen unbedeutend und können vernachlässigt werden.

Ungünstig sind in den meisten Fällen die im mittleren Bereich der Plattenlänge beim Aufwölben entstehenden Biegezugspannungen an der Plattenunterseite. Daher sind bei der Bemessung diese witterungsbedingten Biegezugspannungen mit den Beanspruchungen aus Verkehrslast zu überlagern.

7.8.1 Betonbodenplatten mit Sonneneinstrahlung

Betonbodenplatten im Freien sind der Sonneneinstrahlung ausgesetzt, es findet eine Erwärmung der Oberseite statt. Dies kann ggf. aber auch bei Betonbodenplatten in Hallen mit großen Fenstern geschehen. Bei Erwärmung von oben entstehen Temperaturverteilungen entsprechend Bild 7.8.

Betonbodenplatten im Freien sind aber auch der Abkühlung ausgesetzt. Diese kann ebenfalls ungleichmäßig erfolgen, wenn schnelle Temperaturänderungen stattfinden. Dies ist z.B. besonders bei Gewittern mit plötzlichen Regen- oder Hagelschauern der Fall. Die dann stattfindende Temperaturverteilung zeigt Bild 7.9.

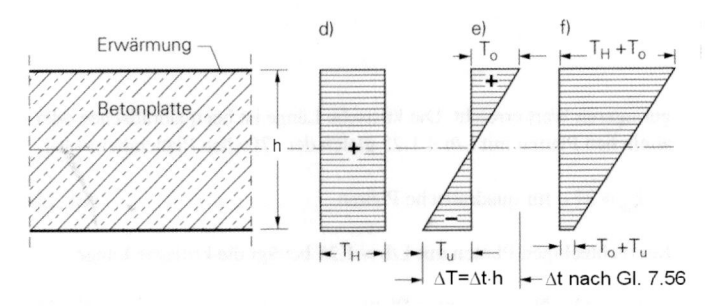

Bild 7.8:
Betonbodenplatte bei Erwärmung von oben
a) Gleichmäßige Temperaturverteilung durch gesamte Erwärmung
b) Ungleichmäßige Temperaturverteilung bei intensiver Erwärmung
c) Gesamte Temperaturverteilung

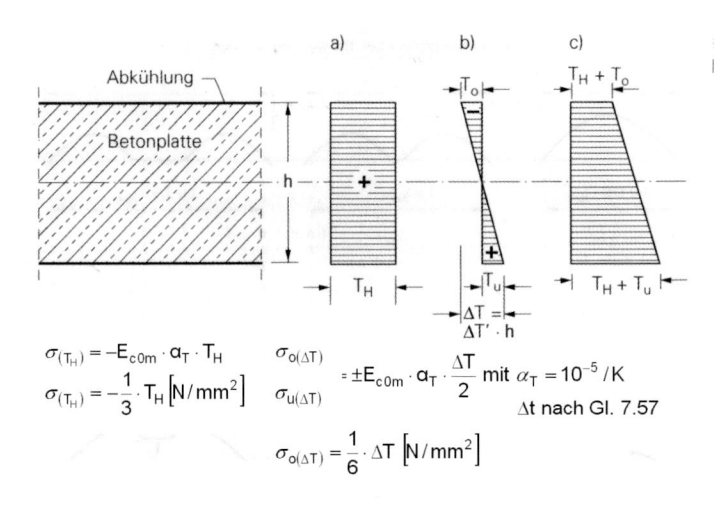

$$\sigma_{(T_H)} = -E_{c0m} \cdot \alpha_T \cdot T_H$$

$$\sigma_{(T_H)} = -\frac{1}{3} \cdot T_H \; [N/mm^2]$$

$$\sigma_{o(\Delta T)} = \pm E_{c0m} \cdot \alpha_T \cdot \frac{\Delta T}{2} \quad \text{mit } \alpha_T = 10^{-5}/K$$

$$\sigma_{u(\Delta T)}$$

$$\Delta t \text{ nach Gl. 7.57}$$

$$\sigma_{o(\Delta T)} = \frac{1}{6} \cdot \Delta T \; [N/mm^2]$$

Bild 7.9:
Betonbodenplatte bei schneller Abkühlung von oben
a) Gleichmäßige Temperaturverteilung
b) Ungleichmäßige Temperaturverteilung bei schneller Abkühlung
c) Gesamte Temperaturverteilung

7.8.2 Temperaturgradient Δt

Es kann damit gerechnet werden, dass die Temperaturdifferenz bei Sonneneinstrahlung und Windstille aufgrund der Wärmeleitfähigkeit des Betons maximal 0,08 Kelvin je 1 mm Bauteiltiefe beträgt. Dies ist der Temperaturgradient Δt des Betons [L14]:

$$\Delta t_{Erwärmung} \approx 0{,}08 \; K/mm \qquad \text{(Gl. 7.56)}$$

Der Temperaturgradient Δt ist bei Abkühlung etwa halb groß:

$$\Delta t_{Abkühlung} \approx 0{,}04 \; K/mm \qquad \text{(Gl. 7.57)}$$

7.8.3 Aufwölbung bei Erwärmung

Bei Erwärmung von oben erfährt die Betonbodenplatte eine Verformung, die sich im Aufwölben des mittleren Bereichs zeigt. Dieser Aufwölbung wirkt die Eigenlast der Platte entgegen. Von einer bestimmten Plattenlänge an wird die Platte in der Mitte wieder auf der Unterlage aufliegen. Diese Länge wird als kritische Länge L_{krit} bezeichnet. Die beim Verwölben entstehenden Biegebeanspruchungen sind hierbei am größten. Das Verformungsbild und der Spannungsverlauf sind abhängig von der Plattenlänge (Bild 7.10).

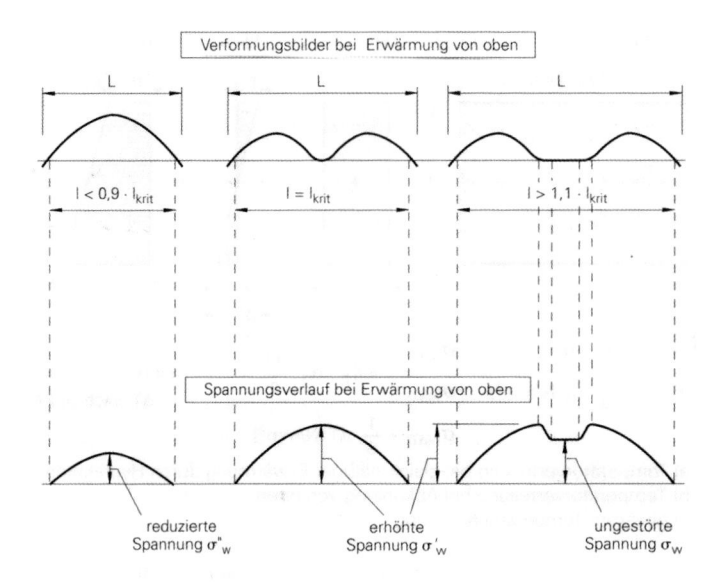

Bild 7.10: Verformungen von Betonbodenplatten und Spannungsverlauf bei Erwärmung von oben in Abhängigkeit von der Plattenlänge L_F in Bezug zur kritischen Plattenlänge L_{krit}

7.8.4 Kritische Plattenlänge L_{krit}

Bei Betonbodenplatten im Freien sollte daher die tatsächliche Plattenlänge L_F nicht im Bereich der kritischen Plattenlänge L_{krit} liegen, da hierbei die entstehenden Beanspruchungen durch Aufwölben am größten sind. Daher sollte die Forderung gelten:

$L_F < 0{,}9 \cdot L_{krit}$ oder $L_F > 1{,}1 \cdot L_{krit}$ (Gl. 7.58)

Bei Plattenlängen $L_F < 0{,}9\, L_{krit}$ kann mit einer reduzierten Wölbbeanspruchung gerechnet werden, da die Biegezugbeanspruchungen an der Plattenoberseite einen geringeren Wert erreichen. Nach Eisenmann [L14] kann unter Berücksichtigung der Verformung infolge Erwärmung und der Rückverformung infolge Eigengewicht die kritische Länge für quadratische Platten ermittelt werden mit folgender Gleichung:

$L_{krit} \approx 230 \cdot h \cdot \sqrt{\alpha_T \cdot \Delta t \cdot E_{c0m}}$ in mm (Gl. 7.59)

Hierbei sind:

h   Plattendicke in mm
α_T Temperaturdehnzahl $\alpha_T = 10^{-5}/K$
Δt Temperaturgradient $\Delta t \approx 0{,}08$ K/mm
E_{c0m} Elastizitätsmodul des Betons $E_{c0m} = 30500$ N/mm² für C 25/30
$E_{c0m} = 31900$ N/mm² für C 30/37
$E_{c0m} = 33300$ N/mm² für C 35/45

Für den Standardfall mit Beton C30/37 ergibt sich für quadratische Platten mit dem Verhältnis $L_F/b_F \leq 1{,}25$:

$L_{krit} \approx 37 \cdot h$ in mm   (Gl. 7.60)

In gleicher Weise erhält man für rechteckige Platten mit $L_F/b_F > 1{,}25$ bis $L_F/b_F \leq 1{,}5$:

$L_{krit} \approx 34 \cdot h$ in mm   (Gl. 7.61)

Damit wird deutlich, dass die kritische Längen von quadratischen Betonbodenplatten unter Sonneneinstrahlung bei Plattendicken von h = 200 mm bis 260 mm bei 7,4 m bis 9,6 m liegen.

Für rechteckige Platten mit $L_F/b_F > 1{,}25$ ergeben sich kritische Längen je nach Plattendicke schon zwischen 6,6 m bis 8,6 m. Diese durchaus üblichen Plattenlängen sollten verkürzt werden, so dass mit einer verringerten Wölbbeanspruchung gerechnet werden kann.

7.8.5 Größe der Wölbspannungen σ_w (Verfahren Eisenmann/Leykauf)

Ungestörte Wölbspannung σ_w
Betonbodenplatten mit Abmessungen über der 1,1-fachen kritischen Länge ($L_F > 1{,}1\ L_{krit}$) haben im mittleren Bereich einen nicht gekrümmten Abschnitt, der auf der Unterlage aufliegt (Bild 7.10). Hier lässt sich die ungestörte Wölbspannung σ_w unter Berücksichtigung der vorhandenen zweiachsigen Spannungszustands über die Querdehnzahl μ_c:

$$\sigma_w = \frac{1}{1 - \mu_c} \cdot \frac{h \cdot \Delta t}{2} \cdot \alpha_T \cdot E_{c0m} \text{ in N/mm}^2 \qquad \text{(Gl. 7.62)}$$

Hierbei sind:

σ_w ungestörte Wölbspannung im mittleren Längenbereich in N/mm²
μ_c $\mu_c = 0{,}2$
h   Plattendicke in mm
Δt Temperaturgradient $\Delta t \approx 0{,}08$ K/mm
α_T Temperaturdehnzahl $\alpha_T = 10{-}5/K$
E_{c0m} Elastizitätsmodul des Betons

7.8 Berücksichtigung von Temperatureinwirkungen

Für den Standardfall mit Beton C30/37 ergibt sich mit vorstehenden Werten folgende ungestörte Wölbspannung σ_w:

$$\sigma_w = \frac{1}{1-0,2} \cdot \frac{h \cdot 0,08}{2} \cdot 10^{-5} \cdot 31900$$

$$\sigma_w \approx 16 \cdot h \quad \text{in N/mm}^2 \text{ mit h in m} \tag{Gl. 7.63}$$

Gestörte Wölbspannung σ_w''

Aus Bild 7.10 ist zu ersehen, dass die Wölbspannungen bei Platten mit der kritischen Länge L_{krit} im mittleren Bereich größer sind als die ungestörte Wölbspannung bei längeren Platten im mittleren Bereich. Dies ist darin begründet, dass der Krümmungsverlauf bei ungleichmäßiger Erwärmung (kreisförmig) nicht mit dem Krümmungsverlauf infolge Eigengewichts (parabelförmig) übereinstimmt. Vereinfacht kann mit einer um 20 % höheren gestörten Wölbspannung σ_w'' gegenüber der ungestörten Wölbspannung σ_w gerechnet werden [L14]:

$$\sigma_w^{\,\|} = 1,2 \cdot \sigma_w \quad \text{in N/mm}^2 \tag{Gl. 7.64}$$

Dieser Bereich der gestörten Wölbspannung sollte in der Praxis vermieden werden.

Reduzierte Wölbspannung σ_w'

Bei Betonbodenplatten mit Sonneneinstrahlung bringt die Verkürzung der Plattenlängen unter die kritische Länge L_{krit} den Vorteil einer reduzierten Wölbspannung σ_w', wie dies aus Bild 7.10 zu erkennen ist. Die Plattenlänge soll die Bedingung der Gleichung 7.10 einhalten mit $L_F < 0,9\,L_{krit}$. Die reduzierte Wölbspannung ist von der Auflagerlänge der Betonbodenplatte abhängig. Die Auflagerlänge der Betonbodenplatte kann mit beidseitig je 200 mm angenommen werden. Daraus ergibt sich die reduzierte Wölbspannung σ_w':

$$\sigma_w^{\,\text{I}} = \left(\frac{L_F - 400}{0,9 \cdot L_{krit}}\right)^2 \cdot \sigma_w \quad \text{in N/mm}^2 \tag{Gl. 7.65}$$

Abhängig von der Plattenlänge bzw. dem Fugenabstand L_F im Verhältnis zur Plattenbreite b und abhängig von der Plattendicke h sind die Wölbspannungen σ_w für den jeweiligen Fall in Tafel 7.7 zusammengestellt.

7 Bemessungsgrundlagen für Betonböden

Tafel 7.7: Wölbspannungen σ_w und Wölbmomente M_w durch Temperaturdifferenzen infolge Erwärmung von oben (z.B. durch Sonneneinstrahlung bei Platten im Freien) [nach L14]

Wölbspannungen σ_w [N/mm²] und Wölbmoment m_w [kNm/m] bei quadratischen Platten $L_F/b_F \leq 1{,}25$	Wölbspannungen σ_w [N/mm²] und Wölbmoment m_w [kNm/m] bei rechteckigen Platten $L_F/b_F > 1{,}25$
reduzierte Wölbspannung mit max $L_F \leq 34\,h$: $\sigma_w^I = 0{,}015 \cdot \dfrac{(L_F - 0{,}40)^2}{h}$	reduzierte Wölbspannung mit max $L_F \leq 30\,h$: $\sigma_w^I = 0{,}019 \cdot \dfrac{(L_F - 0{,}40)^2}{h}$
reduziertes Wölbmoment: $m_w{'} = 2{,}5 \cdot h \cdot (L_F - 0{,}40)^2$	reduziertes Wölbmoment: $m_w{'} = 3{,}2 \cdot h \cdot (L_F - 0{,}40)^2$
ungestörte Wölbspannung mit max $L_F \geq 41\,h$: $\sigma_w = 16 \cdot h$ ungestörtes Wölbmoment: $m_w = 2700 \cdot h^3$	ungestörte Wölbspannung mit max $L_F \geq 37\,h$: $\sigma_w = 16 \cdot h$ ungestörtes Wölbmoment: $m_w = 2700 \cdot h^3$

L_F = Plattenlänge in m; h = Plattendicke in m; σ_w in N/mm², m_w in kNm/m

Beispiele zur Erläuterung

1. Beispiel

Die Wölbspannung einer im Freien liegenden Betonbodenplatte von 200 mm Dicke mit Fugenabständen von $L_F = 6{,}50$ m wird berechnet. Feldbreite $b_F = 4{,}50$ m.

Seitenverhältnis:

$L_F / b_F = 6{,}50 / 4{,}50 = 1{,}44 > 1{,}25 \rightarrow$ rechteckige Platte

kritische Plattenlänge L_{krit}:

$L_{krit} = 33 \cdot h = 33 \cdot 200 = 6{,}6$ m
$L_F / L_{krit} = 6{,}5 / 6{,}6 = 0{,}98 > 0{,}9 \rightarrow$ gestörte Wölbspannung

gestörte Wölbspannung $\sigma_w{''}$:

$\sigma_w{''} = 1{,}2 \cdot \sigma_w = 1{,}2 \cdot 0{,}016 \cdot h = 1{,}2 \cdot 0{,}016 \cdot 200$
$= 3{,}8$ N/mm²

Betondehnung

$\varepsilon_c = \sigma_w{''} / E_{c0m} = 3{,}8 / 30500$
$= 0{,}125 \cdot 10^{-3} = 0{,}125$ mm/m

Anmerkung: Das Ergebnis bedeutet, dass ein großer Teil der Biegezugfestigkeit schon durch die Wölbspannung aufgezehrt wird und nur wenig für Lastbeanspruchungen übrig bleibt. Dies trifft auch für die Dehnung des Betons zu.

Folgerung: Den Bereich der gestörten Wölbspannung möglichst durch geeignetere Plattenlängen vermeiden.

2. Beispiel

Für die gleiche Betonbodenplatte werden die Fugenabstände auf $L_F = 5{,}00$ m verkürzt. Die Wölbspannung σ_w wird berechnet.

Seitenverhältnis:

$L_F / b_F = 5{,}00 / 4{,}50 = 1{,}11 < 1{,}25 \rightarrow$ quadratische Platte

Verhältnis Länge zu Dicke:

$L_F / h \quad = 5000 / 200 = 25 < 34 \rightarrow$ reduzierte Wölbspannung

oder kritische Plattenlänge L_{krit}:

$L_{krit} \quad = 33 \cdot h = 33 \cdot 200 = 6{,}6$ m
$L_F / L_{krit} = 5{,}00 / 6{,}50 = 0{,}77 < 0{,}9 \rightarrow$ reduzierte Wölbspannung

reduzierte Wölbspannung σ_w':

$$\sigma_w' = 15 \cdot \frac{(L_F - 400)^2}{h} \cdot 10^{-6} = 15 \cdot \frac{(5000 - 400)^2}{200} \cdot 10^{-6}$$
$$\sigma_w' = 1{,}6 \text{ N/mm}^2$$

Betondehnung

$\varepsilon_c \ = \sigma_w' / E_{c0m} \quad = 1{,}6 / 30500$
$ = 0{,}052 \cdot 10^{-3} \ = 0{,}052$ mm/m

Anmerkung:
Die verkürzte Plattenlänge unter den 0,9-fachen Wert der kritischen Plattenlänge bedeutet in diesem Fall, dass die Wölbspannung nicht halb so groß ist wie bei längeren Platten im Bereich der gestörten Wölbspannung.

7.8.6 Witterungsbedingte Biegezugspannungen (Verfahren Foos/Müller)

Zur Abschätzung der witterungsbedingten Biegezugspannungen $\sigma_{ct,T}$ kann auch ein anderes, neueres Verfahren angewendet werden, das die Herstellbedingungen berücksichtigt. An der Universität Karlsruhe wurden Untersuchungen mit Hilfe eines numerischen Modells durchgeführt [L55]. Damit können die entstehenden Biegezugspannungen bei bestimmten Herstellbedingungen in Abhängigkeit von der Art des Betons und von den Plattenabmessungen abgeschätzt werden. Maßgebend hierfür ist der Verlauf der Nullspannungstemperatur über die Plattenhöhe. Die Nullspannungstemperatur ist jene Temperatur, die sich zu Beginn des Erhärtens über den Betonquerschnitt einstellt, bevor Spannungen wirksam werden.

Beim Zeitpunkt der Herstellung der Betonbodenplatte wird unterschieden nach folgenden Umgebungsbedingungen:

(1) Herstellung im Sommer in der Sonne

(2) Herstellung im Sommer im Schatten bei hohen Temperaturen

(3) Herstellung im Sommer im Schatten

(4) Herstellung im Sommer am Nachmittag

(5) Herstellung im Frühling oder Herbst

(6) Herstellung im Winter

Außerdem wird die Verwendung von Beton mit niedriger Wärmeentwicklung berücksichtigt, wenn anstelle von Zement CEM I 32,5 R beispielsweise Zement CEM III/B 32,5 N - LH/HS/NA verwendet wird.

Grundlage für die nachstehend angegebenen Gleichungen zur Ermittlung von Biegezugspannungen infolge witterungsbedingter Beanspruchungen ist ein Beton der Festigkeitsklasse C30/37 mit folgenden Materialeigenschaften, wie sie für Betonbodenplatten typisch sind:

– Betondruckfestigkeit $f_{cm} \approx 40$ N/mm²

– Wasserzementwert $w/z \approx 0{,}50$

– Elastizitätsmodul $E_{c0m} \approx 34\,000$ N/mm²

– Querdehnzahl $\mu_c = 0{,}20$

– Wärmedehnzahl $\alpha_T = 1{,}2 \cdot 10^{-5}$ /K

– quarzitische Gesteinskörnung

Beispiele zur Erläuterung

Die witterungsbedingten Biegezugspannungen einer Betonbodenplatte werden mit den Gleichungen aus Tafel 7.8 rechnerisch abgeschätzt; wenn beim Betonieren unterschiedliche Umgebungsbedingungen herrschen und der Beton mit Zement CEM I 32,5 R hergestellt wird.

Plattendicke $h = 200$ mm, Fugenabstände $L_F = 5{,}0$ m, Verhältnis Plattenlänge zur Plattendicke: $L_F / h = 5{,}00 / 0{,}20 = 25$

7.8 Berücksichtigung von Temperatureinwirkungen

Tafel 7.8: Biegezugspannungen [N/mm²] in Betonbodenplatten durch witterungsbedingte Beanspruchungen in Abhängigkeit vom Zeitpunkt der Herstellung [L56]

Dicke h der Betonbodenplatte [m]	Länge L_F der Betonbodenplatte [m]	Zeitpunkt der Herstellung		
		im Winter bzw. im Sommer am Nachmittag oder auch bei Verwendung von LH-Zement im Sommer ¹)	im Frühling/Herbst bzw. im Sommer bei Schutz vor Sonneneinstrahlung	im Sommer bzw. an einem heißen Tag im Schatten ($T_{max} \leq 35$ °C)
		Biegezugspannungen $\sigma_{ct,T}$ [N/mm²]		
$h \leq 0{,}25$ m	$L_F \leq 26$ h	$\approx 0{,}3\ L_F - h - 0{,}1$	$\approx 4\ h + 0{,}25$	$\approx 0{,}5\ L_F - 6\ h + 1$
	$L_F > 26$ h	$\approx 0{,}033\ L_F + 6{,}5\ h - 0{,}15$		$\approx 0{,}1\ L_F + 4\ h + 1{,}1$
$h > 0{,}25$ m	$L_F \leq 24$ h	$\approx 0{,}3\ L_F - 5\ h + 1{,}3$	$\approx 4{,}6\ h$	$\approx 0{,}25\ L_F - 6{,}5\ h + 2{,}8$
	$L_F > 24$ h	$\approx 0{,}125\ L_F - 0{,}6\ h + 1{,}2$		$\approx 0{,}1\ L_F - 2{,}4\ h + 2{,}6$

¹)für die Herstellung im Sommer am Nachmittag oder auch bei Verwendung von LH-Zement im Sommer, wobei in beiden Fällen die Spannungen auf 50 % zu verringern sind

(1) Betonieren im Sommer in der Sonne ohne Sonnenschutz bei Lufttemperaturen zwischen 15 °C und 30 °C:

Biegezugspannung:

$$\begin{aligned}\sigma_{ct,T} &= 0{,}5\ L_F - 6\ h + 1 \\ &= 0{,}5 \cdot 5{,}00 - 6 \cdot 0{,}20 + 1 \\ &= 2{,}30\ \text{N/mm}^2\end{aligned}$$

(2) Betonieren im Sommer im Schatten bei hohen Lufttemperaturen bis 35 °C:

Biegezugspannung wie vor:

$\sigma_{ct,T} = 2{,}30\ \text{N/mm}^2$

(3) Betonieren im Sommer im Schatten bei Lufttemperaturen zwischen 17 °C und 25 °C:

Biegezugspannung:

$$\begin{aligned}\sigma_{ct,T} &= 4\ h + 0{,}25 \\ &= 4 \cdot 0{,}20 + 0{,}25 \\ &= 1{,}05\ \text{N/mm}^2\end{aligned}$$

(4) Betonieren im Sommer am Nachmittag bei Lufttemperaturen zwischen 25 °C und 17 °C:

Biegezugspannung:

$\sigma_{ct,T}$ = 0,5 · 0,3 LF - h - 0,1
      = 0,5 · 0,3 · 5,00 - 0,20 - 0,1
      = 0,60 N/mm²

(5) Betonieren im Frühling oder Herbst bei Lufttemperaturen zwischen 8 °C und 20 °C:

Biegezugspannung:

$\sigma_{ct,T}$ = 4 h + 0,25
      = 4 · 0,20 + 0,25
      = 1,05 N/mm²

(6) Betonieren im Winter bei Lufttemperaturen zwischen 0 °C und 8 °C:

Biegezugspannung:

$\sigma_{ct,T}$ = 0,3 LF - h - 0,1
      = 0,3 · 5,00 - 0,20 - 0,1
      = 1,20 N/mm²

(7) Herstellung des Betons mit niedriger Wärmeentwicklung bei Verwendung von Zement CEM III/B 32,5 N - LH/HS/NA:

Biegezugspannung:

$\sigma_{ct,T}$ = 0,5 · 0,3 LF - h - 0,1
      = 0,5 · 0,3 · 5,00 - 0,20 - 0,1
      = 0,60 N/mm²

Der Vergleich der Biegezugspannungen verdeutlicht, dass beim Betonieren im Sommer ohne Sonnenschutz oder bei sehr hohen Temperaturen die Biegezugspannung fast 4-mal so groß ist, als wenn das Betonieren auf den Nachmittag bei abnehmenden Lufttemperaturen verschoben würde. Damit wäre die Rissgefahr wesentlich geringer.

Gleich günstige Bedingungen sind durch Beton mit niedriger Wärmeentwicklung bei Verwendung von Zement CEM III/B 32,5 N - LH/HS/NA zu erreichen. Bei Flächen im Freien ist allerdings zu berücksichtigen, dass Betone mit Zement CEM III/B nicht für Bauteile bei Frostangriff mit Taumittel in der Expositionsklasse XF4 eingesetzt werden dürfen.

7.9 Nachweis des Durchstanzwiderstandes

Der Durchstanzwiderstand V_{Rd} einer bewehrten Betonplatte setzt sich aus dem Traganteil des Betons $V_{R,cd}$ und dem Traganteil der Bewehrung $V_{R,sd}$ zusammen. Bei einer unbewehrten Betonplatte entspricht der Widerstand dem Traganteil des Betons [L48].

Der Traganteil des Betons ist mit folgender Gleichung zu ermitteln:

$$V_{R,cd} = \frac{0,062}{\gamma_c} \cdot \sqrt{A_{col}} \cdot h \cdot (L/h)^a \cdot f_{ck}^{0,62} \cdot \kappa \qquad (\text{Gl. 7.66})$$

Hierbei sind:

$V_{R,cd}$ = Bemessungswert des Betontraganteils [kN]
γ_c = 1,0 Sicherheitsbeiwert für Beton
A_{col} = Querschnitt der Belastungsfläche [cm²]
h = mittlere statische Höhe [cm]
L = Abstand der Momenten-Nulllinie vom Belastungsmittelpunkt [cm]
a = $-0,5 \cdot \frac{\sqrt{A_{col}}}{h}$
f_{ck} = charakteristische Zylinderdruckfestigkeit [MN/m²]
κ = Maßstabsfaktor = $\sqrt{(1 + 500)/h}$ \qquad (mit h in cm)

Der Bemessungswert der einwirkenden Durchstanzkraft V_{Ed} darf nicht größer werden als der Durchstanzwiderstand $V_{R,cd}$. Andernfalls ist Bewehrung erforderlich.

Bedingung:
$V_{ED} \leq V_{R,cd}$ \qquad (Gl. 7.67)

7.10 Berücksichtigung der Kraftübertragung an Fugen

Die Beanspruchung von Betonbodenplatten ist neben der Steifigkeit des Unterbaues insbesondere von der Größe und Art der Lasteinwirkung sowie von der Stellung und Anordnung der Lasteinwirkungen abhängig. So beanspruchen beispielsweise gleichgroße Lasten die Betonbodenplatten wesentlich stärker, wenn sie nicht nur im mittleren Bereich einer Betonbodenplatte stehen, sondern am Rand oder auf einer Ecke der Betonbodenplatte. Bei Laststellungen in Eckbereichen wird die Betonbodenplatte durch Biegezugspannungen in der oberen Plattenzone stärker beansprucht als bei Laststellungen in mittleren Plattenbereichen durch Biegezugspannungen in der unteren Plattenzone.

Entscheidend für die Größe der Beanspruchung am Rand einer Betonbodenplatte ist die Übertragungsmöglichkeit der Querkraft von der belasteten Betonbodenplatte auf die Nachbarplatte. Dies ist besonders bei Verkehrslasten entscheidend, wenn sie eine Fuge überrollen. Daher werden nachfolgend die Möglichkeiten der Querkraftübertragung in den Fugen dargestellt [nach L14].

Je nach Fugenausbildung kann beim Überrollen der Fugen mit einer Übertragung der wirkenden Lasten von einer Platte zur benachbarten Platte gerechnet werden. Die Verformungen der Betonbodenplatten werden verringert und damit auch die Beanspruchungen der Betonbodenplatten im Bereich der Fugen (Bild 4.11).

7.10.1 Kraftübertragung durch Rissverzahnung bei Scheinfugen

Scheinfugen in unbewehrten Betonbodenplatten können unterhalb des Fugenschnitts eine wirksame Rissverzahnung behalten, wenn sich die Scheinfugen nicht zu weit öffnen. Durch die Rissverzahnung ist eine Querkraftübertragung im Fugenbereich auf die Nachbarplatte möglich. Insgesamt ist die Wirksamkeit einer Rissverzahnung von folgenden Einflüssen abhängig:

– Verformungsmodul des Unterbaues (E_{V2}-Wert): → sollte möglichst groß sein

– Wirksame Plattendicke unterhalb des Fugenschnitts: → bei dicken Platten größer als bei dünnen Platten

– Öffnung der Scheinfuge: → möglichst gering, z.B. bei kleinen Fugenabständen

Der Faktor des Wirksamkeitsgrades κ_W zur Verminderung der Einsenkung kann unter Berücksichtigung der Fugengestaltung bzw. der Rissausbildung abgeschätzt werden. Die Verringerung der Querkraftübertragung ist etwa halb so groß wie der Wirksamkeitsindex [nach L14].

$$\kappa_{red} = \kappa_W / 2$$

Berücksichtigt man weiterhin, dass die Beanspruchung an der Fuge etwa 2,0-mal so groß ist wie in Plattenmitte, ergibt sich der Lastfaktor κ_Q für die verringerte Querkraft [L14]:

$$\kappa_Q = 1 - \kappa_W / 2{,}0 \qquad \text{(Gl. 7.68)}$$

1. Beispiel: Betonbodenplatte mit Radlasten $Q_d \leq 60$ kN

Betonbodenplatte 24 cm dick

Wirksame Dicke unter dem Fugenschnitt 18 cm

Verformungsmodul der Tragschicht $E_{V2} \approx 120$ MN/m² und $E_{V2}/E_{V1} \leq 2{,}2$

Faktor des Wirksamkeitsgrades κ_W zur Verminderung der Einsenkung, Anteil der Querkraftverringerung κ_{red} und Lastfaktor κ_Q:

Fugenöffnung ≤ 1 mm: $\kappa_W \approx 80\ \% \equiv 0{,}80$ $\kappa_{red} \approx 0{,}40$ $\kappa_Q \approx 0{,}60$

Fugenöffnung ≤ 2 mm: $\kappa_W \approx 50\ \% \equiv 0{,}50$ $\kappa_{red} \approx 0{,}25$ $\kappa_Q \approx 0{,}75$

Fugenöffnung ≤ 3 mm: $\kappa_W \approx 20\ \% \equiv 0{,}20$ $\kappa_{red} \approx 0{,}10$ $\kappa_Q \approx 0{,}90$

2. Beispiel: Betonbodenplatte mit Radlasten $Q_d \leq 30$ kN

Betonbodenplatte 20 cm dick
Wirksame Dicke unter dem Fugenschnitt 14 cm
Verformungsmodul der Tragschicht $E_{V2} \approx 100$ MN/m² und $E_{V2}/E_{V1} \leq 2{,}5$
Faktor des Wirksamkeitsgrades κ_W zur Verminderung der Einsenkung, Anteil der Querkraftverringerung κ_{red} und Lastfaktor κ_Q:

Fugenöffnung $\leq$ 1 mm: $\kappa_W \approx 50\ \% \equiv 0{,}50$ $\kappa_{red} \approx 0{,}25$ $\kappa_Q \approx 0{,}75$
Fugenöffnung $\leq$ 2 mm: $\kappa_W \approx 20\ \% \equiv 0{,}20$ $\kappa_{red} \approx 0{,}10$ $\kappa_Q \approx 0{,}90$
Fugenöffnung $\leq$ 3 mm: $\kappa_W \approx 0\ \% = 0{,}00$ $\kappa_{red} \approx 0{,}00$ $\kappa_Q \approx 1{,}00$

7.10.2 Kraftübertragung durch Verzahnung bei Pressfugen

Verzahnungen bei Pressfugen (Arbeitsfugen oder Tagesfeldfugen) können unterschiedlich ausgebildet werden.
Raue Stirnseiten der Betonbodenplatten können eine Querkraftübertragung in der Fuge ermöglichen, wenn sich die Fugen nicht zu weit öffnen und die Radlasten nicht zu groß sind. Dafür sind geringe Fugenabstände $\leq$ 6 m und eine genügend große Rautiefe erforderlich (z.B. über vorübergehend eingelegtes Streckmetall nach Kapitel 4.4.5). Außerdem müssen günstige Herstellbedingungen herrschen (z.B. Ausführung S speziell entsprechend Tafel 4.7). Der Faktor des Wirksamkeitsgrades κ_W, der Faktor für die Querkraftverringerung κ_{red} und der Lastfaktor κ_Q können angesetzt werden mit:

Faktor des Wirksamkeitsgrades $\kappa_W \approx 60\ \% \equiv 0{,}60$
Faktor der Querkraftverringerung $\kappa_{red} \approx 30\ \% \equiv 0{,}30$
Lastfaktor $\kappa_Q \approx 1 - \kappa_W/2 = 0{,}70$ (Gl. 7.69)

Nut- und Feder-Verzahnung über entsprechende Fugenprofile kann bei dickeren Betonbodenplatten mit $h \geq 24$ cm ausgeführt werden (Bild 4.11). Für eine Querkraftübertragung sollen die Fugenabstände nicht größer als 6 m sein. Unter diesen Voraussetzungen kann mit folgenden Faktoren des Wirksamkeitsgrades κ_W, dem zugehörigen Faktor für die Querkraftverringerung κ_{red} und dem Lastfaktor κ_Q gerechnet werden:

Faktor des Wirksamkeitsgrades $\kappa_W \approx 70\ \% \equiv 0{,}70$
Faktor der Querkraftverringerung $\kappa_{red} \approx 35\ \% \equiv 0{,}35$
Lastfaktor $\kappa_Q \approx 1 - \kappa_W/2 = 0{,}65$ (Gl. 7.70)

7.10.3 Kraftübertragung durch Rissverzahnung mit Bewehrung

Bei schwach bewehrten Betonbodenplatten (z.B. $\leq$ Q377A) gilt für die Rissverzahnung das Gleiche wie bei unbewehrten Betonbodenplatten.

Bei stark bewehrten Betonbodenplatten (z.B. $a_s \geq 8{,}0$ cm²/m) mit freier Rissbildung werden sich die Risse nur geringfügig öffnen. Hierbei bleibt im Allgemeinen eine gute Rissverzahnung bestehen.

Es können daher der Faktor des Wirksamkeitsgrades κ_W, der Faktor für die Querkraftverringerung κ_{red} und der Lastfaktor κ_Q abgeschätzt werden:

Faktor des Wirksamkeitsgrades	κ_W	$\approx 80\,\%$	$\equiv 0{,}80$
Faktor der Querkraftverringerung	κ_{red}	$\approx 40\,\%$	$\equiv 0{,}40$
Lastfaktor	κ_Q	$\approx 1 - \kappa_W/2$	$= 0{,}60$

(Gl. 7.71)

Mit diesem Wirksamkeitsgrad und der möglichen Querkraftübertragung ist eine Verringerung der Plattendicke möglich, insbesondere bei verfestigten Tragschichten.

7.10.4 Kraftübertragung durch Verdübelung der Fugen

Mittig in die Betonbodenplatte eingebaute Dübel können am wirkungsvollsten zu einer Querkraftübertragung beitragen (siehe Kapitel 4.4.7). Die Dübel stellen einerseits für die Lastübergänge eine gleiche Höhenlage der Betonbodenplatten im Fugenbereich sicher, sollen aber andererseits Längsbewegung der Betonbodenplatten nicht behindern. Als Dübel sind glatte Rundstähle zu verwenden, z.B. Ø 25 mm, Länge 500 mm (Bild 4.15 und 4.16). Der Abstand der äußeren Dübel vom Plattenrand sollte 25 cm betragen, die darauf folgenden Dübel sollten bei häufigen Lastwechseln in Hauptfahrspuren ebenfalls in 25 cm Abstand eingebaut werden (z.B. 4 oder 5 Dübel). Für die anderen Dübel außerhalb von Fahrspuren genügen Abstände von 50 cm (Bild 4.16).

Derartig parallel zur Plattenachse eingebaute Dübel bewirken, dass mit folgendem Faktor des Wirksamkeitsgrades κ_W, dem zugehörigen Faktors für die Querkraftverringerung κ_{red} und dem Lastfaktor κ_Q gerechnet werden:

Faktor des Wirksamkeitsgrades	κ_W	$\approx 90\,\%$	$\equiv 0{,}90$
Faktor der Querkraftverringerung	κ_{red}	$\approx 45\,\%$	$\equiv 0{,}45$
Lastfaktor	κ_Q	$\approx 1 - \kappa_W/2$	$= 0{,}55$

(Gl. 7.72)

7.10.5 Zusammenstellung der Querkraftübertragung an Fugen

Die Lastfaktoren κ_Q für die Querkraftübertragung, mit denen die auftretenden Lasten vermindert werden können, sind für verschiedene Fugenarten als Anhaltswerte in Tafel 7.9 zusammengestellt.

7.11 Zusammenfassung zu elastisch gelagerten Betonbodenplatten

Die Auswertung der Bemessungsgleichungen kann in folgenden Aussagen zusammengefasst werden [nach L14]:

Mit größer werdenden Einzellasten wächst die Biegezugspannung in den Betonbodenplatten nahezu linear an.

Eine Vergrößerung der Betonplattendicke verringert die Biegezugspannungen wesentlich, Minderdicken führen zu einer deutlichen Spannungserhöhung.

7.11 Zusammenfassung zu elastisch gelagerten Betonbodenplatten

Tafel 7.9: Zusammenstellung der Lastfaktoren für unterschiedliche Fugenarten [Vorschlag Lohmeyer]

Fugenart		Lastfaktor κ_Q
Scheinfugen	in unbewehrten Platten mit Rissverzahnung bei Radlasten $Q_{d'} \leq 60$ kN: (Kapitel 7.10.1) Fugenöffnung ≤ 1 mm: Fugenöffnung ≤ 2 mm: Fugenöffnung ≤ 3 mm:	 0,60 0,75 0,90
Scheinfugen	in unbewehrten Platten mit Rissverzahnung bei Radlasten $Q_d \leq 30$ kN: (Kapitel 7.10.1) Fugenöffnung ≤ 1 mm: Fugenöffnung ≤ 2 mm: Fugenöffnung ≤ 3 mm:	 0,75 0,90 1,00
Scheinfugen	in bewehrten Platten mit Rissverzahnung (Kapitel 7.10.3) mit Bewehrung $d_s \geq 8$ mm: [1]	0,60
Pressfugen	mit rauen Stirnseiten bis 6 m Fugenabstand (z.B. Streckmetall) (Kapitel 7.10.2)	0,70
Pressfugen	mit Nut- und Federverzahnung bis 6 m Fugenabstand (Kapitel 7.10.2)	0,65
Alle Fugen	mit Verdübelung (Kapitel 7.10.4) Dübel Ø 25 mm, Länge 500 mm, Abstand in Hauptfahrstreifen 250 mm	0,55

[1] Scheinfugen bei bewehrten Platten mit Bewehrung $\leq$ Q 377A: Lastfaktor κ_Q wie bei unbewehrten Platten

Abweichungen des Bettungsmoduls haben in der Regel nur eine geringe Auswirkung auf die Biegezugspannungen in der Betonbodenplatte.

Änderungen des Elastizitätsmoduls E_{c0m} des Betons bis zu ± 20 % wirken sich auf die Biegebeanspruchung nur gering aus. Bei größerem Elastizitätsmodul steigt zwar die Biegespannung an, aber hiermit verbunden ist auch eine höhere Biegezugfestigkeit, sodass sich eine Änderung des Elastizitätsmoduls weitgehend ausgleicht.

Die Biegezugspannungen bei den Lastfällen „Plattenrand" und „Plattenecke" sind etwa gleich groß. Diese Biegezugspannungen sind etwa doppelt so groß wie beim Lastfall „Plattenmitte":

Eine vorhandene Querkraftübertragung an Fugen von einer Platte zur anderen verringert die Biegebeanspruchungen an Plattenrändern und an Plattenecken, z.B. bei Kraftübertragung durch Rissverzahnung bei Scheinfugen, durch Verzahnung bei Pressfugen, durch Rissverzahnung mit Bewehrung oder durch Verdübelung der Fugen. Der Lastfaktor κ_Q, mit dem die wirkende Last Q_d multipliziert wird, kann je nach Rissöffnung $\kappa_Q = 0{,}6$ bis $0{,}9$ und bei Verdübelung bis zu 0,55 betragen (Kapitel 7.10.5).

Spitze Ecken sind zu vermeiden, da bei Lastfall „Plattenecke" die Biegebeanspruchung wegen der geringeren Plattenbreite größer ist, Plattenbrüche sind die Folge. Nicht zu vermeidende spitze Ecken sind zu bewehren, um damit die entstehende Rissbreite gering zu halten.

Einspringende Ecken müssen vermieden werden, damit Rissen durch Kerbspannungen vorgebeugt wird. Erforderlichenfalls sind von den Ecken ausgehende Fugen anzuordnen.

Langfristig wirkende Einzellasten an Plattenrändern oder Plattenecken (z.B. durch Regalstützen) sind zu vermeiden, damit die Biegebeanspruchungen bei Überlagerung durch Radlasten nicht zu groß werden.

Bei Platten im Freien mit großen Fugenabständen kann die Wölbspannung sehr groß werden, sodass dieser Lastfall in Überlagerung mit der Lastspannung maßgebend werden kann. Erforderlichenfalls sind die Fugenabstände zu verringern.

Die für den Rissnachweis erforderliche zulässige Betondehnung $\varepsilon_{ct,zul}$ kann über die Bruchdehnung $\varepsilon_{c,U}$ des Betons unter Berücksichtigung des Teilsicherheitsbeiwerts $\gamma_{ct,ges}$ angegeben werden.

Die vorhandenen Dehnungen aus Zwang $\varepsilon_{ct,Zwang}$ und aus Lasteinwirkungen $\varepsilon_{ct,Q}$ werden den jeweils zulässigen Betondehnungen $\varepsilon_{ct,zul}$ gegenübergestellt (Kapitel 7.4.3).

Da sich die Betondehnung ε_{ct} aus der Betonspannung σ_{ct} und dem Elastizitätsmodul E_{c0m} des Betons ergibt und der Elastizitätsmodul von der Betondruckfestigkeit f_{ck} direkt abhängig ist, soll vor Herstellungsbeginn durch Erstprüfung im Transportbetonwerk die erforderliche Betondruckfestigkeit nachgewiesen werden.

8 Bemessung von Betonbodenplatten

Die meisten Betonbodenplatten fallen nicht in den Gültigkeitsbereich der DIN 1045. Sie liegen außerhalb der DIN 1045, wenn sie durch Randfugen von allen aufgehenden Bauteilen getrennt sind und nicht als Tragwerk für die Tragfähigkeit und Standsicherheit der Hallenkonstruktion herangezogen werden. Bei zentrischer Zugbeanspruchung und bei Biegezugbeanspruchung kann die Dehnfähigkeit des Betons rechnerisch in Ansatz gebracht werden. Die Bemessung kann daher über die Dehnfähigkeit nach Zustand I als Bemessung mit nicht gerissener Zugzone des Betons erfolgen. Damit sind unbewehrte Betonplatten möglich.

Die Bemessung von Betonböden sollte stets so erfolgen, dass bei den Betonplatten möglichst Risse vermieden werden können. Deshalb darf bei den auftretenden Beanspruchungen die Bruchdehnung des Betons nicht erreicht werden. Die entstehenden Dehnungen dürfen nicht größer werden als die zulässige Dehnung des Betons, unabhängig von der Biegezugfestigkeit des Betons.

Bei der Bemessung von Betonböden sind verschiedene Fälle zu unterscheiden. Zur Feststellung, in welcher Form die Bemessung ablaufen soll, kann das Schema in Kapitel 14 verwendet werden.

Für Normalfälle mit Bemessungslasten bis zu 140 kN (14 t) mit geringen Lastwechseln $n \leq 5 \cdot 10^4$ und Lastpressungen auf der Betonbodenplatte bis zu 1,0 N/mm² ist eine vereinfachte Festlegung der Konstruktion in folgender Weise möglich:

– einwandfrei verdichteter Untergrund nach Kapitel 4.2.1

– erforderlichenfalls Dränung nach Kapitel 4.2.2

– geeignete Tragschicht nach Kapitel 4.2.3

– Trennlage und ggf. Sauberkeitsschicht oder Schutzschicht nach Kapitel 4.2.4 is 4.2.6

– Fugenausbildung nach Kapitel 4.4

– unbewehrte oder bewehrte Betonbodenplatten nach Kapitel 4.5 und 4.6

Vorausgesetzt wird hierbei, dass sowohl der Untergrund als auch die Tragschicht einwandfrei verdichtet sind und der Einbau der Betonplatte in geschlossener Halle erfolgt. Eine fachgerechte Ausführung ist in allen Fällen selbstverständlich.

Bei unbewehrten Betonbodenplatten mit Lastpressungen von $q > 1{,}0$ N/mm² bis $q \leq 2{,}0$ N/mm² (z.B. Vollgummi- oder Elastikreifen) ist die Dicke der Betonbodenplatte nach Tafel 4.6 entsprechend zu erhöhen, indem die Dicke mit dem Beiwert $k = \sqrt{q}$ multipliziert wird. Höhere Lastpressungen sind nicht mehr als übliche Beanspruchung zu betrachten.

Für Bemessungslasten bis zu maximal 140 kN reicht bei einwandfreier Herstellung des Betonbodens (siehe Ausführungsart N nach Tafel 4.7) die zulässige Betondehnung zur Aufnahme aller Beanspruchungen aus. Es ist keine Bewehrung erforderlich, sodass unbe-

8 Bemessung von Betonbodenplatten

wehrte Betonplatten hergestellt werden können. Ein Beispiel soll diesen Sachverhalt durch eine Vergleichsrechnung verdeutlichen (Tafel 8.1).

Tafel 8.1: Beispiele für die Tragfähigkeit von 20 cm dicken Betonplatten bei elastischer Bettung mit oder ohne Bewehrung

	Beton C25/30 mit Bewehrung Q257A unten und oben	Beton C30/37 ohne Bewehrung
Gegenüberstellung		
Bemessungsart	Zustand II: gerissene Zugzone mechanischer Bewehrungsgrad: $\omega_1 = \dfrac{A_s}{b \cdot d} \cdot \dfrac{f_{yd}}{f_{cd}}$ mit $f_{cd} = \alpha \cdot f_{ck}/\gamma_c = 0{,}85 \cdot f_{ck}/1{,}5$ $\omega_1 = \dfrac{2{,}57}{100 \cdot 16} \cdot \dfrac{435}{14{,}17} = 0{,}049$ bezogenes Biegemoment: $\mu_{Eds} = 0{,}05$ (Wendehorst 31.Aufl., Tab. BT 2, S.520)	Zustand I: nicht gerissene Betonbodenplatte Widerstandsmoment je m Plattenbreite: $W_c = \dfrac{b \cdot h^2}{6} = \dfrac{100 \cdot 20^2}{6}$ $= 6667\,\text{cm}^3$ je m zulässige Betonspannung: $f_{ctd} = f_{ctm} / \gamma_{ct}$ mit $\gamma_{ct} = 1{,}1$ (Tafel 7.2) $= 2{,}9 / 1{,}1 = 2{,}64\,\text{N/mm}^2$
Biegemomente	zulässiges Biegemoment für die Bewehrung: $M_{Ed,s} = \mu_{Eds} \cdot b \cdot d^2 \cdot f_{cd}$ $= 0{,}05 \cdot 1{,}0 \cdot 0{,}16^2 \cdot 14{,}17$ $\approx 18\,\text{kNm/m}$	zulässiges Biegemoment für den Beton: $M_{Ed,c} = f_{ctd} \cdot W_c = 2{,}64 \cdot 6667 \cdot 10^3$ $= 17{,}6 \cdot 10^6\,\text{Nmm/m}$ $\approx 18\,\text{kNm/m}$
Dehnungen	theoretische Stahldehnung: $\varepsilon_s = f_{yd} / E_s$ $= +\,435 / 210000$ $\approx 2{,}1\,\text{‰} \gg 0{,}10\,\text{‰}$	zu erwartende Betondehnung: $\varepsilon_c = f_{ctd} / E_{c0m}$ $= \pm\,2{,}64 / 31900$ $\approx 0{,}08\,\text{‰} < 0{,}10\,\text{‰}$

Beispiel zur Erläuterung

Eine 20 cm dicke Betonbodenplatte aus Beton C25/30 mit zweilagiger Bewehrung aus Betonstahlmatten oben und unten je 1 Q 257A, wie sie in der Praxis leider immer noch üblich ist, nimmt rechnerisch ein Biegemoment von 18 kNm/m im Zustand II auf (linke Seite der Tafel 8.1, rechnerisch mit gerissener Zugzone).

Eine Betonbodenplatte aus Beton C 30/37 ohne Bewehrung nimmt jedoch bei gleicher Dicke tatsächlich ein ebenso großes Biegemoment von 18 kNm/m im Zustand I auf (rechte Seite der Tafel 8.1 bei rechnerisch nicht gerissener Betonbodenplatte).

Damit sollte deutlich genug zum Ausdruck kommen, dass eine übliche Bewehrung nicht zum Tragen kommt. Die tatsächliche Stahldehnung ist wesentlich geringer als die theoretisch angenommene Stahldehnung.

Um die Tragfähigkeit der Betonplatte durch Bewehrung zu erhöhen, darf nicht nach Zustand II bemessen werden, wenn die Betonplatte rissfrei bleiben soll. Für eine Rissefreiheit der Betonplatte infolge Lastbeanspruchung darf die Bewehrung keine größere Dehnung als 0,10 ‰ erfahren.

Die Stahlspannung für die Bemessung müsste hierfür angesetzt werden mit:

$f_{yd} = \varepsilon_s \cdot E_s = 0{,}10 \cdot 10^{-3} \cdot 210000 = 21 \text{ N/mm}^2$

Der Querschnitt der erforderlichen Bewehrung würde mit dieser Stahlspannung mindestens betragen:

$A_s = M_{Ed,s} / (f_{yd} \cdot d) = 16 \cdot 10^{-3} / (21 \cdot 0{,}17)$
$= 0{,}0045 \text{ m}^2/\text{m} = 45 \text{ cm}^2/\text{m}$

Hierfür wäre zu wählen: Betonstabstahl Ø 25 mm, Abstand s = 11 cm

Diese Bewehrung wäre in jeder Richtung und in jeder Lage erforderlich. Das ergäbe einen Stahlbedarf von:

$m_s = 45 \cdot 0{,}785 \cdot 4$
$= 141 \text{ kg/m}^2$

Die vorstehende Vergleichsrechnung zeigt: Es gelingt nicht, die Tragfähigkeit einer Betonplatte durch Bewehrung zu erhöhen, wenn Risse vermieden werden müssen. Dieser Weg ist nicht zielführend. Sinnvoller ist es, Betonbodenplatten ohne Bewehrung durch Begrenzung der Betondehnung auf ein zulässiges Maß zu bemessen.

Außerdem wäre sowohl fachlich als auch sachlich schwer zu begründen, warum ein Schwerlastwagen, der mit hoher Geschwindigkeit auf unbewehrten Betonfahrbahnplatten einer Bundesautobahn fährt, beim Einbiegen auf das Gelände eines Industriebetriebs plötzlich eine bewehrte Betonbodenplatte unter den Rädern haben müsste.

8.1   Bemessung unbewehrter Betonbodenplatten

Im Folgenden wird gezeigt, wie die Bemessung unbewehrter Betonbodenplatten durchgeführt werden kann. Die Biegebemessung erfolgt nach dem Verfahren Westergaard/Eisenmann (Kapitel 7.6) [L45, L14]. Selbstverständlich gibt es andere Bemessungsverfahren, die dann auch zu anderen Ergebnissen führen können. Den Bemessungsablauf zeigen zwei Beispiele:

– Beispiel 1: Betonbodenplatten in geschlossener Halle (Kapitel 8.1.1)

– Beispiel 2: Betonbodenplatten im Freien (Kapitel 8.1.2)

8.1 Bemessung unbewehrter Betonbodenplatten

8.1.1 Bemessungsbeispiel für unbewehrte Betonplatten in geschlossener Halle

Die Bemessung der Betonbodenplatte erfolgt für nachstehende Nutzung und Beanspruchung mit folgenden Werten. Voraussetzung ist ein Beton mit langsamer Festigkeitsentwicklung mit $r = f_{cm,2}/f_{cm,28} \leq 0{,}30$ bei sommerlichen Temperaturen:

a) Nutzung und Beanspruchung

Anwendungsgebiet B (mittlere Anforderungen an die Rissvermeidung)
Ausführung N (normal)
Expositionsklassen XM2

Gabelstapler G3, zul. Gesamtgewicht		= 69 kN (siehe Tafel 3.2)
Nenntragfähigkeit		= 25 kN
Charakteristische Radlast	Q_k	= 32 kN
Lastwechselzahl Gabelstaplerbetrieb	n_{ges}	= 30/h · 8 h/d · 200 d/a · 20 a
		$\approx$ 1 000 000 = 1,0·10^6
Sicherheitsbeiwert, Lastwechselzahl	$\gamma_Q \cdot \varphi_n$	= 1,75 (siehe Tafel 7.1)
Bemessungsradlast des Gabelstaplers	$Q_{d,1}$	= $Q_{d,2}$ = $\gamma_Q \cdot \varphi_n \cdot Q_k$ = 1,75 · 32 $\approx$ 56 kN
Abstand des 2. Rades	x_2	= 1,00 m
Lastaufstandsfläche des Rades	b · c	= 20 · 20 cm
Kontaktdruck unter dem Rad	q	= 1,4 N/mm^2
Regallast am Fahrbereich	G_k	= 28 kN
Bemessungslast für Regale	G_d	= $\gamma_G \cdot G_k$ = 1,20 · 28 $\approx$ 35 kN
Abstand Radlast zur Regal-Stütze	x_G	= 0,45 m

b) Beton und Konstruktion

Betonfestigkeitsklasse C30/37		
Betondruckfestigkeit	$f_{ck,cube}$	= 37 N/mm^2
Zugfestigkeit des Betons	f_{ctm}	= 2,9 N/mm^2
Elastizitätsmodul des Betons	E_{c0m}	= 31900 N/mm^2
Querdehnzahl des Betons	μ_c	= 0,20
Dicke der Betonbodenplatte	h	= 220 mm
Plattenlänge	l_F	= 6,50 m
Verdübelung der Fugen		
Lastfaktor für Kraftübertragung Betonoberfläche mit Hartstoffeinstreuung	κ_Q	= 0,55 (siehe Tafel 7.8)
Tragschicht KTS 100 ohne Sandbett mit einer Lage Folie	$E_{V2,T}$	= 100 N/mm^2

c) Längszugspannungen bei erster Verschiebung durch Abfließen der Hydratationswärme

Pressung auf dem Unterbau:

$\sigma_0 = \gamma_G \cdot h \cdot \rho_c$ mit Rohwichte des Betons $\rho_c = 25$ kN/m³
$\quad = 1{,}20 \cdot 0{,}22 \cdot 25 = 6{,}6$ kN/m²

Längszugkraft bei erster Verschiebung (Gl. 7.20):

$n_{ct,d} = \gamma_{ct,H} \cdot \mu \cdot \sigma_0 \cdot L_F / 2$ mit γ_{ct} aus Tafel 7.3 und μ aus Tafel 7.5 für die ungünstigste Annahme
$\quad = 1{,}30 \cdot 2{,}1 \cdot 6{,}6 \cdot 6{,}50 / 2 = 59$ kN

Längszugspannung (Gl. 7.21):

$\sigma_{ct,d} = n_{ct,d} / a_{ct} = n_{ct,d} / (h \cdot b)$
$\quad = 59 / (0{,}22 \cdot 1{,}0) = 268$ kN/m² $= 0{,}27$ N/mm²

Betonzugfestigkeit für C30/37 beim Abfließen der Hydratationswärme (siehe Tafel 1.1):

$f_{ct,eff} = k_{zt} \cdot f_{ctm} = 0{,}5 \cdot 2{,}9$
$\quad = 1{,}45$ N/mm²

Nachweis entsprechend Gl. 7.23:

$\sigma_{ct,d} < f_{ct,eff}$
$0{,}27$ N/mm² $< 1{,}45$ N/mm²

d) Längszugspannungen bei späterer Verschiebung infolge Schwinden des Betons

Auflast aus 8 Regalstützen auf halber Plattenlänge:

$q_d = G_d \cdot n / (b \cdot L_F/2) = 35 \cdot 8 / (4{,}5 \cdot 6{,}50/2) = 19{,}1$ kN/m²

$$\sigma_{Zwang} = \frac{\gamma_{ct,ges} \cdot (g + q)_d \cdot \mu \cdot (L_F/2)}{h} \cdot 10^{-3}$$

$$\sigma_{Zwang} = \frac{(1{,}35 \cdot 1{,}20) \cdot (6{,}6 + 19{,}1) \cdot 1{,}5 \cdot (6{,}50/2)}{0{,}22} \cdot 10^{-3}$$

$\sigma_{Zwang} = 0{,}92$ N/mm²

Betonzugfestigkeit bei späterem Zwang (siehe Tafel 1.1):

$f_{ct,eff} = f_{ctm}$
$\quad = 2{,}9$ N/mm²

8.1 Bemessung unbewehrter Betonbodenplatten

Nachweis entsprechend Gl. 7.23:

$\sigma_{ct,d} < f_{ct,eff}$
$0{,}92 \text{ N/mm}^2 < 2{,}9 \text{ N/mm}^2$

e) Nachweis zur Rissvermeidung infolge Längszugspannung aus Zwang (alternativer Nachweis zu c) über die zulässige Dehnung)

Zulässige Dehnung (nach Gl. 7.14 und 7.16):

$\varepsilon_{ct,zul} = \varepsilon_{ct,U} / \gamma_{ct,ges} = 0{,}14 \cdot 10^{-3} / (1{,}35 \cdot 1{,}20)$
$\phantom{\varepsilon_{ct,zul}} = 0{,}086 \cdot 10^{-3}$

Vorhandene Dehnung:

$\varepsilon_{ct,Zwang} = \sigma_{Zwang} / E_{c0m} = 0{,}92 / 31900$
$\phantom{\varepsilon_{ct,Zwang}} = 0{,}029 \cdot 10^{-3}$

Nachweis zur Rissvermeidung für Zwangbeanspruchung:

$\varepsilon_{ct,Zwang} \leq \varepsilon_{ct,zul}$
$0{,}029 \cdot 10^{-3} < 0{,}086 \cdot 10^{-3}$

f) Beiwerte für Biegebeanspruchung

Bettungsmodul k_s (nach Gl. 7.8):

$$k_s = \frac{E_T}{0{,}83 \cdot h \cdot \sqrt[3]{(E_{c0m}/E_T)}}$$

$$k_s = \frac{100}{0{,}83 \cdot 220 \cdot \sqrt[3]{(31900/100)}} = 0{,}08 \text{ N}/\text{mm}^3$$

Elastische Länge l_e (nach Gl. 7.27):

$$l_e = \sqrt[4]{\frac{E_{c0m} \cdot h^3}{12 \cdot (1 - \mu_c^2) \cdot k_s}}$$

$$l_e = \sqrt[4]{\frac{31900 \cdot 220^3}{12 \cdot (1 - 0{,}20^2) \cdot 0{,}08}} = 779 \text{ mm}$$

Belastungshalbkreisdurchmesser a und Ersatzradius b für die Gabelstaplerlast $Q_{d,1}$ mit dem Kontaktdruck q unter dem Rad (nach Gl. 7.29):

$$a = \sqrt{\frac{Q_d}{\pi \cdot q}}$$

$$a = \sqrt{\frac{56000}{\pi \cdot 1,4}} = 113 \text{ mm} < 1,724 \cdot h$$

Ersatzradius b (nach Gl. 7.30):

$$b = \sqrt{(1,6 \cdot a^2 + h^2)} - 0,675 \cdot h$$

$$b = \sqrt{(1,6 \cdot 113^2 + 220^2)} - 0,675 \cdot 220 = 114 \text{ mm}$$

g) Biegezugspannung für Lastfall Plattenmitte

Die ungünstigste Laststellung ergibt sich aus beiden Radlasten des Gabelstaplers neben einer Regalstütze. Hierfür wird die Biegezugspannung an der Unterseite der Betonbodenplatte nachgewiesen.

Biegespannung unter der Radlast (nach Gl. 7.32):

$$\sigma_{m,1} = \frac{0,275 \cdot Q_{d,1}}{h^2} \cdot (1 + \mu_c) \cdot \left[\lg\left(\frac{E_{c0m} \cdot h^3}{k_s \cdot b^4}\right) - 0,436 \right]$$

$$\sigma_{m,1} = \frac{0,275 \cdot 56000}{220^2} \cdot (1 + 0,2) \cdot \left[\lg\left(\frac{31900 \cdot 220^3}{0,08 \cdot 114^4}\right) - 0,436 \right]$$

$$= 1,51 \text{ N}/\text{mm}^2$$

Vergrößerung der Tangentialspannung durch zweite Radlast $Q_{d,2}$ ($\lambda_{tangential}$ aus Bild 7.5) (nach Gl. 7.40):

$x_2 / l_e = 1000 / 779 = 1,28 \rightarrow \lambda_{tangential} = 0,037$

$$\Delta\sigma_{m,2,\text{tangential}} = \frac{6 \cdot Q_{d,2} \cdot \lambda_{\text{tangential}}}{h^2}$$

$$\Delta\sigma_{m,2,\text{tangential}} = \frac{6 \cdot 56000 \cdot 0,037}{220^2} = 0,26 \text{ N}/\text{mm}^2$$

Vergrößerung der Tangentialspannung durch Regallast G_d als dritte Last ($\lambda_{tangential}$ aus Bild 7.5) (nach Gl. 7.40a):

$x_G / l_e = 450 / 779 = 0{,}58 \rightarrow \lambda_{tangential} = 0{,}095$

$$\Delta\sigma_{m,3,tangential} = \frac{6 \cdot G_d \cdot \lambda_{tangential}}{h^2}$$

$$\Delta\sigma_{m,3,tangential} = \frac{6 \cdot 35000 \cdot 0{,}095}{220^2} = 0{,}41 \text{ N/mm}^2$$

maximale Gesamt-Biegezugspannung Lastfall Plattenmitte (nach Gl. 7.41):

$$\begin{aligned}\sigma_{m,1\text{-}3} &= \sigma_{m,1} + \Delta\sigma_{m,2} + \Delta\sigma_{m,3} \\ &= 1{,}51 + 0{,}26 + 0{,}41 \\ &= 2{,}18 \text{ N/mm}^2\end{aligned}$$

h) Biegezugspannung für Lastfall Plattenrand

Die ungünstigste Laststellung ergibt sich, wenn beide Räder des Gabelstaplers nebeneinander am Plattenrand stehen.

Regalstützen sollen planerisch möglichst nur im mittleren Plattenbereich angeordnet werden, sodass Regallasten für den Plattenrand nicht anzusetzen sind.

Biegespannung unter der Radlast (nach Gl. 7.35):

$$\sigma_{r,1} = \frac{0{,}529 \cdot Q_{d,1}}{h^2} \cdot (1 + 0{,}54 \cdot \mu_c) \cdot \left[\lg\left(\frac{E_{c0m} \cdot h^3}{k \cdot b^4}\right) + \lg\left(\frac{b}{1 - \mu_c^2}\right) - 2{,}48\right]$$

$$\sigma_{r,1} = \frac{0{,}529 \cdot 56000}{220^2} \cdot (1 + 0{,}54 \cdot 0{,}20)$$

$$\cdot \left[\lg\left(\frac{31900 \cdot 220^3}{0{,}08 \cdot 114^4}\right) + \lg\left(\frac{114}{1 - 0{,}20^2}\right) - 2{,}48\right] = 2{,}71 \text{ N/mm}^2$$

Vergrößerung der Biegzugspannung durch zweite Radlast $Q_{d,2}$ ($\lambda_{tangential}$ aus Bild 7.6) (nach Gl. 7.40):

$x_2 / l_e = 1000 / 779 = 1{,}28 \rightarrow \lambda_{tangential} = 0{,}12$

$$\Delta\sigma_{r,2} = \frac{6 \cdot Q_{d,2} \cdot \lambda}{h^2} = \frac{6 \cdot 56000 \cdot 0{,}12}{220^2} = 0{,}83 \text{ N/mm}^2$$

Querkraftübertragung durch Verdübelung der Fugen (nach Gl. 7.72):

Lastfaktor $\kappa_Q \approx 1 - \kappa_W/2 = 0{,}55$ (siehe Tafel 7.8)

maximale Biegezugspannung Lastfall Plattenrand:

$$\begin{aligned}\sigma_{r,1+2} &= \kappa_Q \cdot (\sigma_{r,1} + \Delta\sigma_{r,2}) \\ &= 0{,}55 \cdot (2{,}71 + 0{,}83) = 1{,}95 \text{ N/mm}^2\end{aligned}$$

i) Biegezugspannung für Lastfall Plattenecke

Die ungünstigste Laststellung ergibt sich bei diesem Lastfall, wenn ein Rad des Gabelstaplers an der Ecke steht. Der Abstand a kann nicht geringer sein als 200 mm, da sonst die Nachbarplatten direkt mit belastet werden. Das zweite Rad des Gabelstaplers steht mit dem Achsabstand x_{Q2} am Plattenrand daneben.

Regalstützen sollten planerisch möglichst nur im mittleren Plattenbereich angeordnet werden, sodass Regallasten für die Plattenecke nicht anzusetzen sind.

Biegespannung unter der Radlast (nach Gl. 7.38):

$$\sigma_e = \frac{3 \cdot Q_d}{h^2} \cdot \left[1 - \left(\frac{12 \cdot (1 - \mu_c^2) \cdot k_s}{E_{cOm} \cdot h^3}\right)^{0,3} \cdot \left(a \cdot \sqrt{2}\right)^{1,2}\right]$$

$$\sigma_e = \frac{3 \cdot 56000}{220^2} \cdot \left[1 - \left(\frac{12 \cdot (1 - 0{,}20^2) \cdot 0{,}08}{31900 \cdot 220^3}\right)^{0,3} \cdot \left(113 \cdot \sqrt{2}\right)^{1,2}\right]$$

$$\sigma_e = 3{,}07 \text{ N}/\text{mm}^2$$

Vergrößerung der Biegzugspannung durch zweite Radlast $Q_{d,2}$ (λ aus Bild 7.6) (nach Gl. 7.40):

$x_2 / l_e = 1000 / 779 = 1{,}30 \rightarrow \lambda = 0{,}12$

$$\Delta\sigma_{e,2} = \frac{6 \cdot Q_{d,2} \cdot \lambda}{h^2}$$

$$\Delta\sigma_{e,2} = \frac{6 \cdot 56000 \cdot 0{,}12}{220^2} = 0{,}83 \text{ N}/\text{mm}^2$$

Querkraftübertragung durch Verdübelung der Fugen (nach Gl. 7.69):

Lastfaktor $\kappa_Q \approx 1 - \kappa_W/2 = 0{,}55$

maximale Biegezugspannung Lastfall Plattenrand:

$$\begin{aligned}\sigma_{e,1+2} &= \kappa_Q \cdot (\sigma_{e,1} + \Delta\sigma_{e,2}) \\ &= 0{,}55 \cdot (3{,}07 + 0{,}83) \\ &= 2{,}15 \text{ N/mm}^2\end{aligned}$$

j) Einsenkung der Plattenecke am Fugenrand ohne Dübel

$$y_e = (1{,}1 - 0{,}88 \cdot a/l_e) \cdot \frac{Q_d}{k_s \cdot l_e^2} \qquad \text{(Gl. 7.39)}$$

Abstand der Last von der Ecke $a = 200$ mm

$$y_e = (1{,}1 - 0{,}88 \cdot 200/779) \cdot \frac{56000}{0{,}08 \cdot 779^2} = 1{,}01 \text{ mm}$$

Verringerung der Einsenkung der Plattenecke durch Verdübelung der Fugen (siehe Tafel 7.8):

$y_{e,D} = \kappa_Q \cdot y_e = 0{,}55 \cdot 1{,}01 = 0{,}56$ mm

k) Druckspannung unterhalb der Betonbodenplatte infolge der Einsenkung

$\sigma_D = k \cdot y_{e,D} = 0{,}08 \cdot 0{,}56 = 0{,}045$ N/mm^2 = 45 kN/m^2

l) Nachweis des Durchstanzwiderstandes (Kapitel 7.9)

Fläche des Regalstützenfußes:

$A_{col} = 10 \cdot 10 = 100$ cm^2

Regalstützenabstand:

$L_{Stütze} = 120$ cm

Abstand der Momenten-Nulllinie:

$L \approx 0{,}2 \cdot L_{Stütze} = 0{,}2 \cdot 120 \approx 24$ cm

Exponent:

$$a = -0{,}5 \cdot \frac{\sqrt{A_{col}}}{h} = -0{,}5 \cdot \sqrt{\frac{10 \cdot 10}{22}} = -0{,}227$$

Beiwert:

$$\kappa = \sqrt{1 + 500/d} = \sqrt{1 + 500/22} = 4{,}87$$

Durchstanzwiderstand der Betonplatte ohne Bewehrung (nach Gl. 7.66):

$$V_{R,cd} = \frac{0{,}062}{\gamma_c} \cdot \sqrt{A_{col}} \cdot h \cdot (L/h)^a \cdot f_{ck}^{0{,}62} \cdot \kappa$$

$$V_{R,cd} = \frac{0{,}062}{1{,}0} \cdot \sqrt{10 \cdot 10} \cdot 22 \cdot (24/22)^{-0{,}227} \cdot 25^{0{,}62} \cdot 4{,}87$$

$$= 479 \text{ kN}$$

$G_d = 35 \text{ kN} < V_{R,cd}$

m) Nachweis zur Rissvermeidung infolge Belastung

zulässige Dehnung (nach Gl. 7.16):

$\varepsilon_{ct,zul} = \varepsilon_{ct,U,Last} / \gamma_{ct} = 0{,}10 \cdot 10^{-3} / 1{,}35 = 0{,}074 \cdot 10^{-3}$

vorhandene Dehnung (nach Gl. 7.12):

$\varepsilon_{c,Last} = \sigma_{m,1\text{-}3} / E_{c0m} = 2{,}18 / 31900 = 0{,}068 \cdot 10^{-3}$

Rissnachweis für Belastung (nach Gl. 7.23):

$\varepsilon_{ct,Last} \leq \varepsilon_{ct,zul}$
$0{,}068 \cdot 10^{-3} < 0{,}074 \cdot 10^{-3}$

Die maximal entstehenden Dehnungen ergeben sich aus Längszug infolge Zwangbeanspruchung sowie aus Biegung infolge Belastungen. Diese maximal entstehenden Dehnungen bleiben kleiner als die jeweils zulässige Dehnung. Damit sind die Nachweise zur Rissvermeidung und für die Gebrauchstauglichkeit der Betonbodenplatte im Zustand I erbracht.

8.1.2 Bemessungsbeispiel für unbewehrte Betonbodenplatten im Freien

Die Betonbodenplatte im Freien wird durch die gleichen Gabelstapler wie im vorigen Beispiel genutzt, hat jedoch keine Regallasten zu tragen. Beanspruchung durch Frost-Tausalz und Sonneneinstrahlung. Die Betonbodenplatte wird mit dem gleichen Unterbau hergestellt wie im vorhergehenden Beispiel.

Die Bemessung der Betonbodenplatte erfolgt mit nachstehenden Werten.

8.1 Bemessung unbewehrter Betonbodenplatten

a) Nutzung und Beanspruchung

Anwendungsgebiet B (mittlere Anforderungen an die Rissvermeidung)
Ausführung N (normal)
Expositionsklassen XF4, XM2

Gabelstapler G3, zul. Gesamtgewicht		= 69 kN (siehe Tafel 3.2)
Nenntragfähigkeit		= 25 kN
Charakteristische Radlast	Q_k	= 32 kN
Bemessungsradlast des Gabelstaplers	$Q_{d,1}$	$= Q_{d,2} = \gamma_Q \cdot \phi_n \cdot Q_k = \cdot 1{,}65 \cdot 32 \approx 54$ kN
Abstand des 2. Rades	x_2	= 1,00 m
Lastaufstandsfläche des Rades	b · c	= 20 · 20 cm
Kontaktdruck unter dem Rad	q	= 1,4 N/mm²
Lastwechselzahl Gabelstaplerbetrieb	n_{ges}	= 3/h · 8 h/d · 200 d/a · 20 a $\approx 96\,000 = 1{,}0 \cdot 10^5$
Sicherheitsbeiwert, Lastwechselzahl	$\gamma_Q \cdot \varphi_n$	= 1,65 (siehe Tafel 7.1)

b) Beton und Konstruktion

Betonfestigkeitsklasse C30/37 LP		
Betondruckfestigkeit	$f_{ck,cube}$	= 37 N/mm²
Zugfestigkeit des Betons	f_{ctm}	= 2,9 N/mm²
Elastizitätsmodul des Betons	E_{c0m}	= 31900 N/mm²
Querdehnzahl des Betons	μ_c	= 0,20
Dicke der Betonbodenplatte	h	= 260 mm
Plattenlänge	L_F	= 6,50 m
Verdübelung der Fugen		
Lastfaktor für Kraftübertragung	κ_Q	= 0,55 (siehe Tafel 7.8)
Betonzusammensetzung mit Korngruppe 11/22 aus Hartsteinsplitt		
Tragschicht KTS 100 ohne Sandbett mit einer Lage Folie	$E_{V2,T}$	= 100 N/mm²

c) Beiwerte für Biegebeanspruchung

Bettungsmodul k_s (nach Gl. 7.8):

$$k_s = \frac{E_T}{0{,}83 \cdot h \cdot \sqrt[3]{(E_{c0m}/E_T)}}$$

$$k_s = \frac{100}{0{,}83 \cdot 260 \cdot \sqrt[3]{(31900/100)}} = 0{,}067 \text{ N/mm}^2$$

Elastische Länge l_e (nach Gl. 7.27):

$$l_e = \sqrt[4]{\frac{E_{c0m} \cdot h^3}{12 \cdot (1 - \mu_c^2) \cdot k_s}}$$

$$l_e = \sqrt[4]{\frac{31900 \cdot 260^3}{12 \cdot (1 - 0,20^2) \cdot 0,067}} = 923 \text{ mm}$$

Belastungshalbkreisdurchmesser a und Ersatzradius b für die Gabelstaplerlast $Q_{d,1}$ mit dem Kontaktdruck q unter dem Rad (nach Gl. 7.29):

$$a = \sqrt{\frac{Q_d}{\pi \cdot q}}$$

$$a = \sqrt{\frac{54000}{\pi \cdot 1,1}} = 125 \text{ mm} < 1,724 \cdot h$$

Ersatzradius b (nach Gl. 7.30):

$$b = \sqrt{(1,6 \cdot a^2 + h^2)} - 0,675 \cdot h$$

$$b = \sqrt{(1,6 \cdot 125^2 + 260^2)} - 0,675 \cdot 260 = 129 \text{ mm}$$

d) Biegezugspannung für Lastfall Plattenmitte

Die ungünstigste Laststellung ergibt sich aus beiden Radlasten des Gabelstaplers. Hierfür werden zunächst die Biegezugspannungen an der Unterseite der Betonbodenplatte nachgewiesen.

Biegespannung unter der Radlast (nach Gl. 7.32):

$$\sigma_{m,1} = \frac{0,275 \cdot Q_{d,1}}{h^2} \cdot (1 + \mu_c) \cdot \left[\lg\left(\frac{E_{c0m} \cdot h^3}{k_s \cdot b^4}\right) - 0,436\right]$$

$$\sigma_{m,1} = \frac{0,275 \cdot 54000}{260^2} \cdot (1 + 0,2) \cdot \left[\lg\left(\frac{31900 \cdot 260^3}{0,067 \cdot 129^4}\right) - 0,436\right]$$
$$= 1,07 \text{ N/mm}^2$$

Vergrößerung der Tangentialspannung durch zweite Radlast $Q_{d,2}$ ($\lambda_{tangential}$ aus Bild 7.5) (nach Gl. 7.40):

$x_2 / l_e = 1000 / 923 = 1{,}08 \rightarrow \lambda_{tangential} = 0{,}043$

$$\Delta\sigma_{m,2,tangential} = \frac{6 \cdot Q_{d,2} \cdot \lambda_{tangential}}{h^2}$$

$$\Delta\sigma_{m,2,tangential} = \frac{6 \cdot 54000 \cdot 0{,}043}{260^2} = 0{,}21 \text{ N}/\text{mm}^2$$

maximale Gesamt-Biegezugspannung Lastfall Plattenmitte (nach Gl. 7.41):

$$\begin{aligned}\sigma_{m,1\text{-}3} &= \sigma_{m,1} + \Delta\sigma_{m,2} \\ &= 1{,}07 + 0{,}21 \\ &= 1{,}28 \text{ N/mm}^2\end{aligned}$$

e) Biegezugspannung für Lastfall Plattenrand

Die ungünstigste Laststellung ergibt sich, wenn beide Räder des Gabelstaplers nebeneinander am Plattenrand stehen.

Biegespannung unter der Radlast:

$$\sigma_{r,1} = \frac{0{,}529 \cdot Q_{d,1}}{h^2} \cdot (1 + 0{,}54 \cdot \mu_c) \cdot \left[\lg\left(\frac{E_{c0m} \cdot h^3}{k \cdot b^4}\right) + \lg\left(\frac{b}{1 - \mu_c^2}\right) - 2{,}48\right]$$

$$\sigma_{r,1} = \frac{0{,}529 \cdot 54000}{260^2} \cdot (1 + 0{,}54 \cdot 0{,}20)$$

$$\cdot \left[\lg\left(\frac{31900 \cdot 260^3}{0{,}067 \cdot 129^4}\right) + \lg\left(\frac{129}{1 - 0{,}20^2}\right) - 2{,}48\right] = 2{,}16 \text{ N}/\text{mm}^2$$

Vergrößerung der Biegzugspannung durch zweite Radlast $Q_{d,2}$ ($\lambda_{tangential}$ aus Bild 7.6) (nach Gl. 7.40):

$x_2 / l_e = 1000 / 923 = 1{,}08 \rightarrow \lambda_{tangential} = 0{,}13$

$$\Delta\sigma_{r,2} = \frac{6 \cdot Q_{d,2} \cdot \lambda_{tangential}}{h^2} = \frac{6 \cdot 54000 \cdot 0{,}13}{260^2} = 0{,}62 \text{ N}/\text{mm}^2$$

8 Bemessung von Betonbodenplatten

Querkraftübertragung durch Verdübelung der Fugen (nach Gl. 7.72):

Lastfaktor $\kappa_Q \approx 1 - \kappa_W/2 = 0{,}55$ (siehe Tafel 7.8)

maximale Biegezugspannung Lastfall Plattenrand:

$$\begin{aligned}\sigma_{r,1+2} &= \kappa_Q \cdot (\sigma_{r,1} + \Delta\sigma_{r,2}) \\ &= 0{,}55 \cdot (2{,}16 + 0{,}62) \\ &= 1{,}53 \text{ N/mm}^2\end{aligned}$$

f) Biegezugspannung für Lastfall Plattenecke

Die ungünstigste Laststellung ergibt sich bei diesem Lastfall, wenn ein Rad des Gabelstaplers an der Ecke steht. Der Abstand α kann nicht geringer sein als 200 mm, da sonst die Nachbarplatten direkt mit belastet werden. Das zweite Rad des Gabelstaplers steht mit dem Achsabstand x_{Q2} am Plattenrand daneben.

Biegespannung unter der Radlast (nach Gl. 7.38):

$$\sigma_e = \frac{3 \cdot Q_d}{h^2} \cdot \left[1 - \left(\frac{12 \cdot (1-\mu_c^2) \cdot k_s}{E_{cOm} \cdot h^3}\right)^{0,3} \cdot (a \cdot \sqrt{2})^{1,2}\right]$$

$$\sigma_e = \frac{3 \cdot 54000}{260^2} \cdot \left[1 - \left(\frac{12 \cdot (1-0{,}20^2) \cdot 0{,}067}{31900 \cdot 260^3}\right)^{0,3} \cdot (125 \cdot \sqrt{2})^{1,2}\right]$$

$\sigma_e = 2{,}07 \text{ N/mm}^2$

Vergrößerung der Biegzugspannung durch zweite Radlast $Q_{d,2}$ (λ aus Bild 7.6) (nach Gl. 7.40):

$x_2 / l_e = 1000 / 923 = 1{,}08 \rightarrow \lambda = 0{,}13$

$$\Delta\sigma_{e,2} = \frac{6 \cdot Q_{d,2} \cdot \lambda}{h^2}$$

$$\Delta\sigma_{e,2} = \frac{6 \cdot 54000 \cdot 0{,}13}{260^2} = 0{,}62 \text{ N/mm}^2$$

Querkraftübertragung durch Verdübelung der Fugen (nach Gl. 7.69):

Lastfaktor $\kappa_Q \approx 1 - \kappa_W/2 = 0{,}55$

8.1 Bemessung unbewehrter Betonbodenplatten

maximale Biegezugspannung Lastfall Plattenrand:

$$\begin{aligned}\sigma_{e,1+2} &= \kappa_Q \cdot (\sigma_{e,1} + \Delta\sigma_{e,2}) \\ &= 0{,}55 \cdot (2{,}07 + 0{,}62) \\ &= 1{,}48 \text{ N/mm}^2\end{aligned}$$

g) Einsenkung der Plattenecke am Fugenrand ohne Dübel

$$y_e = (1{,}1 - 0{,}88 \cdot a/l_e) \cdot \frac{Q_d}{k_s \cdot l_e^2} \qquad \text{(Gl. 7.39)}$$

Abstand der Last von der Ecke $a = 200$ mm

$$\begin{aligned}y_e &= (1{,}1 - 0{,}88 \cdot 125/923) \cdot \frac{54000}{0{,}067 \cdot 923^2} \\ &= 0{,}93 \text{ mm}\end{aligned}$$

Verringerung der Einsenkung der Plattenecke durch Verdübelung der Fugen (siehe Tafel 7.8):

$y_{e,D} = \kappa_Q \cdot y_e = 0{,}55 \cdot 0{,}93 = 0{,}51$ mm

h) Druckspannung unterhalb der Betonbodenplatte infolge der Einsenkung

$\sigma_D = k \cdot y_{e,D} = 0{,}067 \cdot 0{,}51 = 0{,}034$ N/mm^2 = 34 kN/m^2

i) Wölbspannungen durch Sonneneinstrahlung

Seitenverhältnis:

$L_F / b = 6{,}50 / 4{,}50 = 1{,}44 > 1{,}25 \rightarrow$ rechteckige Platten

Dickenverhältnis:

$L_F / h = 6{,}50 / 0{,}26 = 25 < 30$ h $\rightarrow$ reduzierte Wölbspannung

reduzierte Wölbspannung (Verfahren Eisenmann/Leykauf; siehe Tafel 7.7):

$$\sigma_W^I = 19 \cdot \frac{(L_F - 400)^2}{h} \cdot 10^{-6} = 19 \cdot \frac{(6500 - 400)^2}{260} \cdot 10^{-6}$$

$= 2{,}72$ N/mm$^2 \rightarrow$ die Wölbspannung ist zu groß, die Plattenlänge muss verringert werden

Zum Vergleich werden die witterungsbedingten Biegezugspannungen beim Betonieren im Sommer in der Sonne ohne Sonnenschutz berechnet (Verfahren Foos/Müller) (siehe Tafel 7.8).

Biegezugspannung:

$\sigma_{ct,T}$ = 0,5 L_F - 6 h + 1
 = 0,5 · 6,50 - 6 · 0,26 + 1
 = 2,69 N/mm² → auch hierbei sind die Biegespannungen zu groß, daher muss entweder die Plattenlänge verringert oder das Betonieren auf den Nachmittag verschoben werden.

geringere Plattenlänge, gewählt L_F = 4,80 m

neues Seitenverhältnis:

L_F / b = 4,80 / 4,50 = 1,07 < 1,25 → quadratische Platten

reduzierte Wölbspannung (siehe Tafel 7.7):

$$\sigma_W^l = 15 \cdot \frac{(L_F - 400)^2}{h} \cdot 10^{-6} = 19 \cdot \frac{(4800 - 400)^2}{260} \cdot 10^{-6}$$
$$= 1,12 \text{ N/mm}^2$$

j) Gesamtspannung in Plattenmitte aus Last- und Wölbspannungen

$\sigma_{Q+w,ges}$ = $\sigma_{m,1+2}$ + σ_W^l
 = 1,28 + 1,12
 = 2,40 N/mm² = σ_{max}

k) Nachweis zur Rissvermeidung infolge Belastung und Sonneneinstrahlung

zulässige Dehnung:

$\varepsilon_{c,zul}$ = $\varepsilon_{c,U}$ / $\gamma_{ct,ges}$
 = 0,14 · 10⁻³ / (1,35 · 1,30) = 0,080 · 10⁻³

vorhandene Dehnung:

$\varepsilon_{c,Last}$ = $\sigma_{Q+w,ges}$ / E_{c0m}
 = 2,40 / 31900 = 0,075 · 10⁻³

Rissnachweis für Belastung und Aufwölben:

$\varepsilon_{c,Last}$ ≤ $\varepsilon_{c,zul}$
0,075 · 10⁻³ < 0,080 · 10⁻³

Da die maximal entstehenden Dehnungen aus Biegebeanspruchung und Aufwölben kleiner bleiben als die jeweils zulässige Dehnung, sind die Nachweise der Gebrauchstauglichkeit der Betonbodenplatte im Zustand I und auch zur Rissvermeidung erbracht.

l) Querkraftübertragung durch Verzahnung in den Scheinfugen (siehe Kapitel 7.9.1)

Nachweis für Plattenrand und Plattenecke mit Scheinfugenverzahnung:

Fugenabstand = verkürzte Plattenlänge $L_F = 4{,}80$ m

Fugenöffnung ≤ 2 mm: Lastfaktor $\kappa_Q \approx 0{,}75$

maximale Biegezugspannung Lastfall Plattenrand:

$$\begin{aligned}\sigma_{r,1+2} &= \kappa_Q \cdot (\sigma_{r,1} + \Delta\sigma_{r,2}) \\ &= 0{,}75 \cdot (2{,}16 + 0{,}62) = 2{,}09 \text{ N/mm}^2\end{aligned}$$

$\sigma_{r,1+2} \leq f_{ctd,fl}$
$2{,}09$ N/mm² $< 2{,}90$ N/mm²

maximale Biegezugspannung Lastfall Plattenecke:

$$\begin{aligned}\sigma_{r,1+2} &= \kappa_Q \cdot (\sigma_{e,1} + \Delta\sigma_{r,2}) \\ &= 0{,}75 \cdot (2{,}07 + 0{,}62) = 2{,}02 \text{ N/mm}^2\end{aligned}$$

$\sigma_{r,1+2} \leq \max \sigma$
$2{,}02$ N/mm² $< 2{,}40$ N/mm²

Dieser Nachweis bedeutet, dass bei verkürzter Plattenlänge auf $L_F = 4{,}80$ m die Verdübelung der Fugen entfallen kann, da die Rissverzahnung eine ausreichende Kraftübertragung ermöglicht.

8.2 Bemessung bewehrter Betonbodenplatten

Die Bemessung von Betonbodenplatten hat stets für die maximalen Einzellasten zu erfolgen. Eine Bemessung mit gleichmäßig verteilten Lasten - wie dies bei Geschossdecken üblich ist - führt bei Betonbodenplatten nicht zu zutreffenden Beanspruchungen.

Vor der Bemessung bewehrter Betonbodenplatten sollte klar sein, dass in der Betonbodenplatte stets Risse entstehen werden, wenn die Zugfestigkeit des Betons überschritten wird. Dies ist in der Regel bei bewehrten Platten der Fall, da die Stahldehnung höher angesetzt wird als es die Dehnfähigkeit des Betons zulässt.

Die Dehnfähigkeit des Betons ist gering, die Bruchdehnung $\varepsilon_{ct,U}$ beträgt etwa 0,10 ‰ bei Lastbeanspruchung und 0,14 ‰ bei langsam wirkender Zwangbeanspruchung (Kapitel 7.4.2) [L43]. Dies bedeutet, dass wegen der Verbundwirkung auch die Stahldehnung auf $\varepsilon_s \leq 0{,}10$ ‰ begrenzt werden müsste. Die Abminderung auf diese geringe Stahldehnung würde zwangsläufig eine Abminderung der zulässigen Stahlspannung auf nur 21 N/mm² bedeuten. Daraus ergäbe sich eine sehr kräftige Bewehrung, was in der Baupraxis häufig nicht oder nur sehr schwierig ausführbar ist.

Logische Folgerung: Eine Bewehrung zum Vermeiden von Rissen muss wegen des Verbundes zwischen Beton und Stahl wesentlich umfangreicher sein als eine Bewehrung zur

Begrenzung der Rissbreite entstehender Risse. Aber schon eine Bewehrung zur Begrenzung der Rissbreite entsprechend DIN 1045-1 ist sehr umfangreich.

Üblich bewehrte Betonbodenplatten werden bei voller Ausnutzung des Stahlbetonquerschnitts stets Risse aufweisen. Deren Breite kann zwar begrenzt werden, aber die Risse werden deutlich sichtbar sein und sie können je nach Nutzung der Halle die Gebrauchstauglichkeit beeinflussen oder sogar unmöglich machen. Außerdem ist zu bedenken, dass die Risskanten ausbrechen können, insbesondere bei Inselbildungen durch Rissverzweigungen. Daher ist der Auftraggeber schon bei der Planung auf künftig entstehende Risse hinzuweisen.

Vorteil bewehrter Betonbodenplatten:
Sofern mit einer Rissentstehung gerechnet wird und Risse nicht als Mangel angesehen werden, sind bewehrte Platten mit größeren Feldlängen möglich. Auf einen Teil der Fugen kann verzichtet werden.

8.2.1 Bewehrung für verminderten Zwang bei langen Bodenplatten mit Bewegungsmöglichkeit auf dem Untergrund

Für den Fall, dass eine Betonbodenplatte ohne Verbindung zu anderen Bauteilen hergestellt wird und sich auf der Unterlage bewegen kann, muss beim Verkürzen zunächst nur die Reibung zur Unterlage überwunden werden, z. B. beim Abfließen der Hydratationswärme. Die erforderliche Bewehrung zur Aufnahme der entstehenden Zugkraft infolge Zwangbeanspruchung in der Betonbodenplatte kann wie folgt nachgewiesen werden. Diese Bewehrung kann außerdem zur Aufnahme von Lastbeanspruchungen genutzt werden.

Beispiel zur Erläuterung

Nachweis für eine bewehrte Betonbodenplatte auf PE-Folie bei Zwangbeanspruchung infolge abfließender Hydratationswärme in den ersten Tagen nach der Herstellung. Die Betonbodenplatte erhält keine Fugen in der Fläche, jedoch Randfugen zur Trennung von anderen Bauteilen. Verwendet wird ein Beton mit langsamer Festigkeitsentwicklung.

a) Nutzung und Beanspruchung

Anwendungsgebiet B (mittlere Anforderungen an die Rissvermeidung)
Ausführung N (normal)
Expositionsklassen XC1, XM2

Gabelstapler G3, zul. Gesamtgewicht		= 69 kN (siehe Tafel 3.2)
Nenntragfähigkeit		= 25 kN
Charakteristische Radlast	Q_k	= 32 kN
Lastwechselzahl Gabelstaplerbetrieb	n_{ges}	= 30/h · 8 h/d · 200 d/a · 20 a
		≈ 1 000 000 = $1{,}0 \cdot 10^6$

8.2 Bemessung bewehrter Betonbodenplatten

Sicherheitsbeiwert, Lastwechselzahl $\gamma_Q \cdot \varphi_n$ = 1,75 (siehe Tafel 7.1)
Bemessungsradlast des Gabelstaplers $Q_{d,1}$ = $Q_{d,2}$ = $\gamma_Q \cdot \varphi_n \cdot Q_k$ = ·1,75 · 32 ≈ 56 kN
Abstand des 2. Rades x_2 = 1,00 m
Lastaufstandsfläche des Rades $b \cdot c$ = 20 · 20 cm
Kontaktdruck unter dem Rad q = 1,4 N/mm²
Regallast am Fahrbereich G_k = 28 kN
Bemessungslast für Regale G_d = $\gamma_G \cdot G_k$ = 1,20 · 28 ≈ 35 kN
Abstand Radlast zur Regal-Stütze x_G = 0,45 m

b) Beton und Konstruktion

Betonfestigkeitsklasse C30/37
Betondruckfestigkeit $f_{ck,cube}$ = 37 N/mm²
Betonzugfestigkeit im späteren Zustand f_{ctm} = 2,9 N/mm²
Wirksame Betonzugfestigkeit $f_{ct,eff}$ = 0,5 · f_{ctm} = 1,45 N/mm²
Elastizitätsmodul des Betons E_{c0m} = 31900 N/mm²
Querdehnzahl des Betons μ_c = 0,20
Dicke der Betonbodenplatte h = 180 mm
Plattenlänge l_F = 26,0 m
Rechnerische Rissbreite w_k ≤ 0,15 mm
Betondeckung der Bewehrung c_{nom} = 35 mm, d_1 = 47 mm
Wirkungsbereich der Bewehrung s_w = 2,5 · d_1 ≈ 118 mm > h_b/2
s_w = h_b/2 = 90 mm (DIN 1045-1, Bild 53b)

Verdübelung der Fugen
Lastfaktor für Kraftübertragung κ_Q = 0,55 (siehe Tafel 7.8)
Tragschicht KTS 100 $E_{V2,T}$ = 100 N/mm²
mit einer Lage Folie
Reibungsbeiwert μ bei 1. Verschiebung auf Folie über Sandbett μ = 0,7 (siehe Tafel 7.5)

c) Nachweis der Zugspannung und wirksamer Beiwert

Pressung unter der Betonbodenplatte ohne Auflast:

$\sigma_0 = \gamma_G \cdot h \cdot \rho_c = 1{,}35 \cdot 0{,}18 \cdot 25 = 6{,}1$ kN/m²

Zugkraft in der Betonbodenplatte:

$n_{ct} = \gamma_{ct,H} \cdot \mu \cdot \sigma_0 \cdot L_F/2 = 1{,}30 \cdot 0{,}7 \cdot 6{,}1 \cdot 26{,}0/2 = 72$ kN/m

Zugspannung in der Betonbodenplatte:

$\sigma_{ct,vorh} = n_{ct} / a_{ct} = \gamma_G \cdot 72 / (0{,}18 \cdot 1{,}0) = 400$ kN/m²
$= 0{,}40$ N/mm² $< f_{ct,eff} = 1{,}45$ N/mm²

wirksamer Beiwert k_{zt}:

$k_{zt} = \sigma_{ct,vorh} / f_{ct,eff} = 0{,}40 / 1{,}45 = 0{,}28$

d) Abschätzung der Bewehrung (siehe Kapitel 7.5.4.3)

Das Abschätzen der erforderlichen Bewehrung zur Begrenzung der Rissbreite kann mit Hilfe der Diagramme von G. Meyer erfolgen [L28] (siehe Kapitel 7.5.4.3).

Aus Bild 7.3 wird folgender Bewehrungsquerschnitt für Plattendicke $h = 180$ mm und Stabdurchmesser $d_s = 8$ mm abgelesen:

Bewehrungsquerschnitt:

$a_{s1,Bild} = 6{,}3$ cm²/m oben und unten

Bewehrungsquerschnitt nach Umrechnung mit Gleichung 7.26:

$$a_{s1,erf} = a_{s1,Bild} \cdot \sqrt{\frac{k_{zt,vorh} \cdot d_{1,vorh} \cdot w_{k,Bild}}{k_{zt,Bild} \cdot (c_{Bild} + 10) \cdot w_{k,zul}}}$$

$$a_{s1,erf} = 6{,}3 \cdot \sqrt{\frac{0{,}28 \cdot 47 \cdot 0{,}15}{0{,}50 \cdot 40 \cdot 0{,}15}} = 5{,}5 \text{ cm}^2/\text{m}$$

Angenommene Bewehrung:

Q 513A oben und unten mit $a_{s,erf} \approx 2 \cdot 5{,}03 \approx 10{,}06$ cm²/m ≈ 1006 mm²/m

e) Nachweis der Bewehrung zur Begrenzung der Rissbreite

Stahlspannung:

$\sigma_s = n_{ct} / a_s = 72000 / 1006 = 72$ N/mm²

Grenzdurchmesser für Stahlspannung (aus Tafel 7.6):

$d_s^* < 21$ mm

8.2 Bemessung bewehrter Betonbodenplatten

zulässiger Durchmesser der Bewehrung:

$d_{s,zul} = d_s^* \cdot f_{ct,eff} / f_{ct,0} = 21 \cdot 1{,}45 / 3{,}0 \approx 10$ mm

$d_{s,zul} > d_{s,gew} = 8$ mm

Bewehrung gewählt:

Betonstahlmatten 1 Q 513 A jeweils unten und oben

oder

Ø 10 mm, s = 150 mm jeweils unten und oben in beiden Richtungen

$a_{s1,vorh}$ = 5,03 cm²/m bzw. 5,24 cm²/m
$a_{s,vorh}$ = 10,06 cm²/m bzw. 10,48 cm²/m

f) Auswirkungen der Dehnung auf die Rissentstehung und das Öffnen der Fugen

Stahldehnung = Betondehnung
ε_s = $\varepsilon_{ct,vorh}$
ε_s = σ_s / E_s = 72 / 200000
$\varepsilon_{ct,vorh}$ = 0,36 · 10⁻³

zulässige Betondehnung:

$\varepsilon_{ct,zul}$ = $\varepsilon_{ct,U} / \gamma_{ct,ges}$
= 0,14 · 10⁻³ / (1,35 · 1,30)
= 0,080 · 10⁻³

Da die rechnerisch vorhandene Betondehnung größer ist als die zulässige Betondehnung, besteht die Gefahr entstehender Risse. Daher ist eine Bewehrung zur Begrenzung der Rissbreite erforderlich.

Öffnen der Randfugen:

$\Delta l_F \leq \varepsilon_{ct,vorh} \cdot L_F / 2 = 0{,}28 \cdot 10^{-3} \cdot 26{,}00 \cdot 10^3 \cdot 0{,}5 \leq 3{,}6$ mm

Öffnen der Tagesfeldfugen:

$\Delta l_F \leq \varepsilon_{ct,vorh} \cdot L_F = 0{,}28 \cdot 10^{-3} \cdot 26{,}00 \cdot 10^3 \leq 7{,}3$ mm

8.2.2 Bewehrung bei Zwang infolge abfließender Hydratationswärme ohne Bewegungsmöglichkeit auf dem Untergrund

Bei Begrenzung der Rissbreite auf einen festgelegten rechnerischen Wert kann unter Verwendung eines bestimmten Stabdurchmessers der erforderliche Bewehrungsbedarf nachgewiesen werden. An einem Beispiel wird dies für Zwang infolge abfließender Hydratationswärme bei fehlender Bewegungsmöglichkeit verdeutlicht.

Beispiel zur Erläuterung

Nachweis für eine bewehrte Betonbodenplatte, die sich bei Zwangbeanspruchung infolge abfließender Hydratationswärme auf dem Untergrund nicht bewegen kann, da die Unebenheiten der Plattenunterseite zu groß sind oder Verbindungen mit anderen Bauteilen bestehen.

Voraussetzung: Es wird eine rechnerische Rissbreite von $w_k = 0{,}20$ mm zugelassen.

a) Nutzung und Beanspruchung

Anwendungsgebiet B (mittlere Anforderungen an die Rissvermeidung)
Ausführung N (normal)
Expositionsklassen XC1, XM2
Beanspruchung nur durch abfließende Hydratationswärme ohne Lasteinwirkung

b) Beton und Bewehrung

Betonfestigkeitsklasse C30/37
Betondruckfestigkeit $\quad f_{ck,cube} = 37$ N/mm²
Betonzugfestigkeit, Mittelwert $\quad f_{ctm} = 2{,}90$ N/mm²
Wirksame Betonzugfestigkeit $\quad f_{ct,eff} = k_{zt} \cdot f_{ctm} = 1{,}30 \cdot 0{,}5 \cdot 2{,}90 = 0{,}65 \cdot 2{,}90$
$\qquad = 1{,}90$ N/mm²
Dicke der Betonbodenplatte $\quad h = 180$ mm
Rechnerische Rissbreite $\quad w_k \leq 0{,}20$ mm
Betondeckung der Bewehrung $\quad c_{nom} = 35$ mm, $d_1 = 47$ mm
Wirkungsbereich der Bewehrung $\quad s_w = 2{,}5 \cdot d_1 \approx 125$ mm $> h_b/2$
$\qquad s_w = h_b/2 = 90$ mm (DIN 1045-1, Bild 53b)

c) Abschätzung der Bewehrung

Das Abschätzen der erforderlichen Bewehrung für die Begrenzung der Rissbreite kann mit Hilfe der Diagramme von G. Meyer erfolgen [L28] (siehe Kapitel 7.5.4.3).

Aus Bild 7.3 wird folgender Bewehrungsquerschnitt für Plattendicke $h = 180$ mm und Stabdurchmesser $d_s = 10$ mm abgelesen:

$a_{s1,Bild} = 7{,}6$ cm²/m oben und unten

8.2 Bemessung bewehrter Betonbodenplatten

Bewehrungsquerschnitt nach Umrechnung mit Gleichung 7.26:

$$a_{s1,erf} = a_{s1,Bild} \cdot \sqrt{\frac{k_{zt,vorh} \cdot d_{1,vorh} \cdot w_{k,Bild}}{k_{zt,Bild} \cdot (c_{Bild} + 10) \cdot w_{k,zul}}}$$

$$a_{s1,erf} = 7,6 \cdot \sqrt{\frac{0,65 \cdot 47 \cdot 0,15}{0,50 \cdot 40 \cdot 0,20}} = 8,1 \text{ cm}^2/\text{m}$$

angenommene Bewehrung:

Listenmatten 100 · 10 / 100 · 10 jeweils unten und oben

$a_{s,vorh} = 2 \cdot 7,85 = 15,7 \text{ cm}^2/\text{m}$

d) Nachweis der Bewehrung zur Begrenzung der Rissbreite

Zugkraft in der Betonbodenplatte:

$$\begin{aligned} n_{ct} &= \gamma_{ct,H} \cdot f_{ct,eff} \cdot a_{ct,eff} = 1{,}30 \cdot 1{,}45 \cdot 180 \cdot 1000 \\ &= 339300 \text{ N je m Bodenplatte} = 339 \text{ kN/m} \end{aligned}$$

Stahlspannung:

$$\begin{aligned} \sigma_s &= n_{ct} / a_s \\ &= 339300 / 1570 = 216 \text{ N/mm}^2 \end{aligned}$$

Grenzdurchmesser für Stahlspannung (interpoliert aus Tafel 7.6):

$$d_s^* = 15 + (18 - 15) \cdot \frac{220 - 216}{220 - 200} = 15,6 \text{ mm}$$

zulässiger Durchmesser der Bewehrung:

$d_{s,zul} = d_s^* \cdot f_{ct,eff} / f_{ct,0} = 15,6 \cdot 1,90 / 3,0 \approx 9,9 \text{ mm}$

$d_{s,zul} \approx d_{s,gew} = 10 \text{ mm}$

Bewehrung gewählt: Listenmatten 100 · 10 / 100 · 10 oben und unten

$a_{s,vorh} = 2 \cdot 7,85 \text{ cm}^2/\text{m}$ $\qquad\qquad a_{s,vorh} = 15,70 \text{ cm}^2/\text{m}$

e) Auswirkungen der Dehnung auf die Rissentstehung und das Öffnen der Fugen

Stahldehnung = Betondehnung
$\varepsilon_s = \varepsilon_{ct,vorh}$
$\varepsilon_s = \sigma_s / E_s = 216 / 200000$
$\varepsilon_{ct,vorh} = 1{,}08 \cdot 10^{-3}$

Zulässige Betondehnung:

$\varepsilon_{ct,zul} = \varepsilon_{ct,U} / \gamma_{ct,ges} = 0{,}14 \cdot 10^{-3} / (1{,}35 \cdot 1{,}30)$
$\varepsilon_{ct,zul} = 0{,}080 \cdot 10^{-3}$

Da die vorhandene Betondehnung um mehr als das Zehnfache größer ist als die zulässige Betondehnung, werden Risse entstehen. Es ist die vorstehend ermittelte Bewehrung erforderlich, um die Breite der entstehenden Risse auf 0,20 mm zu begrenzen.

Anmerkung:
Diese Bewehrung könnte verringert werden, wenn für eine Bewegungsmöglichkeit auf dem Untergrund gesorgt würde (siehe Beispiel 8.2.1).

8.2.3 Bewehrung bei spätem Zwang ohne Bewegungsmöglichkeit auf dem Untergrund

Eine Betonbodenplatte wird ungünstigstenfalls spätem Zwang ausgesetzt, wenn jegliche Bewegungsmöglichkeit auf dem Untergrund während der Nutzungszeit ausgeschlossen ist, z.B. durch Verbindung mit anderen Bauteilen oder durch nicht ebene Unterseite, insbesondere Vertiefungen. Die Grundlagen für die Bemessung bei spätem Zwang sind im Kapitel 7.5 dargelegt.

Beispiel zur Erläuterung

Nachweis für eine bewehrte Betonbodenplatte, die sich bei später Zwangbeanspruchung (z.B. durch Schwinden des Betons) auf dem Untergrund nicht bewegen kann, da die Unebenheiten der Plattenunterseite zu groß sind oder Verbindungen mit anderen Bauteilen bestehen.

Der Nachweis zur Begrenzung der Rissbreite auf $w_k = 0{,}20$ mm bei spätem Zwang wird nachfolgend geführt.

a) Nutzung und Beanspruchung

Anwendungsgebiet B (mittlere Anforderungen an die Rissvermeidung)
Ausführung N (normal)
Expositionsklassen XC1, XM2
Beanspruchung nur infolge späteren Zwangs durch Schwinden des Betons bei vollständiger Behinderung von Längsbewegungen

8.2 Bemessung bewehrter Betonbodenplatten

b) Beton und Bewehrung

Betonfestigkeitsklasse C30/37
Betondruckfestigkeit $\quad f_{ck,cube} = 37 \text{ N/mm}^2$
Betonzugfestigkeit, Mittelwert $\quad f_{ctm} = 2{,}90 \text{ N/mm}^2$
Betonzugfestigkeit als 95%-Quantil $\quad f_{ctk;0,95} = 3{,}80 \text{ N/mm}^2$
Dicke der Betonbodenplatte $\quad h = 180 \text{ mm}$
Rechnerische Rissbreite $\quad w_k \leq 0{,}20 \text{ mm}$
Betondeckung der Bewehrung $\quad c_{nom} = 35 \text{ mm}, \; d_1 = 53 \text{ mm}$
Wirkungsbereich der Bewehrung $\quad s_w = 2{,}5 \cdot d_1 \approx 133 \text{ mm} > h_b/2$
$\quad s_w = h_b/2 = 90 \text{ mm}$ (DIN 1045-1, Bild 53b)
Beiwertkombination für den Abbau des Zwangs durch Kriechen und Relaxation $\quad \varphi_K + \psi_R = 0{,}70$

c) Abschätzung der Bewehrung

Das Abschätzen der erforderlichen Bewehrung für die Begrenzung der Rissbreite kann mit Hilfe der Diagramme von G. Meyer erfolgen [L28] (siehe Kapitel 7.5.4.3).

Aus Bild 7.3 wird folgender Bewehrungsquerschnitt für Plattendicke $h = 180$ mm und Stabdurchmesser $d_s = 12$ mm abgelesen:

Bewehrungsquerschnitt:

$a_{s1,Bild} = 8{,}0 \text{ cm}^2/\text{m}$ oben und unten

Bewehrungsquerschnitt nach Umrechnung mit Gleichung 7.26:

$$a_{s1,erf} = a_{s1,Bild} \cdot \sqrt{\frac{k_{zt,vorh} \cdot d_{1,vorh} \cdot w_{k,Bild}}{k_{zt,Bild} \cdot (c_{Bild} + 10) \cdot w_{k,zul}}}$$

$$a_{s1,erf} = 8{,}0 \cdot \sqrt{\frac{1{,}00 \cdot 53 \cdot 0{,}15}{0{,}50 \cdot 40 \cdot 0{,}20}} = 11{,}3 \text{ cm}^2/\text{m}$$

angenommene Bewehrung:

Listenmatten $100 \cdot 11 / 100 \cdot 11$ jeweils unten und oben

$a_{s,vorh} = 2 \cdot 9{,}50 = 19{,}00 \text{ cm}^2/\text{m}$

d) Nachweis der Bewehrung zur Begrenzung der Rissbreite

Stahlspannung:
$$\sigma_s = (\varphi_K + \psi_R) \cdot f_{ctk;0,95} \cdot a_{ct,eff} / a_s$$
$$= 0{,}70 \cdot 3{,}8 \cdot 180 \cdot 1000 / 1900 = 252 \text{ N/mm}^2$$

Grenzdurchmesser für Stahlspannung (interpoliert aus Tafel 7.6):

$$d_s^* = 11 + (13 - 11) \cdot \frac{260 - 252}{260 - 240} = 11{,}8 \text{ mm}$$

zulässiger Durchmesser der Bewehrung:

$$d_{s,zul} = d_s^* \cdot f_{ctm} / f_{ct,0} = 11{,}8 \cdot 2{,}9 / 3{,}0 \approx 11{,}4 \text{ mm}$$

$$d_{s,zul} > d_{s,gew} = 11 \text{ mm}$$

Bewehrung gewählt: Listenmatten 100 · 11 / 100 · 11 oben und unten

$$a_{s,vorh} = 2 \cdot 9{,}50 = 19{,}00 \text{ cm}^2/\text{m}$$

e) Auswirkungen der Dehnung auf die Rissentstehung

Stahldehnung = Betondehnung

$$\varepsilon_s = \varepsilon_{ct,vorh}$$
$$\varepsilon_s = \sigma_s / E_s = 252 / 200000$$
$$\varepsilon_{ct,vorh} = 1{,}26 \cdot 10^{-3}$$

zulässige Betondehnung:

$$\varepsilon_{ct,zul} = \varepsilon_{ct,U} / \gamma_{ct,ges}$$
$$= 0{,}14 \cdot 10^{-3} / (1{,}35 \cdot 1{,}30)$$
$$= 0{,}080 \cdot 10^{-3}$$

Da die rechnerisch vorhandene Betondehnung um das 15fache größer als die zulässige Betondehnung ist, wird der Beton reißen und es ist die vorstehend ermittelte Bewehrung zur Begrenzung der Rissbreite auf 0,20 mm erforderlich!

Anmerkung:
Diese Bewehrung stellt gleichzeitig den oberen Grenzwert für eine bewehrte und 18 cm dicke Betonbodenplatte infolge Zwangbeanspruchung für eine zulässige Rissbreite von w_k = 0,20 mm dar. Der Einbau einer derartigen Bewehrung in eine Betonbodenplatte deckt infolge des Temperaturgradienten außerdem den Biegezwang durch Temperatureinwirkungen ab, z.B. bei Erwärmung infolge Sonneneinstrahlung oder Temperatursturz infolge Gewitterschauer.

8.2 Bemessung bewehrter Betonbodenplatten

8.2.4 Bemessungsbeispiel für mattenbewehrte Betonbodenplatte mit großer Plattenlänge bei Lastbeanspruchung

Im nachfolgenden Beispiel wird die Betonbodenplatte in einer Halle als bewehrte Platte bemessen, die im Kapitel 8.1.1 als unbewehrte Platte nachgewiesen wurde. Zunächst werden für die Betonbodenplatte die gleichen Ausgangswerte zugrunde gelegt. Es wird allerdings die Plattenlänge mit 24,0 m statt 6,50 m angenommen und die Dicke der Betonbodenplatte mit 200 mm statt 220 mm gewählt. Die Betonbodenplatte erhält lediglich Randfugen zur Trennung von anderen Bauteilen. Zulässige Rissbreite $w_k \leq 0{,}20$ mm.

Beispiel zur Erläuterung:

a) Nutzung und Beanspruchung

Anwendungsgebiet B (mittlere Anforderungen an die Rissvermeidung)
Ausführung N (normal)
Expositionsklassen XC1, XM2

Gabelstapler G3, zul. Gesamtgewicht		= 69 kN (siehe Tafel 3.2)
Nenntragfähigkeit		= 25 kN
Charakteristische Radlast	Q_k	= 32 kN
Lastwechselzahl Gabelstaplerbetrieb	n_{ges}	= 30/h · 8 h/d · 200 d/a · 20 a
		$\approx$ 1 000 000 = $1{,}0 \cdot 10^6$
Sicherheitsbeiwert, Lastwechselzahl	$\gamma_Q \cdot \varphi_n$	= 1,75 (siehe Tafel 7.1)
Bemessungsradlast des Gabelstaplers	$Q_{d,1}$	= $Q_{d,2}$ = $\gamma_Q \cdot \phi_n \cdot Q_k$ = $\cdot 1{,}75 \cdot 32$
		$\approx$ 56 kN
Abstand des 2. Rades	x_2	= 1,00 m
Lastaufstandsfläche des Rades	$b \cdot c$	= 20 · 20 cm
Kontaktdruck unter dem Rad	q	= 1,4 N/mm²
Regallast am Fahrbereich	G_k	= 28 kN
Bemessungslast für Regale	G_d	= $\gamma_G \cdot G_k$ = 1,20 · 28 $\approx$ 35 kN
Abstand Radlast zur Regal-Stütze	x_G	= 0,45 m
Belastung aus Regalen je Plattenfeld	q_d	= $n \cdot Q_{d,3} / (b_F \cdot L_F)$
		= 160 · 35 / (24,0 · 24,0) = 9,7 kN/m²

b) Beton und Konstruktion

Betonfestigkeitsklasse C30/37		
Betondruckfestigkeit	$f_{ck,cube}$	= 37 N/mm²
Betonzugfestigkeit als Mittelwert	f_{ctm}	= 2,90 N/mm²
Elastizitätsmodul des Betons	E_{c0m}	= 31900 N/mm²
Querdehnzahl des Betons	μ_c	= 0,20
Dicke der Betonbodenplatte	h	= 200 mm
Plattenlänge	l_F	= 24,0 m
Betondeckung der Bewehrung	c_{nom}	= 35 mm, d_1 = 52 mm

8 Bemessung von Betonbodenplatten

Wirkungsbereich der Bewehrung	s_w	$= 2,5 \cdot d_1 \approx 133$ mm $> h_b/2$
	s_w	$= h_b/2 = 90$ mm (DIN 1045-1, Bild 53b)
Verdübelung der Fugen		
Lastfaktor für Kraftübertragung	κ_Q	$= 0,55$ (siehe Tafel 7.8)
Tragschicht KTS 100 ohne Sandschicht	$E_{V2,T}$	$= 100$ N/mm²
Reibungsbeiwert μ für spätere Verschiebungen	μ	$= 1,4$ (siehe Tafel 7.5)
Beiwertkombination für den Abbau des Zwangs durch Kriechen und Relaxation	$\varphi_K + \psi_R$	$= 0,70$

c) Nachweis der Rissbewehrung für Zwangbeanspruchung

Pressung unter der Betonbodenplatte ohne Auflast:

$\sigma_0 = \gamma_G \cdot h \cdot \rho_c + q_d = 1,35 \cdot 0,20 \cdot 25 + 9,7 = 16,5$ kN/m²

Zugkraft in der Betonbodenplatte:

$n_{ct} = \gamma_{ct} \cdot \mu \cdot \sigma_0 \cdot L_F/2 = 1,35 \cdot 1,4 \cdot 16,5 \cdot 24,0/2 = 374$ kN/m

Zugspannung in der Betonbodenplatte:

$\sigma_{ct,vorh} = (\varphi_K + \psi_R) \cdot n_{ct} / a_{ct} = 0,70 \cdot 374 / (0,20 \cdot 1,0) = 1309$ kN/m²
$= 1,31$ N/mm² $< f_{ctm} = 2,90$ N/mm²

Wirksamer Beiwert k_{zt}:

$k_{zt,vorh} = \sigma_{ct,vorh} / f_{ctk,0,05} = 1,31 / 2,90$
$k_{zt,vorh} = 0,45$

d) Abschätzung der Bewehrung

Das Abschätzen der erforderlichen Bewehrung für die Begrenzung der Rissbreite kann mit Hilfe der Diagramme von G. Meyer erfolgen [L28] (siehe Kapitel 7.5.4.3).

Aus Bild 7.3 wird folgender Bewehrungsquerschnitt für Plattendicke h = 200 mm und Stabdurchmesser $d_s = 10$ mm abgelesen:

Bewehrungsquerschnitt:

$a_{s1,Bild} = 8,0$ cm²/m oben und unten

Bewehrungsquerschnitt nach Umrechnung mit Gleichung 7.26:

$$a_{s1,erf} = a_{s1,Bild} \cdot \sqrt{\frac{k_{zt,vorh} \cdot d_{1,vorh} \cdot w_{k,Bild}}{k_{zt,Bild} \cdot (c_{Bild} + 10) \cdot w_{k,zul}}}$$

$$a_{s1,erf} = 8{,}0 \cdot \sqrt{\frac{0{,}45 \cdot 52 \cdot 0{,}15}{0{,}50 \cdot 40 \cdot 0{,}20}} = 7{,}5 \text{ cm}^2/\text{m}$$

angenommene Bewehrung:

Listenmatten 100 · 10 / 100 · 10 jeweils unten und oben

$a_{s,vorh} = 2 \cdot 7{,}85 = 15{,}70 \text{ cm}^2/\text{m}$

e) *Nachweis der Bewehrung zur Begrenzung der Rissbreite*

Stahlspannung:
$\sigma_s = \sigma_{ct;vorh} \cdot a_{ct,eff} / a_s$
$ = 1{,}31 \cdot 200 \cdot 1000 / 1570 = 167 \text{ N/mm}^2$

Grenzdurchmesser für Stahlspannung (interpoliert aus Tafel 7.6):

$$d_s^* = 22 + (28 - 22) \cdot \frac{180 - 167}{180 - 160} = 25{,}9 \text{ mm}$$

zulässiger Durchmesser der Bewehrung:

$d_{s,zul} = d_s^* \cdot \sigma_{ct;vorh} / f_{ct,0} = 25{,}9 \cdot 1{,}31 / 3{,}0 \approx 11{,}3 \text{ mm}$

$d_{s,zul} > d_{s,gew} = 10 \text{ mm}$

Bewehrung gewählt: Listenmatten 100 · 10 / 100 · 10 oben und unten

$a_{s,vorh} = 2 \cdot 7{,}85 = 15{,}70 \text{ cm}^2/\text{m}$

f) *Auswirkungen der Dehnung auf die Rissentstehung*

Stahldehnung $\quad$ = Betondehnung
$\varepsilon_s = \varepsilon_{ct,vorh}$
$\varepsilon_s = \sigma_s / E_s = 167 / 200000$
$\varepsilon_{ct,vorh} = 0{,}84 \cdot 10^{-3}$

Zulässige Betondehnung:

$\varepsilon_{ct,zul} = \varepsilon_{ct,U} / \gamma_{ct,ges} = 0{,}14 \cdot 10^{-3} / (1{,}35 \cdot 1{,}20) = 0{,}086 \cdot 10^{-3}$

Die rechnerisch vorhandene Betondehnung ist wesentlich größer als die zulässige Betondehnung. Daher wird der Beton reißen und es ist die vorstehend ermittelte Bewehrung zur Begrenzung der Rissbreite auf 0,20 mm erforderlich.

g) Beiwerte für die Nachweise der Lastbeanspruchungen

Bettungsmodul k_s (nach Gl. 7.8):

$$k_s = \frac{E_T}{0{,}83 \cdot h \cdot \sqrt[3]{(E_{c0m}/E_T)}}$$

$$k_s = \frac{100}{0{,}83 \cdot 200 \cdot \sqrt[3]{(31900/100)}} = 0{,}09 \, N/mm^2$$

Elastische Länge l_e (nach Gl. 7.27):

$$l_e = \sqrt[4]{\frac{E_{c0m} \cdot h^3}{12 \cdot k_s}}$$

$$l_e = \sqrt[4]{\frac{31900 \cdot 200^3}{12 \cdot 0{,}09}} = 697 \, mm$$

Belastungsradius a:

$$a = \frac{h + \sqrt{b \cdot c}}{2} = \frac{200 + \sqrt{200 \cdot 200}}{2} = 200 \, mm$$

Beiwert $\alpha = a/l_e = 200 / 697 = 0{,}287$

Bedingung: $\alpha \geq 0{,}01$ und $\alpha \leq 1{,}0$ eingehalten

$1/\alpha = 1 / 0{,}287 = 3{,}49$

h) Biegemoment für den Lastfall Einzellasten in Plattenmitte

Die ungünstigste Laststellung ergibt sich aus beiden Radlasten des Gabelstaplers neben einer Regalstütze. Hierfür wird die Biegezugspannung an der Unterseite der Betonbodenplatte nachgewiesen.

Momentenbeiwert (nach Gl. 7.47):

$\eta_m = 0{,}180 \cdot [\log(1/\alpha) + 0{,}295] = 0{,}180 \cdot [\log 3{,}49 + 0{,}295] = 0{,}151$

Biegemoment in Plattenmitte

$m_{m,1} = \eta_m \cdot Q_d \cdot (1 + \mu) = 0{,}151 \cdot 56{,}0 \cdot (1 + 0{,}20) = 10{,}15 \text{ kNm/m}$

Vergrößerung des Tangentialmoments durch zweite Radlast $Q_{d,2}$ ($\lambda_{tangential}$ aus Bild 7.5)

$x_2 / l_e = 1000 / 697 = 1{,}43 \rightarrow \lambda_{tangential} = 0{,}03$

$\Delta m_{m,2,tangential} = Q_{d,2} \cdot \lambda_{tangential}$
$= 56{,}0 \cdot 0{,}03 = 1{,}68 \text{ kNm/m}$

Vergrößerung des Tangentialmoments durch Regallast G_d ($\lambda_{tangential}$ aus Bild 7.9)

$x_3 / l_e = 450 / 697 = 0{,}65 \rightarrow \lambda_{tangential} = 0{,}08$

$\Delta m_{m,3,tangential} = G_d \cdot \lambda_{tangential}$
$= 35{,}0 \cdot 0{,}08 = 2{,}80 \text{ kNm/m}$

Maximales Biegemoment für den Lastfall Plattenmitte (nach Gl. 7.48):

$m_{m,1\text{-}3} = m_{m,1} + \Delta m_{m,2} + \Delta m_{m,3}$
$= 10{,}15 + 1{,}68 + 2{,}80 = 14{,}63 \text{ kNm/m}$

i) Biegemoment für den Lastfall Einzellasten am Plattenrand

Die Berechnung des Biegemoments am Plattenrand ergibt sich aus dem Biegemoment in Plattenmitte:

$m_{r,1} = 2{,}1 \cdot m_{m,1} = 2{,}1 \cdot 10{,}15 = 21{,}32 \text{ kNm/m}$

Vergrößerung des Tangentialmoments durch zweite Radlast $Q_{d,2}$ ($\lambda_{tangential}$ aus Bild 7.6)

$x_2 / l_e = 1000 / 697 = 1{,}43 \rightarrow \lambda_{tangential} = 0{,}12$

$\Delta m_{r,2,tangential} = Q_{d,2} \cdot \lambda_{tangential}$
$= 56{,}0 \cdot 0{,}12 = 6{,}72 \text{ kNm/m}$

Maximales Biegemoment Lastfall Plattenrand:

$m_{r,1+2} = m_{r,1} + \Delta m_{r,2}$
$= 21{,}32 + 6{,}72 = 28{,}04 \text{ kNm/m}$

j) Biegemoment für den Lastfall Einzellasten auf der Plattenecke

Die Berechnung des Biegemoments an der Plattenecke ergibt sich aus dem Biegemoment in Plattenmitte:

$m_{e,1} = 1{,}8 \cdot m_{m,1} = 1{,}8 \cdot 10{,}15 = 18{,}27$ kNm/m

Vergrößerung des Tangentialmoments durch zweite Radlast $Q_{d,2}$ ($\lambda_{tangential}$ aus Bild 7.6)

$x_2 / l_e = 1000 / 689 = 1{,}31 \rightarrow \lambda_{tangential} = 0{,}12$

$\Delta m_{e,2,tangential} = Q_{d,2} \cdot \lambda_{tangential}$
$= 56{,}0 \cdot 0{,}12 = 6{,}72$ kNm/m

Maximales Biegemoment Lastfall Plattenecke:

$m_{e,1+2} = m_{e,1} + \Delta m_{e,2}$
$= 18{,}27 + 6{,}72 = 24{,}99$ kNm/m

k) Bemessung für Biegung

Bemessungsmoment

$m_{Eds} = m_{r,1\text{-}2} = 28{,}04$ kNm/m

$k_d = \dfrac{d}{\sqrt{m_{Eds}/b}} = \dfrac{16}{\sqrt{28{,}04/1{,}00}}$
$= 3{,}02 \rightarrow k_s = 2{,}40,\ \zeta = 0{,}96$

erforderlicher Stahlquerschnitt

$a_{s1,erf} = k_s \cdot m_{Eds} / d$
$= 2{,}40 \cdot 28{,}04 / 16 = 4{,}21$ cm²/m

Bewehrung gew.: Listenmatten 100 · 10 / 100 · 10

$a_{s1,vorh} = a_{s2,vorh} = 7{,}85$ cm²/m
$a_{s1,vorh} > a_{s1,erf} = 4{,}21$ cm²/m

8.2 Bemessung bewehrter Betonbodenplatten

l) Nachweis der Rissbewehrung und Rissbreite infolge Belastung bei Biegung

Stahlspannung:

$$\sigma_{s,vorh} = m_{Eds} / (a_{s1,vorh} \cdot \zeta \cdot d)$$
$$= 28,04 \cdot 10^6 / (7,85 \cdot 10^2 \cdot 0,96 \cdot 160) = 233 \text{ N/mm}^2$$

Grenzdurchmesser für $w_k = 0,20$ mm:

$\sigma_s = 233$ N/mm², $f_{ctm} = 2,9$ N/mm² und $w_k = 0,20$ mm (siehe Tafel 7.6):

$$d_s^* = 13 + (15 - 13) \cdot \frac{240 - 233}{240 - 220} = 13,7 \text{ mm}$$

Zulässiger Durchmesser der Bewehrung:

$$d_{s,zul} = d_s^* \cdot \sigma_{ct,vorh} / f_{ct,0}$$
$$= 13,7 \cdot 2,9 / 3,0 = 13,2 \text{ mm}$$
$$> d_{s,vorh} = 10 \text{ mm}$$

m) Durchstanznachweis (Kapitel 7.9)

Exponent:

$$a = -0,5 \cdot \frac{\sqrt{A_{col}}}{d} = -0,5 \cdot \frac{\sqrt{10 \cdot 10}}{20} = -0,25$$

Maßstabsfaktor:

$$\kappa = \sqrt{1 + \frac{500}{d}} = \sqrt{1 + \frac{500}{20}} = 5,1 > \kappa_{zul} = 2,0$$

Der Traganteil des Betons ist mit Gleichung 7.66 zu ermitteln:

$$V_{R,cd} = \frac{0,062}{\gamma_c} \cdot \sqrt{A_{col}} \cdot d \cdot (L/d)^a \cdot f_{ck}^{0,62} \cdot \kappa$$

$$V_{R,cd} = \frac{0,062}{1,0} \cdot \sqrt{10 \cdot 10} \cdot 20 \cdot (0,2 \cdot 120/20)^{-0,25} \cdot 25^{0,62} \cdot 2,0 = 173,4 \text{ kN}$$

$V_{R,cd} > 2 \cdot G_d$
173 kN > 70 kN

n) *Auswirkungen der Schwinddehnung auf das Öffnen der Fugen*

Öffnen der Randfugen bei Berücksichtigung folgender Annahmen:

volle Schwinddehnung nach Gleichung 3.6:

$\varepsilon_{cs,\infty} = \varepsilon_{cas,\infty} + \varepsilon_{cds,\infty} = -0{,}4$ mm/m

Abbau des Zwangs durch Kriechen und Relaxation:
$\varphi_K + \psi_R = 0{,}70$

Verbleibende Schwinddehnung:
$\varepsilon_{cs} = (\varphi_K + \psi_R) \cdot \varepsilon_{cs,\infty} = -0{,}4 \cdot 0{,}70 \qquad = -0{,}28$ mm/m

$\Delta l_F \leq \varepsilon_{cs} \cdot L_F / 2 = -0{,}28 \cdot 10^{-3} \cdot 24{,}00 \cdot 10^3 \cdot 0{,}5 \leq -3{,}4$ mm

Öffnen der Tagesfeldfugen:
$\Delta l_F \leq \varepsilon_{cs} \cdot L_F = -0{,}28 \cdot 10^{-3} \cdot 24{,}00 \cdot 10^3 \qquad \leq -6{,}7$ mm

Anmerkung:
Die für die Zwangbeanspruchung gewählte Bewehrung aus Listenmatten 100 · 10 / 100 · 10 unten und oben zur Begrenzung der Rissbreite reicht auch für die Aufnahme der Lastbeanspruchungen aus, um dafür die Rissbreite auf $w_k = 0{,}20$ mm zu begrenzen.

Die für die Aufnahme der Zwangbeanspruchung erforderliche Bewehrung von Ø 10, s = 100 mm entspricht einem Stahlverbrauch von ≈ 25 kg je m² Bodenplatte.

8.3 Nachweise für stahlfaserbewehrte Betonbodenplatten

Stahlfaserbeton ist ein Beton, dem zum Erreichen bestimmter Eigenschaften Stahlfasern zugegeben werden [R30.6]. Die Stahlfasern gelten derzeit nur als Zusatzstoff und nicht als Bewehrung. Insofern wird Stahlfaserbeton auch als unbewehrter Beton angesehen [L31]. Dies wird sich voraussichtlich durch Veröffentlichung der DAfStb-Richtlinie „Stahlfaserbeton" ändern.

Beispiele für stahlfaserbewehrte Betonbodenplatten, wie diese in Kapitel 4.5 für unbewehrte und in Kapitel 4.6 für mattenbewehrte Betonbodenplatten angegeben sind, können derzeit nicht genannt werden. Das Gleiche gilt bei rechnerischen Nachweisen für stahlfaserbewehrten Betonbodenplatten, solange die DAfStb-Richtlinie „Stahlfaserbeton" [R25] noch in Bearbeitung ist.

8.4 Nachweis für Betonbodenplatten mit Spannlitzen

Eine einfache Art der Bemessung ergibt sich dadurch, dass die Betonbodenplatten zunächst als unbewehrte Platten bemessen werden. Ein derartiges Bemessungsbeispiel ist in Kapitel 8.1.1 dargestellt. Für die Bemessung der Spannlitzen ist als Nächstes zu entscheiden, welches Ziel erreicht werden soll:

– Begrenzung der Rissbreite

– Verringerung der Rissgefahr

– Mögliches Vermeiden von Rissen

– Große Sicherheit gegen entstehende Risse

Aus den vorstehend skizzierten Ansprüchen ergibt sich die Höhe der aufzubringenden Druckspannung mit Hilfe der Spannlitzen. Der Grad der Vorspannung kann bis zum vollständigen Überdrücken der rechnerisch entstehenden Zugspannung erhöht werden. Dabei ist zu entscheiden, ob die aus Lastbeanspruchungen entstehende Biegezugspannung mit der durch Zwangbeanspruchung entstehenden Längszugspannung überlagert werden soll. In diesem Fall wäre dann die Gesamtspannung zu überdrücken, wenn eine große Sicherheit gegen entstehende Risse verlangt wird. Dies könnte bei jenen Flächen der Fall sein, die dem Umgang mit wassergefährdenden Stoffen dienen, bei denen derartige Stoffe nicht in den Baugrund und ins Grundwasser gelangen dürfen, z.B. nach dem Wasserhaushaltsgesetz WHG § 19 g.

Beispiel zur Erläuterung

Die Betonbodenplatte des Beispiels in Kapitel 8.1.1 wird unten den Gesichtspunkten des Grundwasserschutzes betrachtet. Die Platte soll daher ohne Fugen hergestellt werden und rissfrei bleiben. Die Gesamtfläche von 800 m² wird ohne Fugen hergestellt. Lediglich an den Rändern der Betonbodenplatte sind Randfugen an den Randaufkantungen auszubilden, damit keine Verbindung mit anderen Bauteilen besteht.

Es wird in Abstimmung mit dem Bauherrn und den zuständigen Behörden festgelegt, dass die entstehenden Zugspannungen durch Spannlitzen vollständig überdrückt werden sollen.

Die Betonbodenplatte wird auf eine gebundene Tragschicht mit flügelgeglätteter Oberfläche auf 2 Lagen PE-Folie gelegt. Der Reibungsbeiwert wird entsprechend Tafel 7.5 mit $\mu = 0{,}7$ angenommen.

Ausgangswerte:

Betonfestigkeitsklasse C30/37 LP als FD-Beton
Entsprechend DAfStb-Richtlinie [R22]   w/z $\leq 0{,}50$
Dicke der Betonbodenplatte   h $= 220$ mm
Platte ohne Fugen   A $= 800$ m²
Plattenlänge l_x $= 50$ m

8 Bemessung von Betonbodenplatten

Plattenbreite	l_y	$= 16$ m
Bemessungsradlast des Gabelstaplers	$Q_{d,1}$	$= Q_{d,2} = (\gamma_Q \cdot \varphi_n) \cdot Q_k = 1{,}75 \cdot 32$
		≈ 56 kN
Bemessungslast für Regal	$Q_{d,3}$	$= \gamma_G \cdot Q_{k,3} = 1{,}35 \cdot 26$
		≈ 35 kN je Regalfuß
Bemessung aus Regalen je Plattenfeld	q_d	$= n \cdot Q_{d,3} / (b_F \cdot L_F)$
		$= 180 \cdot 35 / (50{,}0 \cdot 16{,}0) \approx 7{,}9$ kN/m²
Biegezugspannungen aus Beispiel Kapitel 8.1.1:		
Lastfall: Last in Plattenmitte	σ_m	$= 2{,}18$ N/mm²
Lastfall: Last am Plattenrand	σ_r	$= 1{,}95$ N/mm²
Lastfall: Last auf Plattenecke	σ_e	$= 2{,}15$ N/mm²
Pressung unter der Betonbodenplatte:	σ_0	$= \gamma_G \cdot h \cdot \rho_c + q_d$
		$= 1{,}20 \cdot 0{,}22 \cdot 25 + 7{,}9 = 6{,}6 + 7{,}9$
		$= 14{,}5$ kN/m²
Zugkraft in der Betonbodenplatte:	$n_{ct,x}$	$= \gamma_{ct} \cdot \mu \cdot \sigma_0 \cdot L_F/2$
		$= 1{,}35 \cdot 0{,}7 \cdot 14{,}5 \cdot 50{,}0/2$
		$= 343$ kN/m
	$n_{ct,y}$	$= \gamma_{ct} \cdot \mu \cdot \sigma_0 \cdot L_F/2$
		$= 1{,}35 \cdot 0{,}7 \cdot 14{,}5 \cdot 16{,}0/2 = 110$ kN/m

Längszugspannung aus Zwang:

$$\sigma_{ct,x,Zwang} = \frac{n_{c,t,x}}{h \cdot b} \cdot 10^{-3} = \frac{343}{0{,}22 \cdot 1{,}00} \cdot 10^{-3} = 1{,}56 \, N/mm^2$$

$$\sigma_{ct,y,Zwang} = \frac{n_{c,t,y}}{h \cdot b} \cdot 10^{-3} = \frac{110}{0{,}22 \cdot 1{,}00} \cdot 10^{-3} = 0{,}50 \, N/mm^2$$

maximale Gesamtspannungen:

$$\sigma_{x,max} = \sigma_m + \sigma_{x,Zwang} = 2{,}18 + 1{,}56 = 3{,}74 \, N/mm^2$$

$$\sigma_{y,max} = \sigma_m + \sigma_{y,Zwang} = 2{,}18 + 0{,}50 = 2{,}68 \, N/mm^2$$

Anmerkung:
Diese Betonzugspannungen von 3,74 N/mm² bzw. 2,68 N/mm² sind größer als die Zugfestigkeit des Betons, daher:

Ohne Vorspannung sind Trennrisse zu erwarten, die zur Durchlässigkeit der Betonbodenplatte führen werden.

Mit Vorspannung sind Risse zu vermeiden, wenn die Vorspannung groß genug ist. Günstig ist es, die Vorspannung so groß einzustellen, dass die Zugspannung gleich Null wird. Dafür ist durch die Spannlitzen in x-Richtung eine Druckspannung von mindestens 3,74 N/mm² und in y-Richtung von mindestens 2,68 N/mm² aufzubringen.

Spannkraft je Spannlitze:

$F_{1,d,zul}$ = 210 kN je Litze

erforderliche Spannkraft in x-Richtung je m Plattenbreite:

$F_{d,x,erf}$ = $A_c \cdot \sigma_{x,max}$
= $220 \cdot 1000 \cdot 3{,}74 \cdot 10^{-3}$ = 823 kN

erforderliche Anzahl n an Spannlitzen in x-Richtung je m Plattenbreite:

n = $F_{d,x,erf} / F_{1,d,zul}$ = 823 / 210 = 3,9
$\approx$ 4 Litzen je m, Abstand s = 250 mm

erforderliche Spannkraft in y-Richtung je m Plattenbreite:

$F_{d,y,erf}$ = $A_c \cdot \sigma_{y,max}$
= $220 \cdot 1000 \cdot 2{,}68 \cdot 10^{-3}$ = 590 kN

erforderliche Anzahl n an Spannlitzen in y-Richtung je m Plattenbreite:

n = $F_{d,erf} / F_{1,d,zul}$ = 590 / 210 = 2,8
$\approx$ 3 Litzen je m, Abstand s = 333 mm

Die Spannlitzen sollten früh genug eine Vorspannung erhalten, damit die beim Abfließen der Hydratationswärme entstehenden Zwangspannungen überdrückt werden. Damit kann der Beton auch während der Erhärtungsphase rissfrei bleiben. Dieses kann bereits 24 Stunden nach Fertigstellung der Betonbodenplatte notwendig sein: Aufbringen einer Vorspannung von mindestens 0,8 N/mm² in Längsrichtung und Querrichtung. Dies entspricht einer Spannkraft von etwa 45 kN je Spannlitze.

8.5 Nachweis für gewalzte Betonbodenplatten

Gewalzte Betonbodenplatten sind für fugenlose Betonbodenplatten gut geeignet (siehe Kapitel 4.7.5). Diese Betonbodenplatten sollten möglichst nur von Spezialunternehmen hergestellt werden, die diese Betonböden einschließlich einer oberen Deckschicht anbieten. Von diesen Spezialunternehmen ist auch der Nachweis für die auftretenden Beanspruchungen zu erbringen.

Die Dicke der Betonbodenplatte ist im Allgemeinen in gleicher Größenordnung wie bei unbewehrten Betonbodenplatten erforderlich (siehe Kapitel 4.5). In Tafel 4.6 sind die Dicken für unbewehrte Betonbodenplatten angegeben. Die Anwendung gewalzter Betonbodenplatten sollte auf den Beanspruchungsbereich 1 begrenzt werden (Tafel 4.6). Eine Anwendung für höhere Beanspruchungsbereiche ist im Spezialfall mit dem Hersteller detailliert abzuklären. Die Plattendicke sollte mindestens 18 cm betragen.

8.6 Auswahl fugenloser Betonbodenplatten

Die Wahl einer fugenlosen Betonbodenplatte wird durch die Anforderungen bestimmt, die an diese Betonbodenplatte gestellt werden. Es ist also zunächst die Frage zu klären, warum die Betonbodenplatte fugenlos sein soll und welchem Zweck sie zu dienen hat.

So können z.B. folgende Gründe für eine fugenlose Betonbodenplatte sprechen:

– Fugen stören den späteren Betriebsablauf, der auf der Betonbodenplatte stattfinden soll.
– Durch die Art der Nutzung werden Kantenabbrüche an Fugen befürchtet.
– Die während der Nutzungszeit erforderliche Fugenpflege wird als lästig angesehen.
– Die Abdichtung der Fugen ist aufwendig und unsicher.

Die weitere Frage ist, wie das Thema Risse zu bewerten ist:

– Müssen Risse mit großer Sicherheit vermieden werden?
– Können entstehende Risse hingenommen werden?
– Mit welcher Rissbreite soll gerechnet werden?

Eine sinnvolle und ggf. auch wirtschaftliche Lösung kann mit Spezialverfahren erreicht werden, wenn z.B. die Betonbodenplatte mit dem Untergrund fest verbunden wird (siehe Kapitel 4.7.2).

Unbewehrte Betonbodenplatten scheiden aus, da bei unbewehrten fugenlosen Flächen zahlreiche und teilweise breite Risse zu erwarten wären.

Mattenbewehrte Betonbodenplatten erfordern je nach zulässiger Rissbreite umfangreiche Bewehrungen. Hierfür wären Listenmatten erforderlich, da Lagermatten diesen Bewehrungsgrad nicht abdecken. Diese Betonbodenplatten könnten unwirtschaftlich sein (siehe Kapitel 8.4), es sei denn, dass Spezialverfahren angewendet werden.

Stabstahlbewehrte Betonbodenplatten ließen sich mit hohen Bewehrungsquerschnitten herstellen, wenn eine bestimmte Rissbreite gesichert werden soll. Auch hier sind die Wirtschaftlichkeit und/oder der Einsatz eines Spezialverfahrens zu prüfen.

Faserbewehrte Betonbodenplatten würden einen hohen Faseranteil erforderlich machen, wenn keine breiteren Risse entstehen dürfen (siehe Kapitel 8.3). Derartige Betone lassen sich kaum verarbeiten. Auch hierfür sind Spezialverfahren erarbeitet worden.

Vorgespannte Betonbodenplatten sind eine gute und sinnvolle Lösung für fugenlose Betonbodenplatten, die keine Risse aufweisen dürfen. Für das Aufbringen einer Druckspannung werden Spannlitzen verwendet (siehe Kapitel 8.4). Die Kosten hierfür sind häufig günstiger als bei schlaff bewehrten Betonbodenplatten, sofern das entsprechende Unternehmen in der Ausführung dieser Art von Betonbodenplatten einschlägige Erfahrungen besitzt.

Gewalzte Betonbodenplatten sind für fugenlose Betonbodenplatten gut geeignet (siehe Kapitel 4.7.5). Gewalzte Betonbodenplatten werden von Unternehmen hergestellt, die hierauf spezialisiert sind. Die Oberseite der gewalzten Platte erhält eine obere Deckschicht. Vom Spezialunternehmen sollte auch der Nachweis für die auftretenden Beanspruchungen vorgelegt werden. Dieser Nachweis kann dann der weiteren Planung zugrunde gelegt werden.

Zusammengefasst bedeutet dies für fugenlose Betonbodenplatten:

Anspruchsvolle Flächen, bei denen Risse nach Möglichkeit vermieden oder in ihrer Breite sehr eng begrenzt werden müssen, sind auf drei Arten ausführbar:

– Betonbodenplatten mit Druckvorspannung durch Spannlitzen, dadurch rissfrei herstellbar. Die Oberfläche wird fertig hergestellt, gescheibt oder geglättet, je nach Oberflächenbeanspruchung ohne oder mit Hartstoffen.

– Gewalzte Betonbodenplatten mit einer oberen Deckschicht als Gesamtsystem von spezialisierten Unternehmen ohne zu erwartende Risse.

– Bewehrte Betonbodenplatten mit fester Verbindung zum Unterbau durch Anwendung von Spezialverfahren; die Festlegung einer zulässigen Rissbreite ist erforderlich.

Bei allen anderen Ausführungen lassen sich breite Risse nicht vermeiden.

8.7 Tragfähigkeit wärmegedämmter Betonböden

8.7.1 Nachweis für Dämmplatten aus extrudiertem Polystyrolschaum (XPS)

Extruderschaumplatten XPS nach DIN EN 13165 sind in der Bauregelliste B Teil 1 erfasst und können als Perimeterdämmung eingesetzt werden. Sie erfüllen im eingebauten Zustand die Anforderungen an schwerentflammbare Baustoffe der Baustoffklasse B 2 nach DIN 4102-1. Der Rechenwert der Wärmeleitfähigkeit beträgt in den Wärmeleitfähigkeitsgruppen 035 und 040:

Wärmeleitfähigkeit $\lambda_R = 0{,}035$ W/(m·K)   bzw. $\lambda_R = 0{,}040$ W/(m·K)

Der Bettungsmodul k_s kann berechnet werden aus dem Verhältnis der Druckspannung σ_{zul} für Dauerdruckbelastung bezogen auf die Zusammendrückung Δd bei maximaler Stauchung, berechnet aus der Stauchung ε multipliziert mit der Plattendicke d.

$$\text{Bettungsmodul } k_s = \frac{\sigma_{zul}}{\varepsilon \cdot d} \qquad \text{(Gl. 7.1)}$$

Beispiel zur Erläuterung

Bei einer 80 mm dicken Dämmplatte mit einer Stauchung von 3 % (siehe Zulassung des Deutschen Instituts für Bautechnik Berlin) und einer zulässigen Druckspannung von $\sigma_{zul} = 0{,}18$ N/mm² errechnet sich folgender Bettungsmodul k_s:

$$\text{Bettungsmodul } k_s = \frac{\sigma_{zul}}{\varepsilon \cdot d} = \frac{0{,}18}{0{,}03 \cdot 80} = 0{,}075 \text{ N/mm}^3 = 75 \text{ MN/m}^3$$

Dieser Bettungsmodul liegt in der Größenordnung, wie er für gute mineralische Tragschichten angenommen werden kann (siehe Kapitel 7.3.2, Gl. 7.8). Entscheidend für das tatsächliche Verhalten dürfte allerdings sein, wie die Dämmplatten auf dem Untergrund aufgelagert sind, z.B. ob sie satt eingebettet wurden. Wenn dies nicht der Fall ist, muss zusätzlich zur Stauchung der Dämmplatten mit größeren Setzungen gerechnet werden, sodass der Bettungsmodul kleiner angesetzt werden sollte.

Die Betonbodenplatte kann unter Berücksichtigung der in vorstehender Gleichung aufgeführten Beziehung für den Bettungsmodul in der Weise bemessen werden, wie dies bei den anderen Betonbodenplatten gezeigt wurde (siehe Kapitel 8.1 bis 8.4).

8.7.2 Nachweis für Dämmplatten aus Schaumglas (CG)

Schaumglasplatten CG nach DIN EN 13167 sind in der Baureggelliste B Teil 1 aufgeführt. Sie erfüllen im eingebauten Zustand die Anforderungen an nichtbrennbare Baustoffe der Baustoffklasse A 1 nach DIN 4102-1. Der Rechenwert der Wärmeleitfähigkeit beträgt in den Wärmeleitfähigkeitsgruppen 040 und 045:

Wärmeleitfähigkeit $\lambda_R = 0{,}040$ W/(m·K)   bzw. $\lambda_R = 0{,}045$ W/(m·K)

Die Dicke der Schaumglasplatten darf 40 mm nicht unterschreiten und 120 mm nicht überschreiten. Ein Steifemodul wird in den Zulassungen nicht angegeben. Dies ist auch nicht nötig, da das Material steifer als der unter der Betonbodenplatte liegende Baugrund ist. Als zulässige Druckspannung kann mit $\sigma_{zul} = 0{,}16$ N/mm² gerechnet werden, sofern nicht höhere Werte angegeben sind (siehe Zulassungen des Deutschen Instituts für Bautechnik Berlin).

Entscheidend für das tatsächliche Tragverhalten ist auch hierbei die Lagerung der Dämmplatten auf dem Untergrund. Erforderlich ist eine satte Einbettung in Heißbitumen auf einer vorbereiteten Sauberkeitsschicht aus Beton. Danach sind die Plattenoberflächen mit einem vollflächigen Heißbitumenanstrich zu versehen. Maßgebend für die Bemessung ist der Bettungsmodul des Untergrundes. Die Betonbodenplatte kann somit in der bekannten Weise bemessen werden (siehe Beispiele Kapitel 8.1 bis 8.4).

8.7.3 Nachweis für Schüttungen aus Schaumglas-Schotter (SGS)

Für die Verwendung einer Schüttung aus Schaumglas-Schotter als Wärmedämmschicht ist eine Allgemeine bauaufsichtliche Zulassung erforderlich. In den Zulassungen sind sowohl die Materialkennwerte als auch die Rechenwerte für die Bemessung angegeben.

Dies können folgende Angaben sein:

– Die Planungsdicke ist die Mindestdicke der im Verhältnis v = 1,3 : 1 verdichteten Wärmedämmschicht.
– Die Dicke der verdichteten Wärmedämmschicht darf 150 mm nicht unterschreiten und 500 mm nicht überschreiten.
– Die zulässige Druckspannung beträgt $\sigma_{zul} = 0,08$ N/mm^2 = 80 kN/m^2
– Es darf angenommen werden, dass bei Einhaltung der zulässigen Druckspannung eine Stauchung von 3 % nicht überschritten wird.

Die verdichtete Schicht aus Schaumglas-Schotter wirkt durch die enge Verzahnung der einzelnen Bruchstücke wie eine lastabtragende Schottertragschicht. Hierbei können E_{V2}-Werte als Verformungsmodul erreicht werden von:

$E_{V2} = 50$ MN/m^2

Der Bettungsmodul kann angesetzt werden mit:

$k_s = 15$ MN/m^3 bei etwa 18 cm Schichtdicke

Für diese Werte ist ein Nachweis des Herstellers vorzulegen.

9 Herstellen der Unterkonstruktion

Mit diesem Kapitel beginnt die Darstellung der Bauausführung von Betonböden. Die Ausführung von Betonböden erfordert Fachkenntnisse und Erfahrung. Dies wird häufig unterschätzt. Eine richtige Einschätzung des erforderlichen Arbeitsaufwandes ist jedoch nötig, wenn dauerhaft funktionsfähige Hallen- und Freiflächen entstehen sollen.

Betonböden für Produktions- und Lagerhallen oder Freiflächen sind zwischen den Gebieten des allgemeinen Hochbaues und des Straßenbaues angesiedelt. Die einzelnen Arbeitsvorgänge haben häufig mehr mit Tiefbauarbeiten zu tun, als es die Beschäftigten im Hochbau gewohnt sind. Daraus ergeben sich Schwierigkeiten. Hinzukommt, dass dieses gelegentlich auch für die Planenden bei der Festlegung der Konstruktion zutrifft.

Die Herstellung von Betonböden sollte daher nur von Fachfirmen ausgeführt werden. Dies trifft für die verschiedenen Teilgewerke zu, die auch in VOB Teil C getrennt dargestellt sind, wie z.B.:

- Erdarbeiten   DIN 18300

- Dränarbeiten   DIN 18308

- Tragschichtarbeiten (Oberbauarbeiten)   DIN 18315 und DIN 18316

- Beton- und Stahlbetonarbeiten   DIN 18331

- Estricharbeiten (Hartstoffschicht)   DIN 18353

Die Objektüberwachung hat dafür zu sorgen, dass jede der Fachfirmen ihr Teilgewerk fachgerecht ausführt, überwacht und dokumentiert, damit schließlich eine förmliche Abnahme der ausgeführten Leistung erfolgen kann.

Die Dauerhaftigkeit des gesamten Betonbodens hängt sehr wesentlich von der Tragfähigkeit des Untergrundes und der Tragschicht ab. Eine gute Tragfähigkeit der Betonbodenplatte kann nur erreicht werden, wenn ein geeigneter Untergrund und eine richtig gewählte Tragschicht sorgfältig verdichtet sind. Wichtig ist außerdem die Entwässerung durch eine richtig verlegte Dränung, wenn dieses die Wasserverhältnisse im Baugrund vor Ort erfordern.

9.1 Vorbereiten des Untergrundes

Die Anforderungen an den Untergrund sind in Abschnitt 4.2.1 beschrieben. Bei der Ausführung ist sicherzustellen, dass diese Anforderungen eingehalten werden.

Für die Ausführung der Arbeiten am Untergrund gilt VOB Teil C DIN 18300 „Erdarbeiten". Dort ist der Boden entsprechend seinem Zustand in Bodenklassen eingestuft. Anstehende Bodenarten der Klasse 1 (Oberboden, Boden mit organischen Bestandteilen) und der

Klasse 2 (fließende Bodenarten) sind als tragender Untergrund nicht geeignet. Bodenarten der Klasse 3 sind nicht bindige bis schwach bindige Sande, Kiese und Sand-Kies-Gemische, die gut geeignet sind. Bodenarten der Klassen 4 und 5 (schwer lösbare, bindige Bodenarten) müssen ggf. ausgebaut oder stabilisiert werden, wenn sie stark durchfeuchtet sind. Fels und vergleichbare Bodenarten der Klassen 6 und 7 sind gut geeignet. Sie erfordern einen oberflächigen Ausgleich mit Feinkies oder Sand, wenn keine Tragschicht aufgebracht wird.

Ungeeignete Bodenarten (z.B. Mutterboden, Torf, Schlamm, Ton) und Hindernisse (z.B. Baumstümpfe, Baumwurzeln, Bauwerksreste) sind zu entfernen. Vertiefungen in der Gründungssohle sind aufzufüllen. Der Füllboden ist so zu verdichten, dass er möglichst so dicht liegt wie der anstehende Boden, damit ein gleichmäßig tragender Untergrund entsteht (siehe Kapitel 4.2.1).

Für das Verdichten sollte der Feuchtegehalt des Untergrundes im Bereich des optimalen Wassergehalts liegen. Untergrund und Füllboden müssen genügend feucht, aber nicht zu nass sein, z.B. erdfeucht. Das Verdichten soll maschinell erfolgen. Dazu ist geeignetes Gerät nötig. Das Rüttelgerät muss eine ausreichend große Verdichtungsleistung besitzen. Es sollte möglichst eine Fliehkraft von $F \geq 20$ kN haben, z. B. Rüttelplatte AT 2000.

Aufschüttungen sind lagenweise einzubauen und zu verdichten. Trockenes Aufschüttmaterial ist ggf. anzufeuchten, damit es verdichtbar ist. Schütthöhe und Anzahl der Arbeitsgänge beim Verdichten sind nach Art und Größe der Verdichtungsgeräte und der Bodenart festzulegen (Schütthöhe höchstens 30 cm). Die Verdichtung hat so zu erfolgen, dass beim späteren Anliefern und Einbringen des Tragschichtmaterials das Befahren des Untergrundes ohne große Spurbildung durch Lkw möglich ist (siehe Kapitel 13.1.2). Die Verdichtungswirkung ist durch Plattendruckversuche nach DIN 18134 nachzuweisen. Bereiche mit unzureichenden Ergebnissen sind nachzuverdichten und erneut zu prüfen.

Hinweis:
Bei ungünstigen bzw. unklaren Untergrundverhältnissen und großen Belastungen ist eine genauere Erkundung des Untergrunds sowie das Prüfen der Verdichtungswirkung durch ein Erd- und Grundbauinstitut erforderlich, damit die Gefahr späterer Setzungen verringert wird.

Das Planum des Untergrundes ist höhengerecht und horizontal oder im vorgeschriebenen Längs- und Quergefälle herzustellen. Abweichungen der Oberfläche des Untergrundes von der Sollhöhe dürfen an keiner Stelle mehr als 3 cm betragen, der rechnerische Mittelwert muss der Sollhöhe entsprechen. Die Prüfung erfolgt durch Nivellement.

9.2 Herstellen der Dränung

Für die Ausführung der Dränarbeiten gilt DIN 4095 „Baugrund; Dränung zum Schutz baulicher Anlagen" [N18]. Außerdem ist die VOB „Vergabe und Vertragsordnung für Bauleistungen" maßgebend mit DIN 18308 „Dränarbeiten" [N47].

Die erforderlichen Dränmaßnahmen werden bei der Planung festgelegt (Kapitel 4.2.2). Vorhandenes Grundwasser oder Schichtenwasser oder stauendes Niederschlagswasser müssen gefasst und abgeleitet werden, bevor es einen Schaden am Betonboden verursacht. Für die Ableitung des Wassers werden Dränrohrleitungen mit einer Nennweite DN 100 (Ø 100 mm) verwendet. Dieses können poröse Filterrohre aus Beton oder geschlitzte Kunststoffrohre sein. Sie sind mit 0,5 % Gefälle zu verlegen, bei Hallen möglichst als Ringleitung entlang der Außenfundamente. Eine Auflagerung auf Fundamentvorsprüngen ist unzulässig. Bei Freiflächen ist die Frostschutzschicht bis an die Dränleitung heranzuführen.

Die Rohrsohle ist am Hochpunkt mindestens 20 cm unter Oberfläche Betonbodenplatte anzuordnen. In keinem Fall darf der Rohrscheitel die Oberfläche der Betonbodenplatte überschreiten. Die Dränleitungen sind mindestens 15 cm dick von Kiessand (z.B. 0/8 mm) zu umhüllen.

Bei Richtungswechseln der Dränleitung sollen Spülrohre DN 300 in einem Abstand von höchstens 50 m angeordnet werden. Die Dränleitungen laufen zu einem Übergabeschacht DN 1000, von dort in den Vorfluter. Erforderlichenfalls ist die Ableitung gegen Stau aus dem Vorfluter zu sichern, z.B. durch eine Rückstauklappe, die bei Hochwasser wirksam wird.

9.3 Einbau der Tragschicht

Für die Herstellung der Tragschichten sollte VOB Teil C DIN 18315 „Verkehrswegebauarbeiten, Oberbauschichten ohne Bindemittel" [N48] oder DIN 18316 „Verkehrswegebauarbeiten, Oberbauschichten mit hydraulischen Bindemitteln" [N49] vereinbart werden. Es können jedoch auch besondere Regelungen getroffen werden, z.B. für die Tragschichtdicke oder die profilgerechte Lage der Tragschicht.

Nach Abschnitt 3.2 der jeweiligen VOB hat der Auftragnehmer bei seiner Prüfung des Untergrundes erforderlichenfalls Bedenken anzumelden, z.B. insbesondere bei folgenden Feststellungen:

– Offensichtlich unzureichende Tragfähigkeit

– Abweichungen von der planmäßigen Höhenlage, Neigung oder Ebenheit

– Schädliche Verschmutzungen

– Fehlen notwendiger Entwässerungseinrichtungen

In der Praxis wird diese Regelung der VOB leider häufig nicht beachtet.

Die Anforderungen an die Tragschicht sind in Kapitel 4.2.3 beschrieben. Bei der Ausführung ist sicherzustellen, dass diese Anforderungen eingehalten werden.

Das Anliefern des Tragschichtmaterials hat so zu erfolgen, dass das Planum des Untergrundes nicht zu stark aufgewühlt wird. Erforderlichenfalls muss nachplaniert werden. Das Verteilen des Tragschichtmaterials kann von Hand oder maschinell geschehen. Das

9.3 Einbau der Tragschicht

Material muss so verteilt werden, dass nach der Verdichtung die geforderte Einbaudicke vorhanden ist.

9.3.1 Verdichtung

Die Tragschicht ist gleichmäßig zu verdichten, und zwar maschinell durch Walzen oder schwere Rüttelplatten. Zum Verdichten muss das Tragschichtmaterial die geeignete Feuchte haben. Erdfeuchtes Material lässt sich besser verdichten als zu trockenes Material. Eine gute Verdichtung kann nur dann erfolgen, wenn die Feuchte im Bereich des optimalen Wassergehalts liegt.

Das Rüttelgerät (Doppelvibrationswalzen oder Vibrationsplatten) sollte eine Mindestfliehkraft (Rüttelkraft) von $F \geq 20$ kN haben, z.B. Rüttelplatte AT 2000. Die Überprüfung der gleichmäßigen Verdichtung ist besonders wichtig (siehe Kapitel 13.1).

Tragschichten mit hydraulischen Bindemitteln sind mindestens drei Tage lang nach der Herstellung gegen Austrocknen zu schützen oder ständig feucht zu halten.

9.3.2 Profilgerechte Lage

Die Oberfläche der Tragschicht ist höhengerecht und horizontal oder im vorgeschriebenen Längs- und Quergefälle herzustellen. Abweichungen der Oberfläche von der Sollhöhe dürfen an keiner Stelle mehr als 2 cm betragen.

Hinweis:
Diese Forderung ist besonders vertraglich zu vereinbaren, denn im Gegensatz hierzu lassen die „Allgemeinen Technischen Vertragsbedingungen für Bauleistungen (ATV)" der VOB Abweichungen von 3 cm zu.

Der rechnerische Mittelwert der Höhenlage muss der Sollhöhe entsprechen. Minderdicken in der Betonbodenplatte durch Abweichungen von der Sollhöhe der Tragschicht müssen vermieden werden. Die Prüfung erfolgt durch Nivellement.

9.3.3 Frostschutzschichten (FSS)

Jede Kies- oder Schottertragschicht kann die Funktion einer Frostschutzschicht übernehmen (siehe Kapitel 4.2.3). Dazu ist es jedoch erforderlich, dass die Frostschutzschicht als Sickerschicht Anschluss an die Dränrohrleitung besitzt, damit Grund-, Sicker- oder Schichtenwasser abgeführt werden kann (siehe Kapitel 9.2). Da die Frostschutzschicht (FSS) an der Tragfähigkeit der Betonbodenplatte beteiligt ist, muss auch die Frostschutzschicht einwandfrei verdichtet werden (siehe Kapitel 13.1).

9.3.4 Kiestragschichten (KTS)

Sie werden aus hohlraumarmen, korngestuften Kies-Sand-Gemischen der Körnung 0/32 mm, 0/45 oder 0/56 mm hergestellt. Der im Hochbau leider häufig verwendete „Füllsand" ist hierfür nicht geeignet. Das Gemisch darf also nicht zu viel Feinkorn enthalten.

Andererseits muss so viel Feinkorn vorhanden sein, dass beim Verdichten frostempfindlicher Boden von unten nicht eindringen kann.

Entsprechend der Kornzusammensetzung und Kornabstufung des Gemisches können Kiestragschichten bei vollständiger Verdichtung unterschiedliche Tragfähigkeiten erreichen. Je dichter die Lagerung durch gute Kornabstufung ist, umso mehr Tragfähigkeit kann erreicht werden.

Die dichte Lagerung ist durch Plattendruckversuch nach DIN 18134 [N42] zu prüfen. Beim Plattendruckversuch wird das Einsinken einer belasteten Platte festgestellt und als Verformungsmodul angegeben. Der Verformungsmodul nach der ersten Belastung wird als E_{V1}-Wert bezeichnet und nach der zweiten Belastung als E_{V2}-Wert angegeben, jeweils in MN/m^2 (Prüfverfahren siehe Kapitel 13). Mit dem festgestellten Verformungsmodul E_{V2} kann die Kiestragschicht (KTS) bezeichnet werden:

- E_{V2}-Wert $\geq$ 80 MN/m^2 → KTS 80
- E_{V2}-Wert $\geq$ 100 MN/m^2 → KTS 100
- E_{V2}-Wert $\geq$ 120 MN/m^2 → KTS 120

Für Kiestragschichten muss das Verhältnis von E_{V2} zu E_{V1} ($E_{V2,T}$ / $E_{V1,T}$) $\leq$ 2,2 betragen.

9.3.5 Schottertragschichten (STS)

Sie werden aus hohlraumarmen, korngestuften Schotter-Splitt-Sand-Brechsand-Gemischen der Körnung 0/32, 0/45 oder 0/56 mm hergestellt. Sinngemäß wie bei Kiestragschichten können auch Schottertragschichten STS nach ihrer Tragfähigkeit bezeichnet werden, angegeben durch den Verformungsmodul als E_{V2}-Wert:

- E_{V2}-Wert $\geq$ 120 MN/m^2 → STS 120
- E_{V2}-Wert $\geq$ 150 MN/m^2 → STS 150
- E_{V2}-Wert $\geq$ 180 MN/m^2 → STS 180

Für Schottertragschichten muss das Verhältnis von E_{V2} zu E_{V1} ($E_{V2,T}$ / $E_{V1,T}$) $\leq$ 2,2 betragen.

Die Tragfähigkeiten von Schottertragschichten sind wegen der besseren Verzahnung höher als bei Kiestragschichten. Auch hier ist eine gute Verdichtung bei optimalem Feuchtegehalt wichtig. Die Verdichtung lässt sich wegen der guten Kornverteilung und Kornverzahnung gut erreichen.

9.3.6 Verfestigungen

Geeignete *Sand- oder Kiesböden*, die vor Ort anstehen, können auf wirtschaftliche Weise durch Einmischen von Zement oder anderen hydraulischen Bindemitteln (z.B. Tragschichtbinder nach DIN 18506) verfestigt werden. Besonders geeignet sind hydrophobe Bindemittel (z.B. Pectacrete-Zement).

9.3 Einbau der Tragschicht

Bei grobkörnigen Böden ist der Bindemittelgehalt bei Eignungsprüfungen zu ermitteln, und zwar für eine 7-Tage-Druckfestigkeit von 4 N/mm².

Bei stark huminhaltigen Böden ist für die Beurteilung die Druckfestigkeit nach 28 Tagen maßgebend. Sie soll 6 N/mm² betragen.

Bei gemischt- und feinkörnigen Böden und bei Böden mit brüchigem, porösem oder angewittertem Korn ist die Bindemittelmenge aufgrund von Frostprüfungen zu bestimmen, wenn diese Bodenverfestigung als Tragschicht für Flächen im Freien zur Anwendung kommt.

Der Bindemittelgehalt für Bodenverfestigungen liegt im Allgemeinen bei 80 bis 120 kg Bindemittel je m³ Gemisch.

Je nach Art des Einmischens werden zwei Bauarten unterschieden:

– Bodenverfestigungen im Baumischverfahren
– Bodenverfestigungen im Zentralmischverfahren

Im Baumischverfahren hergestellte Bodenverfestigungen sind besonders bei Einsatz eines geeigneten Gerätes und bei großen Flächen sehr wirtschaftlich.

Bei der Herstellung wird auf den vorhandenen, profilgerecht einplanierten Boden das Bindemittel in der erforderlichen Menge gleichmäßig verteilt aufgestreut. Danach fährt das Mischfahrzeug (eine spezielle Bodenfräse) über die Fläche und reißt den Boden auf, zerkleinert ihn und mischt das Bindemittel mit dem eventuell erforderlichen Wasser ein. Die nachfolgende Verdichtung erfolgt am zweckmäßigsten mit Gummiradwalzen.

Im Zentralmischverfahren hergestellte Bodenverfestigungen sind dann wirtschaftlich, wenn entsprechendes Bodenmaterial günstig vorhanden ist und wenn z.B. wegen der Platzverhältnisse oder wegen zu kleiner Flächen kein spezielles Verteil- und Mischgerät eingesetzt werden kann.

Das Bindemittel wird dem vorhandenen Boden oder Kiessand in einer Mischanlage mit dem noch eventuell erforderlichen Wasser zugemischt und von dort in Fahrzeugen zur Einbaustelle angeliefert. Die Verdichtung erfolgt durch Walzen oder schwere Rüttelplatten. Dieses Verfahren ist also auch für kleinere Flächen wirtschaftlich.

9.3.7 Betontragschichten

Als Betontragschicht können Betone z.B. der Festigkeitsklasse C8/10 oder C12/15 nach DIN 1045 eingesetzt werden. Im Gegensatz zu den vorgenannten Tragschichten kommt hier eine Gesteinskörnung nach DIN EN 12620 zur Anwendung. Die anzustrebende mittlere Festigkeit des Betons beträgt mindestens 15 N/mm². Der Zementgehalt liegt je nach Kornzusammensetzung bei 190 bis 210 kg/m³ und wird bei einer Erstprüfung festgelegt. Jedes Transportbetonwerk ist auf die Lieferung dieses Betons eingerichtet. Die Verdichtung erfolgt wie bei den anderen Tragschichten mit Walzen oder Rüttelplatten.

Bei höheren Betonfestigkeitsklassen als 20 N/mm² müssen in dieser Tragschicht Schein- oder Pressfugen hergestellt werden, und zwar an den Stellen, wo auch die Fugen in der Betonplatte liegen.

9.4 Einbau einer Sauberkeitsschicht

Der Einbau einer Sauberkeitsschicht ist stets dann erforderlich, wenn bewehrte Betonbodenplatten, Betonbodenplatten auf Wärmedämmschichten oder Betonbodenplatten mit Einbauten (z.B. für Unterflurförderunge) planerisch vorgesehen werden.

Eine Sauberkeitsschicht ist auch dann notwendig, wenn zur Verringerung der Reibung auf dem Unterbau eine Gleitschicht eingebaut werden soll. Hierfür muss die Oberfläche der Sauberkeitsschicht flügelgeglättet sein. Sie darf keine Grate und Versätze aufweisen, die zu Verzahnungen führen könnten. Als Ebenheitsanforderung gilt DIN 18202 Tabelle 3 Zeile 2 (siehe Tafel 6.13).

Die Sauberkeitsschicht kann hergestellt werden aus Beton C8/10 oder C12/15 gemäß DIN 1045. Sie soll etwa 5 cm dick sein. Bei hydraulisch gebundenen Tragschichten ist eine Sauberkeitsschicht nicht zwingend erforderlich, wenn die Oberseite der Tragschicht die gestellten Anforderungen erfüllt.

Übliche Baufolien sind kein Ersatz für eine Sauberkeitsschicht. Das Verlegen von dicken Folien als Sauberkeitsschicht, z.B. Noppenfolien, erleichtert den Baufortschritt, sollte aber nur dann zum Einsatz kommen, wenn für das verwendete Material ein Prüfzeugnis für den jeweiligen Anwendungsbereich vorhanden ist. Dieses Prüfzeugnis hat der Hersteller vorzulegen.

9.5 Verlegen von Trennlagen und Gleitschichten

Als Trennlagen und Gleitschichten sind geeignete Materialien zu verwenden, die vom Planer vorzugeben sind.

Für Trennlagen kann z.B. Geotextil-Vlies verwendet werden; so wird ein unterseitiges Austrocknen des Betons ermöglicht. Die Trennlage verhindert das Eindringen von Unterbaumaterial in den Beton und das Wegsickern von Zementleim aus dem Beton in den Unterbau. Folien (d = 0,3 mm) als Trennlage begünstigen insbesondere bei dünnen Platten (d < 20 cm) die Gefahr des Aufschüsselns an den Rändern von Betonbodenplatten. Trennlagen ersetzen nicht eine Sauberkeitsschicht. Sie entsprechen auch nicht einer Gleitschicht.

Für Gleitschichten eignen sich beispielsweise Folien. Dies können z.B. zwei Lagen PE-Folie je 0,3 mm dick oder eine Lage PTFE-Folie oder eine Lage Bitumenbahn sein (siehe Kapitel 4.2.6). Noppenfolien ersetzen keine Gleitschicht.

Die Trennlagen und Gleitschichten sind fachgerecht einzubauen. Sie sind vollflächig zu verlegen und dürfen keine Falten schlagen. Das Verschieben der Trennlagen und Gleitschichten beim Betonieren muss verhindert werden. Zweckmäßig ist das Verkleben der Stöße mit Klebeband.

Vom Planer ist vorzugeben, ob auf der Gleitschicht eine Schutzschicht einzubauen ist. Geeignet hierfür wären z.B. 5 cm dicker Beton $\geq$ C12/15, mindestens 3 cm dicker Estrich $\geq$ CT-C15-F3 oder Bauschutzmatten $\geq$ 6 mm aus Polyurethan-Kautschuk.

Bild 9.1:
Verlegen von Folien auf einer Tragschicht als Trennlage [Werkfoto GORLO Industrieboden GmbH & Co. KG]

9.6   Einbau von Bewehrung, Dübeln und Ankern

Bei vielen Betonbodenplatten sind Bewehrungen nicht erforderlich. Dies gilt insbesondere für gering und belastete Betonbodenplatten mit üblichen Fugenabständen (siehe Kapitel 4.5). Erforderliche Bewehrungen werden bei Festlegung der Konstruktion von der Planung vorgegeben. Ob in den Fugen Dübel zur Querkraftübertragung erforderlich sind, muss ebenfalls bei der Planung geklärt werden (siehe Kapitel 4.4.7). Anker können dann nötig sein, wenn die Gefahr besteht, dass Betonplatten auseinander wandern. Dieses kann besonders bei Randplatten von Freiflächen der Fall sein (siehe Kapitel 4.4.8). Für die Anordnung von Dübeln und Ankern sind dem ausführenden Unternehmen eindeutige Unterlagen zur Lage, Anzahl sowie zu Abständen anzugeben und im Fugenplan darzustellen (siehe Kapitel 4.4.11).

9.6.1 Bewehrung

Für bewehrte Betonbodenplatten werden im Allgemeinen Betonstahlmatten verwendet (siehe Kapitel 4.6.1). In besonderen Fällen, z.B. bei sehr hohen Belastungen, kann Stabstahlbewehrung erforderlich werden, ggf. auch als Ergänzung der Mattenbewehrung (siehe Kapitel 4.6.4). Besondere Vorteile bei fugenlosen Betonbodenplatten ergeben sich durch den Einbau von Spannlitzen für vorgespannte Betonbodenplatten (siehe Kapitel 4.7.4).

Mattenbewehrung muss als untere und obere Bewehrung eingebaut werden. Beim Verlegen von Betonstahlmatten können in Übergreifungsbereichen starke Bewehrungskonzentrationen entstehen. Es ist darauf zu achten, dass dadurch das Einbringen des Betons nicht erschwert oder das Einhalten der Betondeckung verhindert wird. Stattdessen kann es sinnvoller sein, Listenmatten zu verwenden. Im Bedarfsfall sollte dieses schon bei der Planung vorgesehen werden. Betonstahlmatten aus zu dünnen Stäben sind ungeeignet und müssen vermieden werden. Der einwandfreie Einbau solcher Matten ist fachgerecht kaum zu praktizieren. Die schwächsten Mattenbewehrungen für Betonbodenplatten sollten Lagermatten Q 513 A sein. Geringere Bewehrungen sind nicht imstande, die Breite entstehender Risse wesentlich zu begrenzen (siehe Kapitel 4.6.1 und 7.5). Wenn durch die Planung dünne Matten vorgesehen sind oder in Übergreifungsbereichen nicht ordnungsgemäß einbaubare Bewehrungskonzentrationen entstehen, sollte das ausführende Unternehmen vor Ausführungsbeginn hiergegen schriftlich Bedenken anmelden.

Die Bewehrung ist vor dem Betonieren so zu verlegen, dass sie beim Betonieren nicht verschoben oder hintergedrückt wird. Die untere Bewehrung ist durch Abstandhalter aus Faserzement oder Kunststoff zu sichern. Linienförmige Abstandhalter sind zweckmäßig, sollen aber versetzt und nicht in einer Reihe angeordnet werden. Zu berücksichtigen ist dabei die ausreichende Tragfähigkeit der Abstandhalter. Nach dem DBV-Merkblatt Abstandhalter [R30.4] sind hierfür Abstandhalter der Leistungsklasse L2 erforderlich. Je nach Bauaufgabe müssen die Abstandhalter erforderlichenfalls besondere Anforderungen erfüllen (siehe Tafel 9.1):

– Erhöhter Frost-Tausalzwiderstand (F), z.B. bei befahrenen Freiflächen

– Eignung für Bauteile, die Temperaturbeanspruchungen (T) ausgesetzt sind, z.B. Freiflächen

– Hoher Wassereindringwiderstand

– Hoher Widerstand gegen chemische Angriffe (A)

Die obere Bewehrung ist durch Unterstützungen zu halten, die auf der unteren Bewehrung stehen.

Die planmäßig vorgegebene Betondeckung der Bewehrung ist einzuhalten. Hierfür gilt DIN 1045-1. Es wird empfohlen, bei der Betondeckung unten mindestens $c_{nom} \geq 3$ cm und

Tafel 9.1: Wahl der Abstandhalter für Expositionsklassen nach DIN 1045 und DBV-Merkblatt [nach R30.4]

Besondere Anforderungen an den Abstandhalter	Expositionsklassen nach DIN EN 206/1 und DIN 1045-2					
	alle XC	alle XD	alle XS	XF1, XF3	XF2, XF4	alle XA
Frost-Tau-Widerstand		-	-	F	F	-
Temperaturbeanspruchung	-		T	T	T	
Widerstand gegen chemischen Angriff		A	A	-	A	A

9.6 Einbau von Bewehrung, Dübeln und Ankern

oben $c_{nom} \geq 4$ cm vorzusehen. Das erforderliche Vorhaltemaß zwischen Verlegemaß (Nennmaß c_{nom}) und Mindestmaß c_{min} lässt sich im Allgemeinen nicht einhalten, wenn von der Planung keine Sauberkeitsschicht vorgesehen wurde.

Stahlfaserbewehrung kann in besonderen Fällen sinnvoll sein, im Normalfall werden Betonplatten nicht bewehrt (siehe Kapitel 4.6.2). Die Fugenabstände können gegenüber unbewehrten Betonbodenplatten nicht vergrößert werden. Sie sind bei faserbewehrten Betonbodenplatten nach Tafel 4.7 zu wählen. Fugenabstände über 7,5 m sind möglich, wenn die Ausführungsart S eingehalten wird und eine kräftigere Faserbewehrung zum Einsatz kommt. Dies kann z.B. von Faserbetonklassen $\geq$ F1,4/1,2 nach [R30.6] erwartet werden. Zusätzlich ist der Einbau einer Gleitschicht entsprechend Kapitel 9.5 erforderlich, wenn die Rissgefahr gemindert werden soll.

Bei unvermeidbaren einspringenden Ecken sollte eine zusätzliche Stabstahlbewehrung eingelegt werden, z.B. oben und unten diagonal je 4 Ø 14 mm. Das gilt auch für Ecken von Aussparungen, Schächten, Kanälen usw., die nicht durch Fugen gesichert sind.

Faserbewehrung hat gegenüber Mattenbewehrung den Vorteil, dass vor dem Betoneinbau keine Bewehrung verlegt werden muss. Die Stahlfasern werden dem Beton beim Mischen im Werk oder dem Mischfahrzeug auf der Baustelle zugegeben. Die Bewehrung wird sozusagen mit dem Beton eingebaut. Eine besondere Abdeckung der Unterkonstruktion (z.B. bei gebundener Tragschicht) oder der Trennlage durch eine Sauberkeitsschicht ist nicht erforderlich.

Einige Stahlfasern reichen mit einem Ende bis an die Betonoberfläche oder liegen flach unter der Oberfläche. Hierdurch kann die Nutzung des Betonbodens beeinträchtigt werden, und es entstehen kleine Rostflecken. Je nach Nutzung der Halle sollte die Betonoberfläche mit einer Deckschicht versehen werden. Dieses kann eine Hartstoffschicht nach Kapitel 6.3.2 sein.

Spannstahlbewehrung kann zusätzlich zur Mattenbewehrung vorgesehen werden, wenn fugenlose Betonbodenplatten hergestellt werden sollen. Spannstahlbewehrung kann aber auch als alleinige Bewehrung wirksam sein, wenn die Gefahr des Entstehens von Rissen beim Abfließen der Hydratationswärme während des anfänglichen Erhärtens oder beim nachfolgenden Schwinden vermindert werden soll. Die Spannstahlbewehrung kann als Litzenbewehrung mit Kunststoffummantelung oder als Einzelspannglieder in Metallhüllrohren eingebaut werden (siehe Kapitel 4.6.3). Die Spannlitzen sind meistens rechtwinklig zueinander in zwei Richtungen erforderlich. Sie sind also kreuzweise anzuordnen, liegen stets in Höhenmitte der Platte und sind vor dem Betonieren vollständig zu verlegen. Die Spannlitzen müssen durch Abstandhalter in der Höhenlage gesichert werden.

Nur in besonderen Fällen sind Spannstähle erforderlich, die später in Hüllrohre eingezogen werden. An einem Ende werden die Spannglieder mit einer entsprechenden Ankerplatte einbetoniert, während das andere Ende zum Spannen bis zum ausreichenden Erhärten frei bleiben muss, und zwar so, dass die Spannvorrichtung angesetzt werden kann. GEWI-Stähle können von Hand mit Drehmomentschlüsseln gespannt werden, während sonst Spannpressen erforderlich sind.

Zur Vermeidung von Schwind- und Temperaturrissen sowie im Hinblick auf ein schnelles Weiterarbeiten an den Spannbereichen ist es zweckmäßig, möglichst frühzeitig die Vorspannung aufzubringen. Dies ist jedoch erst zulässig, wenn durch Erhärtungsprüfung nachgewiesen ist, dass die Betondruckfestigkeit ausreichend groß genug ist. Die erforderlichen Werte sind durch die Planung vorzugeben. Der richtige Zeitpunkt für das erste Spannen kann bei normalen Erhärtungsbedingungen bereits nach zwei Tagen, bei frühhochfestem Beton schon nach 18 Stunden erreicht sein.

9.6.2 Dübel

Dübel im Fugenbereich sollen eine Querkraftübertragung ermöglichen und außerdem die gleiche Höhenlage benachbarter Platten sicherstellen, sie dürfen jedoch die Längsbewegung der Platte nicht behindern. Dazu müssen die Dübel exakt eingebaut sein, also genau in Höhenmitte der Platte liegen und parallel in Richtung der Plattenachse angeordnet werden. Damit eine Längsbewegung im Fugenbereich möglich ist, soll jeder Dübel mit einer gleichmäßigen Kunststoffbeschichtung versehen sein.

Als Dübel sind glatte Rundstähle Ø 25 mm von 500 mm Länge zu verwenden. Der Abstand der äußeren Dübel ist vom Planer vorzugeben und bei der Ausführung einzuhalten (siehe Kapitel 4.4.7 und Bild 4.8).

Bei Bewegungsfugen (Raumfugen) ist auf ein Ende der Dübel jeweils eine Blech- oder Kunststoffhülse zu stecken, damit sich die Dübel beim Verkleinern der Randfugen infolge Plattenausdehnungen nicht stauchen (Bild 4.15). Für das Verlegen der Dübel sind besondere Dübelkörbe zweckmäßig, die den Dübeln die richtige Lage sichern. Dübelkörbe und Dübel werden vor dem Betonieren verlegt und miteinander verbunden, sodass ein Verschieben während des Betonierens nicht möglich ist. Die Dübel werden durch die Fugeneinlage durchgeführt, wobei die Fugeneinlage durch die Seitenschalung gehalten wird. Alternativ können auch Schraubdübel verwendet sein. Dieses ist z.B. in Fällen sinnvoll, wo die Gefahr des Verbiegens herausstehender Dübel aus dem erstbetonierten Bauteilabschnitt besteht, bevor das weitere Anbetonieren erfolgt.

Bei Pressfugen können Dübelkörbe und Dübel gleicher Art wie bei Bewegungsfugen (Raumfugen) verwendet werden. Für die Dübel ist jedoch keine Hülse erforderlich, da die Pressfugen ohnehin keine Verlängerung der Betonplatten gestatten. Die Dübel werden durch die Abschalung gesteckt und sind durch Dübelkörbe in waage- und fluchtrechter Lage zu halten. Nicht parallel eingebaute oder verbogene Dübel bewirken eine Verankerung der benachbarten Platten, wodurch es zu Rissen an anderen Stellen der Platten infolge Zwangbeanspruchung kommen kann.

Bei nicht eindruckfester Tragschichtoberfläche kann es zweckmäßig sein, gegen Wegsacken des Dübelkorbes einen Streifen reißfestes Geotextil-Vlies unter den Dübelkörben zu verlegen.

9.6.3 Anker

In besonderen Fällen (z.B. an Randplatten im Freien) können Anker erforderlich werden.

Anker sollen das Auseinanderwandern der Platten verhindern, wie dies z.B. bei Betonplatten am Rand von Freiflächen im Laufe der Zeit geschehen kann. Die Anker werden ebenfalls in der Mitte der Plattendicke eingebaut und hierzu bei geschalten Fugen durch die Seitenschalung gesteckt. Damit ein einfaches Ausschalen möglich ist, sollen sie ebenfalls rechtwinklig zur Fuge angeordnet werden. Die Anker können auch mit einem abgebogenen Schenkel entlang der Schalung eingebaut werden, sodass dieser Ankerschenkel nach dem Entschalen rechtwinklig zurückgebogen wird.

Anker sind aus Rippenstahl Ø 16 mm zu verwenden, sie haben eine Länge von 600 mm. Erforderlich sind mindestens drei Anker je Platte, jeweils ein Anker vor den Plattenenden und ein Anker mittig. Bei großen Plattenlängen sollte der Abstand höchstens 2 m betragen.

9.7 Einbau von Wärmedämmschichten

9.7.1 Verlegen von Dämmplatten

Zum einwandfreien Verlegen von Dämmplatten ist eine feste und ebene Unterlage erforderlich. Beispiele für Wärmedämmstoffe sind in Kapitel 4.10.3 angegeben.

Extrudierte Polystyrol-Hartschaumplatten (XPS) können direkt in ein verdichtetes Sandbett auf der Tragschicht verlegt werden. Das Sandbett sollte etwa 3 cm dick sein. Die Stufenfalze an den Plattenstößen müssen dicht anschließen.

Schaumglasplatten werden entweder direkt auf einem verdichteten Sandbett verlegt oder auf einer Sauberkeitsschicht aus Beton in Heißbitumen. Hierfür sind die Angaben in der Leistungsbeschreibung maßgebend, die auf Angaben des Herstellers beruhen sollten.

Polystyrol-Hartschaumplatten (EPS) erfordern als Unterlage eine Sauberkeitsschicht aus Beton, wenn aufgrund der örtlichen Verhältnisse eine Abdichtung gegen aufsteigende Feuchte erforderlich ist. Angaben der Allgemeinen bauaufsichtlichen Zulassung sind einzuhalten.

Allgemein ist beim Verlegen von Dämmplatten zu beachten:

- Dämmplatten nur einlagig in der erforderlichen Dicke verlegen.
- Dämmplatten dürfen sich nicht verschieben, die Stöße müssen dicht bleiben.
- Dämmplatten dürfen nicht aufschwimmen, dies kann besonders bei unbewehrten Betonbodenplatten leicht geschehen.
- Dämmplatten dürfen beim Verlegen der Bewehrung und beim Einbau des Beton nicht beschädigt werden.

- Auf der Wärmedämmung sollte stets eine Trennlage verlegt werden.
- Bei bewehrten Betonbodenplatten, die ohne Schutzschicht direkt auf der Trennlage über den Dämmplatten eingebaut werden, sind zum Verlegen der Bewehrung stets spezielle Abstandhalter mit großen Aufstandsflächen zu verwenden.

9.7.2 Einbau von Schüttungen aus Schaumglas-Schotter (SGS)

Verwendet werden darf nur geeignetes Material mit allgemeiner bauaufsichtlicher Zulassung. Angaben der Allgemeinen bauaufsichtlichen Zulassung sind einzuhalten. Der Hersteller muss Unterlagen zur Qualitätssicherung vorlegen, z.B. Übereinstimmungszertifikat, Überwachungsberichte zur werkseigenen Produktionskontrolle und zur Fremdüberwachung. Nach Vorbereitung und Verdichtung des Untergrundes auf die erforderliche Einbaudicke und Tragfähigkeit kann die Schüttung aus Schaumglas-Schotter aufgebracht werden. Hierbei sollte der Schaumglas-Schotter mit der Schaufel des Radladers zunächst auf eine schmale Fläche verteilt werden. Die Einbauhöhe beträgt das 1,3-fache der erforderlichen Schichtdicke, z.B. 260 mm Einbauhöhe für 200 mm Dämmschichtdicke.

Danach sollte die Schüttung mit der Schaufel des Radladers leicht angedrückt werden, sodass bereits eine ebene Fläche entsteht. Die anschließende Verdichtung sollte mit einer doppelläufigen Glattwalze nicht rüttelnd erfolgen.

Bei der Verdichtung sollte die Walze vorwärts und rückwärts nicht in derselben Spur fahren, sondern mit einem seitlichen Versatz nur leicht überlappend. In einem zweiten Arbeitsgang ist diese Verdichtungsart rechtwinklig zum ersten Arbeitsgang solange zu wiederholen, bis die gewünschte Einbauhöhe erreicht ist. Entstandene Unebenheiten lassen sich mit der Walze durch wiederholtes Überfahren ausgleichen.

Bei kleineren Flächen kann die Verdichtung auch mit einer leichten Rüttelplatte erfolgen (z.B. Wacker WP 1550). Bei der Verdichtung ist die Rüttelplatte stets vorwärts zu bewegen, und zwar im Kreis von außen nach innen.

9.7.3 Dämmschicht aus Porenleichtbeton

Eingesetzt werden darf nur geeignetes Material mit allgemeiner bauaufsichtlicher Zulassung. Die Angaben der Allgemeinen bauaufsichtlichen Zulassung sind einzuhalten. Der Hersteller muss Unterlagen zur Qualitätssicherung vorlegen, z.B. Übereinstimmungszertifikat, Überwachungsberichte zur werkseigenen Produktionskontrolle und zur Fremdüberwachung. Porenleichtbeton mit Schaumbildner kann direkt auf der Tragschicht eingebaut werden. Er wird als Transportbeton angeliefert, jedoch nicht alle Transportbetonwerke sind in der Lage, Porenleichtbeton herzustellen. Der Porenleichtbeton ist pumpfähig und in weicher bis fließfähiger Konsistenz leicht verarbeitbar und ohne Verdichtung einfach auf Höhe abzuziehen. Dämmwirkung und Druckfestigkeit des Porenleichtbetons sind abhängig von der Rohdichte ρ_R. Daher ist die Rohdichte beim Einbau zu überwachen und zu dokumentieren. Beispiele zur Wärmeleitfähigkeit in Abhängigkeit der Rohdichte und der Druckfestigkeit enthält Kapitel 4.10.3.

9.8 Einbau von Heizrohren und -leitungen

In der Regel werden Heizrohre und -leitungen in gewerblich und industriell genutzten Hallen direkt in der Betonbodenplatte integriert. Für den Einbau von Heizrohren und -leitungen bei Betonböden mit Flächenheizungen werden von den Herstellern bestimmte Trägerelemente geliefert, die auf das Heizsystem abgestimmt sind. Bei mattenbewehrten Betonbodenplatten können die Heizrohre bzw. die Heizleitungen an den Bewehrungsmatten befestigt werden. Die zugehörigen Einbauanleitungen sind zu beachten.

Vor dem Betonieren ist die Heizanlage einer Dichtheitsprüfung zu unterziehen (VOB DIN 18380). Hierzu ist ein hydraulischer Abgleich der einzelnen Heizkreise erforderlich.

Die Heizrohre und -leitungen müssen beim Betonieren satt in den Beton eingebettet werden. Dies geschieht durch einfaches Einbetonieren. Durch die Befestigung und das Gewicht der Bewehrung muss ein Aufschwimmen der Heizrohre verhindert werden. Hierzu ist es hilfreich, die Heizrohre vor dem Betonieren zu füllen, um mehr Eigenlast zu erhalten. Bei der Verdichtung des Betons durch Rüttler ist auf die Heizelemente Rücksicht zu nehmen, damit sie nicht verschoben oder gar beschädigt werden.

Die Höhenlage ist von der Nutzung der Halle und von der statischen Beanspruchung abhängig. Aus statischer Sicht ist die Höhenlage der Heizelemente im mittleren Bereich der Betonbodenplatte am wenigsten störend (Biegespannung gleich Null).

Bei der Höhenlage der Heizrohre und -leitungen ist die Einrichtung der Halle zu berücksichtigen. Regal- und Maschinenverankerungen können durch Bohrungen in der Betonbodenplatte erfolgen. Der Heizungsfachplaner muss über die erforderlichen Verankerungen in der Betonbodenplatte informiert sein. Sollten Verankerungen bis in die Ebene der Heizelemente reichen, sind die Heizelemente in diesem Bereich auszusparen.

Nach ausreichendem Erhärten des Betons und vor Fertigstellung der Fugen sollte die Betonbodenplatte auf die Temperatur der vollen Heizleistung aufgeheizt werden. Damit kann schon zu diesem Zeitpunkt festgestellt werden, ob sich die Betonbodenplatte schadensfrei ausdehnt und verkürzt. Das Aufheizen sollte stufenweise mit täglicher Steigerung der Vorlauftemperatur um etwa 5°C erfolgen. Die maximale Temperatur sollte mindestens sieben Tage lang ohne Nachtabsenkung beibehalten werden. Das Abheizen sollte in Temperaturstufen von täglich höchstens 10°C erfolgen.

Über das Auf- und Abheizen sollte vom Auftraggeber ein Protokoll gefertigt werden. Darin sind die Aufheizdaten mit den jeweiligen Vorlauftemperaturen, die maximale Vorlauftemperatur und die Abheizdaten mit den jeweiligen Vorlauftemperaturen zu dokumentieren. Dieses Protokoll zum Funktionsheizen sollte den Beteiligten ausgehändigt werden.

Bei Industrieböden sind häufig Verankerungen z.B. bei Hochregallagern oder Maschinen in der Betonbodenplatte notwendig. Der Heizungsfachplaner ist rechtzeitig darüber zu informieren, wie tief die Verankerungen in die Betonplatte eindringen und hat dieses erforderlichenfalls bei der Planung der Heizrohr- bzw. Heizleitungsebene berücksichtigt. Bei dünnen Platten mit tiefen Verankerungen müssen die Heizrohre bzw. -leitungen in diesem

Bereich erforderlichenfalls ausgespart werden. Um eine Halle flexibel nutzen zu können, ist es in diesen Fällen sinnvoll, dickere Betonbodenplatten vorzusehen.

Weitergehende Informationen zu Flächenheizungen enthält u.a. die „Richtlinie zur Herstellung beheizter Fußbodenkonstruktionen im Gewerbe- und Industriebau" des Bundesverbandes Flächenheizungen e.V. (BVF) [R48].

9.9 Einbau von Entwässerungsrinnen und Einbauteilen

9.9.1 Entwässerungsrinnen

Vom Planer ist festzulegen, welche Rinnenart für die Linienentwässerung hergestellt werden soll. Möglich sind Muldenrinnen, Kastenrinnen aus Ortbeton (Bild 6.9), Kastenrinnen aus Fertigteilen oder Polymerbeton (Bild 6.10) oder Entwässerungsrinnen mit speziellen Rinnenelementen (Bild 6.11). Die örtlichen Verhältnisse erfordern ggf. bestimmte Einbauarten. Diese sind vom Planer zu prüfen und zu berücksichtigen. Erforderlich ist auch die Festlegung der zutreffenden Belastungsklasse nach DIN EN 1433/DIN V 19580 (siehe Kapitel 6.6.2).

Vorfertigte Entwässerungsrinnen müssen für eine ausreichende Tragfähigkeit auf einem ausreichend breiten Fundament gegründet sein, z.B. auf einem mindestens 15 cm hohen Betonstreifen aus Beton $\geq$ C25/30 (Bild 6.11). Die jeweiligen Einbauanleitungen der Hersteller sind zu beachten.

Die Entwässerungselemente sind mit einer Traverse an den dafür vorgesehenen Verlegehülsen zu transportieren. Die Rinnenteile sind passend auf Höhe zu versetzen oder nach Einbauanweisung 3 bis 5 mm tiefer als Oberkante Betonbodenplatte einzubauen.

Am Rinnenstoß in Längsrichtung sind die Entwässerungselemente mit einem Falz versehen. Dieser Falz kann nach dem Verlegen mit kunststoffmodifiziertem Mörtel oder mit speziellem elastischem Verfugungsmaterial geschlossen werden.

Beim Verdichten der angrenzenden Flächen ist sicherzustellen, dass keine mechanische Beschädigungen der Rinnenelemente erfolgt.

Zum Vermeiden von Kantenabplatzungen sind die angrenzenden Flächen mit einer Anschlussfuge zu versehen: im Außenbereich bei Beton-Verbundpflaster mit einer 10 mm breiten Pflasterfuge, bei Betonbodenplatten mit einer 10 mm breiten Raumfuge. Drei Reihen des anschließenden Beton-Verbundpflasters sollten im Mörtelbett verlegt werden.

Quer zur Entwässerungsrinne verlaufende Fugen in der Betonbodenplatte sollten so gewählt werden, dass sie auf einen Rinnenstoß zulaufen.

Als Anforderung für die Wasserdichtheit ist gemäß DIN EN 1433 „Entwässerungsrinnen für Verkehrsflächen" bei Betonrinnen eine Wasseraufnahme $< 7\%$ für Einzelwerte und $< 6{,}5\%$ für den Mittelwert einzuhalten und wird durch die Kennzeichnung W ausgewiesen. Entwässerungsrinnen, die häufig stehendem, tausalzhaltigem Wasser unter Frostbedingungen ausgesetzt sind, müssen zusätzlich als „+R" (frost-/tausalzbeständig) gekennzeichnet sein.

9.9.2 Einbauteile, Schächte, Kanäle

Für andere Einbauteile, auch für Punktentwässerungen durch Gullys oder für den Sinkkasten bei Linienentwässerung gilt sinngemäß das Gleiche wie unter Kapitel 9.9.1.

Schächte und Kanäle, die bis Oberkante Betonbodenplatte geführt werden, müssen vor dem Einbau der Tragschicht und der Betonbodenplatte auf passende Höhe hergestellt sein. Böschungsbereiche sind nach dem Verfüllen so zu verdichten, dass eine gleichmäßige Tragfähigkeit sichergestellt ist. Sollte dies nicht in gleicher Weise maschinell möglich sein, sind diese Bereiche mit einem tragfähigen Material aufzufüllen, z.B. mit Magerbeton $\geq$ C8/10. Das gilt auch für den Böschungsbereich bei Stützenfundamenten (Bild 4.2).

Alle Einbauteile, Schächte, Kanäle, Stützen usw. sind durch Bewegungsfugen von der Betonbodenplatte zu trennen. Bei der Fugenausbildung ist darauf zu achten, dass keine einspringenden Ecken entstehen (Bilder 4.5 bis 4.7). Entsprechend ist die Fugenführung schon bei der Planung festzulegen. Der Ausführende sollte darauf bestehen, einen Fugenplan vom Planer zu erhalten. Sollte er selbst einen Fugenplan erstellen, ist diesem Fugenplan vom Planer verantwortlich zuzustimmen.

10 Herstellen der Betonbodenplatte

Beton wird in der Regel als Transportbeton hergestellt und als Ortbeton verarbeitet. Das bedeutet, dass der Beton im Werk zusammengesetzt, gemischt und von dort in Fahrmischern zur Baustelle transportiert wird. Der Betoneinbau erfolgt durch das ausführende Unternehmen. Häufig übernehmen aber auch Spezialunternehmen als Subunternehmer für das Bauunternehmen diese Arbeit. Einwandfreie Betonbodenplatten erfordern sowohl ein einwandfreies Herstellen des Betons als auch ein sorgfältiges Einbauen des Betons.

10.1 Bestellen und Abnahme des Betons

Voraussetzung für das Gelingen einer Betonbodenplatte ist eine genaue Abstimmung zwischen dem Verarbeiter und dem Hersteller des Betons, also zwischen ausführendem Bauunternehmen und Transportbetonwerk. Dazu gehören insbesondere:

- Festlegen der genauen Betonzusammensetzung (Expositionsklassen, Druckfestigkeit, besondere Anforderungen an die Gesteinskörnung, Betonzusätze, Größtkorn der Gesteinskörnung)
- Vereinbaren einer bestimmten Konsistenzklasse (F-Klasse)
- Ergänzt durch einen Zielwert $\pm$ 20 mm
- Betonierbeginn (Datum, Uhrzeit)
- Stündliche Betonmenge (m^3/h)

Genaue Absprachen helfen, unnötige Probleme von vornherein zu vermeiden.

Bei der Anlieferung des Betons sind zunächst die Lieferscheine mit den Angaben der Bestellung zu vergleichen. Einige Lieferscheine nach neuer DIN 1045/DIN EN 206-1 enthalten dafür nur unzureichende Angaben. Daher wird empfohlen, bei Vertragsabschluss mit einem Herstellerwerk genaue Angaben für die Nennung von Einzeldaten (z.B. Hersteller, Art, Gehalt von Zement, Gesteinskörnungen und Betonzusätzen, Wassergehalt, Mehlkorn- und Mörtelgehalt) auf Lieferscheinen festzulegen.

Bei der Übergabe an der Einbaustelle muss der Beton die vereinbarte Konsistenz aufweisen. An der Einbaustelle muss die Konsistenz des Betons gleichmäßig sein. Der bei der Erstprüfung festgelegte Wasserzementwert darf nicht überschritten werden.

Ohne vorherige Abstimmung mit dem zuständigen Betontechnologen des Transportbetonwerks darf kein Wasser zugegeben werden. Eine zusätzliche Wasserzugabe würde eine Qualitätsminderung des Betons bedeuten: Die Rissgefahr würde erhöht, verstärkte Absandungen der Betonoberfläche wären möglich.

Für Änderungen bei der Betonzusammensetzung auf der Baustelle muss der Fahrer des Fahrmischers eine Anweisung vom Werk erhalten. Rückfragen können sich z.B. ergeben, wenn die Konsistenz des Betons zu steif ist. Hierfür kann und sollte erforderlichenfalls Fließmittel FM nach Anweisung des Werks zugegeben werden. Die Verantwortung für die

Zusammensetzung des Betons bleibt beim Transportbetonwerk, solange der Beton den Fahrmischer nicht verlassen hat. Für abweichende Regelungen wären besondere Vereinbarungen zu treffen. Der Fahrer des Fahrmischers soll in diesem Fall die Wasserzugabe auf dem Lieferschein eintragen und unterschreiben lassen.

Der Beton muss vor Erstarrungsbeginn fertig verarbeitet sein. Das Befördern des Betons zur Baustelle, das Fördern des Betons auf der Baustelle und das Einbauen des Betons sind daraufhin aufeinander abzustimmen.

In der Regel wird heute üblicherweise Pumpbeton eingesetzt (Bild 10.1). Gelegentlich ist das Fördern des Betons zur Einbaustelle auch mit dem Transportbetonfahrzeug selbst oder mit Krankübel oder mit speziellen Fahrzeugen möglich.

Für Pumpbeton können die Förderleitungen über mehrere hundert Meter Länge auch durch unwegsames Gelände und entlang der Halle verlegt werden. Auf diese Weise werden sowohl die Tragschicht als auch die Trennschicht geschont. Auch der Einbau der Betonbodenplatte in fertigen Hallen wird auf diese Weise weder durch das Dach noch durch andere, einengende Verhältnisse gestört.

Die Betonpumpe ist auf die erforderliche Förderleistung (Menge und Entfernung) abzustimmen. Beim Pumpen des Betons sind große Leistungen zu erreichen. Der Beton soll besonders gleichmäßig zusammengesetzt sein und stetig angeliefert werden, um Störungen im Pumpbetrieb (Verstopfer) zu vermeiden. Wenn das ausführende Unternehmen den Betoneinbau über Pumpen vornehmen will, muss dieses mit dem Herstellerwerk abgestimmt sein. Nur so kann sichergestellt werden, dass der Beton für den Pumpbetrieb richtig zusammengesetzt ist.

Transportbeton aus Fahrmischern oder Fahrzeugen mit Rührwerkzeug soll spätestens 90 Minuten nach der ersten Wasserzugabe vollständig entladen sein, soweit nicht Verzögerer VZ verwendet werden. Infolge von Witterungseinflüssen (z. B. warmes Wetter) oder bei Fließmittelzugabe ist ein beschleunigtes Versteifen des Betons möglich. Dieses ist entsprechend zu berücksichtigen und kann kürzere Zeiten bis zum Entladen des Betons erfordern, z.B. nur die halbe Zeit.

10.2 Einbau des Betons

Beim Herstellen von Betonbodenplatten sollte die Halle allseitig geschlossen sein. Das Dach soll dicht sein. Fenster-, Tür- und Toröffnungen sollten notfalls mit Folie geschlossen werden. Zugluft ist zu vermeiden. Falls dies nicht möglich ist oder der Einbau im Freien erfolgen muss, sind besondere Maßnahmen erforderlich.

Vorab ist zu klären, in welcher Weise der Beton eingebracht werden soll. Personal ist stets so vorzuhalten, dass erforderlichenfalls der Beton an zwei oder drei Arbeitsbereichen gleichzeitig eingebaut werden kann. Dies gilt insbesondere bei größeren Betonierabschnitten und höheren Temperaturen.

Bild 10.1:
Einbau des Betons mit der Betonpumpe [Werkfoto GORLO Industrieboden GmbH & Co.KG]

Tagesfelder sind durch Schalung zu begrenzen. Die Fugen sind als Pressfugen auszubilden. Keinesfalls darf der Beton am Ende eines Tagesabschnitts abgeböscht werden.

Im Allgemeinen wird der Beton mit Betonpumpen eingebracht oder die Fahrmischer bringen den Beton direkt bis zur Einbaustelle. Bei der Anlieferung und beim Einbau des Betons ist darauf zu achten, dass Tragschichten nicht verformt werden, sich Trenn- und Gleitschichten nicht verschieben und die Folien keine Falten schlagen oder reißen. Gebundene Tragschichten, bei denen keine Folien eingebaut wurden, müssen vor dem Aufbringen des Betons gründlich genässt werden. Ansonsten würde dem Beton vorzeitig Wasser entzogen werden, welches zum Erhärten fehlt. Hinzu kommt, dass das nach unten sickernde Wasser die Luft aus der Unterlage verdrängen und die aufsteigende Luft zur Blasenbildung im Beton und an der Oberfläche führen würde.

Der Einbau des Betons muss so erfolgen, dass die in der Planung festgelegte Dicke der Betonbodenplatte trotz aller Schwierigkeiten an jeder Stelle erzielt wird. Dieses gilt unter Berücksichtigung der einzuhaltenden zulässigen Ebenheitstoleranzen, insbesondere bei Gefälle der Oberfläche und ungenauer Höhenlage der Tragschicht (Kapitel 6.5 Tafel 6.13).

10.2.1 Verteilen und Verdichten des Betons

Der Beton ist ohne Verzögerungen direkt nach der Anlieferung abzunehmen und zügig einzubauen. Dazu gehören eine ausreichende Verdichtung und das ebene Abziehen der Oberfläche. Die Konsistenz des Betons muss der Verdichtungsarbeit der eingesetzten Geräte entsprechen. Üblicherweise werden zum Verdichten Rüttelbohlen eingesetzt. Das Abziehen der Betonoberfläche erfordert entweder höhengenaue Lehren, Seitenschalungen oder vorher gefertigte Betonflächen für die Führung der Rüttelbohle. Üblicherweise werden über dem Beton angeordnete Abziehlehren verwendet, die von speziellen Böcken gehalten werden und zu versetzen sind. Die Betonoberfläche geht unter diesen Lehren

10.2 Einbau des Betons

ungehindert durch. Die Rüttelbohle ist zwischen den Abziehlehren eingehängt, wird auf den Abziehlehren geführt und läuft auf Rollen, mit denen die seitlichen Konsolen bestückt sind (Bild 10.2).

Bild 10.2: Verdichtung des Betons mit der Rüttelbohle
[Werkfoto NOGGERATH & Co Betontechnik GmbH]

Kommen besondere Einbauverfahren zum Einsatz, z.B. lasergeführte Betonfertiger oder das Laser-Screed-Verfahren, entfallen die konventionellen Rüttelbohlen (Bild 10.3 und 10.4).

Bild 10.3: Handgezogener, lasergesteuerter Screeder beim Abziehen des Betons
[Werkfoto GORLO Industrieboden GmbH & Co.KG]

Ohne den Einsatz von Spezialgeräten sollten die Abziehbreiten bei hoher Ebenheitsforderung möglichst 6 m nicht überschreiten. Ebene Oberflächen sind nur durch exaktes Abziehen erzielbar.

Das sorgfältige Einhalten der geeigneten Konsistenz und die möglichst gleichmäßige Schütthöhe sollen sicherstellen, dass der Beton auf ganzer Fläche gleichmäßig und vollständig verdichtet wird.

Wird beim ersten Arbeitsgang kein gleichmäßiger Oberflächenschluss erreicht, ist auf die Fehlstellen Frischbeton aufzutragen. Ein weiterer Verdichtungsdurchgang soll dann den

Bild 10.4:
Screeder beim Abziehen des Betons
[Werkfoto Romex AG]

erforderlichen Oberflächenschluss erzielen. Das Aufbringen von Mörtel oder Wasser oder das Pudern mit Zement ist kein geeignetes Verfahren zur Herstellung des Oberflächenschlusses. Dies ist unzulässig,

Das Personal darf nicht unnötig im Frischbeton herumstehen oder durch den eingebrachten Beton laufen, da dieses der späteren Betonoberfläche schadet. Die Folge sind Entmischungen und Anreicherungen von Zementschlämme im oberen Bereich.

Vorteilhaft kann auch der Einsatz einer Handpatsche zur Nachglättung sein (Bild 10.5).

Bild 10.5:
Nachglättung mit der Handpatsche
[Werkfoto NOGGERATH & Co Betontechnik GmbH]

10.2.2 Herstellung von Neigungen

Längs- bzw. Querneigungen der Betonoberfläche > 5 % sind schwieriger herzustellen. Die Konsistenz des Betons ist entsprechend steifer einzustellen. Außerdem kann es wegen des besseren Zusammenhalts vorteilhaft sein, mit gebrochener Gesteinskörnung zu arbeiten und möglichst grobkörniges Material zu verwenden. Ein zweilagiger Einbau

10.2 Einbau des Betons

kann nötig werden, obwohl ein einlagiger Einbau im Allgemeinen vorzuziehen ist. Darüber hinaus ist das Ansteifen des Betons abzuwarten, bevor das endgültige Abziehen der Betonoberfläche erfolgt.

Ein besonderes Einbauverfahren ergibt sich bei Verwendung einer Nivellier-Glättwalze. Bei starken Neigungen kann auf eine Deckschalung verzichtet werden, die zu verankern wäre und aufwändig herzustellen ist. Außerdem sind Lufteinschlüsse an der Betonoberseite nicht zu vermeiden. Beim Einsatz einer Nivellier-Glättwalze an steilen Neigungen ist eine seitliche Stirnschalung erforderlich, auf denen die Nivellier-Glättwalze laufen kann. Damit wird der Beton seitlich gehalten und es ist eine genaue Höhenlage der Oberfläche vorgegeben. Der Einbau des Betons, der ein gutes Zusammenhaltevermögen haben muss, kann abschnittweise von oben beginnen. Bei der Nivellier-Glättwalze wird anstelle einer Rüttelwirkung nur die Gleitreibung genutzt. Die Nivellier-Glättwalze zieht die Betonoberfläche nach oben drehend ab. Die Walze hat nach oben gerichtete Drehungen, wodurch die Betonoberfläche geglättet wird. Neigungen bis 45° sind möglich (Bild 10.6).

Bild 10.6:
Nivellier-Glättwalze beim Einsatz
[Foto ISVP Lohmeyer + Ebeling]

10.2.3 Beton mit Fließmittel

Für Betonböden ist Beton mit Fließmittel im Bereich der Konsistenzklasse F3 gut geeignet, ggf. im Grenzbereich der Konsistenzklassen F3/F4. Das Ausbreitmaß sollte möglichst 450 mm nicht überschreiten, auf jeden Fall aber nicht größer als 500 mm sein. Bei Beton mit gebrochener Gesteinskörnung (Splitt) ist das Ausbreitmaß unbedingt auf 450 mm zu begrenzen. Es ist anzustreben, das Ausbreitmaß mit einer Genauigkeit von ± 20 mm einzuhalten.

Dieser Beton mit leicht verarbeitbarer, weicher Konsistenz kann durch leichtes Rütteln verdichtet werden. Betonbodenplatten sollten möglichst nicht mit fließfähigem Beton der Konsistenzklasse ≥ F5 hergestellt werden, da hierbei die Gefahr von Entmischungen mit Schlämmbildung an der Oberfläche groß ist.

Bei Beton mit Fließmittel, der im Nutzungszustand Frost-Taumittel-Beanspruchungen ausgesetzt wird, sollte der Luftporengehalt um 0,5 bis 1,0 Vol.-% höher angesetzt werden, damit der geforderte Luftporengehalt nach Zumischen des Fließmittels tatsächlich vorhanden ist. Bei Verwendung eines Größtkorns von 16 mm werden im Betonstraßenbau nach dem FGSV-Merkblatt für die Herstellung und Verarbeitung von Luftporenbeton grundsätzlich um 0,5 Vol.-% größere LP-Gehalte vorgeschrieben.

Die Zugabe des Fließmittels (FM) zum Beton erfolgt auf der Baustelle direkt vor der Verarbeitung, spätestens jedoch 45 Minuten nach der Wasserzugabe. Eine Zugabe an der Auslauföffnung des Fahrmischers ist in der Regel ungeeignet. Die Fließmittelmenge ist abhängig von der Konsistenz und muss bei der Erstprüfung festgelegt werden. Sie beträgt üblicherweise etwa zwischen 8 bis 15 cm^3 je kg Zement. Während der Bauausführung ist die Zugabemenge des Fließmittels den Erfordernissen (z.B. Temperaturänderungen) anzupassen. Bei der Zugabe sollte auf eine möglichst gleichmäßige Verteilung des Fließmittels über den Beton im Fahrmischer geachtet werden.

Nach der Zugabe ist der Beton im Fahrmischer so lange zu mischen, bis das Fließmittel vollständig untergemischt und eine gleichmäßige Betonmischung entstanden ist. Bei Fahrmischern sollte eine Mischzeit von 5 Minuten nicht unterschritten werden.

Die verflüssigende Wirkung der meisten Fließmittel ist auf 30 bis 60 Minuten nach dem Zumischen des Fließmittels begrenzt. Die Baustelle muss sich darauf bei Abnahme und Verarbeitung des Betons einrichten.

Die erforderliche Konsistenz des Betons wird durch mehrere Faktoren beeinflusst:

– Art des Betons

– Frischbetontemperatur

– Art des Abziehens und der Verdichtung

– Art der Oberflächenbearbeitung

– Neigung der Betonoberfläche

Bei sommerlichen Temperaturen über 20 °C kann eine weichere Konsistenz zweckmäßig sein. Größere Neigungen erfordern eine steifere Konsistenz.

Weiterhin kann bei hohen Temperaturen die Verzögerung des Erstarrungsverhaltens hilfreich sein oder sogar erforderlich werden. Insbesondere für eine spätere Nachverdichtung des Betons (z.B. durch besondere Oberflächenbearbeitung am nächsten Tag) ist eine Verzögerung vorteilhaft, z.B. durch Zugabe eines Erstarrungsverzögerers VZ. Die Zugabe kann gleichzeitig mit dem Fließmittel kurz vor der Übergabe des Betons erfolgen. Die Menge des zuzugebenden Zusatzmittels (Fließmittel + Verzögerer) hängt von der Erstprüfung ab.

10.2.4 Frühhochfester Beton

In besonderen Fällen kann es erforderlich sein, die neue Betonbodenplatte sehr bald in Betrieb zu nehmen. Der Einsatz eines frühhochfesten Betons ermöglicht eine leichte Nutzung bereits nach 24 Stunden, die volle Belastung ungefähr nach 48 Stunden.

Vorteile von frühhochfestem Beton mit Fließmittel sind:

- frühe Nutzung ohne lange Sperrzeiten
- weniger Personal- und Gerätekosten, jedoch höhere Materialkosten
- leichte Verarbeitung ohne schwere Einbau- und Verdichtungsgeräte

Um eine frühe Belastbarkeit zu erzielen, ist eine geeignete Betonzusammensetzung festzulegen. Anhaltswerte dafür sind:

- Zement mit hoher Frühfestigkeit: Zemente der Festigkeitsklasse CEM 42,5 R
- Höherer Zementgehalt: im Allgemeinen $z \leq 370$ kg/m^3, aber abhängig vom Wasserzementwert und vom Wasseranspruch der Gesteinskörnung.
- Niedriger Wasserzementwert: Wasserzementwert w/z $\leq 0{,}40$ für eine schnelle Festigkeitsentwicklung
- Ausgangskonsistenz: Ausbreitmaß ≈ 300 mm.
- Größere Fließmittelmenge: Fließmittelmenge $\approx 1{,}5$ bis 3% vom Zementgewicht zur Erzielung einer ausreichenden Fließfähigkeit bei geringem Wassergehalt.
- Art des Fließmittels: Das Fließmittel darf die Festigkeitsentwicklung nicht verzögern.
- Verarbeitungskonsistenz: Das Ausbreitmaß nach Fließmittelzugabe sollte bei 450 mm liegen und 480 mm nicht überschreiten.
- Günstige Kornzusammensetzung: Optimierung von Zusammensetzung und Art der Gesteinskörnung für einen möglichst geringen Wasseranspruch. Ausfallkörnungen haben sich oft als ungünstig erwiesen.
- Höhere Frischbetontemperatur: Frischbetontemperatur beim Einbau > 20 °C, jedoch ≤ 30 °C.

Die Festigkeitsentwicklung des Betons ist von der Beton- und Lufttemperatur abhängig. Die erforderlichen Erstprüfungen sind daher bei den zu erwartenden Temperaturverhältnissen durchzuführen. Mischen, Einbauen und Abziehen des Betons unterscheiden sich nicht wesentlich vom normalen Beton mit Fließmittel. Zu berücksichtigen ist jedoch die kürzere Verarbeitbarkeitszeit.

Folgende Hinweise sind besonders zu beachten:

- Zeitspanne zwischen Mischen des Betons im Betonwerk und Zumischen des Fließmittels auf der Baustelle möglichst ≤ 30 Minuten. Grund: Die verflüssigende Wirkung des Fließmittels ist im Allgemeinen umso schwächer, je mehr die Hydratation des Zements fortgeschritten ist.
- Zeitspanne zwischen Fließmittelzugabe und abschließender Verarbeitung verkürzt sich auf 20 bis 30 Minuten. Grund: Die verflüssigende Wirkung des Fließmittels lässt wegen des geringeren Wassergehaltes und der größeren Fließmittelmenge schneller nach.
- Nachdosierungen von Wasser sind unzulässig.

Die schnellere Festigkeitsentwicklung ist im Wesentlichen auf die höhere Frühfestigkeit des Zements und den niedrigen Wasserzementwert zurückzuführen. Der relativ hohe Zementgehalt kann leicht dazu führen, dass die obere Grenze des Mehlkorngehalts von 400 kg/m^3 erreicht wird. Betone mit Mehlkorngehalten über 420 kg/m^3 sollten nicht eingesetzt werden.

Tafel 10.1 zeigt die Festigkeitsentwicklung bei Lufttemperaturen um + 15 °C für frühhochfeste Betone mit Fließmittel mit günstiger Betonzusammensetzung.

Tafel 10.1: Festigkeitsentwicklung bei Lufttemperaturen um + 15 °C für frühhochfeste Betone mit Fließmittel mit günstiger Betonzusammensetzung

Zeit in Tagen	Betondruckfestigkeit in N/mm^2
1	≈ 20
2	≈ 35
3	≈ 45
7	≈ 50

Erstprüfungen zeigen die tatsächliche Festigkeitsentwicklung im Einzelfall. Eine wesentliche Festigkeitszunahme über die 7-Tage-Festigkeit hinaus ist kaum zu erwarten.

10.2.5 Beton mit Vakuumbehandlung

Eine zweckmäßige Bauweise bei Betonbodenplatten für Produktions- und Lagerhallen bietet unter anderem auch die Vakuumbehandlung (Bild 10.7 und Bild 10.8). Dieses ist keine Form der Nachbehandlung, sondern Teil eines besonderen Einbauverfahrens, welches sich direkt nach dem Einbauen und Verdichten anschließt. Dabei wird ein Teil des Anmachwassers abgezogen und so der Wasserzementwert verringert. Dieser Vorgang führt zu einer Steigerung der Betonqualität. Beurteilungsmaßstab eines durch Vakuumverfahren behandelten Betons ist daher nicht der Wasserzementwert des Ausgangsbetons, sondern der nach der Vakuumbehandlung erzielte Wasserzementwert. Durch Rückrechnung des bei der Vakuumbehandlung abgezogenen Wassers kann der erreichte w/z-Wert bestimmt werden.

Vorteile einer Vakuumbehandlung sind:

– Klar steuerbarer und taktförmiger Arbeitsablauf

– Erhöhung der Früh- und Endfestigkeit

– Verringerung des Schwindens

– Begrenzung des Mehlkorngehalts und des Sandgehalts entsprechend Tafel 10.2

In der Regel kann der Beton mit Betonpumpen zur Einbaustelle gefördert werden. Dabei sind je nach Art des Einbaues und des Abziehens Betone in plastischer oder weicher

10.2 Einbau des Betons

Tafel 10.2: Mögliche Begrenzung des Mehlkorngehalts und des Sandgehalts

Größtkorn	Mehlkorngehalt 0/0,125 mm	Sandgehalt 0/2 mm
32 mm	$\leq$ 360 kg/m^3	$\leq$ 520 kg/m^3
22 mm	$\leq$ 380 kg/m^3	$\leq$ 560 kg/m^3
16 mm	$\leq$ 400 kg/m^3	$\leq$ 560 kg/m^3

Konsistenz mit Ausbreitmaßen von a = 360 bis 450 mm gut geeignet. Der Wassergehalt des Ausgangsbetons sollte $\leq$ 180 kg/m^3 sein. Wasserreicher Beton ist unzulässig.

Die Einbautruppe für die Vakuumbehandlung ist personell auf Einbauart und einwandfreie Bearbeitung der Betonoberfläche abzustellen. Die nachstehenden, taktartig aufeinander folgenden Arbeitsgänge sind zu berücksichtigen:

– Fördern, Einbringen, Verteilen, Verdichten und Abziehen des Betons

– Vakuumbehandlung des Betons (Vakuumierung)

– Ggf. Auftragen und Einarbeiten einer Hartstoffschicht

– Maschinelles Abgleichen und Glätten in mehreren Übergängen

– Nachbehandlung des Betons

– Schneiden der Fugen

Frost- und tausalzbeaufschlagte Betonflächen, z.B. im Freien, bei denen eine Vakuumbehandlung durchgeführt werden soll, müssen auch bei Vakuumbeton stets mit Luftporenbildnern LP hergestellt werden. Der Luftporengehalt ist um 1 Vol.-% zu erhöhen, da ein Teil der künstlichen Luftporen bei der Vakuumbehandlung abgesaugt werden kann: $p_m \geq$ 5,5 Vol.-%.

Bild 10.7: Betonbodenplatte während der Vakuumbehandlung [Werkfoto NOGGERATH & Co Betontechnik GmbH]

Die Arbeitsgänge für die Durchführung einer Vakuumbehandlung lassen sich in nachfolgenden Punkten zusammenfassen:

– Verlegung von Filtermatten (Saugschalung) auf die verdichtete und frisch abgezogene Betonfläche. Achtung: Die Kanten der Saugschalungen müssen an allen vier Seiten auf dem Beton dicht aufliegen. Das dicht auf dem Beton liegende Filtergewebe verhindert vollständig, dass Feinstbestandteile des Betons (Zement, Mehlkorn) mit dem Wasser abfließen.
– Erzeugung eines Unterdrucks durch die Vakuumpumpe von 0,1 bis 0,2 bar. Die Differenz zum normalen Luftdruck wirkt als Druckkraft auf den Beton. Der Differenzdruck von 0,8 bis 0,9 bar (80 bis 90 kN/m^2) erzielt durch statische Verdichtung eine dichtere Lagerung des Betongefüges.
– Dauer der Vakuumbehandlung: etwa 1 bis 2 Minuten je cm Betontiefe. Dabei sollen etwa 0,3 l Wasser je m^2 Betonfläche und je 1 cm Plattendicke abgesaugt werden. Beim Einsatz mehrerer Saugschalungen, im Wechsel an die Vakuumpumpe angeschlossen, kann bei zwei- bis dreimaligem Umsetzen je Stunde eine Fläche von 50 bis 100 m^2 vakuumbehandelt werden.
– Weitere Oberflächen-Bearbeitung direkt nach der Vakuumbehandlung.

10.2.6 Gewalzter Beton

Betonbodenplatten, die aus gewalztem Beton hergestellt werden sollen, benötigen für den Einbau einen steifen Beton. Dazu kommt entweder ein Straßenfertiger zum Einsatz oder der Beton wird in üblicher Weise verteilt und eingeebnet. Das Verdichten wird mit einer Glattmantel- oder Gummiradwalze durchgeführt (Bild 10.9).

Gewalzter Beton kann nur dort mit ausreichender Sicherheit eingebaut werden, wo ein Verdichten mit Walzen ohne Behinderung des Walzvorganges (z.B. durch Stützen, Kanäle, Schächte) möglich ist. Die Konsistenz für den Einbau soll sehr steif sein, damit die Walzen nicht einsinken. Hierzu ist nur ein geringer Wasserbedarf nötig, der so einen günstigen Wasserzementwert mit niedriger Zementmenge ermöglicht. Durch Walzen

Bild 10.8:
Entfernen der Filtermatten nach der Vakuumbehandlung
[Werkfoto NOGGERATH & Co Betontechnik GmbH]

Bild 10.9:
Verdichtung von gewalztem Beton
[Werkfoto RINOL Deutschland GmbH, DFT Industrieboden GmbH]

lassen sich bei genügender Verdichtung mit Zementmengen von etwa 250 kg/m³ Festigkeiten von $\approx$ 35 N/mm² erzielen.

Um eine einwandfreie Verdichtung zu ermöglichen, soll der Wassergehalt des Betons deutlich unter dem optimalen Wassergehalt der einfachen Proctordichte liegen. Der optimale Wassergehalt ist durch Versuche zu bestimmen. Bei der Betonzusammensetzung für zu walzende Betone sind gut abgestufte Korngemische notwendig. Damit keine Verdichtungsunterschiede und Festigkeitsschwankungen entstehen, sollte die gewählte Sieblinie während der Ausführung möglichst konstant eingehalten werden. Dabei soll der Kornanteil 0/2 mm $\geq$ 25 Gew.-% am Gesamtgemisch betragen, um einen ausreichenden Oberflächenschluss zu ermöglichen. Der Kornanteil $<$ 0,063 mm sollte $\leq$ 5 Gew.-% betragen. Für frostbeanspruchte Flächen ist Material mit hohem Frostwiderstand zu verwenden.

Betonbodenplatten aus gewalztem Beton benötigen eine Deckschicht bzw. Verschleißschicht. Ohne Deckschicht ist die nicht ebene und nicht vollständig geschlossene Oberflächenstruktur nur bei untergeordneten Nutzungen ausreichend.

10.3 Bearbeitung der Betonoberfläche

Eine Oberflächenbearbeitung der Betonbodenplatte gehört zur Vervollständigung des Betonbodens. Sie soll dem Zweck und der Nutzung des Betonbodens entsprechen. Je nach Bearbeitung sind unterschiedliche Oberflächenstrukturen herstellbar: von rau bis glatt. Im Wesentlichen unterscheidet man folgende Bearbeitungsmöglichkeiten:

– Besenstrich

– Abscheiben bzw. Abreiben

– Glätten

– Schleifen

10.3.1 Besenstrich

Die Oberflächenbearbeitung durch Besenstrich kann bei Freiflächen die sinnvollste Art der Oberfläche liefern: Die Oberfläche ist rau und griffig, ob im trockenen oder im feuchten Zustand. Diese Struktur hat sich z.B. auch bei Schnellverkehrsstraßen im öffentlichen Straßenverkehr bewährt.

Durch den Besenstrich erhält die abgezogene Betonoberfläche eine Feinstruktur. Dafür wird ein Besen über den Beton gezogen, und zwar Streifen neben Streifen in einer Richtung. Die Art des verwendeten Besens bestimmt die Rauigkeit der Oberflächenstruktur:

– Stahlbesen

– Piassavabesen

– Haarbesen

Ein harter Stahlbesen erzeugt eine andere Struktur als ein nicht so harter Piassavabesen oder ein weicher Haarbesen. Wichtig ist der richtige Zeitpunkt für das Aufbringen des Besenstrichs. Der Beton muss soweit angesteift sein, dass bei Einsatz des Besens eine griffige und raue Oberfläche entsteht und diese Struktur erhalten bleibt. Dabei wird ein Teil der Zementschlämme von der oben liegenden Gesteinskörnung entfernt. Bei einem zu feuchten Besen erhält die Oberfläche zusätzlich Wasser, die Dauerhaftigkeit wird negativ beeinflusst. Daher muss dieses vermieden werden.

Insbesondere für Flächen mit Anforderungen an eine erhöhte Rutschsicherheit ist diese Art der Oberflächenbearbeitung sinnvoll und wirtschaftlich herzustellen. Der Besenstrich kann bei jeder Einbauart, mit Ausnahme der Vakuumbehandlung, als abschließende Oberflächenbearbeitung erfolgen.

10.3.2 Abgleichen (Abscheiben)

Ein maschinelles Abgleichen kann in jenen Fällen erfolgen, wo ein Besenstrich eine zu raue Oberfläche und eine geglättete Oberfläche eine nicht genügend raue Oberfläche liefern würde. Die Oberfläche hat nach dem Abgleichen die typische Sandpapierstruktur, ähnlich, wie sie von einem abgeriebenen Putz bekannt ist.

Die Arbeitsvorgänge für das Abscheiben können im Anschluss an das Verdichten des Betons und Abziehen der Betonoberfläche durchgeführt werden, wenn der Beton genügend angesteift ist. Dieser Zeitpunkt ist gut abzupassen. Bei der Vakuumbehandlung kann das Abgleichen sofort nach dem Entfernen der Absaugmatten erfolgen. Die Arbeitstakte sind hierbei sehr gut steuerbar.

Beim Abscheiben sind mehrere Arbeitsgänge erforderlich. Das Abscheiben erfolgt durch Geräte mit Tellerscheiben. Größere Unebenheiten können nicht mehr ausgeglichen werden, es können aber auch kaum zusätzliche Vertiefungen entstehen.

10.3 Bearbeitung der Betonoberfläche

Bild 10.10:
Glätten einer Betonoberfläche mit einem einfachen handgeführten Flügelglätter
[Werkfoto NOGGERATH & Co Betontechnik GmbH]

Eine abgescheibte bzw. abgeriebene Oberfläche eignet sich gut für eine nachfolgende Oberflächenbehandlung durch eine Versiegelung oder Beschichtung. Sie ist aber auch die Vorstufe für ein nachfolgendes Glätten der Oberfläche.

10.3.3 Glätten

Das Glätten der Betonoberfläche erfolgt ebenfalls maschinell, und zwar nach vorherigem Abscheiben. Hierfür eignen sich Flügelglätter, die ähnlich wie Geräte mit Tellerscheiben eingesetzt werden (Bilder 10.10 und 10.11). Es entsteht eine kellenglatte Oberfläche, ähnlich wie bei einem geglätteten Estrich (Bild 10.12).

Der Zeitpunkt des Glättens richtet sich nach Ansteifverhalten des Betons. Gute Oberflächen entstehen bei wiederholtem Glätten nach Erstarrungsbeginn. Mehrere Glättvorgänge sind erforderlich.

Das Glätten von Oberflächen muss häufig im Zusammenhang mit den Anforderungen an die Rutschhemmung gesehen werden. Eine Bewertung der Rutschgefahr kann erforderlich sein (siehe Kapitel 6.4.1). Abhängig von den Betriebsbedingungen oder der Reinigung der Flächen können intensiv geglättete Oberflächen zur Rutschgefahr führen.

Bild 10.11:
Glätten einer Betonoberfläche mit einem größeren handgeführten Flügelglätter
[Werkfoto GORLO Industrieboden GmbH & Co.KG]

Bild 10.12:
Glätten einer Betonoberfläche mit einem gesteuerten Doppelglätter
[Werkfoto NOGGERATH & Co Betontechnik GmbH]

10.3.4 Schleifen

Das maschinelle Schleifen der Oberfläche ist eine bisher wenig genutzte Möglichkeit der Oberflächenbearbeitung (Bild 10.13). Bei besonderen Anforderungen an das optische Erscheinungsbild der Oberfläche (Sichtbetoneigenschaften) sollten vor der Ausführung ausreichend große Probeflächen angelegt werden, die als Referenzflächen dienen können. Dieses besondere Leistung ist vertraglich zu vereinbaren.

Bild 10.13:
Geschliffene Betonoberfläche mit rot gefärbtem Zementstein für den Verwaltungsbereich eines Gebäudes
[Foto ISVP Lohmeyer + Ebeling]

Niedrigtouriges Schleifen
Das Schleifen sollte zu einem frühen Zeitpunkt mit einem langsam laufenden Gerät erfolgen. Betonböden mit Unebenheiten können damit nicht verbessert werden. Dieses würde nur dann gelingen können, wenn Grate oder ähnliche Erhöhungen abzuschleifen wären.

Das Schleifen der Oberfläche soll dazu führen, dass die obere Zementsteinschicht von etwa 1 mm Dicke entfernt und die abriebfestere Gesteinskörnung freigelegt und dadurch die Verschleißfestigkeit der Betonoberfläche verbessert wird.

Diese niedrigtourige Art des Schleifens steht im Gegensatz zum üblichen Schleifen. Für diese Schleifart werden spezielle Schleifgeräte eingesetzt. Mit einem Gerät ist eine Leistung von ≈ 40 m^2/h und mehr zu erzielen.

Der Beginn für das Schleifen sollte so früh wie möglich erfolgen, jedoch ohne das dabei die Gesteinskörnung herausgerissen wird. Hierfür eignet sich am besten ein Zeitraum von ein bis zwei Tagen nach der Herstellung.

Hochtouriges Schleifen
Bei hochtourigem Schleifen kann die obere Zementsteinschicht bis in die Grobkörnung hinein entfernt werden. Dies erzeugt eine Oberfläche, die durch das Zusammenwirken des Zementsteins und der Gesteinskörnung auch die Farbe des Gesamteindrucks bestimmt. Es entsteht eine dem Terrazzo ähnliche Oberfläche, wie sie auch vom Betonwerkstein bekannt ist. Das Schleifen sollte so früh wie möglich beginnen, es dürfen jedoch keine Gesteinskörner herausgerissen werden. Der günstigste Zeitpunkt ist im Allgemeinen etwa drei Tage nach dem Einbau des Betons. Die Bearbeitungstiefe liegt zwischen 3 mm bis 5 mm. Die letzten Schleifvorgänge können Feinschliffe sein. Die Oberfläche kann mit feinsten Schleifmitteln bis zum Glanz bearbeitet werden. Dies wird auch als Polieren einer Oberfläche bezeichnet. Es entsteht die so genannte Naturpolitur [L50].

10.3.5 Strahlen

Strahlen mit Strahlgut entfernt ebenfalls die obere Zementsteinschicht. Je nach Art und Dauer des Strahlens entsteht eine Tiefenwirkung, bei der auch der Zementstein zwischen den Gesteinskörnern entfernt wird. Dadurch entsteht eine griffige Oberflächenstruktur (Bild 10.14). Als Strahlgut werden Sand bzw. Hartstoffe verwendet (Sandstrahlen) oder es kommen Stahlkugeln zum Einsatz (Kugelstrahlen). Auch Wasser-Sand-Gemische sind einsetzbar. Die Bearbeitungstiefe liegt zwischen 2 mm bis 3 mm.

Flammstrahlen ist eine besondere Art der Oberflächenbearbeitung. Hierbei wird die Oberfläche nach dem Erhärten des Betons mit einem Flammengerät bei Temperaturen über 3000 °C bearbeitet. Die obere Zementmörtelschicht wird entfernt und bei Verwendung von quarzitischem Gestein springen die obersten Kuppen der Körnung ab. Die entstehende Oberfläche ist sehr rau und griffig. Die Bearbeitungstiefe liegt zwischen 4 mm bis 8 mm.

10.3.6 Auswaschen

Auswaschen entfernt die oberste Zementmörtelschicht vor dem Erhärten des Zements. Ausgewaschene Flächen werden auch als Waschbeton bezeichnet. Die Tiefenwirkung des Auswaschens darf nur bis zu einem Drittel der groben Gesteinskörnung reichen. Diese Oberflächenbearbeitung lässt die Farbe der Gesteinskörnung in ihrer natürlichen Farbwirkung erscheinen. Die Bearbeitungstiefe liegt zwischen 4 mm bis 6 mm.

Bild 10.14:
Gestrahlte Betonoberfläche [Fotos ISVP Lohmeyer + Ebeling]
a) Kugelstrahlgerät im Einsatz
b) gestrahlte Oberfläche

10.3.7 Profilgerechte Lage

Zunächst sollte geprüft werden, wie die vom Planer vorgegebene profilgerechte Lage der Oberfläche einzuhalten ist und welche Verfahren zur Oberflächengestaltung eingesetzt werden müssen. Sollte sich dabei herausstellen, dass ein unverhältnismäßig hoher Aufwand erforderlich wird, der bei der Kalkulation aufgrund der Leistungsbeschreibung nicht vorauszusehen war, bedarf dies einer Abstimmung (siehe Kapitel 6.5).

Die Oberfläche ist höhengerecht und horizontal oder im vorgeschriebenen Längs- und Quergefälle herzustellen. Abweichungen von der Sollhöhe dürfen an keiner Stelle mehr als 20 mm betragen. Dieses entspricht DIN 18202, Zeile 2, bei einem Messpunktabstand von 15 m mit einem zulässigen Stichmaß 20 mm.

Für Ableitflächen im Geltungsbereich der DAfStb-Richtlinie „Betonbau beim Umgang mit wassergefährdenden Stoffen" [R22] gilt DIN 18202, Zeile 3.

10.3.8 Gefälle

In der Regel ist für Betonbodenplatten für Produktions- und Lagerhallen kein Gefälle notwendig. In besonderen Fällen, z.B. bei Ableitflächen für wassergefährdende Flüssigkeiten (siehe Kapitel 6.6.1) ist zur einwandfreien Entwässerung ein Gefälle von mindestens 2,0 % anzuordnen und zwar direkt durch entsprechende Oberflächenausbildung der Betonbodenplatte. Das Gefälle soll nicht durch einen Ausgleichs- oder Gefälleestrich geschaffen werden.

Sternförmige Gefälleausbildungen sind ungeeignet, da die Oberflächen nicht mit Rüttelbohlen abgezogen werden können. Windschiefe Oberflächen mit Verwindungen im Gefälle sind durch entsprechend unterschiedliche Höhenlage der Abziehlehren schwierig herzustellen, aber möglich.

Fugen sollten nicht im Tiefbereich des Gefälles liegen, da dauernde Feuchtigkeit die Fugen beansprucht. Das Gefälle sollte daher stets von Fugen weggeführt werden.

10.3.9 Ebenheit

Die Ebenheitstoleranz der Oberfläche der Betonbodenplatte soll bei einem Abstand der Messpunkte von 1 m höchstens 8 mm, bei 4 m Abstand höchstens 12 mm betragen (siehe Tafel 6.13 Zeile 2) [R30.1, R42]. Für fertige Oberflächen wird von den Autoren empfohlen, die Anforderungen nach DIN 18202, Zeile 3, bzw. erforderlichenfalls Zeile 4 zu vereinbaren. Dieses entspricht bei einem Abstand der Messpunkte von 1 m höchstens 4 mm, bei 4 m Abstand höchstens 10 mm (siehe Tafel 6.13 Zeile 3) bzw. bei einem Abstand der Messpunkte von 1 m höchstens 3 mm, bei 4 m Abstand höchstens 9 mm (siehe Tafel 6.13 Zeile 4).

Sprünge und Absätze innerhalb einer festgelegten Oberflächenstruktur sind zu vermeiden. Hierunter ist aber nicht die durch Flächengestaltung bedingte Struktur zu verstehen.

Für weitergehende Anforderungen an die Ebenheit, z.B. für Lagersysteme mit leitliniengeführten Flurförderfahrzeugen nach DIN 15185 [N38], sind besondere Vereinbarungen erforderlich (siehe Tafel 6.14). Hier bedarf es einer sehr genauen Oberflächenausbildung. Nach Meinung der Autoren sind diese extremen Anforderungen an die Ebenflächigkeit über übliche betontechnologische Einbauverfahren in der Regel nicht zielsicher herstellbar. Die Herstellung z.B. in den Fahrgassen bei Hochregallagern kann nur mit erheblichem Aufwand über eine zusätzlich einzubauende Schicht gelingen, z.B. Kunstharzestrich, aber auch Zementestrich oder Hartstoffschicht (siehe Kapitel 6.5.2).

10.4 Oberflächen mit Hartstoffen

Hartstoffe erhöhen den Widerstand gegen rollende, stoßende oder schlagende Beanspruchungen. Sofern nicht für die Betonherstellung insgesamt harte Gesteinskörnungen verwendet werden, können entweder Hartstoffe im Einstreuverfahren eingearbeitet oder Hartstoffschichten aufgebracht werden.

10.4.1 Hartstoffeinstreuungen

Durch Einarbeiten von Hartstoffen kann die Oberflächenfestigkeit eines Betons aus normaler Gesteinskörnung verbessert werden. Dabei kann das Einstreuverfahren für die Beanspruchungsbereiche 1 und 2 nach Tafel 3.7 infrage kommen. Damit können die Betonoberflächen den Beanspruchungen der Expositionsklassen XM1 und ggf. auch XM2 genügen. Für die Expositionsklasse XM3 wird in DIN 1045-1 nur allgemein der Einsatz von Hartstoffen gefordert. Eine weitere Differenzierung hierzu gibt das DBV-Merkblatt [R30.1, Tabelle 1] und Tafel 3.7. Die Festlegung der Expositionsklasse XM3 fordert danach für eine Hartstoffeinstreuung die Mindestdruckfestigkeitsklasse C35/45.

Die Betonbodenplatte sollte mindestens ein Beton der Festigkeitsklasse C25/30 nach DIN 1045-1 mit einem Wasserzementwert w/z $\leq$ 0,55 aufweisen. Bereits beim Betoneinbau ist zu berücksichtigen, dass die spätere Oberfläche für das Einstreuen und Einarbeiten des Hartstoffes die erforderliche Ebenheit erhält (siehe Tafel 6.13 Zeile 2 oder 3). Das Einbringen des Hartstoffs sollte so früh wie möglich erfolgen, d.h., am besten direkt nach dem Abziehen der Betonoberfläche, sobald der Beton begehbar ist.

Hartstoffe sind in einer Mindestmenge von wenigstens 3 kg/m^2, besser 4 kg/m^2 aufzubringen. Eine genaue Schichtdicke ist mit diesem Verfahren zielsicher nicht herstellbar. Aus der genannten Auftragsmenge kann sich im Idealfall, d.h. nur bei sehr sorgfältiger Arbeitsweise, eine ganzflächige und voll deckende Hartstoffschicht mit einer „Schichtdicke" von etwa 2 mm ergeben. Die „Schichtdicke" ist kleiner als das Größtkorn des Hartstoffs und auch als die einer genormten Hartstoffschicht nach DIN 18560-7 (siehe Tafel 6.5). Die Hartstoffe sind mit einer Einstreuvorrichtung gleichmäßig aufzubringen, z.B. mit einem so genannten Spreader (Einstreuwagen) (Bilder 10.15 und 10.16). Das Aufstreuen von Hand in der früher angewendeten „Sähmann-Methode" ist abzulehnen.

Bild 10.15:
Handgeführter Spreader (Einstreuwagen) zum gleichmäßigen Verteilen der Hartstoffeinstreuung [Werkfoto NOGGERATH & Co Betontechnik GmbH]

Das Einarbeiten der Hartstoffe wird beim ersten Scheibvorgang vorgenommen. In der Regel schließen sich daran weitere Scheib- oder Glättvorgänge an.

10.4 Oberflächen mit Hartstoffen

Bild 10.16:
Maschinengeführter Spreader (Einstreuwagen) zum gleichmäßigen Verteilen der Hartstoffeinstreuung
[Werkfoto Rinol Deutschland GmbH]

Je nach Einbauverarbeiten für die Betonbodenplatte ergeben sich einige zu beachtende Punkte:

- Beim Einbau von *Beton mit Fließmittel* ist das Ansteifen abzuwarten, das einsetzt, wenn das Fließmittel die verflüssigende Wirkung verliert. Das Fließmittel darf nicht zu Entmischungen und zur Anreicherung von Schlämme an der Oberfläche führen. Die Betonoberfläche darf nicht zu weich und wasserreich, aber auch nicht zu steif und wasserarm sein (siehe Kapitel 10.2.3).

- Bei der *Vakuumbehandlung des Betons* kann das Einstreuen und Einarbeiten sofort nach Beendigung des Wasserabsaugens erfolgen (siehe Kapitel 10.2.5).

- Verbesserungen des Verschleißwiderstandes eines normalen Betons sind mit dem Einstreuverfahren möglich. Verschleißwerte, die denen von Hartstoffschichten entsprechen, können im Allgemeinen von Einstreuungen nicht erzielt werden (Kapitel 6.3.1).

Luftporenbetone, die als Betone mit hohem Frost-Taumittel-Widerstand hergestellt sind, sollten möglichst keine Hartstoffeinstreuungen erhalten. Einerseits können durch intensives Glätten die Luftporen in der obersten Schicht stark verringert werden, wodurch der Frost-Taumittel-Widerstand eingeschränkt würde. Andererseits wurden in der Baupraxis häufiger schollenartige Ablösungen des obersten Hartstoffbereichs festgestellt. In Fällen, bei denen LP-Beton notwendig ist, ist zu prüfen, ob nicht alternativ dazu Korngruppen 0/2 und 2/8 aus quarzitischem Gestein und Korngruppen 11/22 aus Hartsteinsplitt eingesetzt werden können. Diese sind besser geeignet (vgl. Beanspruchungsbereich 2 in Tafel 3.7).

10.4.2 Hartstoffschichten

Hartstoffschichten frisch in frisch
Frisch in frisch auf die noch frische oder schon erstarrende Betonbodenplatte ohne Haftbrücke aufgebrachte Hartstoffschichten stellen den Normalfall für hoch beanspruchte Betonbodenplatten dar. Bei dieser Herstellart „frisch in frisch" ergibt sich in der Regel der beste Verbund mit der Betonbodenplatte. Für die Bodenplatte eignen sich Betone mit Fließmittel (Kapitel 10.2.3) und Betone mit Vakuumbehandlung (Kapitel 10.2.5).

Entscheidend für einen guten Verbund sind zwei wesentliche Einflüsse:

- der Beton darf keine Schlämme absondern, daher sollte der Beton beim Einbau keine weichere Konsistenz als F3 aufweisen, das Ausbreitmaß sollte höchstens 480 mm betragen,
- der Zeitpunkt für das Aufbringen der Hartstoffschicht muss passend sein und darf keineswegs zu spät gewählt werden.

Beim Aufbringen der Hartstoffschicht muss der Beton einerseits soweit angesteift sein, dass er begehbar ist, andererseits darf der Beton noch nicht soweit erstarrt sein, dass die Verbindung frisch-in-frisch nicht mehr sicher erreicht wird. Die zur Verfügung stehende Zeitspanne kann je nach Art des Betons und den herrschenden Temperaturverhältnissen gering sein. Ein allgemein gültiger Zeitpunkt kann nicht angegeben werden, da das Ansteif- und Erstarrungsverhalten des Betons sehr unterschiedlich ist. Maßgebend hierfür sind u.a. das Verhalten des Zements, der Wasserzementwert, die Konsistenz des Betons, die Verwendung von Betonzusatzmitteln und die Frischbetontemperatur sowie die Umgebungsbedingungen des Betoneinbaus, z.B. Lufttemperatur, relative Luftfeuchte, Sonne, Wind.

Zur Abschätzung des geeigneten Zeitpunkts für das Aufbringen der Hartstoffschicht wurde am Lehrstuhl für Baustofftechnik an der Ruhr-Universität Bochum ein Verfahren entwickelt, mit dem der Eindringwiderstand (Penetrationswiderstand) in den Beton gemessen werden kann [L57]. Die kegelförmige Spitze des Prüfgeräts (Kreiskegel 20°) wird von Hand bis zu einer bestimmten Eindringtiefe in den Beton gedrückt. Die Kraft zur Überwindung des Eindringwiderstands wird am Kraftmessgerät gemessen. Sie soll zwischen 150 N und 250 N (Obergrenze) liegen, dies entspricht etwa 15 kg bis 25 kg.

Zu empfehlen ist der Einsatz leichter Maschinen für das Abscheiben der Hartstoffschicht, damit möglichst früh mit der Bearbeitung der Oberfläche begonnen werden kann.

Die Betonbodenplatte soll mindestens der Betonfestigkeitsklasse C25/30 gemäß DIN 1045-1 entsprechen. Es wird aber eher wegen hoher Belastungen ohnehin ein Beton C30/37 oder C35/45 sein (siehe Tafel 3.7). Die Oberfläche der Betonbodenplatte muss um die Dicke der Hartstoffschicht tiefer liegen. Damit die erforderliche Mindestdicke der Hartstoffschicht eingehalten werden kann, soll schon die Betonbodenplatte die vereinbarte Ebenheit aufweisen, z.B. entsprechend Tafel 6.13 Zeile 3.

Hartstoffschichten sind in DIN 18560-7 geregelt. Je nach Beanspruchung und Material müssen danach bestimmte Nenndicken erzielt werden, z.B. bei schwerer Beanspruchung Hartstoffe der Gruppe A, Nenndicken von mindestens 8 mm bis 15 mm (Tafel 6.5). Die erforderliche Dicke sollte stets in der Leistungsbeschreibung angegeben sein. Die jeweilige Mindestdicke ist einzuhalten.

Die Hartstoffschicht ist in aufziehfähiger plastischer Konsistenz (F2) aufzuziehen, z.B. über Lehren mit Abziehschiene (Richtscheit) oder Rüttelbohle. Die Lehren (Rundstähle oder Rohre) liegen auf der Betonoberfläche. Sie bestimmen die Dicke der Hartstoffschicht und die genaue Höhenlage der späteren Oberfläche.

10.4 Oberflächen mit Hartstoffen

Das Verdichten erfolgt im Wesentlichen durch das anschließende Abreiben (Abscheiben) mit Tellerglättmaschinen und je nach erforderlicher Oberflächenstruktur durch Glätten mit Flügelglättmaschinen. Das Abreiben (Abscheiben) und Glätten beginnt nach dem Ansteifen. Die Anzahl der Scheib- und Glättvorgänge bestimmen Dichtigkeit und Struktur der Oberfläche. Eine zu weiche Konsistenz begünstigt das Entstehen von Rissen (Krakeleebildung). Zu frühe Glättvorgänge können zur Blasenbildung führen. Um spätere Mängel zu vermeiden, sind in diesen Fällen die Arbeiten zu unterbrechen, bis der geeignete Zeitpunkt erreicht ist.

Fugen in der Hartstoffschicht sind aus der Betonbodenplatte zu übernehmen. Hierbei ist besonders darauf zu achten, dass die genaue Lage der Fugen in der Betonbodenplatte mit der in der Hartstoffschicht übereinstimmt. In der Regel werden Scheinfugen mit Fugenschneidmaschinen eingeschnitten (siehe Kapitel 4.4.4). Der Zeitpunkt für den Fugenschnitt ist so früh wie möglich zu wählen, sobald es das Erhärten des Betons gestattet, spätestens am nächsten Tag.

Für Betonbodenplatten, die in der Nutzung besonders hohen Beanspruchungen z.B. infolge Fahrverkehr ausgesetzt sind, erfordern einen zusätzlichen Schutz der Fugenkanten durch spezielle Fugenprofile oder Winkelprofile aus Metall. Dieser Kantenschutz ist zu planen, auszuschreiben und einzubauen. Diese Profile sind stets in der Betonbodenplatte zu verankern (Bild 4.14).

Nachträgliche aufgebrachte Hartstoffschichten
Wenn der vorgesehene Bauablauf das Aufbringen der Hartstoffschicht „frisch in frisch" nicht zulässt, ist auch ein nachträglicher Einbau einer Hartstoffschicht auf der erhärteten Betonbodenplatte möglich. Einschichtige Hartstoffschichten können eingesetzt werden, wenn ein Ausgleich wegen zu großer Unebenheiten sowie ein Gefälle nicht erforderlich sind und die Dicke für die Hartstoffschicht nicht zu groß wird. Andernfalls wäre eine Übergangsschicht für einen zweischichtigen Hartstoffestrich nötig. Die erforderliche Dicke der Hartstoffschicht ist Tafel 6.5 zu entnehmen.

Anders als bei der direkten Herstellung der Hartstoffschicht „frisch in frisch" ist für das Aufbringen der Hartstoffschicht auf die erhärtete Betonbodenplatte ein einwandfreier Verbund durch besondere Maßnahmen zwingend notwendig. Bei Schadensfällen ist der unzureichende Verbund eine der häufigsten Ursache für Hohlstellen und Risse in der Hartstoffschicht.

In der Baupraxis wird die Hartstoffschicht häufig von einem anderen Unternehmen eingebaut als die der Betonbodenplatte. Das bedeutet, dass vor dem Aufbringen der Hartstoffschicht die Eignung der Oberflächenqualität von der Betonbodenplatte als Untergrund über Haftzugprüfungen geprüft werden sollte. Erfüllt die vorhandene Betonbodenplatte die Voraussetzungen zur Aufnahme einer Hartstoffschicht nicht, muss der Nachunternehmer für den Hartstoffauftrag vor Beginn der Arbeiten dem Auftraggeber seine Bedenken schriftlich mitteilen (VOB Teil B § 4 Abschn. 1). Nur so können spätere Mängel vermieden werden, die sonst die Nutzung des Betonbodens und den Betriebsablauf beeinträchtigen würden.

10 Herstellen der Betonbodenplatte

Anforderungen an die Betonbodenplatte

- Betonbodenplatte mindestens Festigkeitsklasse C25/30 nach DIN 1045-1 (Tafel 3.7),
- Betonbodenplatte mit geeigneter Oberfläche:
  - ohne Zementschlämme durch Entmischen,
  - nicht verbrannt (verdurstet) durch zu schnelles Austrocknen,
  - frei von losen und mürben Bestandteilen, Verschmutzungen durch Mörtelreste, Öl, Farbresten, Resten von Betonzusatzmitteln oder Nachbehandlungsmitteln u.Ä.,
  - ohne Risse, ansonsten zunächst Risse schließen,
  - mit rauer und griffiger Struktur,
  - erforderliche Oberflächenzugfestigkeit der Betonbodenplatte $\geq 1,5$ N/mm^2,
  - Ebenheit entsprechend der Vereinbarung, z.B. Zeile 3 Tafel 6.5-1 nach DIN 18202 mit erforderlichem Gefälle.
  - Abweichungen im Fugenverlauf von der Geraden $\leq \pm 3$ mm.

Hinweise:

- Klärung der Zuständigkeiten und erforderlichen Leistungen zur Ausführung der Hartstoffschicht in Fällen, bei denen Auftragnehmer für die Ausführung der Betonbodenplatte und der Hartstoffschicht nicht identisch sind; z.B. wer ist für die Herstellung eines geeigneten Haftverbundes auf der Betonbodenplatte verantwortlich. Sinnvoll ist in diesen Fällen, dies bereits in der Leistungsbeschreibung als besondere Leistungen zu erfassen.
- Prüfen der Betonbodenplatte zur Aufnahme der Hartstoffschicht und erforderlichenfalls entsprechend vorbereiten. Außerdem Schaffung geeigneter Ausführbedingungen, die den fachgerechten Einbau und das einwandfreie Erhärten der Hartstoffschicht ermöglichen.
- Prüfung des Fugenverlaufs in der Betonbodenplatte. Nicht gerade verlaufende Fugen können in der Hartstoffschicht nicht aufgenommen werden. Erforderlichenfalls müssen vom ausführenden Unternehmen Bedenken angemeldet werden.

Checkliste der erforderlichen Maßnahmen für die Erzielung eines geeigneten Haftverbunds

- Prüfen der Oberflächenzugfestigkeit der Betonbodenplatte
- Entfernen von Verschmutzungen durch Nassreinigen mit Hochdruck-Wasserstrahl und sofortiges Schmutzabsaugen
- Entfernen von Öl, Fett und Chemikalien durch Reinigungsmaschinen mit geeigneten Reinigungsmitteln
- Vorbereiten der Betonbodenplatte durch Kugelstrahlen

- Schließen von Rissen in der Betonbodenplatte
- Aufbringen einer Haftbrücke
- Ausgleich von Unebenheiten bei der Betonbodenplatte, wenn die Toleranzen nach DIN 18202 überschritten werden (siehe Tafel 6.13)
- Schutzmaßnahmen für die Herstellung und Erhärtung der Hartstoffschicht gegen Zugluft innerhalb des Gebäudes bzw. gegen Niederschläge bei Hartstoffarbeiten im Freien (z.B. Zelte, Abdeckungen, gegen niedrigere Temperaturen der Luft und der Betonbodenplatte als $+ 5\ °C$).

Vorbereiten der Betonbodenplatte
Um eine *Haftbrücke* als Vorbereitung für den Einbau der Hartstoffschicht aufzubringen, sind zunächst ältere, ausgetrocknete Betonbodenplatten möglichst mehrere Tage feucht zu halten. Nachdem die Oberfläche wieder etwas abgetrocknet ist (Aussehen mattfeucht), kann zunächst die Haftbrücke nach Angaben des Hartstoffherstellers aufgebracht werden. Auf wassergesättigtem Beton ist eine Verankerung nicht möglich. Trockener, stark saugender Beton entzieht der Hartstoffschicht das Wasser. Geeignet ist der letztmals am Vortag genässte Beton. Hierbei sind die Herstellerangaben für Dosierung und Mischzeit aller Bestandteile der Haftschlämme zu beachten. Die Haftschlämme darf nicht überwässert sein. Der Auftrag der Haftschlämme darf „nur soweit vorlaufen", wie direkt anschließend daran die Hartstoffmischung frisch aufgebracht werden kann. Die Haftschlämme ist mit hartem Besen gleichmäßig auf die Betonbodenplatte einzubürsten.

Für die *Hartstoffschicht* selbst gelten hinsichtlich der Zusammensetzung, Dicke und dem Aufbringen auch hier die gleichen Aussagen wie beim Arbeiten „frisch-in-frisch". Die Hartstoffschicht ist in die noch frische Haftbrücke aufzubringen und abzuziehen, abzureiben und erforderlichenfalls zu glätten.

Fugen in der Betonbodenplatte sind stets auch in die Hartstoffschicht zu übernehmen und zwar an gleicher Stelle und in gleicher Breite. Randfugen und Fugen in Angrenzung an andere Bauteile sind durch Randstreifen herzustellen. Erforderlichenfalls sind bei besonders hohen Beanspruchungen spezielle Fugenprofile oder Winkelprofile aus Metall für den Schutz der Fugenkanten zu planen, auszuschreiben und einzubauen. Wichtig ist hierbei, dass diese Profile in der Betonbodenplatte ausreichend verankert werden.

10.5 Schützen der erhärtenden Betonbodenplatte

Zur vollständigen Leistung der Betonverarbeitung gehört eine wirksame Nachbehandlung der Betonbodenplatte. Ziel dieser Maßnahme ist der Schutz des erhärtenden Betons, um eine möglichst rissarme bzw. rissfreie Betonbodenplatte zu erhalten (besonders bei großen Flächen). Nur mit einem ausreichenden Schutz kann der geforderte Verschleißwiderstand erreicht werden, was eine spätere einwandfreie Nutzung ermöglicht. Voraussetzung dafür ist eine möglichst früh beginnende, genügend wirksame und ausreichend lange Nachbehandlung des eingebauten Betons. Ursache für mehlende und staubende Oberflächen, Netzrissbildung (Krakelee) oder aufwölbende Betonflächen (Schüsseln des Betons) werden häufig durch Nachbehandlungsfehler ausgelöst, zumindest aber mit verursacht.

Die Nachbehandlung muss einen Schutz der Betonoberfläche gegen zu schnelles Abkühlen und Austrocknen während des Erhärtens bewirken. Hierzu ist DIN 1045-3 [N1] zu beachten. Als Nachbehandlung werden wasserzuführende und wasserrückhaltende, erforderlichenfalls auch wärmedämmende Maßnahmen unterschieden. Die üblichen Nachbehandlungsverfahren sind:

– Aufsprühen flüssiger Nachbehandlungsmittel, (Bild 10.17)

– Abdecken mit Folien (Bilder 10.18 und 10.19)

– Aufbringen wasserhaltender Abdeckungen

– Andauerndes Besprühen mit Wasser

– Eine Kombination dieser Verfahren

Erforderlichenfalls müssen und können die genannten Verfahren mit wärmedämmenden Maßnahmen zum Schutz gegen Abkühlen kombiniert werden, z.B. das Abdecken mit Folien und Wärmedämmmatten.

Die Nachbehandlungsdauer ist im Wesentlichen abhängig von der Oberflächentemperatur, bei der der Beton erhärtet. Die Nachbehandlungsdauer soll so lange andauern, bis etwa 70 % der Druckfestigkeit erreicht sind, bei Beton der Festigkeitsklasse C30/37 beispielsweise $\geq$ 25 N/mm^2. Erhärtungsprüfungen können Aufschluss über die erreichte Druckfestigkeit geben. Die Oberflächenfestigkeit lässt sich auch durch Rückprallprüfungen abschätzen. Ohne Festigkeitsermittlung können Anhaltswerte für die Nachbehandlungsdauer Tafel 10.3 entnommen werden.

Bild 10.17:
Nachbehandlung des Betons durch Aufsprühen eines Nachbehandlungsfilms
[Foto: Melcher]

Die Einwirkung von Zugluft während des Betoneinbaues und der anfänglichen Erhärtung muss unbedingt vermieden werden. Das bedeutet, dass Fenster, Türen, Tore sowie andere Öffnungen geschlossen bleiben müssen. Weiterhin sind Temperaturen an der Betonoberfläche unter + 5 °C durch geeignete Maßnahmen zu verhindern. Auf gefrorene Tragschichten darf nicht betoniert werden.

10.5 Schützen der erhärtenden Betonbodenplatte

Bild 10.18:
Nachbehandlung eines Betonbodens für einen Hallenboden
[Werkfoto GORLO Industrieboden GmbH & Co.KG]

Bild 10.19:
Nachbehandlung eines Betonbodens für eine Freifläche
[Werkfoto GORLO Industrieboden GmbH & Co.KG]

Tafel 10.3: Mindestdauer der Nachbehandlung von Beton in Tagen [1]) für verschleißbeanspruchte Betonoberflächen der Expositionsklassen XM (nach DIN 1045-3 [N1])

morgendliche Oberflächentemperatur des Betons bzw. Lufttemperatur [2])	Mindestdauer der Nachbehandlungsdauer in Tagen [1])			
	Festigkeitsentwicklung des Betons $r = f_{cm2}/f_{cm28}$ [3])			
	schnell $r \geq 0{,}50$	mittel $r \geq 0{,}30$	langsam $r \geq 0{,}15$	sehr langsam $r < 0{,}15$
$\geq 25\ °C$	2	4	4	6
$< 25\ °C \ldots \geq 15\ °C$	2	4	8	10
$< 15\ °C \ldots \geq 10\ °C$	4	8	14	20
$< 10\ °C \ldots \geq 5\ °C$	6	12	20	30

[1]) Die Zeitangaben der Tafel gelten für verschleißbeanspruchte Betonoberflächen. Nach DIN 1045-3 sind bei verschleißbeanspruchten Betonoberflächen der Expositionsklassen XM ohne genaueren Nachweis die doppelten Zeitangeben einzuhalten gegenüber anderen Bauteilen. Temperaturen unter + 5 °C müssen vermieden werden.
[2]) Anstelle der Oberflächentemperatur des Betons darf auch die morgendliche Lufttemperatur angesetzt werden.
[3]) Zwischenwerte der r-Werte können linear interpoliert werden.

In [L52] wird der Einfluss der Temperatur während der Nachbehandlung von Betonfahrbahndecken untersucht. Als Ergebnisse lassen sich nachfolgende Punkte für die Herstellung von Betonbodenplatten im Freien zusammenzufassen:

- Neben einem wirksamen Schutz vor dem Austrocknen ist auch ein Schutz vor starker Aufheizung durch Sonneneinstrahlung notwendig.
- Nachbehandlungen mit nassem Jutetuch oder durch Aufsprühen von Wasser sind günstig, da der Aufheizung der Betonoberfläche die Verdunstungskälte entgegen wirkt.
- An heißen Sommertagen überlagern sich Sonneneinstrahlung und Hydratationswärme und können nachts zu Biegerissen (Längsrissen) führen, wenn der Temperaturausgleich entsteht. Alle Fugen (Längs- und Querfugen) sind so früh wie möglich zu schneiden.
- Temperaturänderungen bei zunächst starker Erwärmung einer dünnen Oberflächenschicht und anschließender rascher Abkühlung führen zusammen mit dem Austrocknungsschwinden häufig zu Oberflächenrissen.
- Im Hochsommer wird empfohlen, den Betonierbeginn möglichst erst in die Nachmittagsstunden zu verlegen und rechtzeitig vor Sonnenaufgang aufzuhören, um die starke Sonneneinstrahlung nicht zeitlich mit der starken Entwicklung der Hydratationswärme zusammenfallen zu lassen.

10.5.1 Nachbehandlungsmittel

Kritisch bei erhärtenden Betonbodenplatten sind besonders die ersten Stunden nach der Herstellung. Gerade in dieser Zeit benötigt der Beton einen Schutz, z.B. bei Betonflächen im Freien vor Austrocknung infolge Wind und Sonne. Zum sofortigen Schutz des Betons eignen sich filmbildende Nachbehandlungsmittel, die beim Mattwerden der fertig gestellten Betonoberfläche aufgesprüht werden. Die jeweils erforderliche Auftragsmenge muss in Abhängigkeit vom Material und von der Rauheit der Oberfläche so festgelegt werden, dass ein geschlossener Film mit einem nachgewiesenen Sperrkoeffizienten (S) von mindestens 75 % erreicht wird. Hierzu sind die vom Hersteller angegebenen Verbrauchsmengen unbedingt einzuhalten. Erfahrungen der Baupraxis belegen, dass häufig zu geringe Mengen aufgebracht werden, sodass die erforderliche Schutzwirkung nicht entsteht. Wird eine zu große Menge aufgetragen, kann die Abwitterung des Nachbehandlungsmittels verzögert werden.

Im Freien werden zweckmäßig hell pigmentierte Nachbehandlungsmittel eingesetzt. Dieses wirkt sich günstig auf das Aufheizverhalten der Betonoberfläche infolge der Sonneneinstrahlung aus. Die Technischen Lieferbedingungen für flüssige Nachbehandlungsmittel TL-NBM-StB [R52] regeln den Einsatz im Straßenbau (siehe Tafel 10.4). Die Anwendung kann sinngemäß auch auf Betonbodenplatten übertragen werden.

Als Nachbehandlungsmittel stehen im Wesentlichen drei Arten zur Verfügung (Tafel 10.5).

Tafel 10.4: Bezeichnung für Nachbehandlungsmittel im Straßenbau [R52]

Bezeichnung für Nachbehandlungsmittel abhängig vom Anwendungsbereich [1])		Zeitpunkt des Aufbringens		
		sofort H	mattfeucht M	nach Entschalen E
Beton für Verkehrsflächen (Straßenbeton mit Griffigkeitsanforderung)	V	VH	VM	-
Beton für nicht befahrene Bauteile (allgemeiner Betonbau, ohne Griffigkeitsanforderung)	B	BH	BM	BE

[1]) Zusätzliche Bezeichnung für Nachbehandlungsmittel mit besonderen Eigenschaften: W - erhöhter Hellbezugswert (Weißwert) ; K - kurzfristige Verkehrsfreigabe

10.5.2 Abdeckungen

Um einen ausreichenden Schutz vor Temperaturdifferenzen zu erzielen, sind Betonbodenplatten, die als Freifläche oder bei offenen Hallen hergestellt werden, sobald wie möglich abzudecken. Ein sofortiger Verdunstungsschutz kann z.B. durch das Abdecken mit feuchter Jute oder mit Folie erfolgen. Untersuchungen und Praxiserfahrungen haben gezeigt, dass bei Temperaturdifferenzen $\geq$ 15 Kelvin zwischen Kern und Oberfläche einer erhärtenden Betonbodenplatte zu Rissen führen können. Zwischen Abdeckung und Beton darf keine Luftbewegung stattfinden.

Abdeckungen sind erst dann zu entfernen, wenn die Temperaturdifferenzen zwischen Luft- und Betonoberfläche gering sind, also nicht am frühen Morgen, besser gegen Mittag. Abdeckungen, die für das Schneiden der Fugen beseitigt werden müssen (siehe Kapitel 11), sind möglichst schnell wieder aufzubringen.

10.5.3 Nass-Nachbehandlung

Eine Nass-Nachbehandlung ist für die erforderliche Nachbehandlungsdauer durchzuführen, wenn Abdeckungen bis zu diesem Zeitpunkt nicht liegen bleiben können. Das Nasshalten der Betonoberfläche kann beispielsweise mit Sprühschläuchen oder Rasensprengern (Bild 10.19) erfolgen. Der Einsatz eines Wasserschlauches mit scharfem Strahl „erschreckt" den Beton, d.h., warmer Beton wird schockartig kaltem Wasser ausgesetzt mit der Folge von Rissbildungen. Nass-Nachbehandlungen müssen sicherstellen, dass die Betonoberfläche nicht zwischenzeitlich abtrocknet, da hierdurch die Widerstandsfähigkeit der Oberfläche besonders gegen mechanische Beanspruchung beeinträchtigt wird. Sehr gut bewährt hat sich das Unterwassersetzen von Flächen, bei denen dies baupraktisch möglich ist.

Tafel 10.5: Arten von Nachbehandlungsmitteln

Art des Nachbe-handlungsmittel	Bemerkungen zu Material, Aufgabe und Anwendungsbereich

Übliches Nachbe-handlungsmittel	- Material: weiße flüssige Emulsionen
	- Verbrauchsmenge $\approx$ 150 g/m²
	- Aufgabe:
	  Verstopfen die Betonporen nach dem Aufsprühen (Bild 10.17)
	  dünne Filmbildung,
	  weitgehende Behinderung der Verdunstung aus dem Beton durch Sonne und Wind.
	- Voraussetzung für die Anwendung:
	  Spätere freie Abwitterungsmöglichkeit muss gegeben sein, um nachfolgende Beschichtungen oder Beläge aufbringen zu können (erforderlicher Abwitterungszeitraum $\approx$ 6 Wochen freie Bewitterung).
	  Eignung für überdachte Flächen nur dann, wenn keine weitere Oberflächenbehandlung vorgenommen wird.

Hautbildendes Nach-behandlungsmittel	- Material: Kunstharze in rasch flüchtigen Lösungsmitteln - Verbrauchsmenge $\approx$ 300 g/m² - Aufgabe: Bildung einer transparenten, weitgehend wasserdampfdichten Haut als zusätzlicher schneller Schutz des Betons innerhalb weniger Minuten gegen Schlagregen (Nachbehandlungshaut kann im jungen Alter des Betons abgezogen werden). - Anforderung: Entfernung der Nachbehandlungshaut vor einer Folgebeschichtung.

Geeignete Epoxid-harz-Kombinationen (zweikomponentig)	- Verfahren: Nass-in-Nass-Verfahren, aufgebracht auf den frischen Beton mit anschließender Einglättung („Kunstharzfinish").
	- Auftragsart: Spritzen (airless), Bürsten oder Rollen auf frische Beton-oberflächen unter der Voraussetzung, dass die Oberfläche frei von sichtbarer Nässe oder Schlämme ist.
	- Verbrauchsmenge $\approx$ 300 g/m²
	- Aufgabe:
	  - gleichzeitig Grundierung für nachfolgende Beschichtungen,
	  - sofortiger Schutz des Betons gegen Verdunsten des Wassers,
	  - gleichzeitig dauerhafte Versiegelung,
	  - transparente und farbige Schutzüberzüge sind möglich.

10.6 Verlegen von Groß- und Kleinflächenplatten

Für die Befestigung von Hallen- und Freiflächen sind auch Fertigteile einsetzbar, z.B. Fertigteilplatten mit besonderen Oberflächen, Gleisplatten, Schächte, Kanäle oder Entwässerungsrinnen.

10.6.1 Fertigteile für die Flächenbefestigung

Großflächenplatten
Fertigteilplatten aus Stahlbeton haben ein Standardmaß von 2 m · 2 m. Sie werden als Großflächenplatten bezeichnet. Eingesetzt werden insbesondere Schwerlastplatten für Schwerverkehr. Die Plattendicke beträgt im Allgemeinen 140 mm bis 180 mm. Die Großflächenplatten werden aus Beton C45/55 hergestellt. Sie können rutschhemmende Ober-

10.6 Verlegen von Groß- und Kleinflächenplatten

flächen haben. Die Kanten sind mit 5 mm breiten Fasen oder mit Stahlwinkeln zur Kantenverstärkung ausgebildet (Bild 4.24).

Die Großflächenplatten werden in einem 30 bis 50 mm dicken Feinplanum aus Hartsteinsplitt 2/5 mm auf der Tragschicht verlegt. Die Fugen werden mit Hartsteinsplitt 2/5 mm geschlossen. Im Bereich flüssigkeitsdichter Flächen sind nur Platten mit Allgemeiner bauaufsichtlicher Zulassung zu verwenden. Die Fugen sind bis 45 mm unter Oberkante Platten mit Hartsteinsplitt zu füllen. Auf einem geschlossenen Fugenstützprofil sind die Fugen mit einem den Anforderungen entsprechenden Fugenvergussmaterial zu schließen.

Außer dem Standardmaß von 2,0 m · 2,0 m stehen auch Ergänzungsplatten von 1,5 m, 1,25 m oder 1,0 m Breite zur Verfügung.

Mittelflächenplatten
Das sind Stahlbetonplatten mit einem Standardmaß von 1,0 m · 1,0 m. Sie haben Plattendicken von 120 und 140 mm und bestehen aus Stahlbeton C45/55 für übliche Verkehrsbelastung. Für Schwerlastbeanspruchung oder Befahren durch Kettenfahrzeuge werden 160 mm dicke Platten mit einer verschweißten Ummantelung aus 6 mm starkem Blech hergestellt. Diese Stahlblechmantelplatten oder Panzerplatten sind dort einsetzbar, wo Betonoberflächen den äußerst harten Beanspruchungen nicht widerstehen können. Die Oberflächen können in glatter Ausführung oder für hohe Trittsicherheit mit Tränenblech hergestellt werden. Die Verlegung erfolgt wie bei Großflächenplatten auf einer Tragschicht, die von der Planung vorzugeben ist.

Kleinflächenplatten
Mit einem Standardmaß von 300 · 300 mm werden Kleinflächenplatten in 30 mm Dicke als Hartbetonplatten mit Hartstoffen oder Stahlspänen an der Oberfläche hergestellt. Außerdem sind für besonders harte Beanspruchungen Stahlankerplatten aus 3 mm dickem Stahlblech aus Normalstahl bzw. V2A-Stahl einsetzbar. Die Kanten können rundkantig oder scharfkantig ausgebildet werden.

Die 30 mm dicken Hartbetonplatten und auch die Stahlankerplatten aus 3 mm dickem Blech werden auf einer Tragschicht aus Beton C25/30 mit Haftschlämme in Mörtelbett aus Zementmörtel verlegt. Für Stahlankerplatten muss das Mörtelbett 40 bis 60 mm dick sein. Der Verlegemörtel muss aus sämtlichen Schlitzen der Stahlankerplatten oberflächenbündig herausquellen.

10.6.2 Fertigteile für den Gleisbereich

Für Lager- und Produktionshallen, insbesondere Werkhallen, erfolgt die Anlieferung der Rohstoffe oder Auslieferung der Produkte auch über die Bahn. Die hierzu erforderlichen Gleisanlagen behindern den Betriebsablauf, wenn nicht besonderen Maßnahmen ergriffen würden und die Gleise durch andere Fahrzeuge (Lkw, Gabelstapler) nicht überfahrbar wären.

Gleis-Auskleidungsplatten
Im Gleisbereich ist das Verlegen von Gleis-Auskleideplatten eine sichere und wirtschaftliche Maßnahme. Diese Großflächenplatten werden im Rastermaß als Gleismittelplatten

und Gleisrandplatten mit oder ohne umlaufenden Stahlwinkel als Kantenschutz hergestellt. Sie sind sowohl für Kopfschienen als auch für Rillenschienen einsetzbar. Die Breite der Gleis-Auskleideplatten entspricht der Spurweite des Gleises. Die Platten werden zwischen den Schienen auf der Tragschicht verlegt, damit ein Überfahren von Gleisen im Lagerflächenverkehr möglich ist, z.B. im Bereich der Anlieferung durch die Bahn (Bild 4.27). Die Art der Tragschicht ist vom Planer vorzugeben.

Gleis-Tragplatten
Gleis-Tragplatten bilden die tragende Konstruktion zur Befestigung des Gleisbereichs und dienen gleichzeitig der Befestigung der Schienen (Bild 4.29). Die Schienen werden auf der Gleistragplatte mit Spannklemmenverbindungen befestigt. Der Gleisbereich kann ebenfalls von Fahrzeugen überquert werden.

Gleiswannen
Für den sicheren Umgang mit wassergefährdenden Stoffen im Gleisbereich wie auch für den speziellen Einsatz in Waschanlagen wurden Gleiswannen aus Stahlbeton entwickelt. Diese Gleiswannen können oberflächenbündig mit Betonabdeckplatten oder Gitterrost abgedeckt werden (Bild 4.30). Dadurch ist auch in diesem Bereich ein Querverkehr durch Lkw oder Stapler möglich. Die Gleiswannen liegen auf einer von der Belastung abhängigen Tragschicht.

Gleis-Arbeitsgruben
Für Wartungs- und Reparaturarbeiten von Schienenfahrzeugen des Werkverkehrs sind Arbeitsgruben unter der Gleisanlage erforderlich. Auch hierfür werden werkmäßig Stahlbeton-Fertigteile hergestellt. Die Arbeitsgruben sind auf einer Tragschicht zu versetzen, z.B. auf einer Betontragschicht.

11 Herstellen von Fugen

Die Herstellung der Fugen hat nach dem Fugenplan zu erfolgen. Im Fugenplan, der vom Planer aufgestellt wird, sind die Fugen in Art und Lage dargestellt (siehe Kapitel 4.4.11). Sollten Abweichungen erforderlich werden, dürfen diese vom Unternehmen nicht eigenmächtig vollzogen werden, sondern sind mit dem Planer abzustimmen.

Fugenkonstruktionen und Fugenabstände sind im Einzelnen in Kapitel 4.4 beschrieben. Die Fugenabstände sind in besondere Maße abhängig von den Herstellbedingungen. Es sind Unterschiede, ob die Betonbodenplatte in geschlossener Halle, in offener Halle oder im Freien hergestellt wird. Angaben hierzu enthalten die Tafeln 4.7 und 4.9.

Auch im Bereich der Fugen muss der Beton die gleichen Anforderungen erfüllen und Eigenschaften aufweisen wie im übrigen Plattenbereich. Hierzu gehört auch die geforderte Ebenheit der Oberfläche im Fugenbereich.

11.1 Scheinfugen und Sollrissquerschnitte

Scheinfugen erhalten einen Kerbschnitt. Dieser kann grundsätzlich durch verschiedene Verfahren erreicht werden:

– Nachträgliches Einschneiden der Scheinfuge in den erhärtenden Beton,
– Eindrücken der Scheinfuge in den Frischbeton.

Geschnittene Scheinfugen
Üblicherweise werden die Scheinfugen durch nachträgliches Schneiden des erhärtenden Betons mit einem Schneidgerät hergestellt (Bild 11.1).

Der *Zeitpunkt für das Schneiden* ist passend zu wählen. Bei frühzeitigem Schneiden können wilde Risse vermieden werden. In der Regel ist der Fugenschnitt innerhalb von 24 Stunden erforderlich. Bei ungünstigen Erhärtungsbedingungen, z.B. bei höheren Beton- und Lufttemperaturen, kann das Schneiden bereits nach wenigen Stunden nötig sein. Leicht ausgefranste Fugenkanten lassen sich nicht immer vermeiden, sie sind ein Hinweis auf den richtigen Zeitpunkt des Schneidens. Scharfkantige Fugen können nur entstehen, wenn die Festigkeitsentwicklung des Betons schon weiter fortgeschritten ist.

Kann der Fugenschnitt am Betoniertag nicht mehr durchgeführt werden, soll das Schneiden am nächsten Tag erst dann erfolgen, wenn die Zugspannungen durch Erwärmung im Beton wieder teilweise abgebaut wurden. So kann vermieden werden, dass beim Schneiden der Fugen vor dem Schnitt vorauslaufende Risse entstehen. Vielfach kommt es zu Rissbildungen, weil das Schneiden der Fugen erst nach einigen Tagen durchgeführt wird. Diese Vorgehensweise ist in jedem Fall zu spät und führt zu wilden Rissen.

Beim Fugenschneiden entsteht stets Schlämme, die direkt nach dem Schnitt zu beseitigen ist. Anderenfalls verfestigt der Zementschlamm mit der Folge, dass es zu optischen Beeinträchtigungen der Betonoberfläche kommt (Bild 11.2).

11.1 Scheinfugen und Sollrissquerschnitte

Bild 11.1:
Nachträgliches Schneiden einer Scheinfuge mit einem Schneidgerät
[Werkfoto GORLO Industrieboden GmbH & Co.KG]

Das so genannte „Soft-Cut-Verfahren" ist ein Verfahren, bei dem der Schnitt sehr früh und noch vor dem Abfließen der Hydratationswärme hergestellt wird. Durch Einsatz eines Spezialgerätes erhält die fertig gestellte Oberfläche des erstarrenden Betons einen etwa 20 mm tiefen Schnitt. Trotz dieser geringen Tiefe reicht diese Vorgehensweise für eine vollwirksame Scheinfuge aus. Eventuelle Ausrisse an den Fugenflanken können dabei jedoch nicht immer vermieden werden.

Bild 11.2:
Nachträgliches Schneiden einer Scheinfuge mit einem Schneidgerät
[Werkfoto GORLO Industrieboden GmbH & Co.KG]

Zum Schneiden der Fugen darf die Abdeckung des Betons erst kurz vor dem Schneiden beiseite genommen werden. Sie ist erforderlichenfalls nach dem Schneiden sofort wieder aufzubringen, um die Nachbehandlung wirkungsvoll fortzusetzen. Der Fugenschnitt in den Beton wird mit einem Schneidgerät (Trennscheibe) durchgeführt. Die Schnittbreite beträgt ungefähr 3 mm bis 4 mm, die Tiefe 1/4 bis 1/3 der Plattendicke, also etwa 60 mm Tiefe.

Ein Schließen der Fuge ist in vielen Fällen nicht unbedingt erforderlich. Sinnvoll ist es, abhängig von den Betriebsbedingungen bereits in der Planung diesen Punkt mit dem Bauherrn zu klären und ein Schließen der Fugen im Leistungsverzeichnis gesondert festzulegen.

Unabhängig von der Art der Scheinfugenausbildung sind untere Fugeneinlagen nicht erforderlich, sie können sogar schädlich sein.

Scheinfugen mit Fugenprofilen
Für die Ausbildung von Scheinfugen bieten verschiedene Hersteller spezielle Fugenprofile aus Beton, Faserzement oder Kunststoff an. Aufgabe dieser Fugenprofile ist eine Querschnittsschwächung, sodass der Beton an diesen Profilen gezielt reißen kann. Die Profile werden vor dem Betonieren eingebaut und gleichzeitig zum Abziehen des Betons beim Betonieren genutzt, um die höhengerechte Lage der Betonbodenplatte herzustellen. Sehr weiche Betone können sich durch das spätere Setzen des Betons nachteilig auswirken. Weiterhin ist auch ein späteres, beidseitiges Ablösen des Betons möglich. Dadurch entstehen praktisch zwei direkt benachbarte Scheinfugen im oberen Bereich rechts und links des Profils. Diese können bei schwerem und häufigem Staplerverkehr zu Flankenabrissen längs des Profils führen. Bei Einsatz dieser Profile sollte daher die Einbaukonsistenz gleich bleibend sein. Es ist erforderlich, bei jedem Transportfahrzeug den Beton auf die geeignete Konsistenz zu kontrollieren.

Eingedrückte Scheinfugen
Bei Betonbodenplatten für Freiflächen mit einfachen Anforderungen an die Ebenheit und mit geringerer Verschleißbeanspruchung, die streifenweise betoniert werden, kann das Eindrücken einer Fugeneinlage in den frischen Beton ausreichend sein. Dies ist möglich, wenn weicher Beton mit Fließmittel mit einem Größtkorn $\leq$ 16 mm eingebaut wird. Ein Hartfaserstreifen von etwa 60 mm Höhe und 3 mm Dicke kann hierfür verwendet werden. Das Eindrücken erfolgt zwischen zwei Winkelprofilen mit einem besonderen Schwert.

Bei höheren Anforderungen an die Ebenheit sind Scheinfugen jedoch stets durch Schneiden herzustellen und nicht durch Eindrücken einer Fugeneinlage.

11.2 Pressfugen

Arbeitsfugen entstehen beim Herstellen benachbarter Plattenfelder, die in zeitlichem Abstand betoniert werden. Es sind so genannte Tagesfeldfugen. Zur Ausbildung der Fuge wird die Stirnseite der erstbetonierten Betonbodenplatte lotrecht abgeschalt. Nach dem Entschalen der Stirnseite kann die nachfolgende Betonbodenplatte ohne Fugeneinlage press gegen betoniert werden. Damit entsteht die so genannte Pressfuge.

11.2 Pressfugen

Raue Stirnseiten der Betonbodenplatten können eine Querkraftübertragung in der Fuge ermöglichen, wenn sich die Fugen nicht zu weit öffnen und die Radlasten nicht zu groß sind. Diese Querkraftübertragung kann jedoch nur bei kleinen Fugenabständen und genügend großer Rautiefe unter günstigen Herstellbedingungen erzielt werden („Ausführung S speziell" entsprechend Tafel 4.7 Fußnote 2). Eine ausreichende Rautiefe kann z.B. durch Einbau von Rippenstreckmetall an der Stirnseitenschalung erfolgen. Das Rippenstreckmetall ist nicht bis zur Oberkante zu führen. Beim Entschalen der Stirnseite am nächsten Tag ist das Streckmetall zu entfernen.

Fugenausbildungen an der Oberseite der Betonbodenplatten können auf unterschiedliche Weise erfolgen. Die einfachste Ausführungsart ergibt sich dadurch, dass sich die Fugen öffnen, die sich an der Oberfläche als Risse abzeichnen. Diese Risse sind zwar annähernd „gerade" geführt, denn sie entstehen entlang der Pressfugen, aber sie haben sonst das gleiche Erscheinungsbild wie andere Risse.

Bei anspruchsvolleren Flächen sollten die Pressfugen an der Oberseite nachgeschnitten werden. Meistens gelingt es jedoch nicht, die Rissufer mit dem üblichen Scheinfugenschnitt von 4 mm Breite zu erfassen. Nur bei mechanisch nicht stark beanspruchten Flächen sollte ein Nachschnitt von 8 mm Breite eingebracht und mit Fugendichtstoff geschlossen werden, wie dies auch bei Scheinfugen entsprechend Bild 4.9 ausgeführt wird.

Fugenschienen sollten stets bei schwer belasteten Fugen eingebaut werden. Schwer belastete Fugen oder solche, die mit harten Reifen beansprucht werden, benötigen einen Kantenschutz. Dies kann wie bei Randfugen entsprechend Bild 4.14 mit Stahlwinkeln erfolgen. Bei Radlasten $Q_d > 60$ kN und sehr hoher Fahrzeugfrequenz sollten spezielle Fugen-Doppelschienen eingebaut werden, wie z.B. die so genannte Omega-Schiene (Bild 4.11).

Verdübelungen oder Verzahnungen der Pressfugen sind besonders bei größeren Fugenabständen und hohen Radlasten erforderlich. Beim Einbau der Dübel ist besonders darauf zu achten, dass sie parallel zueinander und fluchtrecht in Plattenlängsachse liegen, damit die Dübel erforderliche Längsbewegungen der Betonbodenplatten nicht behindern. Bei Verdübelungen der Fugen in beiden Richtungen können durch die Dübel jedoch Zwangbeanspruchungen im Beton entstehen, besonders bei großen Fugenabständen.

Als Dübel sind glatte Rundstähle zu verwenden, z.B. Ø 25 mm, Länge 500 mm (Bild 4.15). Der Abstand der äußeren Dübel vom Plattenrand sollte 25 cm betragen, die darauf folgenden 4 oder 5 Dübel sind in 25 cm Abstand einzubauen. Bei häufigen Lastwechseln sind in Hauptfahrspuren ebenfalls Dübel in 25 cm Abstand anzuordnen. Für die anderen Dübel außerhalb von Fahrspuren genügen Abstände von 50 cm (Bild 4.16). Damit Längsbewegungen der Betonbodenplatten im Fugenbereich möglich sind, ist jeder Dübel mit einer Kunststoffbeschichtung zu versehen.

11.3 Randfugen (Raumfugen, Bewegungsfugen, Dehnfugen)

Randfugen (Raumfugen, Bewegungsfugen, Dehnfugen) trennen die Betonbodenplatte in ganzer Dicke. Sie sind dort nötig, wo Betonbodenplatten von anderen Bauteilen und festen Einbauten getrennt werden müssen, z.B. zur Trennung der Betonbodenplatten von Wänden, Stützen, Kanälen, Schächten, Bodeneinläufen (Bilder 4.2, 4.3 und 4.13). Die Lage und Breite dieser Fugen ist vom Planer im Fugenplan anzugeben.

Flächen im Freien sind von Bauwerken stets durch Randfugen zu trennen, insbesondere dann, wenn die Flächen zwischen Gebäuden oder aufgehenden Bauteilen liegen.

Befahrene Bewegungsfugen sollen nicht dort liegen, wo sie häufig durch Längsverkehr direkt beansprucht werden. Sie sind innerhalb von Hallenflächen in der Regel nicht erforderlich, sie könnten durch ihre größere Breite den Betriebsablauf stören. Querverkehr lässt sich häufig nicht vermeiden, dies ist z.B. im Torbereich von Hallen der Fall. Stark belastete, befahrene Bewegungsfugen sollten stets verdübelt werden (Bild 4.15). Durch die größere Breite der Bewegungsfugen werden die Fugenkanten stärker beansprucht. Im Einzelfall ist vom Planer anzugeben, ob Bewegungsfugen verdübelt werden sollen und ob ein besonderer Kantenschutz der Bewegungsfugen erforderlich ist.

Bewegungsfugen (Randfugen) brauchen eine weiche Fugeneinlage, z.B. Mineralfasermatten, keine Hartschaumplatten. Sie sollen mit genügender Breite die Ausdehnung der Betonbodenplatten gestatten, z.B. Fugenbreite $\geq$ 5 mm, möglichst 10 mm, erforderlichenfalls 20 mm. Die Breite der Bewegungsfugen ist vom Planer vorzugeben.

Die Fugeneinlage soll auf der Unterlage überall satt aufstehen. Es werden hierzu zweckmäßigerweise Weichfaserplatten verwendet. Die Fugeneinlagen sollen mit der Seitenschalung bündig abschließen und gegen Kippen und Verschieben gesichert sein.

Zur Lastübertragung bei befahrenen Bewegungsfugen sind Rundstahldübel einzubauen. Damit eine Längsbewegung im Fugenbereich möglich ist, soll jeder Dübel mit einer Kunststoffbeschichtung versehen sein. Auf das Ende eines jeden Dübels ist eine Blech- oder Kunststoffhülse zu stecken, die genügende Bewegungsmöglichkeit in Längsrichtung zulässt (Bild 4.15).

Für das Verlegen der Dübel sind besondere Dübelkörbe zweckmäßig, welche die richtige Lage der Dübel sichern. Die Dübel sollen parallel zueinander und fluchtrecht in Plattenlängsachse liegen, damit sie die erforderliche Längenänderungen der Betonbodenplatten nicht behindern.

11.4 Fugenabdichtung

Scheinfugen und Pressfugen benötigen nicht unbedingt eine Abdichtung. Betriebliche Gründe oder der Wunsch des Bauherrn können jedoch ein Schließen dieser Fugen erforderlich machen. Für den Einbau eines Fugendichtstoffes sind folgende Arbeitsgänge erforderlich:

– Reinigung der Fuge

– Eindrücken einer unteren Fugeneinlage

– Einstreichen der Fugenflanken mit einem Primer

– Einbringen des elastischen Fugendichtstoffs

Die Fugenflanken müssen trocken sein. Das Reinigen kann durch Ausblasen der Fugen mit Pressluft oder durch eine andere geeignete Maßnahme erfolgen. Die besonderen Anweisungen der Herstellerfirma für den Einbau des Fugendichtstoffs sind zu beachten.

Wenn ein sofortiges Schließen der etwa bis 4 mm breiten Fugen ohne Nachschnitt vorgenommen werden soll, kann der Fugendichtstoff nur relativ kurzfristig wirksam sein. Die Fugen werden sich infolge des Schwindens des Betons weiter öffnen, der Fugendichtstoff wird überdehnt und löst sich von den Fugenflanken.

Scheinfugen ohne Nachschnitt sollten nur mit speziellen Kunststoff-Fugenfüllstoff vergossen werden. Ein entsprechender Nachweis des Herstellers über die Eignung des Fugenfüllstoffs ist notwendig. Das gilt auch für Pressfugen, wenn der obere Bereich den gleichen Kerbschnitt erhielt.

Randfugen (Bewegungsfugen, Raumfugen) sind meistens im oberen Bereich abzudichten. Damit einwandfreie Fugenflanken zur Aufnahme des Fugendichtstoffs entstehen, ist im oberen Bereich ein Nachschnitt vorteilhaft (Bilder 4.13 und 4.15).

Im unteren Bereich des Fugenspaltes ist ein Hinterfüllprofil einzulegen, sodass sich ein günstiger Querschnitt für den Fugendichtstoff ergibt und dadurch die innere Rückstellkraft des Fugendichtstoffes nicht größer wird als die Haftfähigkeit an den Fugenflanken. Geeignet ist dafür z.B. ein geschlossenzelliges Rundprofil aus Moosgummi (Bild 4.13).

12 Aufbringen von Oberflächenschutzsystemen

Die Art der Oberflächenbehandlung ist abhängig von der Nutzung des Betonbodens, d.h. von den betrieblichen Anforderungen an die Betonbodenplatte. Oberflächenschutzsystem und Bearbeitung der Oberfläche müssen aufeinander abgestimmt sein.

In [R30.1] wird angegeben, dass Oberflächenschutzsysteme nach der DAfStb-Richtlinie „Schutz und Instandsetzung von Betonbauteilen" [R26] zu planen und auszuführen sind. Neben den in dieser Richtlinie aufgeführten Oberflächenschutzsystemen haben sich bei Betonböden auch andere Oberflächenschutzsysteme bewährt. Je nach Bauaufgabe ist im Einzelfall zu entscheiden, ob für das jeweilige Schutzsystem die DAfStb-Richtlinie zugrunde gelegt wird oder andere Festlegungen getroffen werden. In diesen Fällen ist der Bauherr unbedingt in den Entscheidungsprozess einzubeziehen, aufzuklären und sein Einverständnis dafür einzuholen. Es wird empfohlen, Planung, Ausführung, Überwachung und Dokumentation stets nach der DAfStb-Richtlinie durchzuführen.

In verfahrenstechnischen Anlagen mit Produktions- und Lagerräumen, die dem Umgang mit aggressiven und/oder wassergefährdenden Stoffen dienen [R18] bis [R22], können besondere Oberflächenschutzsysteme erforderlich werden. Der Begriff „Umgang" umfasst das Lagern, Abfüllen, Umschlagen, Herstellen, Behandeln oder Verwenden dieser Stoffe. Oberflächenschutzsysteme hierfür sind ist DIN 28052 [N53] geregelt.

Die Festlegung eines geeigneten Oberflächenschutzsystems (OS-Systems) muss stets in Abstimmung mit dem gewählten Konstruktionsprinzip der Betonbodenplatte getroffen werden. Sollen bei Neuplanungen Oberflächenschutzsysteme zum Einsatz kommen, ist erforderlichenfalls die Konstruktionsart der Betonbodenplatte zu berücksichtigen bzw. das Oberflächenschutzsystem daraufhin abzustimmen. Dazu gehören unter anderem:

– Bauteil (Tragwerk) nach DIN 1045

– unbewehrt bzw. stahlfaserbewehrt mit Fugenraster

– unbewehrt, gewalzt, fugenlos

– schlaff bewehrt, fugenlos

– Stahlfaserbewehrt, fugenlos

– vorgespannt, fugenlos

– Lage gegen Erdreich ohne Abdichtung

– wärmegedämmt

– mit Fußbodenheizung

Kriterien als Beispiele für die Auswahl von Beschichtungen enthält Tafel 6.3.4-1.

Besondere Bedeutung kommt auch der Prüfung und Vorbereitung eines geeigneten Untergrundes zu. Die erforderlichen Maßnahmen sind in der DAfStb-Richtlinie [R22] beschrieben.

12.1 Hydrophobierungen

Hydrophobierungen sind entsprechend der DAfStb-Richtlinie die Oberflächenschutzsysteme OS 1 bzw. OS A. Sie werden in der Richtlinie allerdings nur für geneigte und vertikale Flächen genannt. Sie bieten jedoch in der Praxis auch für bestimmte Einsatzgebiete bei befahrenen Flächen Vorteile.

Bei Hydrophobierungen dringt das Hydrophobierungsmittel in den Beton ein, ohne dass eine Filmbildung an der Oberfläche entsteht. Als Bindemittelgruppen sind Silane und Siloxane vorgesehen. Eine Verfestigung der Betonoberfläche ist mit einer Hydrophobierung nicht möglich. Durch diese Hydrophobierungen entsteht in der Regel keine Veränderung des optischen Erscheinungsbildes.

Die hydrophobierende Imprägnierung kann eine zeitlich begrenzte Verbesserung des Frost- und Taumittel-Widerstandes durch Verringerung der kapillaren Wasseraufnahme bewirken. Diese Wirkung ist wichtig für kurz vor der Winterperiode hergestellte Betonbodenflächen, die nach ausreichender Erhärtung vor der ersten Frost-Taumittel-Beanspruchung noch nicht austrocknen konnten, um sie gegen Frostabsprengungen zuschützen ($\rightarrow$ Abschn. 3.6).

Die hydrophobierende Imprägnierung entsteht bei mindestens zweimaligem Auftrag durch Fluten oder vergleichbare Verfahren.

12.2 Versiegelungen

In der Praxis wird als Versiegelung häufig eine Hydrophobierung verstanden, wie sie in der DAfStb-Richtlinie „Schutz und Instandsetzung von Betonbauteilen" [R26] als Oberflächenschutzsysteme OS 1 bzw. OS A geregelt ist. Sie werden auch als *Imprägnierungen* bezeichnet. Auch die Bezeichnung als *Grundierung* ist gebräuchlich, wie sie als Grundlage für eine spätere Beschichtung erforderlich ist.

Versiegelungen waren in der früheren Ausgabe der DAfStb-Richtlinie „Schutz und Instandsetzung von Betonbauteilen" als Oberflächenschutzsystem OS 3 für befahrbare Flächen geregelt. Verwendet werden dünnflüssige Kunstharze, z.B. niedrig viskose Epoxidharze EP-I oder EP-T. Diese Versiegelungen, die vorwiegend in den Beton eindringen, bilden aber auch einen Film an der Oberfläche von 50 µm Mindestdicke.

Durch Glanzbildung an der Betonoberfläche muss mit einer geringen Veränderung des optischen Erscheinungsbildes gerechnet werden. Es entsteht häufig eine farblich ungleichmäßige Oberfläche.

Die Oberflächenzugfestigkeit sollte an der versiegelten Oberfläche einen Mindestwert von 1,0 N/mm^2 im Mittel erreichen.

12.3 Beschichtungen

Beschichtungen von Betonbodenplatten sollten stets nach der DAfStb-Richtlinie „Schutz und Instandsetzung von Betonbauteilen" ausgeführt werden.

Für Betonbodenplatten sind folgende Oberflächenschutzsysteme einsetzbar:

Beschichtung für mechanisch gering beanspruchte Flächen:

– chemisch widerstandsfähig

– systemspezifische Mindestschichtdicke: ≥ 500 μm = 0,5 mm

– Bindemittelgruppe: Epoxidharz

– Mindestwerte der Oberflächenzugfestigkeit: Mittelwert $\geq 1{,}5$ N/mm^2

– kleinster Einzelwert $\geq 1{,}0$ N/mm^2.

Hinweis:
In der früheren Ausgabe der DAfStb-Richtlinie „Schutz und Instandsetzung von Betonbauteilen" war diese Beschichtung als Oberflächenschutzsystem OS 6 geregelt.

Beschichtung für befahrbare, mechanisch stark beanspruchte Flächen:

– chemisch widerstandsfähig

– systemspezifische Mindestschichtdicke: $\geq 1{,}5$ mm bzw. 2,5 mm

– Bindemittelgruppe: Epoxidharz

– Mindestwerte der Oberflächenzugfestigkeit: Mittelwert $\geq 2{,}0$ N/mm^2

– kleinster Einzelwert $\geq 1{,}5$ N/mm^2

Hinweis:
Diese starre Beschichtung gilt als Standard-Bodenbeschichtung. Sie ist in der DAfStb-Richtlinie „Schutz und Instandsetzung von Betonbauteilen" [R26, Ber2, 12/2005] als Oberflächenschutzsystem OS8 geregelt.

Rissüberbrückende Beschichtungen, die in der DAfStb-Richtlinie „Schutz und Instandsetzung von Betonbauteilen" als Oberflächenschutzsysteme OS 11 und OS 13 für befahrbare, mechanisch belastete Flächen angegeben sind, sollten nicht für Betonbodenplatten in Produktions- und Lagerhallen eingesetzt werden. Dafür ist die mechanische Beanspruchung durch Gabelstapler u.Ä. zu groß und eine ausreichende Dauerhaftigkeit kann nicht erreicht werden.

Beschichtungen im WHG-Bereich, z.B. Ableitflächen, müssen spezielle Anforderungen erfüllen. Die Beständigkeit der Beschichtung gegen die einwirkenden Flüssigkeiten ist nachzuweisen. Diese Beschichtungen bedürfen einer allgemeinen bauaufsichtlichen Zulassung als WHG-Beschichtung.

Beschichtungen für verfahrenstechnische Anlagen müssen den Anforderungen der zuständigen Norm entsprechen: DIN 28052 „Chemischer Apparatebau - Oberflächenschutz mit nichtmetallischen Werkstoffen für Bauteile aus Beton in verfahrenstechnischen Anlagen" [N53].

Beschichtungen auf LP-Betonen sind nicht unproblematisch. Praxiserfahrungen zeigen, dass dauerhafte Beschichtungen auf LP-Betonen nur mit erhöhtem Aufwand zielsicher herstellbar sind. Insbesondere ist hierbei die Einhaltung der geforderten Oberflächenzugfestigkeiten zu überprüfen.

Wenn eine Beschichtung erforderlich ist, sollte geklärt werden, ob diese Betonflächen auch ohne Luftporenbildner herzustellen sind. Bei flüssigkeitsdichten Beschichtungen sind künstliche Luftporen zur Sicherung des Frost-Taumittel-Widerstandes nicht erforderlich, da Chloride vom Beton ferngehalten werden.

Vorbehandlung der Oberfläche durch Kugelstrahlen ist in der Regel stets erforderlich, anderenfalls ist sie dringend zu empfehlen. Durch Kugelstrahlen werden schlämmereicher Beton sowie Reste von an der Betonoberfläche angereicherten Nachbehandlungsmitteln und/oder Betonzusatzmitteln entfernt, die den Verbund der Beschichtung beeinträchtigen könnten.

Beton mit Kunststofffasern können beschichtet werden. Bei der Untergrundvorbereitung durch Kugelstrahlen der Oberfläche werden Fasern teilweise freigelegt. In einer dünnflüssigen Grundierung haben diese Fasern das Bestreben sich aufzurichten. Um ein Durchstoßen der Fasern in die nachfolgende Beschichtung zu vermeiden, sind nach dem Aushärten der Grundierung alle Fasern mit einer Gasflamme abzubrennen. Danach ist die Oberfläche leicht anzuschleifen. Erforderlichenfalls ist ein zweites Mal zu grundieren.

13 Qualitätssicherungsmaßnahmen

Für die Sicherstellung einer dauerhaften Gebrauchsfähigkeit des Betonbodens während der späteren Nutzung ist eine Qualitätssicherung erforderlich.

Die Basis hierfür bieten DIN EN ISO 9000 „Qualitätsmanagement - Grundlagen und Begriffe. 2000-12", DIN EN ISO 9001 „Qualitätsmanagement - Anforderungen. 2000-12" und die zugehörigen Folgenormen.

Für den Betonbau sind maßgebend:

DIN 1045-2   Tragwerke aus Beton, Stahlbeton und Spannbeton,
             Teil 2: Beton - Festlegung, Eigenschaften, Herstellung und Konformität. 2001-07 [N1]
DIN EN 206-1 Festlegung, Eigenschaften, Herstellung und Konformität von Beton. 2001-07 [N4]

Kontrollen und Prüfungen sind vor und während der Bauausführung erforderlich. Sie sollen den gesamten Aufbau umfassen und sich auf Untergrund, Tragschicht, Zwischenschicht, Betonbodenplatte und Nutzschicht erstrecken [R30.1]. Die Kontrollen und Prüfungen erfolgen vom Unternehmen im Rahmen der Eigenüberwachung durch den für das jeweilige Gewerk Verantwortlichen. Der Vertreter des Bauherrn - oder der Generalunternehmer - hat sicherzustellen, dass die Nachweise durchgeführt werden. Das gilt insbesondere für die Schnittstellen der Teilgewerke.

13.1 Prüfung des Untergrundes und der Tragschicht

Eine dauerhafte Gebrauchsfähigkeit des Betonbodens ist wesentlich abhängig von der Tragfähigkeit der Unterkonstruktion unter der Betonbodenplatte. Die Tragfähigkeit des Untergrundes und der Tragschicht wird bestimmt durch die Art des Untergrundes und der Tragschicht, insbesondere aber auch durch deren Verdichtung. Der Grad der erreichten Verdichtung ist hierbei besonders wichtig (siehe Kapitel 4.2.1 und 4.2.3). Die Anforderungen an die Verdichtung sind in Tafel 13.1 zusammengestellt.

Die Entscheidung, ob die Prüfung der Tragfähigkeit des Untergrundes und der Tragschicht durch ein Institut für Erd- und Grundbau erfolgen soll, muss der Auftraggeber treffen und vertraglich festlegen.

Für die Prüfung des verdichteten Untergrundes und der Tragschicht können nachstehende Verfahren zum Einsatz kommen:

– Durchführung des statischen Lastplattendruckversuchs (Kapitel 13.1.3)
– Durchführung des dynamischen Lastplattendruckversuchs (Kapitel 13.1.3)
– Bestimmung des Verdichtungsgrades (Proctordichte) (Kapitel 13.1.4)

13.1 Prüfung des Untergrundes und der Tragschicht

Einfache Baustellenverfahren können eine wertvolle, ergänzende Hilfe zur Feststellung der erreichten Verdichtung sein, z.B. die Feststellung der Verdichtungszunahme durch Nivellieren (Kapitel 13.1.1) oder der Befahrungsversuch durch das Befahren der Flächen mit einem Lkw (Kapitel 13.1.2).

Tafel 13.1: Erforderlicher Verformungsmodul des Untergrundes und der Tragschicht unter Betonbodenplatten [L20]

Belastung max. Einzellast Q_d [kN (t)]	Verformungsmodul des Untergrundes $E_{V2,U}$ [N/mm^2]	Radeinsenkung s eines LKW mit Radlast 50 kN (5t) [mm]
$\leq 30\ (\leq 3{,}0)$	≥ 35	≤ 8
$\leq 60\ (\leq 6{,}0)$	≥ 45	≤ 6
$\leq 100\ (\leq 10{,}0)$	≥ 60	≤ 4
$\leq 150\ (\leq 15{,}0)$	≥ 80	≤ 2
$\leq 200\ (\leq 20{,}0)$	≥ 100	≤ 1

Belastung max. Einzellast Q_d [kN (t)]	Verformungsmodul der Tragschicht $E_{V2,T}$ [N/mm^2]	Radeinsenkung s eines LKW mit Radlast 50 kN (5t) [mm]
$\leq 30\ (\leq 3{,}0)$	≥ 80	≤ 2
$\leq 60\ (\leq 6{,}0)$	≥ 100	≤ 1
$\leq 100\ (\leq 10{,}0)$	≥ 120	-
$\leq 150\ (\leq 15{,}0)$	≥ 150	-
$\leq 200\ (\leq 20{,}0)$	≥ 180	-

[1]) Bedingung für die Anwendung der E_{V2}-Werte:
Untergrund $E_{V2,U} / E_{V1,U} \leq 2{,}5$
Tragschicht $E_{V2,T} / E_{V1,T} \leq 2{,}2$

Maßgebend für die Beurteilung ausreichender Tragfähigkeit ist der E_{V2}-Wert (Tafel 13.1). Dabei sollte das Verhältnis der Verformungsmoduln E_{v1} (Erstbelastung) und E_{v2} (Wiederbelastung) nachstehende Bedingungen erfüllen:

Bedingungen: Untergrund $E_{V2,U}/E_{V1,U} \leq 2,5$
Tragschicht $E_{V2,T}/E_{V1,T} \leq 2,2$

Die Häufigkeiten der Prüfungen werden im Kapitel 13.1.7 dargestellt.

13.1.1 Nivellieren

Bei der Durchführung der einzelnen Verdichtungsvorgänge kann die Setzungszunahme der Schicht nach jedem Verdichtungsübergang durch Nivellieren festgestellt werden, z.B. durch Nivellierlatten mit Auflegeplatten. Ändert sich die Höhenlage der Schichtoberfläche bei wiederholten Verdichtungsübergängen nicht mehr, kann davon ausgegangen werden, dass beim Verdichten des Untergrundes und der Tragschicht jeweils eine ausreichende Verdichtung erreicht wurde. Besondere Aufmerksamkeit gilt dabei jedoch der Verwendung einwandfrei arbeitender Verdichtungsgeräte und vorhandenem Bodenmaterial mit möglichst optimalem Feuchtigkeitsgehalt. Ansonsten sind falsche Ergebnisse die Folge. Diese Fehlerquelle kann durch genauere Prüfung des Verformungsmoduls oder des Verdichtungsgrades vermieden werden.

13.1.2 Befahren mit LKW

Der „Befahrungsversuch" kann die Gleichmäßigkeit der Verformbarkeit von Untergrund und Tragschicht zeigen. Dieses Schnellprüfverfahren ergibt nach kurzer Vorbereitung und Versuchsdauer einen raschen Überblick über die Verformbarkeit von Untergrund oder Tragschicht. Hierdurch können die Anzahl genauerer Prüfungen verringert und die Prüfbereiche gezielter Untersuchungen ausgewählt werden.

Zur Prüfung wird die Prüffläche durch einen zweiachsigen Lkw befahren:

– Hinterachse mit Zwillingsbereifung

– Reifendruck 6 bar

– zulässiges Gesamtgewicht etwa 14 t

– Radlast 50 kN (5 t)

– Fahrgeschwindigkeit 4 bis 6 km/h (Schritttempo)

An ausgewählten Messpunkten wird mit einer Messlehre die genaue Höhenlage vor und nach dem Befahren durch Nivellieren festgestellt. Geeignet ist ein Nivelliergerät mit mindestens 30facher Vergrößerung. Die sich aus den beiden Nivellements zu errechnenden Radeinsenkungen ergeben den Einsenkungswert s. Gleichmäßige Einsenkungswerte lassen eine gleichmäßige Verformung und damit eine gleichmäßige Tragfähigkeit erkennen. Mithilfe des Diagramms in Bild 13.1 kann zu jedem Einsenkungswert s der zugehörige mittlere Verformungsmodul E_{V2} überschlägig abgeschätzt werden. Tafel 13.1 zeigt, welcher Verformungsmodul E_{V2} für die maximalen Belastungen des Betonbodens durch Einzellasten erforderlich ist.

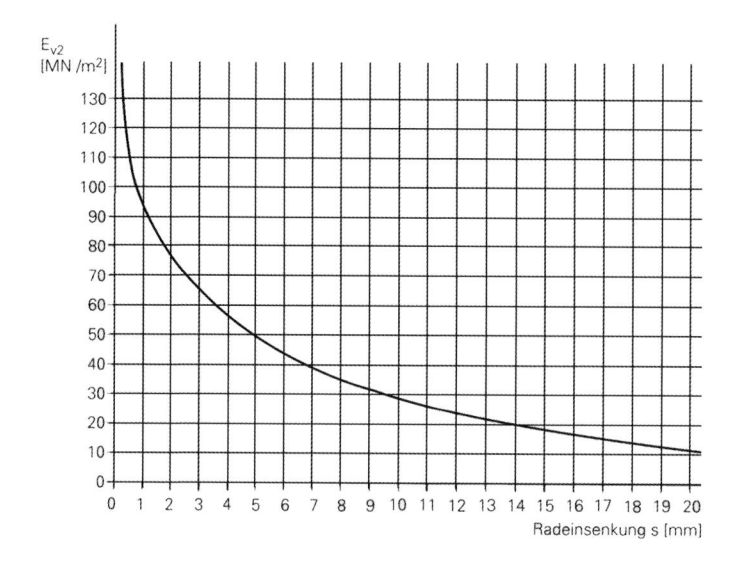

Bild 13.1: Verformungsmodul E_{V2} in Abhängigkeit von der Radeinsenkung s eines Lkw [nach TP BF-StB Teil 9.3, 1988]

Bei federnden Bereichen des Untergrundes ist ein Austausch des Untergrundes vor dem Einbau der Tragschicht erforderlich (siehe Kapitel 4.2.1).

13.1.3 Lastplatten-Druckversuche

Statischer Lastplatten-Druckversuch
Bei höher belasteten Betonböden und größeren Flächen muss immer die Verformbarkeit und die Tragfähigkeit eines Untergrundes oder einer Tragschicht beurteilt werden. Dazu sind die statischen Lastplatten-Druckversuche nach DIN 18134 [N42] durchzuführen. Hierbei erfolgt die Prüfung des Verformungsmoduls vom Untergrund und von der Tragschicht als E_{V2}-Wert.

Der statische Lastplattendruckversuch ist ein Prüfverfahren, bei dem der Untergrund durch eine kreisförmige Lastplatte mithilfe einer Druckvorrichtung wiederholt stufenweise belastet und entlastet wird. Je nach Bodenart werden unterschiedliche Durchmesser für die Lastplatte verwendet, z.B. 300 oder 600 mm. Die Ergebnisse liefern eine Aussage für die Verdichtungswirkung bis in eine Tiefe, die etwa dem anderthalb- bis zweifachen Plattendurchmesser entspricht. Für die Durchführung sind erforderlich:

– ein Plattendruckgerät,

– ein Belastungswiderlager als Gegengewicht (z.B. beladener Lkw) und

– Einrichtungen für die Kraftmessung und die Messung von Setzungen.

Unter einer Lastplatte mit dem Durchmesser d werden die Druckspannungen $\Delta\sigma$ mit den zugehörigen Setzungen Δs der einzelnen Laststufen in einem Diagramm als Drucksetzungslinie dargestellt. Der E_{V1}-Wert und der E_{V2}-Wert können über die Drucksetzungslinie der Erstbelastung und der Wiederbelastung berechnet werden:

$$E_V = \frac{3}{4} \cdot d \cdot \frac{\Delta\sigma}{\Delta s}$$

Dynamischer Lastplatten-Druckversuch
Die Durchführung des dynamischen Lastplatten-Druckversuchs zur Bestimmung des dynamischen Verformungsmoduls E_{Vd} erfordert einen geringeren Zeitaufwand als für den statischen Lastplatten-Druckversuch. Dieses gilt insbesondere bei Anwendung statistischer Methoden. Vorteilhafter ist diese Prüfmöglichkeit auch bei beengten Verhältnissen, z.B. bei Leitungsgräben oder Hinterfüllungen von Böschungen. Das Prüfverfahren eignet sich besonders für grobkörnige und gemischtkörnige Böden bis 63 mm Größtkorn.

Bei der Prüfung mit dem dynamischen Lastplatten-Druckversuch sind zunächst vor Ort entsprechende Vergleichswerte zum statischen Lastplatten-Druckversuch zu ermitteln (Kommentar zur ZTV E-StB [R7]).

Den Zusammenhang zwischen statischem Verformungsmodul E_{V2} und dynamischem Verformungsmodul E_{Vd} sowie Verdichtungsgrad D_{Pr} nach Proctor zeigt die nachstehende Tafel 13.2.

Tafel 13.2: Zusammenhang zwischen E_{V2}, E_{Vd} und D_{Pr} für grobkörnige Böden [R8][R30.1]

Bodengruppen (DIN 18196)-			E_{V2} [MN/m]	E_{Vd} [MN/m]	D_{Pr} [%]
GW	Kies	weit gestuft	120-100-80	75-55-45	103-100-97
GE - GI	Kies	eng und intermittierend gestuft	80-60-45	30-20-15	100-97-95
SE - SI - SW	Sand	eng bis weit gestuft			

13.1.4 Verdichtungsgrad

Die Feststellung des Verdichtungsgrades ist ein weiteres Prüfverfahren. Der Verdichtungsgrad D_{Pr} ist nach DIN 18125 Teil 2 zu prüfen [N39]. Dabei wird von der einfachen Proctordichte ausgegangen. Gängige Prüfverfahren für die Dichtemessung sind die Prüfung mit dem Ausstechzylinder, mit der Sandersatzmethode oder der Ballonmethode.

Der Verdichtungsgrad D_{Pr} des Bodens lässt sich errechnen aus der im Feldversuch festgestellten vorhandenen Trockenrohdichte ρ_D im Verhältnis zur beim genormten Proctorversuch im Labor optimal erreichbaren Proctordichte ρ_{Pr}.

$$D_{Pr} = \frac{\rho_D}{\rho_{Pr}} \cdot 100 \quad \text{in } \%$$

13.1 Prüfung des Untergrundes und der Tragschicht

Eine näherungsweise Zuordnung des Verdichtungsgrades D_{Pr} zu den Verformungsmoduln E_{V2} oder E_{Vd} ist nach Tafel 13.2 möglich.

Es ist empfehlenswert, mit der Durchführung dieser Prüfung ein Erd- und Grundbau-Institut zu beauftragen. Das Deutsche Institut für Bautechnik Berlin DIBt bzw. die Bundesingenieurkammer veröffentlicht entsprechende Verzeichnisse [R3].

13.1.5 Prüfung der Ebenheit

Die Ebenheit der Oberfläche von Untergrund und Tragschicht und die profilgerechte Lage sind durch Nivellieren oder andere geeignete Maßnahmen zu prüfen. Die erforderliche Dicke der Betonbodenplatte muss dabei an jeder Stelle vorhanden sein muss. Dieses gilt unabhängig von der Einhaltung der zulässigen Ebenheitstoleranzen oder auch bei ungenauer Höhenlage der Tragschicht.

Untergrund
Das Planum des Untergrundes ist höhengerecht und horizontal oder im vorgeschriebenen Längs- und Quergefälle herzustellen. Abweichungen der Oberfläche des Untergrundes von der Sollhöhe dürfen an keiner Stelle mehr als 3 cm betragen, der rechnerische Mittelwert muss der Sollhöhe entsprechen (siehe Kapitel 9.1).

Tragschicht
Die Oberfläche der Tragschicht ist höhengerecht und horizontal oder im vorgeschriebenen Längs- und Quergefälle herzustellen. Abweichungen der Oberfläche von der Sollhöhe dürfen an keiner Stelle mehr als 2 cm betragen. Der rechnerische Mittelwert der Höhenlage muss der Sollhöhe entsprechen. Minderdicken in der Betonbodenplatte durch Abweichungen von der Sollhöhe der Tragschicht müssen vermieden werden (siehe Kapitel 9.3.2).

13.1.6 Häufigkeit der Prüfungen

Zur ausreichenden Qualitätssicherung von Untergrund und Tragschicht ist eine Mindestanzahl von Prüfungen erforderlich. Es wird empfohlen, die in Tafel 13.3 genannten Prüfhäufigkeiten einzuhalten [R30.1].

Tafel 13.3: Anzahl der Prüfhäufigkeiten in Abhängigkeit von der Prüfmethode [nach R30.1]

Flächengröße	Anzahl der Prüfhäufigkeiten in Abhängigkeit von der Prüfmethode in Stück		
	statische Lastplatten-Druckversuche	dynamische Lastplatten-Druckversuche	Messungen der Proctordichte
≤ 1000 m²	3	6	6
je weitere 1000 m²	1	2	2
> 10000 m²	Anzahl der Prüfungen mit dem Baugrund-Gutachter vereinbaren		

13.2 Prüfung der Zwischenschichten

Zwischen der Tragschicht und der Betonbodenplatte liegende Schichten können als Zwischenschichten bezeichnet werden. Dieses sind gegebenenfalls folgende Schichten:

- Sauberkeitsschicht (siehe Kapitel 4.2.4)
- Trennlage (siehe Kapitel 4.2.5)
- Gleitschicht (siehe Kapitel 4.2.6)
- Schutzschicht (siehe Kapitel 4.2.7)

Die Anforderungen des Planers und die Angaben der technischen Merkblätter des Herstellers sind einzuhalten. Die für die Zwischenschichten eingesetzten Baustoffe haben den in der Leistungsbeschreibung vorgegebenen Anforderungen zu entsprechen. Die Kontrolle und das Einhalten dieser Anforderungen erfolgen durch die Prüfung der Lieferscheine oder der Übereinstimmungsnachweise. Verantwortlich ist der Verwender dieser Baustoffe. Die Ergebnisse der Prüfungen sind zu dokumentieren [R30.1].

13.3 Qualitätssicherung des Betons

Betonbodenplatten sind im Regelfall keine tragenden oder aussteifenden Bauteile im Sinne von DIN 1045-1 [N1]. Daher müssen die Anforderungen dieser Norm nicht erfüllt werden. Anders ist es bei tragenden oder aussteifenden Betonbodenplatten, die an der Tragfähigkeit und Standsicherheit der Halle oder seiner Konstruktionsteile beteiligt sind. Dieses kann z.B. der Fall sein bei Hochregalen, die auch die Dachkonstruktion tragen. In derartigen Fällen sind von den Betonbodenplatten die Anforderungen der DIN 1045 und der zugehörigen Normen zu erfüllen.

13.3.1 Erstprüfung

Zum Herstellen von Betonbodenplatten wird im Regelfall stets Transportbeton verwendet. Im Transportbetonwerk ist der Beton bei der Herstellung gemäß DIN EN 206-1 und DIN 1045-2 auf Konformität zu prüfen.

Vor Verwendung des Betons wird bei einer Erstprüfung festgestellt, ob die vorgesehenen Eigenschaften des Frischbetons und des Festbetons mit der vorgesehenen Betonzusammensetzung sicher erreicht werden. Über den Normalfall hinausgehend gehört zu den Frischbetoneigenschaften bei Betonbodenplatten insbesondere ein gutes Zusammenhaltevermögen des Betons. Dieses kann z.B. durch Schlämmebildung und/oder Wasserabsondern (Bluten) beeinträchtigt werden.

In entsprechenden Fällen kann auf vorausgegangene Erstprüfungen bei anderen Bauvorhaben zurückgegriffen werden, wenn sich Art und Eigenschaften der zu verwendenden Baustoffe und des Betons nicht geändert haben. Ergeben sich Änderungen, z.B. auch der Einbaubedingungen, so sind erneut Erstprüfungen durchzuführen.

Die Ergebnisse der Erstprüfungen sind vom Transportbetonwerk bzw. der Prüfstelle in einem Prüfbericht zu dokumentieren und auf Verlangen vorzulegen. Dieser Prüfbericht sollte auch einen Nachweis über die Prüfung des Zusammenhaltevermögens enthalten. Es wird empfohlen, diese besonderen Anforderungen an ein Lieferwerk bei Auftragsvergabe schriftlich festzulegen.

13.3.2 Qualitätssicherung auf der Baustelle

Für den Beton von Betonbodenplatten sollten folgende Prüfungen auf der Baustelle durchgeführt werden, die in Tafel 13.4 zusammengestellt sind. Alle Prüfergebnisse sind zu dokumentieren.

Tafel 13.4: Betonprüfungen auf der Baustelle [nach R30.1]

Gegenstand	Häufigkeiten
Lieferscheine	jedes Lieferfahrzeug
Lufttemperatur	vor Betonierbeginn
Frischbetontemperatur	beim ersten Einbringen und in angemessenen Abständen
Konsistenz des Betons ohne Fließmittel-Zugabe	beim ersten Einbringen und in angemessenen Abständen
Konsistenz des Betons mit Fließmittel-Zugabe	Prüfung vor und nach der Fließmittel-Zugabe bei jedem Lieferfahrzeug
Luftgehalt bei hohem Frost-Taumittel-Widerstand	jedes Lieferfahrzeug
Druckfestigkeit	3 Probewürfel je 500 m^3 oder je Betonierabschnitt [1)]

[1)] Maßgebend ist die Würfelanzahl, die die größere Anzahl an Proben ergibt. Die Probewürfel sind auf der Baustelle herzustellen.

Bei tragenden oder aussteifenden Betonbodenplatten, die DIN 1045 entsprechen müssen, ist der in der Norm angegebene Umfang an Betonprüfungen einzuhalten. Dieser weicht in einigen Punkten von den Angaben in Tafel 13.4 ab.

Der bei der Erstprüfung festgelegte Wasserzementwert darf nicht überschritten werden. Eine zusätzliche Wasserzugabe würde eine Qualitätsminderung des Betons bedeuten. Die Rissgefahr würde erhöht, verstärkte Absandungen der Betonoberfläche wären die Folge.

Der Fahrer des Mischfahrzeugs muss eine Anweisung erhalten, dass er ohne vorherige Abstimmung mit dem zuständigen Betontechnologen des Transportbetonwerks die Konsistenz des Betons nicht verändern darf. Wenn die Konsistenz des Betons zu steif ist, kann erforderlichenfalls Fließmittel FM nach Anweisung des Werks zugegeben werden. Dabei sind Angaben über Art des Fließmittels, Zugabemenge, Zugabezeitpunkt sowie Konsistenz vor und nach der Zugabe des Fließmittels schriftlich festzuhalten.

Anstelle des Nachweises der Druckfestigkeit an Probewürfeln kann eine Entnahme von Bohrkernen vereinbart werden. Damit ist gleichzeitig ein Nachweis der Plattendicke möglich. Beim Bewerten der Druckfestigkeit sind die Erhärtungstemperaturen entsprechend DIN 1048-2 zu berücksichtigen. Zeitbeiwerte können nach ZTV Beton-StB ermittelt werden [R6]. Wenn diese Vorgehensweise gewählt wird, sind entsprechende Vereinbarungen in das Leistungsverzeichnis aufzunehmen und die Kostenträger für Entnahme und Prüfung der Bohrkerne zu benennen.

13.3.3 Erhärtungsprüfung

Erhärtungsprüfungen können Anhaltswerte über den jeweiligen Erhärtungszustand des Betons auf der Baustelle zu einem bestimmten Zeitpunkt geben. Die Druckfestigkeit kann über Reifemessungen oder mit Probewürfeln bestimmt werden. Bei Betonbodenplatten, die möglichst schnell in Nutzung gehen sollen sowie bei frühhochfestem Beton oder bei Betonbodenplatten mit Spannlitzen, sind zusätzliche Probewürfel für die Druckfestigkeitsprüfung herzustellen.

Diese Probewürfel sind neben der Betonbodenplatte unter gleichen Temperatur- und Feuchtigkeitsverhältnissen zu lagern wie die Betonbodenplatte selbst. Hierfür eignen sich z.B. Einweg-Würfelformen aus Hartschaum. Ansonsten müssen die Probekörper nach dem Ausschalen seitlich in Hartschaumplatten oder in ein anderes wärmedämmendes Material eingepackt werden, um eine seitliche Wärmeabgabe und damit unzutreffende Ergebnisse zu verhindern. Nach oben sind die Probekörper in gleicher Weise wie die Betonbodenplatte gegen Wärme- und Wasserverlust zu schützen.

Die Prüfung der Probewürfel für den Erhärtungsnachweis erfolgt zu dem Zeitpunkt einer erwarteten ausreichenden Festigkeit, z.B. zur Inbetriebnahme oder zum Vorspannen der Betonbodenplatte. Hierfür ist die Herstellung von drei Probewürfeln je Betoniertag für die Erhärtungsprüfung zweckmäßig.

Erforderlichenfalls sind weitere Prüfungen für die Qualitätssicherung der Betonbodenplatte durchzuführen (siehe Kapitel 13.4).

13.4 Besondere Prüfungen

Abhängig von der Nutzung von Betonbodenplatten und den gestellten Anforderungen können weitere Prüfungen erforderlich oder sinnvoll sein. Dieses können z.B. folgende Prüfungen sein, wenn sie vertraglich festgelegt wurden:

– Druckfestigkeit des eingebauten Betons

– Wasserundurchlässigkeit

– Frost-Taumittel-Widerstand

– Verschleißwiderstand

– Griffigkeit bei Freiflächen

– Oberflächenzugfestigkeit

13.4 Besondere Prüfungen

- Fasergehalt
- Dicke der Betonbodenplatte
- Ebenheit der Oberfläche
- Rutschsicherheit
- Elektrische Ableitfähigkeit
- Reinigungsmöglichkeit

Druckfestigkeit des eingebauten Betons
Diese Prüfung ist zerstörend durch Entnahme von Bohrkernen möglich oder zerstörungsfrei durch Rückprallprüfungen an der Oberfläche. Bis zum Erscheinen der europäischen Normen DIN EN 12504 „Prüfung von Beton in Bauwerken" und DIN EN 13791 „Bewertung der Druckfestigkeit von Beton in Bauwerken oder in Bauwerksteilen" sind diese Prüfungen nach DIN 1048-2 „Prüfverfahren für Beton - Festbeton in Bauwerken und Bauteilen" durchzuführen [N8]. Für Druckfestigkeitsprüfungen muss der Bohrkerndurchmesser mindestens das dreifache des Größtkorns betragen.

Die zerstörungsfreie Prüfung mit dem Rückprallhammer ergibt einen Anhalt für die vorhandene Druckfestigkeit des Betons. Auch für dieses Prüfverfahren ist bis zum Erscheinen der Normen DIN EN 12504 und DIN EN 13791 noch die DIN 1048-2 anzuwenden [N8].

Wasserundurchlässigkeit
Bei Betonen, die einem chemischen Angriff ausgesetzt sind oder die aus anderen Gründen eine Durchfeuchtung verhindern sollen, z.B. bei HBV- oder LAU-Anlagen nach Kapitel 6.4.3, ist der Wassereindringwiderstand nach DIN EN 12390-Teil 8 zu prüfen [N8]. Bisher waren bei diesem Prüfverfahren gemäß DIN 1048-5 festgestellte Wassereindringtiefe e_w einzuhalten, die im Mittel von drei Probeplatten folgende Werte nicht überschreiten durften:

$e_w \leq 50$ mm bei Beton mit hohem Wassereindringwiderstand
$e_w \leq 50$ mm bei Beton mit hohem Widerstand gegen schwachen chemischen Angriff nach DIN 4030
$e_w \leq 30$ mm bei Beton mit hohem Widerstand gegen mäßigen chemischen Angriff nach DIN 4030

Der Nachweis der Wassereindringtiefe ist in DIN 1045 nicht zwingend vorgeschrieben. Wenn ein Nachweis erfolgen soll, sind das Prüfverfahren und die Konformitätskriterien zwischen dem Verfasser der Festlegungen und dem Hersteller zu vereinbaren. Alternativ zur Prüfung können auch Grenzwerte für die Betonzusammensetzung festgelegt werden.

Frost-Taumittel-Widerstand

Bei Flächen im Freien oder solchen Flächen, die ans Freie anschließen, ist der Einsatz eines Betons mit künstlichen Luftporen erforderlich. Hierfür sind Luftporen bildende Zusatzmittel einzusetzen. Einzelheiten sind im Kapitel 5.2.3 genannt. Der Luftporengehalt ist nach DIN EN 12390-9 nachzuweisen [N8].

Für den direkten Nachweis des Frost-Taumittel-Widerstandes ist der CDF-Test in RILEM Recommandation TC 117-FDC geeignet, der einen relativ großen Aufwand erfordert. Entsprechende vertragliche Vereinbarungen für den Nachweis des Frost-Taumittel-Widerstandes sind erforderlich.

Verschleißwiderstand

Der Verschleißwiderstand ist von besonderer Bedeutung bei Flächen, die nur einen geringen Abrieb haben dürfen, z.B. auch wegen der Staubentwicklung. Der Nachweis kann erfolgen nach DIN 52108 „Prüfung anorganischer nichtmetallischer Werkstoffe, Verschleißprüfung mit der Schleifscheibe nach Böhme" [N57] oder DIN EN 13892-3 „Prüfverfahren für Estrichmörtel und Estrichmassen - Bestimmung des Verschleißwiderstandes nach Böhme" [N37]. Zu weiteren Einzelheiten siehe Kapitel 6.2.3.

Griffigkeit

Eine bestimmte Griffigkeit ist meistens nur für einige Freiflächen erforderlich. Einzelheiten zur Griffigkeit enthalten die Kapitel 6.2.3 und 10.3. Der Nachweis der Griffigkeit größerer Freiflächen kann nach ZTV Beton-StB 01 erfolgen [R6].

Oberflächenzugfestigkeit

Für das Aufbringen weiterer Nutzschichten oder Beschichtungen kann eine bestimmte Oberflächenzugfestigkeit erforderlich sein. Festlegungen hierzu sollen vertraglich geregelt sein. Der Nachweis der Oberflächenzugfestigkeit kann erfolgen nach DIN EN 1542: Produkte und Systeme für den Schutz und die Instandsetzung von Betontragwerken - Prüfverfahren - Messung der Haftzugfestigkeit im Abreißversuch oder nach ZTV-ING. Für Hartstoffschichten, die nicht frisch in frisch aufgebracht werden können, nennt Kapitel 10.4.2 einen erforderlichen Wert von 1,5 N/mm². Für Beschichtungen sind entsprechend Kapitel 12.3 Mittelwerte von 1,5 N/mm^2 und kleinste Einzelwerte von 1,0 N/mm^2 einzuhalten.

Fasergehalt

Der Fasergehalt bei Stahlfaserbeton kann für die Tragfähigkeit der Betonbodenplatte von Bedeutung sein. Sofern eine nachträgliche Prüfung erforderlich sein sollte, kann dieses nur zerstörend durch Entnahme von Bohrkernen festgestellt werden. Nach [R30.6] sollen dafür Bohrkerne mit einem Durchmesser von 100 mm und einer Länge $l \approx 150$ mm verwendet werden. Je Prüfung sind 5 Bohrkerne zu entnehmen. Die Betonproben sind im Mörser so zu zerkleinern, dass alle Fasern freiliegen. Die Fasern können mit einem Magneten herausgezogen und anschließend gewogen werden. Bezogen auf das Volumen des Bohrkerns kann der Fasergehalt in kg/m^3 errechnet werden. Alternativ zu diesem Prüfverfahren wird in [R30.6] die magnetische Induktion an Bohrkernen ($\varnothing$ 100 mm, $l \approx$ 150 mm) angegeben. Hierbei wird ein Bohrkern entnommen und die Induktionsspannung bestimmt. Die Ermittlung des Fasergehaltes erfolgt über eine Eichkurve.

Dicke der Betonbodenplatte
Die Dicke der Betonbodenplatte kann zerstörend durch Entnahme von Bohrkernen nachgewiesen werden, z.B. durch Bohrkerne $\geq \emptyset$ 50 mm. Diese Prüfung kann mit dem Nachweis der Druckfestigkeit im Rahmen einer Erhärtungsprüfung oder zum Nachweis der Druckfestigkeit kombiniert werden.

Eine zerstörungsfreie Prüfung der im Bauwerk vorhandenen Plattendicke ist mit dem Impact-Echo-Verfahren möglich, wenn die Betonbodenplatte z.B. auf Folie liegt. Dies ist ein zerstörungsfreies, akustisches Verfahren, bei dem die Frequenz von Vielfachechos nach einer Impulsanregung gemessen werden. Ungleichmäßigkeiten des Betongefüges sind ebenfalls bestimmbar. Mit den entsprechenden Geräten sind nur größere Materialprüfanstalten ausgestattet. Das Verfahren ist relativ neu und bisher nicht genormt.

Ebenheit der Oberfläche
Bei bestimmten Nutzungen sind nur geringe Oberflächentoleranzen hinnehmbar, sodass besondere Vereinbarungen der erforderlichen Ebenheit getroffen werden. Maßgebend für die zulässigen Ebenheitstoleranzen und den Nachweis sind DIN 18202 „Toleranzen im Hochbau" [N45] oder in Hochregallagern DIN 15185-1 „Lagersysteme mit leitliniengeführten Flurförderfahrzeugen" [N38]. Weitere Einzelheiten enthält Kapitel 6.5.

Rutschsicherheit
Für Betriebe, bei denen die Rutschsicherheit von großer Bedeutung ist, sind besondere Vereinbarungen hinsichtlich der Rutschhemmung zu treffen. Für die Anforderungen und den Nachweis können z.B. folgende Regelwerke vereinbart werden:

– DIN 51130 „Prüfung von Bodenbelägen - Bestimmung der rutschhemmenden Eigenschaft - Arbeitsräume und Arbeitsbereiche mit Rutschgefahr, Begehungsverfahren - Schiefe Ebene" [N55]

– HVBG-Merkblatt für „Fußboden in Arbeitsräumen und Arbeitsbereichen mit Rutschgefahr (BGR 181)" vom Hauptverband der gewerblichen Berufsgenossenschaften [R34].

– Merkblatt über den „Rutschwiderstand von Pflaster und Plattenbelägen für den Fußgängerverkehr" von der Forschungsgesellschaft für Straßen- und Verkehrswesen [R37].

Kapitel 6.4.1 nennt Einzelheiten zur Rutschsicherheit.

Elektrische Ableitfähigkeit
Elektrostatisch leitende Fußböden (EFC), ableitfähige Böden (DIF) und astatische Böden (ASF) werden in Kapitel 6.4.2 behandelt. Produkte für diese Beschichtungen sind nach der geltenden EU-Richtlinie kennzeichnungspflichtig. Vor der Erstanwendung ist das entsprechende EG-Sicherheitsdatenblatt vorzulegen.

Für elastische Bodenbeläge gilt DIN EN 1081 „Bestimmung des elektrischen Widerstandes".

Für den Schutz von elektronischen Geräten vor elektrostatischen Phänomenen ist DIN EN 61340-2-1 [N60] maßgebend:

- Anforderungen an den Ableitwiderstand (Erde): $R_E < 1 \cdot 10^9 \, \Omega$
- Ableitwiderstand zur Erdung des Personals: $R_G > 7,5 \cdot 10^5 < 3,5 \cdot 10^7 \, \Omega$

Bevor ein elektrostatisch leitfähiger Boden freigegeben werden kann, ist die Eignung dieses Bodens für seine ESD-Tauglichkeit festzustellen. ESD ist die elektrostatische Entladung (ESD = Electrostatical discharge).

Für einen Nachweis, ob die vorstehenden Werte eingehalten sind, ist erforderlichenfalls eine Prüfung durch eine für derartige Messungen anerkannte Prüfstelle durchzuführen.

Die Tauglichkeit eines Bodens kann mithilfe eines ESD-Kontrollprogramms erfolgen. Dies geschieht in der Regel mithilfe eines DIN-geprüften Isolationswiderstandsmessgeräts und/oder eines Walking-Test-Kids.

Das Isolationswiderstandsmessgerät misst den statischen Wert des Ableitwiderstandes, sodass eine Zuordnung zu den vorstehenden Werten der DIN EN 61340-2-1 möglich ist.

Der Walking-Test ist ein dynamisches Verfahren, bei dem mithilfe eines Elektrometers die Aufladung einer Testperson beim Gehen über die Fläche festgestellt wird. Entsprechend der Norm ESD STM 97.2:1999 dürfen sich Personen in ESD-Bereichen nicht über 100 Volt aufladen.

Reinigungsmöglichkeit
Sollten in besonderen Fällen außer den üblichen Reinigungen bestimmte Maßnahmen erforderlich sein, könnte nach [R30.6] das DVGW: „Planung und Bau von Wasserbehältern; Grundlagen und Ausführungsbeispiele - Arbeitsblatt W 311, 1988" vereinbart werden. Es wurde aufgestellt vom Deutschen Verein des Gas- und Wasserfaches e.V. in Frankfurt. Hinweise für Reinigungs- und Pflegeeigenschaften von Betonflächen enthält Kapitel 6.7.

14 Ablaufplan für Planung und Bemessung von Betonböden

Für alle tragenden Bauteile unserer Bauwerke werden im Allgemeinen statische Berechnungen aufgestellt und Bemessungen durchgeführt. Ohne einen statischen Nachweis darf nicht gebaut werden.

Bei Betonböden sieht der Sachverhalt etwas anders aus, da im Normalfall die Betonböden keine tragenden Bauteile sind und die Betonbodenplatten von anderen Bauteilen durch Fugen getrennt werden. Beim Versagen eines Betonbodens stürzt nichts ein, die Standsicherheit des Bauwerks ist nicht gefährdet. Für den Nutzer einer Halle kann das Versagen eines Betonbodens jedoch verhängnisvoller sein, als ein Mangel an tragenden Bauteilen, wie z.B. am Dach oder an Wänden. Durch Versagen eines Betonbodens kann der gesamte Betriebsablauf gestört werden.

Daher sind Betonböden grundsätzlich zu bemessen. Die Annahmen, die hierfür zu treffen sind, sollen die späteren Beanspruchungen erfassen. Als Beanspruchungen sind nicht nur die Lasteinwirkungen, sondern insbesondere auch Zwangbeanspruchungen und ggf. Temperatureinwirkungen zu berücksichtigen. Die Bemessungsgrundlagen sind in Kapitel 7 zusammengestellt. Die Bemessung von Betonbodenplatten mit Bemessungsbeispielen ist in Kapitel 8 durchgeführt worden.

Die Bilder 14.1 und 14.2 zeigen als Ablaufschema, wie die Bemessung eines Betonbodens mit Untergrund, Tragschicht und Betonbodenplatte durchgeführt werden kann.

14 Ablaufplan für Planung und Bemessung von Betonböden

Bemessung eines Betonbodens

Belastung und Zwang im Bauzustand und während der Nutzung

Einzellasten $Q_d \leq 140$ kN mit Kontaktpressung $q \leq 2,0$ N/mm²

Verformungsmodul (Tafel 4.2)	Einzellast Q_d				Verhältniswert
	≤ 30 kN	≤ 60 kN	≤ 100 kN	≤ 140 kN	
Untergrund erf $E_{v2,U}$ [MN/m²]	≥ 35	≥ 45	≥ 60	≥ 80	$E_{v2,U} / E_{v1,U} \leq 2,5$
Tragschicht erf $E_{v2,T}$ [MN/m²]	≥ 80	≥ 100	≥ 120	≥ 150	$E_{v2,T} / E_{v1,T} \leq 2,2$

- Untergrund Kapitel 4.2.1 vorh $E_{v2,U} \geq$ erf $E_{v2,U}$ → nein → Bodenaustausch o.ä. Maßnahmen erforderlich
- ja ↓
- Untergrund mit Aufgabe einer Tragschichtfunktion Kapitel 4.2.3 vorh $E_{v2,U} \geq$ erf $E_{v2,T}$ → ja → Tragschicht entfällt
- nein ↓

Tragschicht Kapitel 4.2.3

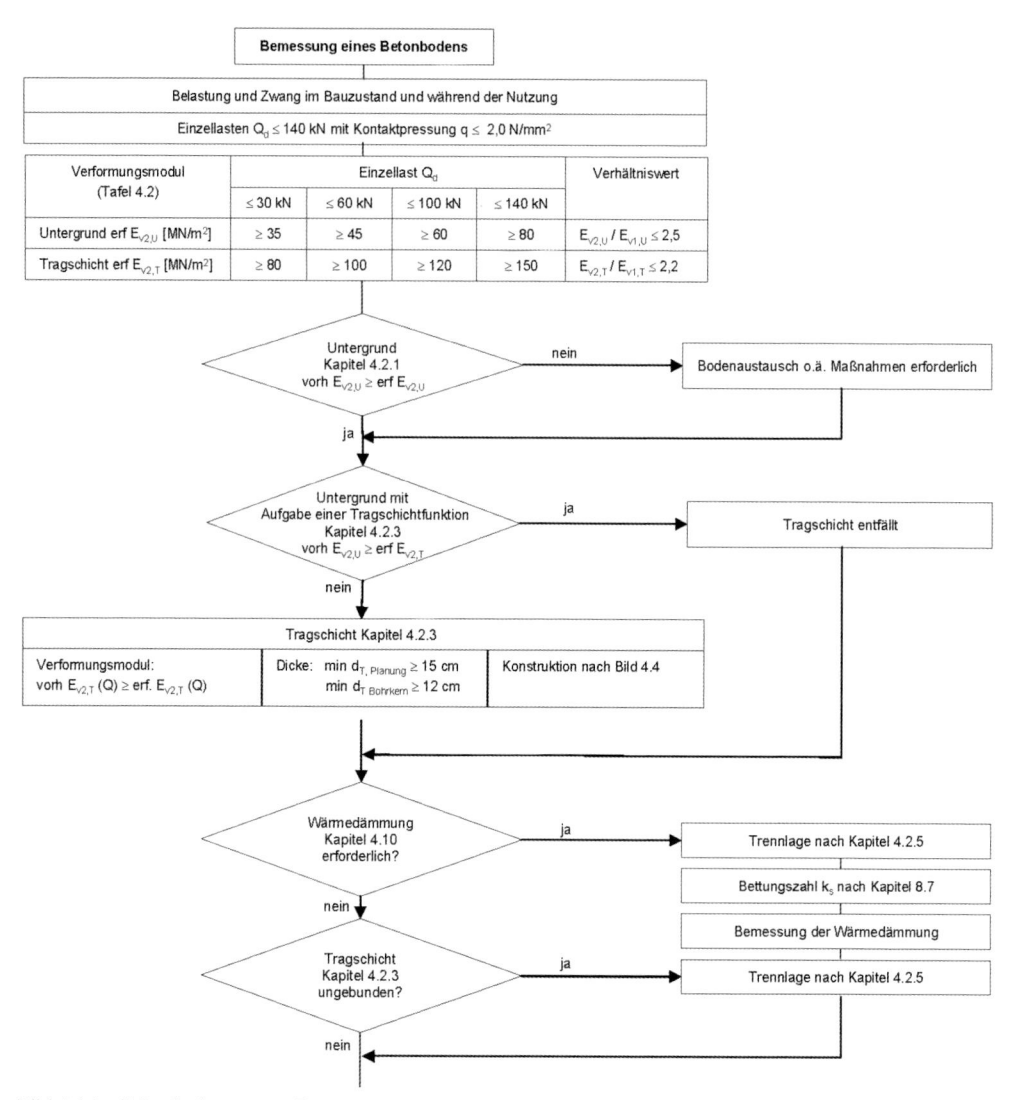

| Verformungsmodul: vorh $E_{v2,T}$ (Q) $\geq$ erf. $E_{v2,T}$ (Q) | Dicke: min $d_{T, Planung} \geq 15$ cm / min $d_{T, Bohrkern} \geq 12$ cm | Konstruktion nach Bild 4.4 |

- Wärmedämmung Kapitel 4.10 erforderlich? → ja → Trennlage nach Kapitel 4.2.5; Bettungszahl k_s nach Kapitel 8.7; Bemessung der Wärmedämmung
- nein ↓
- Tragschicht Kapitel 4.2.3 ungebunden? → ja → Trennlage nach Kapitel 4.2.5
- nein ↓

Bild 14.1: Ablaufschema zur Bemessung eines Betonbodens (Teil 1)

14 Ablaufplan für Planung und Bemessung von Betonböden

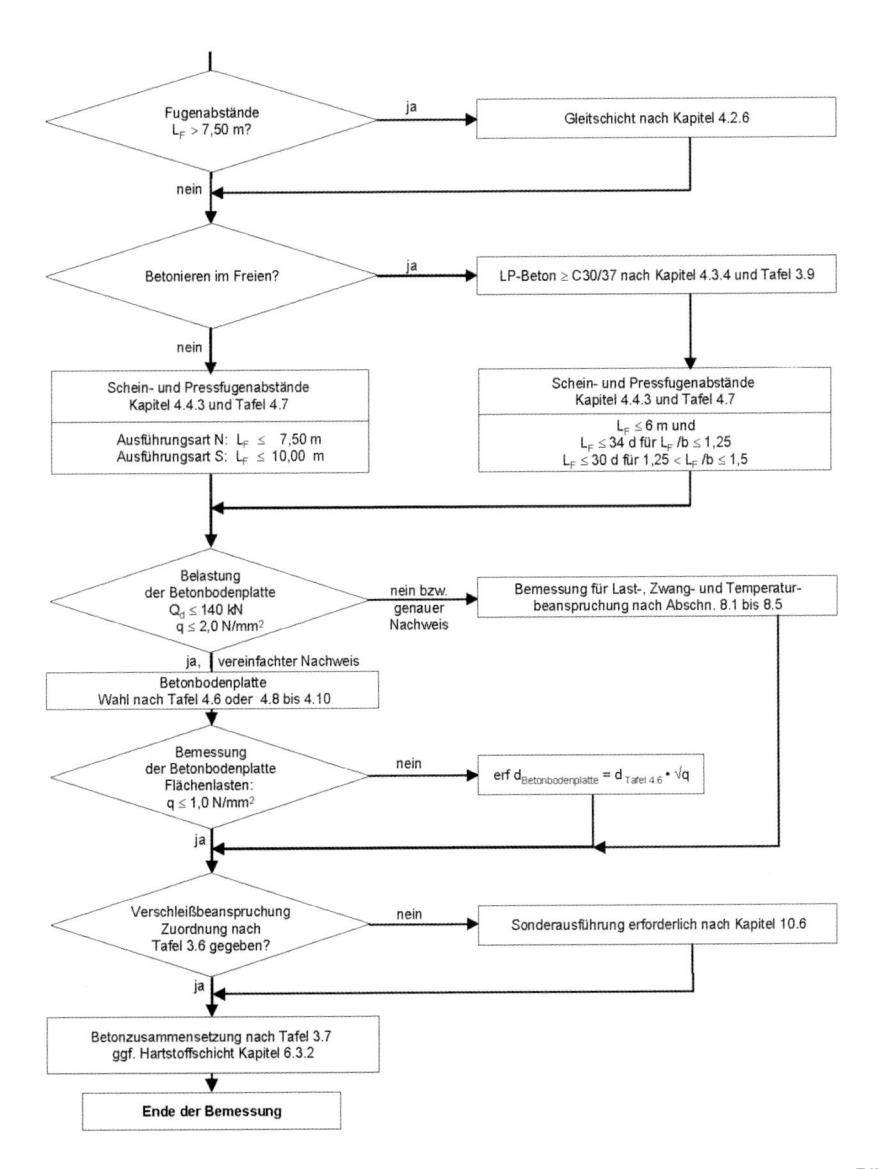

```
         │
         ▼
   ◇ Fugenabstände ──ja──▶ Gleitschicht nach Kapitel 4.2.6
     L_F > 7,50 m?                 │
         │                         │
        nein ◀────────────────────┘
         │
         ▼
   ◇ Betonieren im Freien? ──ja──▶ LP-Beton ≥ C30/37 nach Kapitel 4.3.4 und Tafel 3.9
         │                                      │
        nein                                    │
         │                                      ▼
         ▼                          Schein- und Pressfugenabstände
   Schein- und Pressfugenabstände   Kapitel 4.4.3 und Tafel 4.7
   Kapitel 4.4.3 und Tafel 4.7      L_F ≤ 6 m und
   Ausführungsart N: L_F ≤ 7,50 m   L_F ≤ 34 d für L_F /b ≤ 1,25
   Ausführungsart S: L_F ≤ 10,00 m  L_F ≤ 30 d für 1,25 < L_F /b ≤ 1,5
         │                                      │
         ◀──────────────────────────────────────┘
         ▼
   ◇ Belastung
     der Betonbodenplatte ──nein bzw.──▶ Bemessung für Last-, Zwang- und Temperatur-
     Q_q ≤ 140 kN           genauer       beanspruchung nach Abschn. 8.1 bis 8.5
     q ≤ 2,0 N/mm²          Nachweis
         │
        ja │ vereinfachter Nachweis
         ▼
   Betonbodenplatte
   Wahl nach Tafel 4.6 oder 4.8 bis 4.10
         │
         ▼
   ◇ Bemessung
     der Betonbodenplatte ──nein──▶ erf d_Betonbodenplatte = d_Tafel 4.6 · √q
     Flächenlasten:                         │
     q ≤ 1,0 N/mm²                          │
         │                                  │
        ja ◀──────────────────────────────┘
         ▼
   ◇ Verschleißbeanspruchung
     Zuordnung nach         ──nein──▶ Sonderausführung erforderlich nach Kapitel 10.6
     Tafel 3.6 gegeben?
         │
        ja
         ▼
   Betonzusammensetzung nach Tafel 3.7
   ggf. Hartstoffschicht Kapitel 6.3.2
         │
         ▼
   Ende der Bemessung
```

Bild 14.2: Ablaufschema zur Bemessung eines Betonbodens (Teil 2, Fortsetzung von Bild 14.1)

15 Instandhaltung während der Nutzung

Die Pflicht zur Instandhaltung folgt aus der Musterbauordnung (MBO) und der Verordnung über die bauliche Nutzung der Grundstücke (BauNVO) des Bundesministeriums für Verkehr, Bau- und Wohnungswesen. Darin wird gefordert, „....dass die öffentliche Sicherheit und Ordnung, insbesondere Leben, Gesundheit oder die natürlichen Lebensgrundlagen, nicht gefährdet werden....".

15.1 Begriffe zur Instandhaltung

Nach DIN 31051 „Grundlagen der Instandhaltung" [N52] umfasst eine Instandhaltung die Wartung, die Inspektion und die Instandsetzung. Begriffe nach DIN 31051:

Instandhaltung:
Maßnahmen zur Bewahrung und Wiederherstellung des Sollzustands sowie zur Feststellung und Beurteilung des Istzustandes von technischen Mitteln eines Systems (Bauwerks). Sie umfasst die Maßnahmen der Wartung, Inspektion und Instandsetzung.

Wartung:
Maßnahmen zur Bewahrung des Sollzustands von technischen Mitteln eines Systems (Bauwerks).

Inspektion:
Maßnahmen zur Feststellung und Beurteilung des Istzustandes von technischen Mitteln eines Systems (Bauwerks).

Instandsetzung:
Maßnahmen zur Wiederherstellung des Sollzustands von technischen Mitteln eines Systems (Bauwerks).

Zustand:
Der Zustand umfasst die Gesamtheit der Merkmale, die das Maß der Eignung der Betrachtungseinheit für den vorgesehenen Verwendungszweck ausdrücken.

Istzustand:
Der in einem gegebenen Zeitpunkt festgestellte Zustand eines Bauwerks oder einzelner Teile.

Sollzustand:
Der für den jeweiligen Fall festgelegte (geforderte) Zustand eines Bauwerks oder einzelner Teile.

Abweichung (Sollzustandsabweichung):
Nichtübereinstimmung zwischen dem Istzustand und dem Sollzustand einer Betrachtungseinheit zu einem gegebenen Zeitpunkt.

Abnutzung:
Abbau des Abnutzungsvorrats infolge physikalischer und/oder chemischer Einwirkungen, z.B. Verschleiß, Alterung, Korrosion oder auch plötzlich auftretende Istzustandsänderungen wie z.B. Bruch.

Abnutzungsvorrat:
Vorrat der möglichen Funktionserfüllungen unter festgelegten Bedingungen, die einer Betrachtungseinheit aufgrund der Herstellung oder aufgrund der Wiederherstellung durch Instandsetzung innewohnt.

Mangel:
Zustand einer Betrachtungseinheit vor der ersten Funktionserfüllung, bei dem mindestens ein Merkmal fehlt, wodurch der Sollzustand nicht erreicht wurde. Unter der ersten Funktionserfüllung ist auch die Funktionserfüllung zu verstehen, die nach einer Instandsetzung erfolgt.

Schaden:
Zustand einer Betrachtungseinheit nach Unterschreiten eines bestimmten (festzulegenden) Grenzwerts des Abnutzungsvorrats, der eine im Hinblick auf die Verwendung unzulässige Beeinträchtigung der Funktionsfähigkeit bedingt.

Ursachen:
Objektive Sachverhalte, die eine Abweichung bewirken.

Aus den vorstehenden Angaben ergeben sich entsprechende Aufgaben- und Verantwortungsbereiche.

15.2 Aufgaben des Bauherrn bzw. Nutzers

Es ist die Aufgabe des Bauherrn bzw. Nutzers, die Bauteile instand zu halten, die für die Aufrechterhaltung der Sicherheit von Bedeutung sind. Mögliche Veränderungen des Bauwerkszustands während der Nutzungsdauer zeigt Bild 15.1.

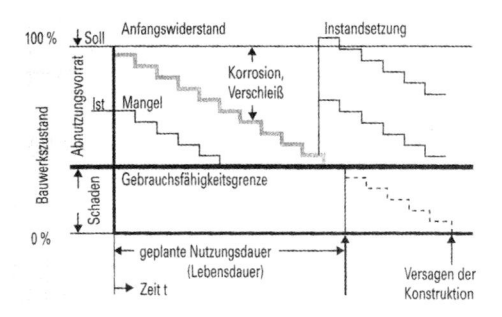

Bild 15.1:
Veränderungen des Bauwerkszustands während der Nutzungsdauer [L46]

Zur Instandhaltung gehören Wartung und Inspektion. Eine Instandsetzung ist erforderlich, wenn durch den Betrieb die Abnutzung sehr stark ist und dadurch die Abweichung vom Sollzustand so groß wird, dass die Sicherheit nicht mehr zu gewährleisten ist.

Die für die Instandhaltung erforderlichen Maßnahmen liegen im Aufgabenbereich des Nutzers bzw. des Bauherrn.

15.3 Anforderungen an den Planer und die Ausführenden

Die Planung der Instandsetzung von Bauwerken und Bauteilen, soweit es die Gebrauchsfähigkeit und die Sicherheit betrifft, ist eine Ingenieuraufgabe. Die Instandsetzung eines Bauwerks oder Bauteils ist so zu planen und auszuführen, dass die verlangten Gebrauchseigenschaften dauerhaft erreicht werden. Maßgebend für die Instandsetzung ist die DAfStb-Richtlinie „Schutz und Instandsetzung von Betonbauteilen" (Instandsetzungsrichtlinie) [R22].

Beurteilung und Planung von Instandsetzungsarbeiten liegen im Arbeitsbereich eines sachkundigen Planers, der die erforderlichen besonderen Kenntnisse auf dem Gebiet von Schutz und Instandsetzung bei Betonbauwerken hat. Die Ausführung von Instandsetzungsmaßnahmen erfordert vom Unternehmen den Einsatz einer qualifizierten Führungskraft und von Baustellenfachpersonal, das mit ausreichenden Kenntnissen und Erfahrungen die ordnungsgemäße Ausführung, Überwachung und Dokumentation solcher Arbeiten sicherstellt.

16 Schrifttum

16.1 DIN-Normen [N]

[N1] DIN 1045 Tragwerke aus Beton, Stahlbeton und Spannbeton. 2001-07
  Teil 1: Bemessung und Konstruktion; einschl. Berichtigung 2: 2005-06
  Teil 2: Beton - Festlegung, Eigenschaften, Herstellung und Konformität; einschl. Änderung A1: 2005-01
  Teil 3: Bauausführung; einschl. Änderung A1: 2005-01
  Teil 4: Ergänzende Regeln für die Herstellung und die Konformität von Fertigteilen

[N2] Erläuterungen zu DIN 1045
  DAfStb Heft 525: Erläuterungen zu DIN 1045-1. 2003-09; einschl. Berichtigung 1: 2005-05
  DAfStb Heft 526: Erläuterungen zu DIN EN 206-1, DIN 1045-2, DIN 1045-3, DIN 1045-4 und DIN 4226. 2003-05
  DIN-Fachbericht 100: Zusammenstellung von DIN EN 206-1 und DIN 1045-2. 2005

[N3] DIN EN 197-1 Zement. 2004-08;
  Teil 1: Zusammensetzung, Anforderungen und Konformitätskriterien von Normalzement.

[N4] DIN EN 206-1 Festlegung, Eigenschaften, Herstellung und Konformität von Beton. 2001-07

[N5] DIN 488 Betonstahl
  Teil 1: Sorten, Eigenschaften, Kennzeichen. 1984-09
  Teil 2: Betonstabstahl; Maße und Gewichte. 1986-06
  Teil 4: Betonstahlmatten und Bewehrungsdraht; Aufbau, Maße und Gewichte. 1986-6
    Neues Lieferprogramm für Lagermatten; Info: Fachverband Betonstahlmatten. 2001-10

[N6] DIN EN 934 Zusatzmittel für Beton, Mörtel und Einpressmörtel. 2002-02
  Teil 2: Betonzusatzmittel: Definition, Anforderungen, Konformität und Beschriftung
  Teil 4: Zusatzmittel für Einpressmörtel für Spannglieder

[N7] DIN EN 1008 Zugabewasser für Beton. 2002-10

[N8] DIN 1048 Prüfverfahren für Beton. 1991-06

[N9] DIN 1054 Baugrund. Sicherheitsnachweis im Erd- und Grundbau. 2005-01; Berichtigung 1: 2005-04-11

[N10] DIN 1055 Einwirkungen auf Tragwerke.
  Teil 1:   Wichten und Flächenlasten von Baustoffen, Bauteilen und Lagerstoffen. 2002-06
  Teil 3:   Eigen- und Nutzlasten für Hochbauten. 2002-10
  Teil 10: Einwirkungen infolge Krane und Maschinen. 2004-07
  Teil 100: Grundlagen der Tragwerksplanung, Sicherheitskonzept und Bemessungsregeln. 2001-03

[N11] DIN 1072 Straßen- und Wegebrücken; Lastannahmen. 1985-12

[N12] DIN EN 1097 Prüfverfahren für mechanische und physikalische Eigenschaften von Gesteinskörnungen.
  Teil 1: Bestimmung des Widerstandes gegen Verschleiß. 2003-12
  Teil 2: Bestimmung des Widerstandes gegen Zertrümmerung. 1998-06
  Teil 8: Bestimmung des Polierwertes. 2000-01

[N13] DIN 1100 Hartstoffe für zementgebundene Hartstoffestriche. 2004-05

[N14] DIN 1164-10 Zement mit besonderen Eigenschaften. 2004-08

[N15] DIN 1504 Produkte und Systeme für den Schutz und die Instandsetzung von Betontragwerken
Teil 2: Oberflächenschutzsysteme für Beton. 2005-01
Teil 4: Kleber für Bauzwecke. 2005-02
Teil 5: Injektionen von Betonbauteilen. 2005-03
Teil 8: Qualitätsüberwachung und Beurteilung der Konformität. 2005-02
[N16] DIN 4020 Geotechnische Untersuchungen für bautechnische Zwecke. 2003-09
[N17] DIN 4030 Beurteilung betonangreifender Wässer, Böden und Gase. 1991-06
[N18] DIN 4095 Baugrund; Dränung zum Schutz baulicher Anlagen. 1990-06
[N19] DIN 4102 Brandverhalten von Baustoffen und Bauteilen. 1998-05
[N20] DIN 4108 Wärmeschutz und Energieeinsparung in Gebäuden,
Teil 2: Mindestanforderungen an den Wärmeschutz. 2003-07
[N21] DIN 4226-1 Gesteinskörnungen für Beton und Mörtel. 2003-12.
Teil 1: Herstellung, Eigenschaften, Übereinstimmungsnachweis
[N22] DIN 4235 Verdichten von Beton durch Rütteln. 1978-12
[N23] DIN 4725 Warmwasser-Fußbodenheizungen - Systeme und Komponenten
Teil 4: Aufbau und Konstruktion. 1992-09
Teil 200: Bestimmung der Wärmeleistung. 2001-03
[N24] DIN EN 12350 Prüfung von Frischbeton. 2000-03
[N25] DIN EN 12390 Prüfung von Festbeton. 2001-02
Teil 1: Form, Maße und andere Anforderungen für Probekörper und Formen
Teil 2: Herstellung und Lagerung von Probekörpern
Teil 3: Druckfestigkeit von Probekörpern
Teil 4: Bestimmung der Druckfestigkeit
Teil 5: Biegezugfestigkeit von Probekörpern
Teil 6: Spaltzugfestigkeit von Probekörpern
Teil 7: Dichte von Festbeton
Teil 8: Wassereindringtiefe
Teil 9: Frost- und Frost-Tausalzwiderstand (Entwurf) 2002-05
[N26] DIN EN 12504 Prüfung von Beton in Bauwerken.
Teil 1: Bohrkernproben. 2000-09
Teil 2: Zerstörungsfreie Prüfung, Bestimmung der Rückprallzahl. 2001-12
Teil 4: Bestimmung der Ultraschallgeschwindigkeit. 2004-12
[N27] DIN EN 12618-2 Produkte und Systeme für den Schutz und die Instandsetzung von Betontragwerken - Prüfverfahren. Bestimmung der Haftzugfestigkeit von Rissfüllstoffen mit oder ohne thermische Behandlung - Haftzugfestigkeit. 2004-11
[N28] DIN EN 12620 Gesteinskörnungen für Beton, Mörtel und Einpressmörtel. 2003-04
[N29] DIN EN 12637-1 Produkte und Systeme für den Schutz und die Instandsetzung von Betontragwerken - Prüfverfahren. Verträglichkeit von Rissfüllstoffen mit Beton. 2004-11
[N30] DIN EN 13286-2 Ungebundene und hydraulisch gebundene Gemische. Laborprüfverfahren für die Trockendichte und den Wassergehalt - Proctordichte. 2004-10
[N31] DIN EN 13318 Estrichmörtel und Estriche - Begriffe. 2000-12
[N32] DIN EN 13396 Produkte und Systeme für den Schutz und die Instandsetzung von Betontragwerken - Prüfverfahren. Messung des Eindringens von Chloridionen. 2004-09

[N33] DIN EN 13813 Estrichmörtel und Estrichmassen - Eigenschaften und Anforderungen. 2003-01

[N34] DIN EN 13863-3 Fahrbahnbefestigungen aus Beton - Prüfverfahren zur Dickenbestimmung einer Fahrbahnbefestigung aus Beton an Bohrkernen. 2005-02

[N35] DIN EN 13791 Bewertung der Druckfestigkeit von Beton in Bauwerken oder in Bauwerksteilen. Entwurf 2003-07

[N36] DIN EN 13877 Fahrbahnbefestigungen aus Beton
Teil 1: Baustoffe. 2004-11
Teil 2: Funktionale Anforderungen an Fahrbahnbefestigungen aus Beton. 2004-11
Teil 3: Anforderungen an Dübel für Fahrbahnbefestigungen aus Beton. 2005-02

[N37] DIN EN 13892 Prüfverfahren für Estrichmörtel und Estrichmassen. 2003-02
Teil 1: Probenahme, Herstellung und Lagerung der Prüfkörper
Teil 2: Bestimmung der Biegezug- und Druckfestigkeit
Teil 3: Bestimmung des Verschleißwiderstandes nach Böhme
Teil 5: Bestimmung des Widerstandes gegen Rollbeanspruchung von Estrichen für Nutzschichten
Teil 6: Bestimmung der Oberflächenhärte
Teil 8: Bestimmung der Haftzugfestigkeit

[N38] DIN 15185-1 Lagersysteme mit leitliniengeführten Flurförderfahrzeugen; Anforderungen an Boden, Regal und sonstigen Anforderungen. 1991-08

[N39] DIN 18125 Baugrund, Untersuchung von Bodenproben - Bestimmung der Dichte des Bodens
Teil 1: Laborversuche. 1997-08
Teil 2: Feldversuche. 1999-08

[N40] DIN 18126 Baugrund, Untersuchung von Bodenproben - Bestimmung der Dichte nichtbindiger Böden bei lockerster und dichtester Lagerung. 1996-11

[N41] DIN 18127 Baugrund, Untersuchung von Bodenproben - Proctorversuch. 1997-11

[N42] DIN 18134 Baugrund. Versuche und Versuchsgeräte - Plattendruckversuch. 2001-09

[N43] DIN 18195 Bauwerksabdichtungen. Teil 1 bis 6. 2000-08

[N44] DIN 18200 Übereinstimmungsnachweis für Bauprodukte. Werkseigene Produktionskontrolle, Fremdüberwachung und Zertifizierung von Produkten. 2000-05

[N45] DIN 18202 Toleranzen im Hochbau - Bauwerke. 2005-10

[N46] DIN 18300 Erdarbeiten. VOB Teil C. 2002-12

[N47] DIN 18308 Dränarbeiten. VOB Teil C. 2002-12

[N48] DIN 18315 Verkehrswegebauarbeiten. Oberbauschichten ohne Bindemittel. VOB Teil C. 2002-12

[N49] DIN 18316 Verkehrswegebauarbeiten. Oberbauschichten mit hydraulischen Bindemitteln. VOB Teil C. 2002-12

[N50] DIN 18331 Betonarbeiten, VOB Teil C. 2005-01

[N51] DIN 18349 Betonerhaltungsarbeiten, VOB Teil C. 2002-12

[N52] DIN 18560 Estriche im Bauwesen. 2004-04
Teil 1: Allgemeine Anforderungen, Prüfung und Ausführung.
Teil 7: Hochbeanspruchbare Estriche (Industrieestriche).

[N53] DIN 28052 Oberflächenschutz mit nichtmetallischen Werkstoffen für Bauteile aus Beton in verfahrenstechnischen Anlagen.
Teil 1: Begriffe, Auswahlkriterien. 2001-07
Teil 2: Anforderungen an den Untergrund. 1993-08
Teil 3: Beschichtungen mit organischen Bindemitteln. 1994-12
Teil 4: Auskleidungen. 1995-01

[N54] DIN 31051 Grundlagen der Instandhaltung. 2003-06

[N55] DIN 51130 Prüfung von Bodenbelägen - Bestimmung der rutschhemmenden Eigenschaft - Arbeitsräume und Arbeitsbereiche mit Rutschgefahr, Begehungsverfahren - Schiefe Ebene. 2004-06

[N56] E DIN 51131 Prüfung von Bodenbelägen - Bestimmung der rutschhemmenden Eigenschaft; Verfahren zur Messung des Gleitreibungskoeffizienten. 1999-07

[N57] DIN 52099 Prüfung von Gesteinskörnungen – Prüfung auf Reinheit. 2005-04

[N58] DIN 52100 Naturstein und Gesteinskörnungen - Gesteinskundliche Untersuchungen; Allgemeines und Übersicht. 1990-11

[N59] DIN 52108 Prüfung anorganischer nichtmetallischer Werkstoffe. Verschleißprüfung mit der Schleifscheibe nach Böhme. 2002-07

[N60] DIN EN 61340 Elektrostatik. Teil 2-1: Messverfahren; Fähigkeit von Materialien und Erzeugnissen, elektrostatische Ladungen abzuleiten. 2003-06

[N61] DIN V 20000 Anwendung von Bauprodukten in Bauwerken
Teil 100: Betonzusatzmittel nach DIN EN 934-2. 2002-11
Teil 101: Zusatzmittel für Einpressmörtel für Spannglieder nach DIN EN 934-4. 2002-11
Teil 103: Gesteinskörnungen nach DIN EN 12620. 2003-04

16.2 Regelwerke, Richtlinien, Merkblätter [R]

[R1] MBO Musterbauordnung 2002-11 und BauNVO des Bundesministeriums für Verkehr, Bau und Wohnungswesen

[R2] DIBt Bauregelliste A, Bauregelliste B und C – Ausgabe 2005-01. Deutsches Institut für Bautechnik Berlin

[R3] Bundesingenieurkammer: Verzeichnis der anerkannten Sachverständigen für Erd- und Grundbau nach Bauordnungsrecht, 2003

[R4] ZTV-ING: Zusätzliche Technische Vertragsbedingungen und Richtlinien für Ingenieurbauten ZTV-ING, Ausgabe 2003-03. Bundesanstalt für Straßenwesen, Bundesministerium für Verkehr, Bau- und Wohnungswesen, Bonn

[R5] RStO: Richtlinien für die Standardisierung des Oberbaues von Verkehrsflächen. Ausgabe 2001. Herausgeber: Forschungsgesellschaft für Straßen- und Verkehrswesen e.V. FGSV

[R6] ZTV Beton-StB: Zusätzliche Technische Vertragsbedingungen und Richtlinien für den Bau von Fahrbahndecken aus Beton. Ausgabe 2001. Herausgeber: Forschungsgesellschaft für Straßen- und Verkehrswesen e.V. FGSV (einschließlich Allgemeinem Rundschreiben Straßenbau ARS Nr. 36/2003 mit Übergangsregelungen für die Abschnitte 2.4.1.1, 2.4.2.1 und 2.4.2.2)

[R7] ZTV E-StB: Zusätzliche Technische Vertragsbedingungen und Richtlinien für Erdarbeiten im Straßenbau. Ausgabe 1997. Herausgeber: Forschungsgesellschaft für Straßen- und Verkehrswesen e.V. FGSV

[R8] ZTV T-StB: Zusätzliche Technische Vertragsbedingungen und Richtlinien für Tragschichten im Straßenbau. Ausgabe 2002. Herausgeber: Forschungsgesellschaft für Straßen- und Verkehrswesen e.V. FGSV

[R9] ZTV-LW: Zusätzliche Technische Vertragsbedingungen und Richtlinien für die Befestigung ländlicher Wege. Ausgabe 2001. Herausgeber: Forschungsgesellschaft für Straßen- und Verkehrswesen e.V. FGSV

[R10] ZTV BEB-StB: Zusätzliche Technische Vertragsbedingungen und Richtlinien für die Bauliche Erhaltung von Verkehrsflächen - Betonbauweise. Ausgabe 2002. Herausgeber: Forschungsgesellschaft für Straßen- und Verkehrswesen e.V. FGSV

[R11] ZTV Fug-StB: Zusätzliche Technische Vertragsbedingungen und Richtlinien für Fugen in Verkehrsflächen. Ausgabe 2001. Herausgeber: Forschungsgesellschaft für Straßen- und Verkehrswesen e.V. FGSV

[R12] TL Fug-StB und TP Fug-StB: Technische Lieferbedingungen für Fugenfüllstoffe in Verkehrsflächen - Technische Prüfvorschriften für Fugenfüllstoffe in Verkehrsflächen. Ausgabe 2001. Herausgeber: Forschungsgesellschaft für Straßen- und Verkehrswesen e.V. FGSV

[R13] ZTV-SIB 90 M 02. Zusätzliche Technische Vertragsbedingungen und Richtlinien für Markierungen auf Straßen. 2002

[R14] ZTV SoB-StB 04. Zusätzliche Technische Vertragsbedingungen und Richtlinien für den Bau von Schichten ohne Bindemittel im Straßenbau. 2004

[R15] TL SoB-StB 04. Technische Lieferbedingungen für Baustoffgemische und Böden zur Herstellung von Schichten ohne Bindemittel im Straßenbau. 2004

[R16] TL Beton -StB. Technische Lieferbedingungen für Baustoffe und Baustoffgemische für Fahrbahndecken aus Beton und Tragschichten mit hydraulischen Bindemitteln (Entwurf 12/2003)

[R17] TL Gestein-StB: Technische Lieferbedingungen für Gesteinskörnungen im Straßenbau. Ausgabe 2004

[R18] Gesetz zur Ordnung des Wasserhaushalts (Wasserhaushaltsgesetz - WHG)

[R19] Verordnung über Anlagen zum Lagern, Abfüllen und Umschlagen wassergefährdender Stoffe und Zulassung von Fachbetrieben (Anlagenverordnung VAwS) GVB1 1

[R20] TRwS DWA-A 786: Technische Regel wassergefährdender Stoffe (TRwS) - Ausführung von Dichtflächen, Deutsche Vereinigung für Wasserwirtschaft, Abwasser und Abfall (DWA), 2005-10

[R21] Bauaufsichtliche Verwendbarkeitsnachweise für Beton beim Umgang mit wassergefährdenden Stoffen, Deutsches Institut für Bautechnik Berlin, DIBt, 1999

[R22] DAfStb: Richtlinie für Betonbau beim Umgang mit wassergefährdenden Stoffen. Deutscher Ausschuss für Stahlbeton, 2003-11

[R23] DAfStb: Richtlinie Wasserundurchlässige Bauwerke aus Beton (WU-Richtlinie). Deutscher Ausschuss für Stahlbeton, 2003-11

[R24] DAfStb: Richtlinie für die Herstellung von Beton unter Verwendung von Restwasser, Restbeton und Restmörtel. Deutscher Ausschuss für Stahlbeton, 1995-08

[R25] DAfStb: Richtlinie Stahlfaserbeton. Deutscher Ausschuss für Stahlbeton, Entwurf 2004

[R26] DAfStb: Richtlinie Schutz und Instandsetzung von Betonbauteilen (Instandsetzungs-Richtlinie). Deutscher Ausschuss für Stahlbeton, 2001-10; einschl. Berichtigung 1: 2002-01 und Berichtigung 2: 2005-12

[R27] DAfStb: Richtlinie Vorbeugende Maßnahmen gegen schädigende Alkalireaktion im Beton (Alkali-Richtlinie). Deutscher Ausschuss für Stahlbeton, 2001

[R28] DAfStb: Richtlinie für Beton mit verlängerter Verarbeitbarkeitszeit (Verzögerter Beton). Deutscher Ausschuss für Stahlbeton, 1995

[R29] DAfStb: Empfehlungen für die Schadensdiagnose und die Instandsetzung.Betonbauwerke, die infolge einer Alkali-Kieselsäure-Reaktion geschädigt sind. beton 9/2003, Verlag Bau+Technik GmbH, Düsseldorf

16 Schrifttum

[R30] Merkblatt-Sammlung des DBV Deutscher Beton- und Bautechnik-Verein e.V.:
  1 DBV-Merkblatt: Industrieböden aus Beton für Frei- und Hallenflächen
  2 DBV-Merkblatt: Nicht geschalte Betonoberflächen
  3 DBV-Merkblatt: Betondeckung
  4 DBV-Merkblatt: Abstandhalter
  5 DBV-Merkblatt: Unterstützungen
  6 DBV-Merkblatt: Stahlfaserbeton
  7 DBV-Merkblatt: Technologie des Stahlfaserbetons und Stahlfaserspritzbetons.
  8 DBV-Merkblatt: Grundlagen zur Bemessung von Industriefußboden aus Stahlfaserbeton
  9 DBV-Merkblatt: Fugenausbildung für ausgewählte Baukörper aus Beton

[R31] MEB - Merkblatt für die Erhaltung von Verkehrsflächen aus Beton. 1994. Herausgeber: Forschungsgesellschaft für Straßen- und Verkehrswesen e.V. FGSV

[R32] Merkblatt für den Bau von Tragschichten und Tragdeckschichten mit Walzbeton für Verkehrsflächen. Herausgeber: Forschungsgesellschaft für Straßen- und Verkehrswesen e.V. FGSV

[R33] Merkblatt für die Verdichtung des Untergrundes und des Unterbaues im Straßenbau. 2003. Herausgeber: Forschungsgesellschaft für Straßen- und Verkehrswesen e.V. FGSV

[R34] HVBG-Merkblatt für Fußboden in Arbeitsräumen und Arbeitsbereichen mit Rutschgefahr (BGR 181). Hauptverband der gewerblichen Berufsgenossenschaften. 1993-10, aktualisiert 2003-10

[R35] Merkblatt M 9. Verbesserung der Rutschhemmung von keramischen und anderen mineralischen Bodenbelägen durch chemische Nachbehandlung. Berufsgenossenschaft für den Einzelhandel (BGE). 1998-04

[R36] Merkblatt M 10. Fußböden in Arbeitsräumen mit Rutschgefahr. Berufsgenossenschaft für den Einzelhandel (BGE). 2004-02

[R37] Merkblatt über den Rutschwiderstand von Pflaster und Plattenbelägen für den Fußgängerverkehr. Forschungsgesellschaft für Straßen- und Verkehrswesen; Arbeitsgruppe Fahrzeug und Fahrbahn (FGSV 407). 1997

[R38] WTA-Merkblatt: Durchführung einer Schadensdiagnose an Betonbauwerken. 1990. Wissenschaftlich Technische Arbeitsgemeinschaft für Bauwerkserhaltung und Denkmalpflege

[R39] WTA-Merkblatt: Prüfen und Warten von Betonbauwerken. 1992. Wissenschaftlich Technische Arbeitsgemeinschaft für Bauwerkserhaltung und Denkmalpflege

[R40] ÖVBB-Merkblatt: Herstellung von faserbewehrten monolithischen Betonplatten. Österreichische Vereinigung für Beton- und Bautechnik. 2002-03

[R41] RAL-GZ 519 Güte- und Prüfbestimmungen Instandsetzung von Betonbauteilen. Bundesgütegemeinschaft Instandsetzung von Betonbauwerken. 2004

[R42] BEB/DBV-Hinweisblatt: Betonböden für Hallenflächen. Bundesverband Estrich und Belag. 2000-02

[R43] BEB-Hinweisblatt: Risse in zementgebundenen Industrieböden. Bundesverband Estrich und Belag. 2003-05

[R44] IVD-Merkblatt Nr. 6: Abdichten von Bodenbelägen mit elastischen Dichtstoffen im befahrbaren Bereich an Abfüllanlagen von Tankstellen. Industrieverband Dichtstoffe e.V. Düsseldorf.

[R45] Technische Merkblätter: Verband Deutscher Stahlfaserhersteller e.V.

[R46] AGI-Arbeitsblatt A 12-1: Industrieböden-Industrieestriche, Ergänzungen zu DIN 18560. Zementestrich, zementgebundener Hartstoffestrich. Arbeitsgemeinschaft Industriebau. 1997-06

[R47] AGI-Arbeitsblatt S 10: Richtlinie Säureschutzbau. Arbeitsgemeinschaft Industriebau. 2003

[R48] BVF: Richtlinie zur Herstellung beheizter Fußbodenkonstruktionen im Gewerbe- und Industriebau. Bundesverband Flächenheizungen e.V., Hagen. 2005-01

[R49] BVF: Heizrohre und elektrische Heizleitungen in Fußbodenheizungen. Bundesverband Flächenheizungen e.V., Hagen. 2004-03

[R50] BAW: Empfehlungen zur Anwendung von Oberflächendichtungen an Sohle und Böschung von Wasserstraßen, 2002. Mitteilungsblatt Nr. 85 der Bundesanstalt für Wasserbau Karlsruhe, Geschäftsbereich des BMVBW, Bundesministerium für Verkehr, Bau- und Wohnungswesen

[R51] Arbeitsanweisung für kombinierte Griffigkeits- und Rauheitsmessungen mit dem Pendelgerät und dem Ausflussmesser. Bundesminister für Verkehr. 1972-11

[R52] TL NBM-StB 96. Technische Lieferbedingungen für flüssige Nachbehandlungsmittel. 1996

16.3 Fachliteratur [L]

[L1] Aco Drain PassavantGmbH: Oberflächenentwässerung. www.acodrain.de 2005

[L2] Beton-Kalender 2005. Taschenbuch für Beton-Stahlbeton- und Spannbetonbauwerke. Verlag Ernst & Sohn, Berlin 2005

[L3] Betonwerkstein Handbuch - Hinweise für Planung und Ausführung. Verlag Bau+Technik, Düsseldorf. 2001

[L4] Biczok, I.: Betonkorrosion - Betonschutz. Bauverlag GmbH Wiesbaden - Berlin, 1968

[L5] Birco Baustoffwerk GmbH: Birco-massiv. Das Rinnensystem für Schwerlastbereiche. www.birco.de 2005

[L6] Bösl, B.: Schwer belastete Verkehrsflächen aus Beton am Beispiel der Umschlaganlage im Güterverkehrszentrum Nordwest in Ingolstadt. Straße + Autobahn, Heft 12-1996

[L7] Bügner, B.: Rutschhemmende Böden erhöhen die Sicherheit am Arbeitsplatz. Industriebau, Heft 1-1999

[L8] Deutsche Bauchemie e.V.:

Ableitfähige Beschichtungen für Industriefußböden, Sachstandsbericht. 06-2003

Hinweise zur Ausführung von rutschhemmenden Bodenbeschichtungen mit Reaktionsharzen, Merkblatt. 2003-06

Epoxidharze in der Bauwirtschaft und Umwelt, Sachstandsbericht. 2001-06

Polyurethane in der Bauwirtschaft und Umwelt, Sachstandsbericht. 2003-06

Hydrophobierung und Umwelt, Sachstandsbericht. 2001-04.

[L9] Deutscher Beton- und Bautechnik-Verein: Beispiele zur Bemessung nach DIN 1045-1, Band 1: Hochbau. Verlag Ernst & Sohn, Berlin. 2002

[L10] Deutscher Beton- und Bautechnik-Verein: Stahlfaserbeton. Beispielsammlung zur Bemessung nach DBV-Merkblatt. Wiesbaden 2004

[L11] Ebeling, K.: Was bringt die neue Betonnorm für Industriefußböden? Fußbodenbau. Heft V, Nr. 117. Menzel Medien, Offenau 2003.

[L12] Ebeling, K.: Hohe Lebensdauer - Betonböden im Industriebau nach DIN 1045. Deutsche Bauzeitung db. Heft 10. Konradin Medien GmbH, Stuttgart 2003.

[L13] Eisenmann, J., Leykauf, G.: Bau von Verkehrsflächen. Beton-Kalender II 1987. Verlag Ernst & Sohn, Berlin 1987

[L14] Eisenmann, J., Leykauf, G.: Betonfahrbahnen. Handbuch für Beton-, Stahlbeton- und Spannbetonbau. Verlag Ernst & Sohn, Berlin 2003

[L15] Floß, R.: Zusätzliche Vertragsbedingungen und Richtlinien für Erdarbeiten im Straßenbau - Kommentar mit Kompendium Erd- und Felsbau. Kirschbaum-Verlag Bonn. 1997

[L16] Foth, J.: Wie eben muss der Lagerboden sein? Hochregale und die DIN 15185. Lagertechnik dhf Intralogistik. Heft 05/2003.

[L17]	Heisig, A.: Rutschhemmung von Betonwerkstein und Terrazzo. Mitteilungsblatt der Bundesfachgruppe Betonfertigteile und Betonwerkstein im Zentralverband des Deutschen Baugewerbes. 02/2000.
[L18]	Klopfer, H.: Müssen künftig alle neuen Industrieböden wärmegedämmt werden? Internationales Kolloquium Industrieböden '03, Technische Akademie Esslingen 2003
[L19]	Kordina, K.; Meyer-Ottens, C.: Beton-Brandschutz-Handbuch. Verlag Bau+Technik Düsseldorf. 1999.
[L20a]	Lohmeyer, G.: Betonböden im Industriebau, Hallen- und Freiflächen. Schriftenreihe der Bauberatung Zement. 1. Auflage. Beton-Verlag, Düsseldorf 1978
[L20b]	Lohmeyer, G.; Ebeling, K.: Betonböden im Industriebau, Hallen- und Freiflächen. 6. Auflage. Schriftenreihe der Bauberatung Zement. Beton-Verlag, Düsseldorf 1999
[L21]	Lohmeyer, G.: Betonböden für Industriehallen. Zement-Mitteilungen der Bauberatung Zement des BDZ. Beton-Verlag, Düsseldorf 1978
[L22]	Lohmeyer, G.: Rollschuh- und Kunsteisbahnen aus Beton, Empfehlungen für Konstruktion und Ausführung. beton, Heft 11/1979
[L23]	Lohmeyer, G.: Fertigteile unter Verkehr, Flächenbefestigungen mit Betonfertigteilplatten. beton, Heft 2/1989
[L24]	Lohmeyer, G.: Der standardisierte Betonboden für „multifunktionale" Nutzung. IndustrieBau, Heft 6/1998
[L25]	Lohmeyer, G.: Betonböden mit eingebauten Förderkettensystemen für Lager- und Umschlaghallen. Internationales Kolloquium Industrieböden '99, Technische Akademie Esslingen, 1/1999
[L26]	Luz, E.: Wärmedämmung für Industrieböden. Beton-Verlag, Düsseldorf 1990
[L27]	Mehl, F.: Die Regelungen zum Brandschutz nach der neuen Industriebaurichtlinie. DIN-Mitteilungen Nr. 9, S. 617-621, 1999
[L28]	Meyer, G.: Rissbreitenbeschränkung nach DIN 1045. Diagramme zur direkten Bemessung. Beton-Verlag, Düsseldorf 1994
[L29]	Meyerhof, Losberg: Journal of the soil mechanics and foundations division: Load carrying capacity of concrete pavements. June 1962
[L30]	Millcell AG: Einbaurichtlinien lastabtragender Perimeterdämmung unter tragenden Bauteilen. www.sgag.de 2005
[L31]	Niemann, P.: Gebrauchsverhalten von Bodenplatten aus Beton unter Einwirkungen infolge Last und Zwang. Deutscher Ausschuss für Stahlbeton. Heft 545, 2004
[L32]	Oswald, R., Abel, R.: Hinzunehmende Unregelmäßigkeiten bei Gebäuden. Typische Erscheinungsbilder - Beurteilungskriterien - Grenzwerte. Bauverlag, Wiesbaden 1998
[L33]	Rauer, K.: Die Ausgleitsicherheit von Fußböden. Fußbodenbau Magazin 111, Menzel Medien. 2002
[L34]	Springenschmid, R.: Zur Ursache von Rissen in jungem Straßenbeton. Straße und Autobahn 1976, Heft 9
[L35]	Stelcon AG: Stelcon-Großflächenplatten und Gleis-Tragplatten. www.stelcon.de 2005
[L36]	Stiglat, Wippel: Massive Platten - Elastisch gebettete Platten. Beton-Kalender II 2000. Verlag Ernst & Sohn, Berlin 2000
[L37]	StoCretec GmbH: Ableitfähige Bodenbeschichtungen. www.sto.de 2005
[L38]	Strohhäcker, G.: Aspekte der Griffigkeit und Rutschsicherheit. Industriefußböden mit System. Heft 3/1995.
[L39]	TFB Wildegg: Die Einwirkung verschiedener Stoffe auf den Beton. Herausgeber: Technische Forschungs- und Beratungsstelle der Schweizerischen Zementindustrie TFB, Cementbulletin Blatt 2/1982

[L40]	Treml, W.: Rutschhemmende Eigenschaften von Parkhausbeschichtungen aus der Sicht des Planers und des Nutzers. Tagungsband Kolloquium Verkehrsbauten. Technische Akademie Esslingen. 01/2004.
[L41]	Treml, W.: Beläge mit erhöhtem Ebenheitsanspruch. Industriefußböden mit System, Heft 3/1995.
[L42]	Velta GmbH & Co.KG: Technische Information: Velta Industrie-Flächenheizung. 03/2003
[L43]	Weigler, H., Karl, S.: Beton - Herstellung und Eigenschaften. Handbuch für Beton-, Stahlbeton- und Spannbetonbau. Verlag Ernst & Sohn, Berlin 1989
[L44]	Weigler, H., Segmüller, E.: Schutz von Beton gegen chemische Angriffe, Bearbeitung eines Berichtes des ACI Committee 515. beton 8/1967. Beton-Verlag, Düsseldorf 1967
[L45]	Westergaard, H.M.: Analytical Tools for Judging Results of Structural Tests of Concrete Pavements. Public Roads 14 Nr. 10, 1933
[L46]	Zement-Taschenbuch 2002. Herausgeber: Verein Deutscher Zementwerke. Verlag Bau+Technik, Düsseldorf 2002
[L47]	Hauptverband der gewerblichen Berufsgenossenschaften (HVBG). Zeitschrift für Sicherheit und Gesundheit. Spezial 01-2003 : Rutschhemmung von Bodenbelägen. www.arbeit-und-gesundheit.de
[L48]	Timm, M.: Durchstanzen von Bodenplatten unter rotationssymmetrischer Belastung. Deutscher Ausschuss für Stahlbeton. Heft 547, 2004
[L49]	Bertrams-Voßkamp, Ihle, Pesch, Pickel: Betonwerkstein Handbuch, Hinweise für Planung und Ausführung. Verlag Bau+Technik, Düsseldorf 2001
[L50]	Falkner, Teutsch, Huang: Untersuchung des Trag- und Verformungsverhaltens von Industriefußboden aus Stahlfaserbeton. iBMB TU Braunschweig, Heft 117, 1995
[L51]	Falkner, Teutsch, Klinkert: Leistungsklassen von Stahlfaserbeton. iBMB TU Braunschweig, Heft 143, 1999
[L52]	Springenschmid, R; Hiller, E.: Einfluss der Nachbehandlung während der Nachbehandlung von Betondecken. Straße und Autobahn. Heft 03/1999.
[L53]	Pawel, A.: Abdichtungen für den Gewässerschutz. Beitrag im Tagungsband Abdichtungsprodukte im Kontext europäischer und nationaler Regelungen. Leipziger Abdichtungsseminar 2005.
[L54]	Beton-Kalender 2006 Taschenbuch für Beton-Stahlbeton- und Spannbetonbauwerke. Verlag Ernst & Sohn, Berlin 2006
[L55]	Foos, S.: Unbewehrte Betonfahrbahnplatten unter witterungsbedingten Beanspruchungen. Dissertation an der Universität Karlsruhe. 2005
[L56]	Foos, S., Müller, H.S.: Neues Verfahren zur Bemessung von befahrbaren Betonplatten. 3. Symposium Baustoffe und Bauwerkserhaltung, Universität Karlsruhe, Innovationen in der Betonbautechnik, 15.03.2006
[L57]	Breitenbücher, R., Siebert, B.: Zielsichere Herstellung von Industrieböden mit Hartstoffschichten - Entwicklung eines praxisgerechten Prüfverfahrens. beton, Heft 4/2006
[L58]	Gnad, H.: Modellversuche an Mehrschichtsystemen und ihre Anwendung auf die Bemessung von Straßenkonstruktionen. Straßenbau und Straßenverkehrstechnik Heft 138, Hrsg.: Bundesminister für Verkehr, Abt. Straßenbau, 1973
[L59]	Bügner, B.: Rutschhemmende Böden erhöhen die Sicherheit am Arbeitsplatz. Industriebau, Heft 01/1999

17 Stichwortverzeichnis

Abdeckung	324	Beton	
Ablaufplan für Planung und Bemessung	353	– Bodenplatte	141
		– Dehnung	77/200/201
Ableitfähigkeit, elektrostatisch	169/158/350	– Einbau	298
		– Expositionsklasse	38/44/46/140
Abscheiben	318/148/166/309	– Festigkeitsklasse	22/39/45/46/57/98/103/111
Abstandhalter	289		
Abziehlehre	299	– mit Fließmittel	138/142/302
Achslast	31	– flüssigkeitsdicht (FD, FDE)	48/174/175
Anforderung			
– Beton	140	– frühhochfest	138/291/303
– Tragschicht	59/68	– Konsistenz	140/297/303
– Untergrund	60/64	– Mischen	143/290/304
Anker	92/292	– Prüfung	140/345
Arbeitsfuge	80/87/331	– Pumpen	298/299
Aufbau, Betonboden	60	– Schwinden	54/79/136/195
Aufschüttung	66	– für Straßenfertiger	141/307
Ausbreitmaß	140/143/167/302	– Tragschicht	59/69/173/285/286
Ausführung	281/297/329	– für Vakuumbehandlung	143/305
Ausgangsbeton	142/305		
Ausgangsstoffe, Beton	135	– Verarbeitung	298
		– Verdichtung	299
Baumischverfahren	286	– Wasserzementwert	39/45/46/54/57/76/141/304/305/342
Beanspruchung			
– chemisch	27/47/158	– Zusammensetzung	38/140
– durch Chloride	45/49	Betonverflüssiger	138
– durch Fahrzeuge	28	Betonbodenplatte	
– durch Frost und/oder Taumittel	44	– Bemessung	191/239
		– Bemessung, unbewehrt	241
– durch Lagergüter	34		
– durch Maschinen	36	– Bemessung, gewalzter Beton	276
– mechanisch	37		
– durch Regallasten	35	– Bemessung, mattenbewehrt	256
– auf Schlag	41		
– durch Temperaturdifferenzen	42	– Bemessung, stahlfaserbewehrt	273
– auf Verschleiß	41/38/78/149/153/189/322/349	– Bemessung, spannlitzenbewehrt	274
Beanspruchungsbereich	38/39/98/103/146	– Biegemoment	217/240
		– im Freien	42/43/44/45/61/66/78/84/222/249
Bearbeitung, Oberfläche	299/305/308/314	– in Hallen	54/96/98/195/242
		– mit Faserbewehrung	101/105/110/290
Behandlung, Oberfläche	320	– mit Flächenheizung	130/294
Bemessung		– mit Mattenbewehrung	101/289
– Betonbodenplatte	191/239	– mit Spannstahlbewehrung	108/115/274/277/288/290
– Tragschicht	196		
– Untergrund	196	– mit Wärmedämmschicht	123/278/292
Bemessungslasten	31/35/36/192		
Beschichtung	49/157/171/176/189/336/337	– ohne Bewehrung	60/61/76/85/96
		– ohne Fugen/fugenlos	84/112/277
Besenstrich	148/166/309	Betonzusätze	138
		Bettung, elastische	197/210/220/240

Stichwortverzeichnis

Bettungsmodul	197	Frostwiderstand,	136
Bettungszahl	198	Gesteinskörnung	
Bewegungsfuge	79/89/132/291/333	frühhochfester Beton	138/291/303
Bewehrung	46/56/101/114/ 207/234/256/288	Fuge	79/329
		Fugenabdichtung	86/94/333
Biegezugfestigkeit	76/77/105/155	Fugenabstand	
Biegezugspannung	28/200/213/218/ 228	– allgemein	83/147
		– bei unbewehrter Betonbodenplatte	100
chemischer Angriffsgrad	48	– bei mattenbewehrter Betonbodenplatte	104
chemische Beanspruchung	27/47/158	– bei stahlfaserbewehrter Betonbodenplatte	107
		– bei spannlitzenbewehrter Betonbodenplatte	109/110
Dämmung	64/123/127/131/ 278/292		
Dehnung	77/200/201	– bei Fußbodenheizung	132
Dränung	64/67	Fugenart	88/147/336
Druckfestigkeit	22/97/305/36/348	Fugenausbildung	80/82/87/119/132
Dübel	60/83/88/91/288	Fugendichtstoff	86/94/334
Durchstanzen	35	Fugenfüllstoff	86/94/334
Durchstanznachweis	232/248/272	Fugenherstellung	329
		Fugenkante	90/93/329
Ebenheit	147/173/177/182/ 189/287/314/354	Fugenplan	79/95/329
		Fugenprofil	90/94/331
Erstprüfung	77/105/140/143/ 345	Fugenverdübelung	79/83/88/90/235/ 332
Einbau	298	Fußbodenheizung	130/294
Einstreuverfahren	314		
Einwirkungen	27/192/222	Gabelstapler, Nutzlasten	31/32/33
elektrische Leitfähigkeit	169/158/350	Gefälle	78/182/301/313
Entwässerung	182	Geotextil	64/67/73/287
Entwässerungsrinne	81/182/295	Gesteinskörnung	39/40/41/42/44/ 136
Erhärtungsprüfung	347		
Erstarrungsverzögerer	138	Glätten	142/148/153/161/ 163/166/308/310/ 316
E_{V2}-Wert	68/196/279/281		
Expositionsklasse	38/44/46/140		
		Gleis-Auskleidungsplatte	121/326
Fahrzeuge, Nutzlasten	31		
Faserbewehrung	101/105/110/290	Gleis-Tragplatte	121/327
FD-Beton	174	Gleiswanne	121/327
FDE-Beton	175	Gleitschicht	3-11/4-6/4-15/7-9/ 9-7
Fertigteilbauweise	75/118/325		
Festigkeitsklasse, Beton	22/39/45/46/57/98/ 103/111	Großflächenplatte	119/21/325
Filtervlies	67	Haftverbund	319
Flächenheizung	130/294	Hartstoffe	38/40/133/150/ 153/314
Fließbeton	138/142/302		
Fließmittel	138/142/302	Hartstoffeinstreuung	38/40/153/314
Flugasche	139/142	Hartstoffschicht	38/40/133/154/316
Flüssigkeitsdichtheit	48/174/175	Hochregallager	25/34/35/179/191
Förderkettensystem	117	Hubschrauber, Nutzlasten	31/33
Formänderung	21/22		
Frischbeton	140/300/345	Hydratationswärme	43/83/113
Frostschutzschicht	59/284	Hydrophobierung	44/156/336
Frostwiderstand, Beton	44		

17 Stichwortverzeichnis

Instandhaltung	357	– Schutzsystem	335
		– Staubfreiheit	150
Karbonatisierung	56	– Verschleiß-	38/41/78/149/153/
Kiestragschicht	68/71/147/199/284	widerstand	189/322/349
Konsistenz	140/297/303	– Versiegelung	336
Konstruktionsarten	21/38/59/191/335	– Zugfestigkeit	157/319/336/349
Kontaktpressung	35/37/99/102/118/		
	145/147/191/196/	Pigment	139/151/323
	212	Plattendruckversuch	65/68/71/147/196/
Kornzusammensetzung	39/68/137		198/285/342
Kriechen	110/207	Plattenlänge, kritische	224/301
Kunststofffasern	110/112/139/143/	Polierwiderstand	41/141
	138	Pressfuge	79/87/94/100/334/
			291/331
Lage, profilgerechte	283/284/313/344	Proctordichte	143/308/343
Länge, elastische	210/215/218	profilgerechte Lage	283/284/313/344
Länge, kritische	224	Prüfung	
Lasten	28/31/35/80/102/	– Beton	140/345
	146/192/212	– Ebenheit	344
Lastkraftwagen	32/33	– Erhärtungsprüfung	347
Lastbeanspruchung	28/39	– Erstprüfung	77/105/140/143/
Lastspannung	237		345
Leitfähigkeit, elektrische	158/169/350	– Tragschicht	339
Luftporen	44/142/153/160/	– Untergrund	339
	302/316/338/349	– Zwischenschicht	345
Luftporenbildner	44/78/138/142/	Prüfhäufigkeiten	344
	153/160/306/338		
		Qualitätssicherungs-	339
Mechanische Bean-	37	maßnahmen	
spruchung		Querkraftübertragung	60/83/77/91
Mehlkorngehalt	39/138/141/143/		
	305/306	Radeinsenkung	339/342
Mischverfahren	286	Radlasten	28/38/83/87/98/
Multifunktionsboden	26/145		103/111/192/215/
			341
Nachbehandlung	100/105/174/194/	Randfuge	42/62/66/79/81/89/
	320/322/323		92/320/333
Nachweis		Raumfuge	62/79/89/291/333
– Betondehnung	201/202	Reibungsbeiwerte	199/204
– Biegespannung	210	Reinigungsmittel	158/186/319
– Durchstanzen	35/332/248/272		
– Rissbreite	203	Sauberkeitsschicht	64/72/126/133/
Nass-Nachbehandlung	324		287/345
Neigung	162/182/301	Schalung	81/87/299
Nivellieren	176/341/344	Schaumglas	69/125/279/292
Nutzungsbereiche	26/27/98/146/193	Scheinfuge	60/79/81/85/92/
			132/147/333/336/
Oberfläche			329
– Bearbeitung	308	Schleifen	27/37/40/76/136/
– Behandlung	305/320		147/148/152/308/
– Beschichtung	337		311/349
– Farbigkeit	151	Schlagbeanspruchung	41
– Griffigkeit	149/349	Schleifverschleiß	76/78/147/150
– Hartstoffe	38/76/150/153/314	Schottertragschicht	68/284/285
– Rutschhemmung	158/161/310/350	Schutzschicht	64/74/131/288/345
– Rutschsicherheit	158/161/310/350		

373

17 Stichwortverzeichnis

Schwinden	54/79/136/195	Vorspannung	108/115/274/277/288/290
Schwerentflammbarkeit	158/176		
Sicherheitsbeiwerte	30/37/192		
Silicastaub	138/139	Walzbeton (gewalzter Beton)	62/69/115/143/276/307
Sollrissquerschnitt	85/329		
Spannstahlbewehrung	108/115/274/277/288/290	Wärmedämmschicht	123/278/292
		Wärmedämmstoff	125
Spannungsnachweis	203	Wärmeleitfähigkeit	125
Stahlfasern	101/105/110/273/290	Wärmeschutz	123
		Wassereindringtiefe	48/54/348
Stoßbeanspruchung	27/37/146	Wassergehalt	54/141/143/308
Straßenfertiger	59/141/307	Wasserundurchlässigkeit	347/348
Teilsicherheitsbeiwerte	30/35/193	Wasserzementwert	39/45/46/54/57/76/141/304/305/342
Temperaturbeanspruchung	42		
Temperaturverteilung	222	Widerstand gegen	
Toleranzen	177/182/299/344/350	– chemischen Angriff	27/47/58
		– Schlag	41
Tragbeton	121/154	Wölbmoment	227
Tragfähigkeit	34/36/64/68/191/196/240/278	Wölbspannung	43/201/225/227
Tragschicht		Zement	43/48/55/135/141/151/231/285
– Aufbau	61		
– Bemessung	71/196	Zentralmischverfahren	286
– Beton	59/69/173/285/286	Zugspannung	35/41/73/101/204/222/259/274
– Dicke	70/71		
– Kies	68/71/147/199/284	Zugfestigkeit	22/75/77/105/110/200/206
– Prüfung	339		
– Schotter	68/284/285	Zusammensetzung, Beton	38/140
Trennlage	64/73/287		
		Zusätze	138
Untergrund		Zusatzmittel	138
– Aufbau	61/64	Zusatzstoffe	138
– Prüfung	339	Zwangspannung	201/204/276
– Verformungsmodul	68/196/279/281		
Vakuumbeton	141/142/305		
Verdichtung			
– Beton	299		
– Tragschicht	68/71/284/339		
– Untergrund	64/282/339		
Verdichtungsgrad	61/72/339/343		
Verdübelung	60/83/88/91/288		
Verfestigung	59/64/69/71/156/285/336		
Verformung	61/88/105/201/222		
Verformungsmodul	68/196/279/281		
Vergleichsrechnung (unbewehrt/bewehrt)	240		
Verschleißbeanspruchung	38/41/78/149/153/189/322/349		
Versiegelung	44/156/189/336		
Verzögerer	61		
Vorschriften	23		

ROMEX® Industrieböden

aus Kunstharzen und Beton
in Deutschland, Osteuropa und Asien

ROMEX® Industrieboden
mit Hartstoffeinstreuung

Dampfdiffusionsoffene
ROMEX® Beschichtung

ROMEX® ableitfähige
Beschichtung nach ESD Norm

ROMEX® Industrieboden-
beschichtung aus Epoxidharz

**Eigene Produktion von hochwertigen
Industriebodenbeschichtungen und Betonzusatzmitteln**

•

**Autorisierte Fachverleger
in über 20 Ländern für komplette Industrieböden**

•

Garantien für Material und Verlegung aus einer Hand

ROMEX® AG · Weidesheimer Straße 17 · D - 53881 Euskirchen
Tel.: +49 (0) 22 51- 94 12 -10 · Fax: +49 (0) 22 51- 94 12 -177
E-Mail: info@romex-ag.de · Internet: www.romex-ag.de

Construction

Rundum-Kompetenz!
Mehrwert für den Bau. Vom Fundament bis zum Dach.

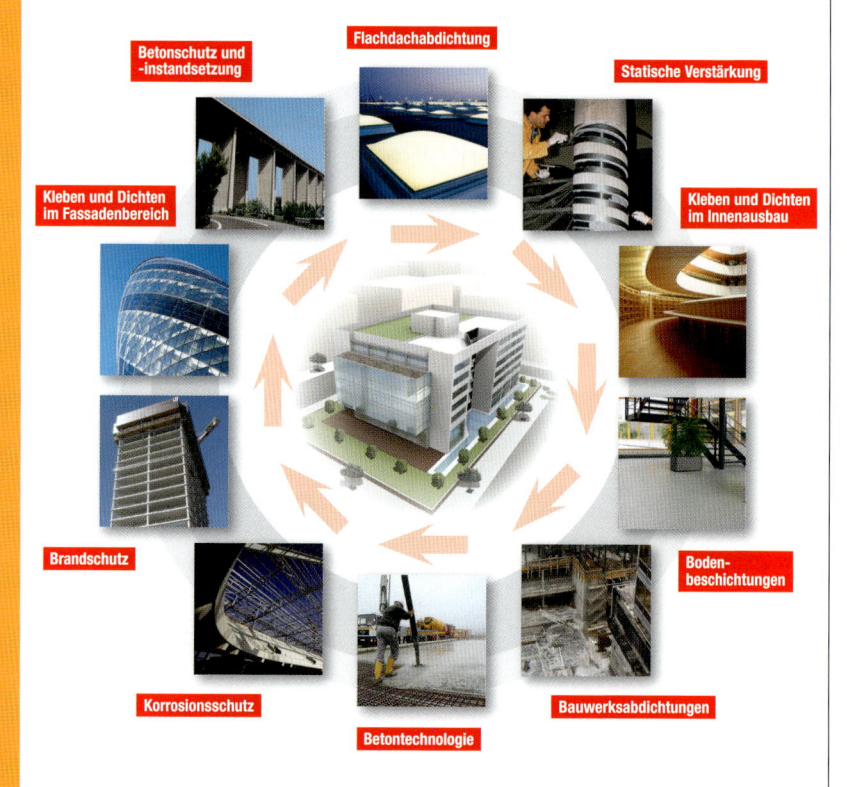

- Betonschutz und -instandsetzung
- Flachdachabdichtung
- Statische Verstärkung
- Kleben und Dichten im Fassadenbereich
- Kleben und Dichten im Innenausbau
- Brandschutz
- Bodenbeschichtungen
- Korrosionsschutz
- Betontechnologie
- Bauwerksabdichtungen

Als eines der führenden Unternehmen im Bereich Bauchemie bietet Sika innovative Systemlösungen für Betonschutz/-instandsetzung, Bodenbeschichtungen, Korrosionsschutz, Dachabdichtungen sowie Dicht- und Klebstoffe. Qualität und Service für unsere Partner in Planung und Verarbeitung.

Sika Deutschland GmbH
Kornwestheimer Str. 103-107, 70439 Stuttgart,
Telefon (07 11) 80 09-0, Telefax (07 11) 80 09-3 21

Industrieböden für alle Wirtschaftszweige

GORLO

Beton · Hartstoffestrich · Kunstharz · Sanierung

Planen Sie in nächster Zeit eine Erweiterung oder Umgestaltung Ihrer Produktion oder Ihrer Verkaufsräume?

Haben Sie einen Boden in Ihrem Betrieb, der Ihren Anforderungen nicht mehr gerecht wird?

Oder benötigen Sie für Ihre Anforderungen einen sehr ebenflächigen und gleichzeitig verschleißfesten Boden?

Wir sind Ihr kompetenter Ansprechpartner zum Thema „Industrieböden für alle Wirtschaftszweige", z. B.:

- Herstellung von oberflächenfertigen Betonsohl- und Deckenplatten
- Besondere Anforderungen an die Ebenheit nach DIN 18202, DIN 15185 oder FEM 9.831
- Hartstoff-Verbundestriche für hohe Verschleißbeanspruchungen
- Herstellung von Kunstharzbeschichtungen
- Sanierung von Betonböden

GORLO Industrieboden GmbH & Co. KG
Buddestr. 12
33602 Bielefeld

Tel.: 05 21 – 9 66 27-0 / Fax: 05 21 – 9 66 27-99
www.gorlo-industrieboden.de
kontakt@gorlo-bielefeld.de

contec wir machen die Fuge

recostal® keyboard

NEU

- PVC-Profilkappe
- Dollenhülse
- Höhenfixierung

- für Hallenböden und Fahrbahnplatten
- keine Fugenschnitte
- Verzahnung durch Trapezprofil
- mit oder ohne Verdollung
- einfache u. schnelle Justierung
- betonieren in einem Arbeitsgang

www.contec-bau.de
contec Bausysteme GmbH · Südstr. 3   32457 Porta Westfalica
Fon +49 5731-76780 Fax +49 5731-767879 Mail: info@contec-bau.de

---

CBL Chemobau Industrieboden GmbH

Kompetenz für hochfeste Industrieböden

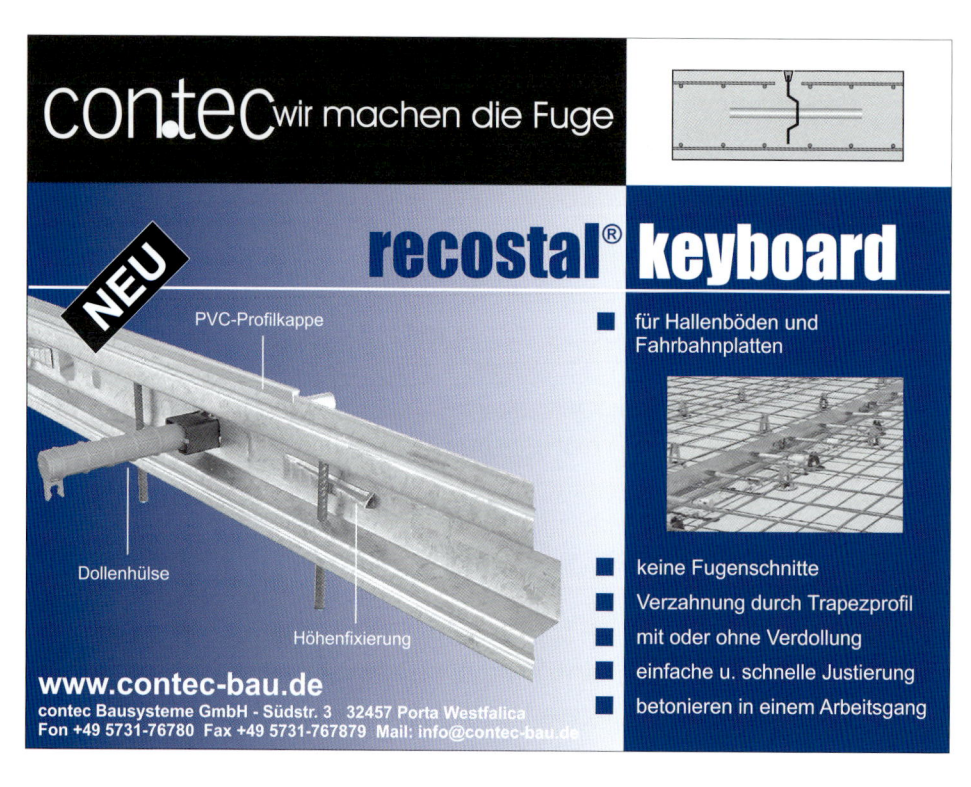

Maybachstraße 14-18 · D- 74211 Leingarten
Telefon 0 7131 - 90 50 - 0 · Fax 0 7131 - 90 50-444
www.cbl-chemobau.de · info@cbl-chemobau.de

CBL-Chemobau: seit über 25 Jahren erfahrener und zuverlässiger Partner von Architekten, Bauherren und Bauunternehmen; von der Analyse bzw. Beratung über die Planung bis zur Ausführung Ihrer Objekte:

**Betonböden
Estriche
Beschichtungen
Sanierungen**

Eine der größten Fachfirmen Deutschlands mit Referenzobjekten in ganz Europa.

LOHMEYER + EBELING
Ingenieur- und Sachverständigen - Partnerschaft

Probleme beim Bauen mit Beton?

Wir bieten Ihnen Hilfe und Unterstützung und haben die Antworten auf Ihre Fragen!

Wir sind ein leistungsstarkes Team aus Diplomingenieuren mit besonderen fachlichen Schwerpunktthemen.

Tätigkeitsfelder

Bundesweit tätige Beratende Ingenieure und Berufssachverständige

- Beratende Ingenieure der IngKN
- Betoningenieure VDB
- Sachverständige für Betontechnologie und Betonbau
  - Dipl.-Ing. G. Lohmeyer: Freier Sachverständiger
  - Dipl.-Ing. K. Ebeling: öbuv. Sachverständiger der IngKN

Besondere Schwerpunkte der ISVP Lohmeyer + Ebeling

- Abdichtungen mit Beton
- Weiße Wannen
- Tiefgaragen
- Parkdecks
- Flüssigkeitsdichte Betone
- Betonböden im Industriebau
- Sichtbeton

Anschrift:

Ingenieur- und Sachverständigen-Partnerschaft ISVP Lohmeyer + Ebeling

Büro Ebeling in Burgdorf	Büro Lohmeyer in Hannover
Peiner Weg 99	Gnesener Weg 29
D-31303 Burgdorf	D-30659 Hannover
Tel.: 05136 / 97 17 530	
Fax: 05136 / 97 17 531	
E-Mail: ebeling@isvp.de	E-Mail: lohmeyer@isvp.de

Internet: www.isvp.de & www.betonberatung.de

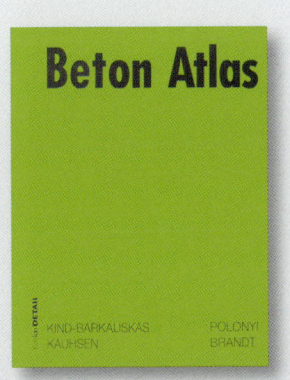

Kind-Barkauskas u.a.
Beton Atlas
Entwerfen mit Stahlbeton

2002, 2. überarb. Aufl., 296 S.,
23 x 29,7 cm, 628 Abb,
101 Taf., kart.
€ 78,00 / sFr 125,00

Die vollständig überarbeitete und ergänzte Neuauflage des Beton Atlas zeigt auf anschauliche Weise die Potentiale des Materials Beton und dokumentiert ausführlich die technischen Grundlagen der Konstruktion.

ABV
Arbeitsgemeinschaft Baufachverlage

Verlag Bau+Technik GmbH
Postfach 12 01 10
40601 Düsseldorf
Bestellfax: 02 11/9 24 99-55
www.verlagbt.de ▸ bookshop

VERLAG BAU+TECHNIK

Fachzeitschrift beton

beton
Fachzeitschrift für Bau+Technik

56. Jahrgang 2006
Erscheint monatlich
(Doppelausgabe 1/2, 7/8)
Jahresabonnement Inland/Ausland
€ 225,00/€ 235,00
(inkl. Versandauslagen)
Sonderpreis Jahresabo
für Studenten
€ 115,00 (inkl. Versandauslagen)
ISSN 0005-9846

Verlag Bau+Technik GmbH
Postfach 12 01 10
40601 Düsseldorf
Bestellfax: 02 11/9 24 99-55
www.verlagbt.de

Die Fachzeitschrift beton liefert Expertenwissen für die Praxis – aktuell, übersichtlich, informativ. Sie sichert Bauunternehmen, Beton- und Transportbetonwerken sowie Ingenieur- und Planungsbüros einen Informationsvorsprung für die tägliche Arbeit.

- **beton** informiert über alle Bereiche der Betonherstellung, -verwendung und -instandsetzung.

- **beton** vermittelt neueste Erkenntnisse aus Forschung und Praxis: Beispielhafte Bauobjekte und dazu Daten, Fakten und Berechnungsgrundlagen auf hohem betontechnologischem Niveau.

- **beton** liefert aktuelle Meldungen zum Baugeschehen und gibt Hinweise auf Termine, Tagungen und Kongresse

- **beton** stellt neue Produkte, Maschinen und Geräte für den Betonbau vor

Ansprechpartner Redaktion:
Dr. Stefan Deckers
Tel: 0211/92499-51
deckers@verlagbt.de

Ansprechpartner Anzeigen:
Elmar Rump
Tel: 0211/92499-33
rump@verlagbt.de

Ansprechpartner Abonnement:
Michael Fiolka
Tel: 0211/92499-21
vertrieb@verlagbt.de

Fordern Sie unverbindlich und kostenlos ein Probeheft oder unsere Mediadaten an.

VERLAG BAU+TECHNIK

Systemtechnik für Beton

CONTEC TREMIX®

Weiter im Lieferprogramm:

- Kugelstrahlmaschinen
- Schleifmaschinen
- Fräsmaschinen
- Absauganlagen
- Handmaschinen
- Werkzeuge & Zubehör

CONTEC Maschinenbau & Entwicklungstechnik GmbH
Hauptstraße 146, 57518 Alsdorf/Sieg, Germany
Tel: +49 (0) 2741 9344-0; Fax: +49 (0) 2741 9344-29
www.contec-tremix.de oder www.contecgmbh.com
e-mail: info@contecgmbh.com

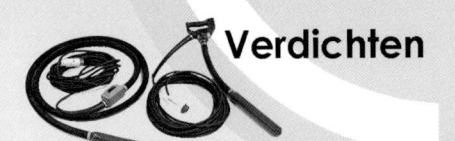

Abziehen

Verdichten

Vakuumbeton

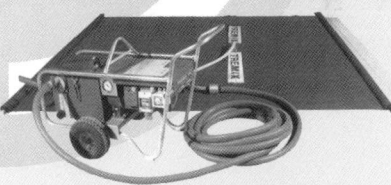

Glätten

Streuwagen

Vertriebspartner:
B.T.F. Leipzig 0178/5622811
BREMA Hohenlinden 08124/527875

Funktionsgerechte Parkhäuser mit ansprechender Gestaltung

ABV
Arbeitsgemeinschaft Baufachverlage

Verlag Bau+Technik GmbH
Postfach 12 01 10
40601 Düsseldorf
Bestellfax: 02 11/9 24 99-55
www.verlagbt.de ▶ bookshop

Bayer u.a.
Parkhäuser – aber richtig
Ein Leitfaden für Bauherren, Architekten und Ingenieure

3., überarb. Aufl., 2006,
173 S., 16,5 x 23,5 cm,
118 Abb., 45 Zeichn., 9 Tab., geb.
€ 49,80 / sFr 81,00
ISBN 3-7640-0467-3

Das Buch wendet sich in erster Linie an Architekten und Ingenieure, die sich mit der Planung, Gestaltung und Bauausführung von Parkhäusern befassen. Darüber hinaus geben vor allem die ersten Kapitel dem kommunalen wie privaten Bauherrn sowie politischen Gremien Hintergrundinformationen und Entscheidungshilfen. Behandelt werden der Neubau, die Instandhaltung sowie die Instandsetzung von Parkhäusern. Fachgerechte Lösungen werden vorgestellt, Schwachstellen und typische Mängel werden zur Prävention für neue Planungen analysiert. Neben der Modernisierung und Instandsetzung älterer Parkhäuser werden zwei aktuelle Themenbereiche, nämlich „Automatische Parksysteme" und „Vorgespannte Stahlbeton-Parkdecks" behandelt.

Zu den neuen Grundlagen für die fachgerechte Entwurfs- und Detailplanung und die sachgerechte Bauausführung zählen an erster Stelle die neuen Betonbaunormen DIN 1045, Teile 1 bis 4, und DIN EN 206, Teil 1, die die Planung und Ausführung von Bauwerken aus Beton und die Herstellung von Beton regeln.

Das Buch soll insgesamt helfen, funktionsgerechte, benutzerfreundliche, sichere und dauerhafte Parkhäuser mit ansprechender Gestaltung zu bauen und zu erhalten. Beispiele ausgeführter Bauwerke sowie Bilder und Skizzen veranschaulichen die Feststellungen, Beurteilungen und Empfehlungen.

VERLAG BAU+TECHNIK